dtv

Zweitausendfünfhundert Jahre des Nachdenkens, Erforschens und Experimentierens: Der große Gelehrte Carl Friedrich von Weizsäcker wirft einen kongenialen Blick auf die großen Ideenschöpfer und vollzieht die Weltgeschichte der Naturforschung nach. »Es ist Weizsäckers unschätzbares Verdienst, subtile Probleme kraft seiner fachlichen Kompetenz, seiner klaren philosophischen Analyse und seines sicheren Sprachgefühls dem Leser auseinanderzusetzen.« *Physik in unserer Zeit*

Carl Friedrich von Weizsäcker, geboren 1912 in Kiel, lehrte theoretische Physik an den Universitäten Straßburg und Göttingen, von 1957 bis 1969 Philosophie an der Universität Hamburg. In den Jahren 1970 bis 1980 war er Direktor des Max-Planck-Instituts zur Erforschung der Lebensbedingungen der wissenschaftlich-techischen Welt in Starnberg. Zahlreiche Veröffentlichungen zur Physik, Philosophie und Zeitkritik.

Carl Friedrich von Weizsäcker

Grosse Physiker

Von Aristoteles bis
Werner Heisenberg

Deutscher Taschenbuch Verlag

Von Carl Friedrich von Weizsäcker
sind im Deutschen Taschenbuch Verlag erschienen:
Die Einheit der Natur (33083)
Aufbau der Physik (33084)

Ungekürzte Ausgabe
Juni 2002
Deutscher Taschenbuch Verlag GmbH & Co. KG,
München
www.dtv.de

Umschlagkonzept: Balk & Brumshagen
Umschlagbild:
Satz: Filmsatz Schröter GmbH, München
Druck und Bindung: Druckerei C. H. Beck, Nördlingen
Gedruckt auf säurefreiem, chlorfrei gebleichtem Papier
Printed in Germany · ISBN 3-423-33078-3

Inhalt

Einführung
Einheit der Natur – Einheit der Physik

Was verstehen wir unter der Einheit der Physik?

Erlauben Sie mir, mit einer halb scherzhaften wissenschaftssoziologischen Aufgabe zu beginnen. Wer das Spezialistengewimmel einer heutigen wissenschaftlichen Tagung vor sich sieht, der wird sich fragen, ob Einheit der Wissenschaft nicht eine leere Phrase ist. Stellen wir also den Wissenssoziologen folgende Aufgabe: Sucht *n* gute Physiker so aus, daß keiner von ihnen das Spezialgebiet des anderen wirklich versteht; wie groß kann man die Zahl *n* machen? Vor hundert Jahren war *n* vielleicht noch gleich Eins: jeder gute Physiker verstand die ganze Physik. Als ich jung war, hätte ich $n = 5$ geschätzt. Heute dürfte *n* eine nicht ganz kleine zweistellige Zahl sein.

Trotzdem, so möchte ich behaupten, hat die Physik heute eine größere *reale begriffliche* Einheit als jemals in ihrer Geschichte. Ich möchte zweitens vermuten, daß es eine *endliche* Aufgabe ist, die Physik zur vollen begrifflichen Einheit zu bringen, und daß diese Aufgabe, wenn die Menschheit sich nicht vorher materiell oder geistig zugrunde richtet, eines Tages in der Geschichte gelöst sein wird. Dieser Zeitpunkt könnte sogar nahe sein. Drittens möchte ich annehmen, daß in einer möglichen Bedeutung des Wortes die Physik dann *vollendet* sein wird; in anderen möglichen Bedeutungen möchte ich sie für unvollendbar halten. Damit ist viertens schon eine notwendige *einschränkende* Aussage angedeutet; die denkbare Vollendung der Physik in ihrer begrifflichen Einheit bedeutet keineswegs die Vollendung oder auch nur die Vollendbarkeit des geistigen Wegs der Menschheit zur Erkenntnis.

Ich möchte den heutigen Vortrag einer knappen Erläuterung dieser vier Thesen widmen. Ich gliedere ihn in drei Kapitel auf:

1. Die geschichtliche Entwicklung der Physik zur Einheit,
2. Die Einheit der Physik als philosophisches Problem,

3. Arbeitsprogramm für einen Versuch, die Einheit der Physik in unserer Zeit darzustellen.

1
Die geschichtliche Entwicklung der Physik zur Einheit

Die Wissenssoziologie muß den Eindruck gewinnen, die Physik entwickle sich von der Einheit zur Vielheit. Meine erste Behauptung scheint umgekehrt zu besagen, sie habe sich von der Vielheit auf eine Einheit zu entwickeln. Noch lieber möchte ich sagen, die Physik entwickle sich von der Einheit über die Vielheit zur Einheit. Dabei ist dann der Begriff Einheit am Anfang und am Ende verschieden gemeint. Am Anfang steht die Einheit des Entwurfs. Ihr folgt die Vielheit der Erfahrungen, deren Verständnis der Entwurf erschließt, ja deren planmäßige experimentelle Erzeugung der Entwurf erst ermöglicht. Die Einsichten, die diese Erfahrungen vermitteln, wirken modifizierend auf den Entwurf zurück. Es kommt zu einer Krise des ursprünglichen Entwurfs. In dieser Phase scheint die Einheit völlig verloren. Am Ende aber stellt sich die Einheit eines neuen, nun die Vielheit der gewonnenen Erfahrungen im Detail beherrschenden Entwurfs her. Das nennen die Physiker im ernsthaften Sinn des Worts eine Theorie; Heisenberg hat dafür den Begriff der abgeschlossenen Theorie geprägt. Die Theorie ist nicht mehr die Einheit des Plans *vor* der Vielheit, sondern die Einheit des bewährten Begriffs *in* der Vielheit.

Eine derartige Entwicklung kennen wir aus der Geschichte der Physik in mehrfacher Wiederholung: denken wir an die Entstehung der klassischen Mechanik, der Elektrodynamik, der speziellen Relativitätstheorie, der Quantenmechanik; wir erhoffen denselben Hergang für die Physik der Elementarteilchen. Dabei werden die früheren Theorien durch die späteren wiederum modifiziert. Aber sie werden nicht eigentlich umgestoßen, sondern auf einen Geltungsbereich eingeschränkt. Im Begriffsschema von anfänglichem Entwurf und endgültiger Theorie kann man diese sukzessiven Selbstkorrekturen der Physik etwa so beschreiben: Eine ältere abgeschlossene Theorie, z. B. die klassische Mechanik, beschreibt einen gewissen Erfahrungsbereich angemessen. Dieser Erfahrungsbereich hat, wie man später lernt, Grenzen. Aber solange die betreffende Theorie das letzte Wort der Physik über diesen Erfahrungsbereich ist, kennt die Physik eben diese Grenzen nicht; die Theorie gibt nicht ihre eigenen Grenzen an. Eben deshalb dient die abgeschlossene Theorie zugleich als anfänglicher Entwurf für die Erschließung eines viel weiteren Erfahrungsbereichs. Irgendwo in diesem weiteren Bereich stößt sie dann an die Grenzen dessen, was ihre Begriffe erfassen können. Aus dieser Krise des Entwurfs geht schließlich eine neue abgeschlossene Theorie hervor, z. B. die spezielle Relativitätstheorie. Diese nun umfaßt die ältere Theorie als einen Grenzfall und gibt eben damit die Genauigkeitsgrenzen an, innerhalb deren man die ältere Theorie jeweils benützen kann: erst die neue Theorie kennt die Grenzen der alten. Die neue Theorie aber ist gegenüber noch weiteren Erfahrungen wiederum ein anfänglicher Entwurf, der seine eigenen Grenzen ahnen, aber nicht angeben kann.

Was ich soeben dargestellt habe, ist heute Gemeingut der methodologischen Reflexion der Physiker; wenn ich auch, gleichsam als Fußnote, die Vermutung äußern möchte, daß die sog. Wissenschaftstheorie noch nicht die Begriffe entwickelt hat, die zur Beschreibung dieser Strukturen nötig wären. Nun gehe ich aber über die communis opinio der Physiker hinaus. Meine vier Thesen lassen sich in die Behauptung zusammenziehen: die ganze Physik strebt ihrer Natur nach dahin, eine einzige abgeschlossene Theorie zu werden. Wäre dies richtig, so wären in der Tat alle vier Thesen sinnvoll: 1. Die Physik ist heute der begrifflichen Einheit näher als zuvor, weil sie ihrer abgeschlossenen Gestalt näher ist. 2. Die Erreichung dieser Gestalt ist eine endliche Aufgabe. 3. Jenseits dieser Gestalt wird es keine umfassendere abgeschlossene Theorie mehr geben, die man im bisherigen Sinne des Wortes Physik nennen wird. 4. Die abgeschlossene Physik wird gleichwohl Grenzen der Anwendung haben, die sie aber als Physik selbst nur ahnen und nicht angeben kann.

Versuchen wir, diese allgemeinen Thesen mit konkretem Inhalt zu füllen. Ein solcher Inhalt sind die Begriffe, auf die man die Einheit der Physik zu gründen hofft.

Soweit unser Jahrhundert eine begriffliche Einheit der Physik, unter Einschluß der Chemie, erreicht hat, darf als der für diese Einheit konstitutive Begriff wohl der des Atoms gelten. Dabei ist es aber wesentlich, die Wandlungen zu verstehen, die der Sinn dieses Begriffs durchgemacht hat.

Als Urheber unserer Atomvorstellung nennt man die griechischen Philosophen Leukipp und Demokrit. Gemäß ihrer Philosophie gibt es zweierlei: das Volle und das Leere. Das Leere mögen wir uns in erster Näherung durch den modernen Begriff des leeren Raums auslegen. Das Volle sind dann die Atome, die gewisse Teilvolumina dieses Raums erfüllen. Die Atome sind wahrhaft Seiendes im Sinne einer – eben den Atomphilosophen eigenen – Umdeutung der eleatischen Philosophie; d. h. sie sind unentstanden und unvergänglich und eben darum auch nicht teilbar. Die Vielheit und der Wandel der Erscheinungen beruhen auf den Unterschieden der Größe, der Gestalt, der Lage und der Bewegung der Atome.

Die erste wesentliche Modifikation dieser Vorstellung, und zwar im Sinne einer Deduktion aus einfacheren Prinzipien, gibt Platon. Er denkt sich die kleinsten körperlichen Bestandteile der wahrnehmbaren Dinge als reguläre (»platonische«) Körper, und zwar so, daß das wesentliche sie aufbauende Element ihre Grenzflächen sind. Diese sind reguläre Polygone, die er aus Dreiecken aufbaut, deren Seiten, als das sie ihrerseits aufbauende Element, in gewissen festen Zahlenverhältnissen stehen. Die Zahl aber geht aus den beiden Grundprinzipien der Einheit und der Vielheit hervor. Das eigentliche Prinzip ist dabei nur die Einheit selbst; denn eine Vielheit ist nur erkennbar, insofern wir sie als Einheit denken.

Der konstruktive Entwurf Platons braucht uns in seinen Einzelheiten nicht zu beschäftigen, denn die neuzeitliche Physik ist andere Wege gegangen. Wir hören aber aus ihm die relevante Kritik an Demokrit heraus: Wenn es sogenannte Atome verschiedener Größe und Gestalt gibt, ja wenn die sogenannten Atome überhaupt Größe und Gestalt haben, warum sind sie dann eigentlich als unteilbar angenommen? Wir können verstehen, daß etwas unteilbar ist, wenn es gar keine Teile hat, wenn also seine Struktur rein begrifflich die Teilbarkeit ausschließt. Das von einem demokritischen Atom erfüllte Volumen aber hat Teilvolumina, also hat das Atom wenigstens begrifflich Teile; wer garantiert, daß diese immer zusammenhalten werden? Platon nennt darum seine kleinsten Körper nicht Atome, denn ἄτομον bedeutet sprachlich das, was keine Teile hat. Er läßt ihre begrenzenden Dreiecke z. B. bei der Umwandlung der Aggregatzustände sich voneinander trennen und neu zusammensetzen. Und ich bin überzeugt, daß seine

Konstruktion nicht einfach den Aufbau von Körpern in einem vorweggedachten Raum zum Ziel hatte, sondern den begrifflichen Aufbau der mathematischen Struktur selbst anstrebte, die wir heute die Struktur des Raumes nennen.

Die neuzeitliche Naturwissenschaft übernahm in glücklicher philosophischer Naivität den zur Ordnung der Erfahrungen so fruchtbaren Atombegriff Demokrits. Schrittweise hat dann die an der Hand der Erfahrung vorangetriebene Verschärfung der Begriffe der theoretischen Physik dieses gedankliche Modell wiederum in neuer Weise in einfachere Bestandteile zerlegt.

Wollte man in der Ära der klassischen Physik die Atome genau beschreiben, so mußte man sie der klassischen Mechanik unterwerfen. Diese war die allgemeine Theorie der Bewegung von Körpern. Um dies sein zu können, brauchte sie vier Grundbegriffe: Zeit, Raum, Körper und Kraft. In der Tat: Bewegung ist stets Änderung von etwas in der *Zeit*. Was sich nach der klassischen Mechanik ändern kann, sind Orte von *Körpern* im *Raum*. Die klassische Mechanik ist Theorie, d. h. sie gibt die Gesetze an, denen diese Bewegung genügt. Das, was die Bewegung gemäß diesen Gesetzen im Einzelfall bestimmt, nennt man die jeweils vorliegende *Kraft*. Die Verschiedenheit der Körper äußert sich in der Verschiedenheit der Kräfte, die sie aufeinander ausüben und (über die Konstante, die man *Masse* nennt) in der Verschiedenheit ihrer Reaktion auf gegebene Kräfte. Was für Körper es überhaupt geben kann, was für Massen und Kräfte also es wirklich gibt oder geben könnte, darüber sagt die Mechanik nichts. Für den Entwurf des mechanischen Weltbildes, das alle physische Wirklichkeit aus Körpern im Sinne der Mechanik bestehen läßt, ist die Mechanik also zwar in gewissem Sinne, nämlich als allgemeines Gesetzesschema, schon die einheitliche, endgültige Physik. Dieses Schema fordert aber eine Ausfüllung durch eine weitere Theorie, welche angibt, was für Körper es wirklich gibt. Eine solche Theorie wäre, abstrakt gesprochen, eine deduktive Theorie der Kräfte und Massen. Als anschauliches Modell einer solchen Theorie bot sich nun eben die Atomlehre an.

Diese Theorie ist im Rahmen der klassischen Physik mißlungen, und wir können heute glauben, daß wir einsehen, warum sie mißlingen mußte. Zwei Modelle der letzten Bausteine konnten versucht werden: man konnte sie als ausgedehnte Körper und als Massenpunkte ansehen. Beide Modelle scheiterten an den unüberwindlichen Schwierigkeiten der streng durchgeführten klassischen Dynamik eines Kontinuums. Waren die Atome ausgedehnt, so konnte man hoffen, ihre Wechselwirkungskräfte aus ihrer Natur als Körper, nämlich aus ihrer Undurchdringlichkeit herzuleiten. Aber dann blieb dunkel, welche Kräfte ihren inneren Zusammenhalt beherrschen. Atome, welche Verschiebung ihrer Teile gegeneinander zulassen, können innere Energie aufnehmen; für Atome, deren Inneres ein dynamisches Kontinuum ist, gibt es kein Wärmegleichgewicht. Absolut starre Atome, wie Boltzmann sie darum annehmen mußte, erscheinen als petitio principii, und seit der speziellen Relativitätstheorie wissen wir, daß sie unmöglich sind. Waren die Atome Massenpunkte, so wurde das Problem in die zwischen ihnen postulierten Kräfte verschoben. Das 19. Jahrhundert lernte sehen, und die spezielle Relativitätstheorie erwies auch hier als notwendig, daß diese Kräfte nicht Fernkräfte, sondern Felder mit innerer Dynamik sind. Wie Planck erkannte, besitzt auch dieses Modell, jetzt wegen der Kontinuumsdynamik des Feldes, kein Wärmegleichgewicht.

Diese Krise des anfänglichen Entwurfs der demokritischen Atome hat ihre vorläufige Lösung gefunden in einer neuen abgeschlossenen Theorie, der Quantenmechanik. Diese tritt zunächst als eine neue allgemeine Mechanik, d. h. Theorie der Bewegung beliebiger physikalischer Objekte auf. Die Dualität von Feld und Teilchen faßt sie mit Hilfe des Wahrscheinlichkeitsbegriffs in eine Einheit zusammen. Die ausgedehnten Atome der Chemie beschreibt sie, indem sie sie aus quasi punktuellen Elementarteilchen zusammensetzt, als Systeme von endlich vielen Freiheitsgraden mit einer diskreten Mannigfaltigkeit möglicher innerer Bewegungszustände. So vermeidet sie zunächst die Schwierigkeiten der klassischen Kontinuumsdynamik. Ihr empirischer Erfolg ist beispiellos.

Sie ist aber wie die klassische Mechanik zunächst nur eine allgemeine Theorie beliebiger Objekte. Sie muß also, so scheint es wenigstens, ergänzt werden durch eine Theorie darüber, was für Objekte es überhaupt geben kann. Diese Theorie wird, so hoffen wir, eines Tages die Theorie der Elementarteilchen sein. Wenn die Quantenmechanik die richtige Theorie der Bewegung beliebiger Objekte ist, wenn zweitens alle Objekte aus Elementarteilchen bestehen, und wenn drittens die Elementarteilchentheorie alle Eigenschaften (Massen und Kräfte) der Elementarteilchen aus einem einheitlichen Gesetzesschema herleiten wird, so sieht es in der Tat so aus, als werde damit die Physik eine vollendete Einheit sein. Diese vor unseren Augen ablaufende Entwicklung hatte ich im Auge, als ich eingangs vermutete, die Herstellung der Einheit der Physik könne eine endliche Aufgabe und der Zeitpunkt ihrer Vollendung könne nahe sein.

2
Die Einheit der Physik als philosophisches Problem

Solange die Physik eine als endgültig erkennbare Einheit nicht wirklich erreicht hat, können nun aber Argumente aus der historischen Entwicklung weder für noch gegen die Möglichkeit dieser Einheit etwas beweisen. Uns Heutigen mag es gewiß naheliegen, von der Elementarteilchentheorie die Einheit der Physik zu erhoffen. Als aber Max Planck vor 90 Jahren die Münchener Universität bezog, um Physik zu studieren, sagte ihm sein Lehrer Joly, er müsse sich darüber klar sein, daß in der Physik keine neuen grundlegenden Erkenntnisse mehr zu erwarten seien. Haben wir bessere Argumente als Joly? Andererseits: was bedeuten wiederholte Fehlprognosen? Hatte jener schlechte Schläfer recht, der sagte: »Nun bin ich schon viermal in dieser Nacht aufgewacht, ohne daß es Morgen war; ich muß folgern, daß es nie hell werden wird«? Man kann weder Erfolge noch Mißerfolge zuverlässig extrapolieren. Wir können aber vielleicht versuchen, eine Reflexionsstufe höher zu steigen als die Physik und nicht Theorien über die Natur, sondern eine Theorie über mögliche Theorien zu entwerfen. Wir können fragen: Wie müßten die Theorien der Physik beschaffen sein, damit Physik vollendbar sein könnte, und wie, damit sie unvollendbar sein könnte? Es ist viel geleistet, wenn wir sehen, daß wir bei beiden Ansätzen in Verlegenheit geraten.

Wir kennen den begrifflichen Fortschritt der Physik als die Abfolge abgeschlossener Theorien. Wenn die Physik vollendbar ist, so kann es unter diesen Theorien eine letzte geben. Wollen wir annehmen, diese letzte Theorie habe keine Gültigkeitsgrenzen mehr? Wenn sie aber Grenzen hat, soll es keine Theorie mehr geben, die diese Grenzen bestimmt? Wenn es aber noch eine Theorie gibt, die diese Grenzen bestimmt, welcher Wissenschaft wird sie angehören, wenn nicht der Physik? Umgekehrt: Wenn die Physik unvollendbar ist, soll es dann eine unendliche Folge möglicher abgeschlossener Theorien geben? Soll der Vorrat auch nur reichen, um der Menschheit für, sagen wir, eine Million Jahre drei Entdeckungen pro Jahrhundert vom Rang der Relativitätstheorie, der Quantentheorie und der Elementarteilchentheorie zu sichern? Wenn der Vorrat nicht einmal dazu reicht, so ist er wohl doch endlich.

Ich will diese Fragen nicht ausspinnen. Mein Versuch, ihnen notdürftig standzuhalten, liegt in der Annahme, daß die Physik vollendbar ist, aber als solche Gültigkeitsgrenzen hat. Der eigentliche Nutzen eines solchen Dilemmas liegt nicht in seiner uns heute unzugänglichen Auflösung, sondern darin, daß es uns lehrt, uns dort wieder zu wundern, wo wir das Wundern verlernt haben. Wenn es gleich schwer ist, sich vorzustellen, daß eine vollendbare wie daß eine unvollendbare Physik möglich sein soll, so ist es vielleicht schwerer als man denkt, sich vorzustellen, daß überhaupt Physik möglich ist.

In der Tat, wenn wir nicht wüßten, daß Physik wirklich ist, würden wir wagen zu prophezeien, sie sei möglich? Waren jene Griechen und nochmals jene Forscher des 17. Jahrhunderts nicht unglaublich kühn, wenn sie hofften, den überquellenden Fluß der Erscheinungen in mathematische Strukturen zu fassen? Wenn wir verstehen wollen, unter welchen Bedingungen Physik *vollendbar* sein könnte, sollten wir also vielleicht zunächst fragen, unter welchen Bedingungen Physik *möglich* ist. Ich will diese Frage in zwei Stufen stellen. Zunächst will ich voraussetzen, daß es überhaupt Physik geben kann, und will fragen: warum stellt sich wohl ihr begrifflicher Fortschritt als eine Folge abgeschlossener Theorien dar? Erst danach will ich fragen: Und wie ist Physik überhaupt möglich? Sie werden nicht erwarten, daß ich eine der beiden Fragen voll beantworte. Ich will die Fragerichtung und Gesichtspunkte zur Beantwortung zeigen.

Was ist eine abgeschlossene Theorie? Ich habe bisher nur Beispiele gegeben. Jetzt versuche ich eine bewußt locker gehaltene Definition: Eine abgeschlossene Theorie ist eine Theorie, die nicht durch kleine Änderungen verbessert werden kann. Was kleine Änderungen sind, definiere ich nicht; jedenfalls soll die Änderung des Werts einer Materialkonstanten eine kleine, die Einführung völlig neuer Begriffe aber eine große Änderung heißen. Wie kann eine Theorie diese Extremaleigenschaft haben? Ich möchte vermuten: dann, wenn sie aus wenigen einfachen Forderungen hergeleitet werden kann. Wann eine Forderung einfach ist, definiere ich wiederum nicht; jedenfalls wird sie nicht einfach heißen, wenn sie selbst noch kontinuierlich variable Parameter enthält.

Ein klassisches Beispiel einer abgeschlossenen Theorie ist die spezielle Relativitätstheorie. Diese folgt in der Tat, wenn einmal der Rahmen der Mechanik und der Elektrodynamik abgesteckt ist, aus den zwei Postulaten des Relativitätsprinzips und der Konstanz der Lichtgeschwindigkeit. Man wende nicht ein, die Lichtgeschwindigkeit sei ein kontinuierlich variabler Parameter; sie ist vielmehr, wenn die Theorie zutrifft, die natürliche Maßeinheit aller Geschwindigkeiten. Eine axiomatische Analyse der Physik, die freilich schwer ist und noch nie vollständig durchgeführt worden ist, würde, dessen bin ich sicher, alle abgeschlossenen Theorien in dieser Weise auf einfache Ausgangspostulate reduzieren. Mit diesen Ausgangspostulaten also haben wir es zu tun; der Rest ist Anwendung von Logik.

Damit kommen wir zur zweiten Frage: Wie ist Physik überhaupt möglich? Wieso läßt sich die Vielgestalt des Geschehenden den Konsequenzen weniger einfacher Postulate unterwerfen?

Hier ist es zunächst wichtig, zu sehen, daß das im übrigen löbliche Prinzip der Denkökonomie uns in dieser Frage gar nichts hilft. Das Hauptargument dafür ist, daß der uns jeweils interessanteste Teil des Geschehens in der Zukunft liegt. Eine fertig vorliegende Menge von vergangenen Ereignissen mag man denkökonomisch ordnen können. Wie erklären wir aber, daß wir mit der Physik prophezeien können? Wie erklären wir, daß die Physik in der Vergangenheit immer wieder Ereignisse, die damals noch zukünftig waren, auf Grund von Ereignissen, die damals schon vergangen waren, richtig vorhergesagt hat? Am schärfsten hat David Hume dieses Problem, das ich dasjenige der Bodenlosigkeit des Empirismus nennen möchte, formuliert. Daraus, daß bisher jeden Tag die Sonne aufgegangen ist, folgt nicht logisch, daß sie nochmals aufgehen wird. Es folgt nur, wenn ich auch noch das Prinzip voraussetze, daß, was in der Vergangenheit geschehen ist, unter gleichen Umständen in der Zukunft wieder geschehen wird. Aber woher wissen wir das? Daraus, daß dieses Prinzip sich in der Vergangenheit bewährt hat, folgt wiederum logisch überhaupt nicht, daß es sich auch in der Zukunft bewähren werde. So konnten die Physiker, die in der Vergangenheit auf Grund dieses

Prinzips richtig prophezeit haben, dabei keinen logisch zwingenden Schluß aus ihrer vergangenen Erfahrung auf ihre damals zukünftige Erfahrung ziehen. Von der Vergangenheit zur Zukunft führt, so folgert Hume, nur die Brücke eines Glaubens (belief), den wir uns durch Gewöhnung (custom) erworben haben. In der ihm eigenen intellektuellen Redlichkeit spricht er aus, die Bewährung dieses Glaubens sei nur durch eine prästabilierte Harmonie zwischen dem Naturgeschehen und unserem Denken zu begreifen.

Ich glaube aber, wo immer wir eine prästabilierte Harmonie statuieren, statuieren wir eine von uns nicht durchschaute strukturelle Notwendigkeit. Um uns diese zu Gesicht zu bringen, behaupte ich zweitens: Humes Skepsis ist verwirrend, weil sie nicht komplett ist. Hume glaubt z. B. offensichtlich an die Logik; ein logischer Zusammenhang zwischen Vergangenheit und Zukunft, wenn es ihn nur gäbe, würde ihm genugtun. Worauf beruht aber die Logik? Jeder logische Schluß macht wenigstens davon Gebrauch, daß wir ein Ding, ein Wort, einen Begriff nach einiger Zeit als dasselbe wiedererkennen können; jede Anwendung der Logik auf die Zukunft setzt stillschweigend voraus, daß dies auch in Zukunft so sein wird. Dies aber ist nur ein Sonderfall eben jener Konstanz im Geschehen, die Hume als logisch unbeweisbar erkennt. Die Geltung der Logik in der Zeit selbst scheint also nicht logisch notwendig zu sein. Ebensowenig ist logisch notwendig, daß überhaupt Zeit ist, daß also z. B. überhaupt Zukunft sein wird, oder daß die Vergangenheit wirklich so war, wie wir sie in Erinnerung haben.

Warum verfolge ich die Skepsis so weit, zu so anscheinend absurden Konsequenzen? Ich versuche keineswegs, die Skepsis zu widerlegen. Die absolute Skepsis ist unaussprechbar, denn jedes Sprechen setzt noch ein Vertrauen voraus. Eben darum ist die absolute Skepsis unwiderlegbar. Der Sinn der Frage: »Wie ist Physik möglich?« kann also nicht sein, die Skepsis zu widerlegen. Ihr Sinn kann aber sein, sichtbar zu machen, wieviel wir damit schon anerkannt, also, wenn auch unausdrücklich, vorausgesetzt haben, daß wir anerkennen, es gebe überhaupt Erfahrung. Wir, die wir miteinander in einem gewissen Minimum des Vertrauens zur Welt und zueinander leben, wir leben nicht in der absoluten Skepsis. Ich würde den Satz wagen: wer lebt, zweifelt nicht absolut. Der absolute Zweifel ist die absolute Verzweiflung. Ich frage in einer Analyse der Physik auch nicht explizit nach dem Grund der

Gnade, die uns vor der absoluten Verzweiflung gerettet hat. Ich frage aber, was wir alle damit, daß wir überhaupt leben und weiterleben, immer schon anerkannt haben. Offenbar haben wir wenigstens anerkannt, daß es Zeit gibt, in ihren drei Modi: der jeweiligen Gegenwart, der unabänderlichen Vergangenheit und der teils dem Wollen, teils dem Vermuten offenen Zukunft. Mit diesen Begriffen hat ja Hume selbst sein skeptisches Argument formuliert; wer sie nicht verstünde, könnte nicht einmal seine Skepsis verstehen. Wir haben anerkannt, daß es Erfahrung gibt, wenn das etwa heißen soll, daß man aus der Vergangenheit für die Zukunft lernen kann. Wir haben anerkannt, daß dieses Lernen in Begriffen formuliert werden kann, also, ganz tastend gesagt, daß es wiederkehrendes Geschehen gibt, das wir mit wiedererkennbaren Worten wiedererkennbar bezeichnen können.

Nennen wir einmal das Ganze dessen, was wir so anerkannt haben, das Bestehen von Erfahrung oder kurz »die Erfahrung«. Das Wort »die Erfahrung« bezeichnet, so gebraucht, also nicht die Menge der einzelnen Erfahrungen, sondern nur die Strukturen des Geschehens, die dazu nötig sind, daß es diese einzelnen Erfahrungen überhaupt geben kann. Dann kann ich die zentrale philosophische Hypothese dieses Vortrags formulieren: Wer mit hinreichendem Denkvermögen analysieren könnte, unter welchen Bedingungen die Erfahrung überhaupt möglich ist, der müßte zeigen können, daß aus diesen Bedingungen bereits alle allgemeinen Gesetze der Physik folgen. Die so herleitbare Physik wäre gerade die vermutete einheitliche Physik.

Wie jede Hypothese ist diese sine ira et studio vorgebracht, als Formulierung einer Denkmöglichkeit, um zu ihrem Beweis oder zu ihrer Widerlegung herauszufordern. Was ist mit dieser Hypothese behauptet? Was wäre wahr, wenn sie wahr wäre?

Zunächst ist in ihr das Faktum der Erfahrung ohne weitere Rückfrage anerkannt. Selbstverständlich ist auch anerkannt, daß die Physik faktisch nur auf dem Weg über das Sammeln zahlloser einzelner Erfahrungen gefunden werden konnte. Wir haben aber vorhin vermutet, daß die vorliegende Physik aus wenigen einfachen Postulaten folgt; wir dürfen zusätzlich vermuten, daß diese Postulate um so inhaltsärmer werden, je umfassender die betreffende Theorie ist, je später also sie in der Folge der abgeschlossenen Theorien zu stehen kommt. Wir haben damals noch nicht gefragt, ob auch diese Postulate noch einer inhaltlichen Begründung fähig sein werden. Ich vermute jetzt also, daß gerade die Grundpostulate der letzten abgeschlossenen Theorie der Physik nichts anderes mehr formulieren werden als nur die Bedingungen der Möglichkeit der Erfahrung überhaupt.

Sie werden bemerkt haben, daß ich hier die Sprache Kants spreche, daß ich aber über die Behauptungen Kants hinausgehe. Ich tue das, wie gesagt, hypothetisch, um vielleicht ein Problem der Lösung näherzuführen, das in Kants Philosophie meiner Meinung nach ebenso ungelöst geblieben ist wie in jeder anderen (insbesondere auch der empiristischen). Es ist das Problem der Begründung von Gesetzen auf Erfahrung. Auch wenn wir, wie ich mit Kant vorschlage, das Geltenlassen der Möglichkeit von Erfahrung überhaupt an die Spitze unserer Theorie der Physik stellen, so bleibt die Humesche Skepsis immer noch gegenüber jeder speziellen Herleitung eines einzelnen Gesetzes aus spezieller Erfahrung berechtigt: eben *diese* Erfahrung braucht sich, so scheint es, nicht notwendigerweise zu wiederholen. Allgemeine Gesetze sind, so sagt Popper, empirisch, d. h. an Einzelfällen nur falsifizierbar und niemals verifizierbar. Genau genommen kann man sie übrigens nicht einmal falsifizieren, weil die Interpretation jeder einzelnen Erfahrung schon allgemeine Gesetze voraussetzt. Ich sehe nur *einen* Weg, allgemeine Gesetze so glaubwürdig werden zu lassen wie das Faktum der Erfahrung überhaupt: wenn sie Bedingungen der Möglichkeit dieses Faktums sind. Die Vermutung, daß dies für alle Gesetze der Physik gelte, mußte zu Kants Zeiten absurd scheinen; wenn aber alle diese Gesetze aus wenigen Postulaten folgen, so ist es vielleicht nicht absurd.

Im Sinne dieser Hypothese wird die Physik vollendbar sein, wenn oder soweit die Bedingungen der Möglichkeit der Erfahrung aufzählbar sind. Damit bleibt sie jedoch, wie schon eingangs gesagt, in einem anderen Sinne vermutlich unvollendbar. Die Menge der strukturell verschiedenen möglichen Einzelerfahrungen kann unbegrenzt sein. Dem würde entsprechen, daß die allgemeinen Gesetze der Physik eine unbegrenzte Menge ihnen genügender Strukturen als möglich zuließen, deren Erforschung einen unbegrenzten Aufgabenbereich der konkreten Physik ergäbe und wohl auch eine unbegrenzte Stufenfolge immer höherer physikalisch möglicher Strukturen. Dieser Weg führt z. B. zur Biologie und Kybernetik. Zweitens aber wird sich wohl der Begriff von Erfahrung, den ich bisher benutzt habe, als zu ungenau erweisen.

Es kann sein, daß Erfahrung in gewissem Sinne, z. B. was wir objektivierbare Erfahrung nennen, aufzählbare Bedingungen hat und damit eine vollendbare Physik begründet, daß aber jenseits dieses Bereichs andere Weisen der Erfahrung uns Menschen schon zugänglich sind und noch auf uns warten.

3
Arbeitsprogramm für die Herstellung der Einheit der Physik

Die Hypothese, daß die einheitliche Physik aus den Bedingungen der Möglichkeit der Erfahrung folge, kann nur fruchtbar zur Diskussion gestellt werden, wenn man sie als heuristisches Prinzip zur Auffindung der einheitlichen Physik benutzt. Das ist ein sehr großes Unternehmen. Ich kann deshalb leider keine fertigen Resultate vorlegen, sondern nur ein Arbeitsprogramm und gewisse speziellere Hypothesen, die sich mir auf diesem Wege nahegelegt haben.

An der Spitze der Bedingungen der Erfahrung steht die *Zeit*, in der Dreiheit ihrer Modi: Gegenwart, Zukunft, Vergangenheit. Jede physikalische Aussage bezieht sich direkt oder indirekt auf Geschehnisse, seien es vergangene, gegenwärtige oder zukünftige. Ich habe mich in leider noch unabgeschlossenen Untersuchungen mit der Logik solcher zeitbezogener Aussagen beschäftigt. Aus diesem Bereich nenne ich jetzt nur *ein* Problem, das der Wahrheitswerte von Aussagen über die Zukunft. Es scheint nicht sinnvoll, ihnen die Werte »wahr« oder »falsch« zuzuerkennen, sondern ich möchte ihnen statt dessen die sog. Modalitäten »möglich«, »notwendig«, »unmöglich« usw. bzw. deren Quantifizierung durch Wahrscheinlichkeiten zuschreiben. Dies führt unmittelbar in den Fragenkreis der Grundlagen der Wahrscheinlichkeitsrechnung, nämlich zur Frage des empirischen (objektiven) Sinns des Wahrscheinlichkeitsbegriffs. Ich übergehe aber heute diese Fragen, die nicht im engeren Sinne zur Physik gehören, ebenso wie den Zusammenhang der Logik zeitlicher Aussagen mit der üblichen Logik zeitloser Aussagen und mit der Mathematik. Ferner übergehe ich den Zusammenhang dieses Zeitbegriffs mit dem zweiten Hauptsatz der Thermodynamik, über den ich früher schon verschiedentlich geredet habe.

Die heute vorhandenen oder erhofften fundamentalen Theorien der Physik lassen sich roh aufgliedern in Quantenmechanik, Elementarteilchentheorie und Kosmologie.

Die Quantenmechanik bedarf, als allgemeine Theorie der Bewegung beliebiger Objekte, nur der Grundbegriffe der Zeit und des Objekts. Alle Objekte haben isomorphe Zustandsmannigfaltigkeiten; die Zustände jedes Objekts bilden einen Hilbertraum. »Bewegung« bedeutet hier ganz abstrakt »Zustandsänderung«. Der Begriff des Ortsraums gehört nicht zur allgemeinen Quantenmechanik. Spezielle Objekte sind durch spezielle Zeitabhängigkeiten des Zustands (also Hamiltonoperatoren) gekennzeichnet, und erst die faktisch vorkommenden Hamiltonoperatoren zeichnen den Ortsraum aus.

Die Elementarteilchenphysik als Theorie der wirklich vorkommenden Objekte fällt so bei dieser Einteilung auch die Existenz eines dreidimensionalen Ortsraums und die Lorentzinvarianz als ein ihr eigentümliches Grundgesetz zu. Dazu kommen in ihr die Grundpostulate der relativistischen Kausalität und gewisser weiterer Invarianzgruppen. Heisenberg versucht in seiner nichtlinearen Spinortheorie, auf Lorentz- und Isospin-Invarianz und Kausalität die ganze Elementarteilchenphysik zu begründen. Mir scheint dieses Programm sehr vielversprechend. Man muß hoffen, daß schließlich auch die Gravitation einer derartigen Theorie eingefügt werden wird.

Die Kosmologie schließlich wäre, gegenüber der Quantenmechanik als Theorie beliebiger Objekte und der Elementarteilchentheorie als Theorie der vorkommenden Typen von Objekten, die Theorie der Gesamtheit der wirklich existierenden Objekte. Als ihr zentrales Problem scheint sich bisher die Frage des »Weltmodells« zu stellen, d. h. derjenigen Lösung der allgemeinen Bewegungsgleichungen, die als »die Welt im ganzen« de facto realisiert ist.

Ich möchte nun glauben, daß es notwendig ist und möglich sein wird, diese drei Disziplinen: Quantenmechanik, Elementarteilchentheorie und Kosmologie, in einem einheitlichen Gedankengang zu begründen. Einen Ansatz dazu werde ich in der Sitzung über Elementarteilchenphysik mathematisch skizzieren. Hier will ich schließen, indem ich die philosophischen Gründe nenne, die uns dieses Unternehmen, wie mir scheint, nahelegen.

Der erste Schritt eines solchen Unternehmens ist die Begründung der Quantenmechanik. Dazu gibt es schon eine Reihe interessanter axiomatischer Studien. Fundamental für die Quantenmechanik ist der Begriff der experimentell entscheidbaren Alternative oder, wie man in der Physik sagt, der Observablen. Die Gesetze, die die Quantentheorie ausspricht, regeln die Wahrscheinlichkeiten für jeden möglichen Ausfall jeder möglichen Meßentscheidung einer Alternative. Philosophisch scheint mir in den Begriffen der Alternative und der Wahrscheinlichkeit nicht wesentlich mehr enthalten zu sein als in der Forderung nach einer Theorie der Erfahrung. Theorie heißt Begriff, und Alternative heißt empirische Entscheidung über das Zutreffen von Begriffen auf Ereignisse; Wahrscheinlichkeit ist, wie vorhin angedeutet, die Weise möglichen Wissens der Zukunft. Die besondere Gestalt der quantentheoretischen Wahrscheinlichkeitsgesetze setzt freilich weitere Postulate voraus. Ich nehme an, daß man dazu ungefähr folgendes braucht: Existenz letzter, nicht mehr aufgliederbarer diskreter Alternativen (d. h. im Endeffekt Separabilität des Hilbertraums), Indeterminismus und gewisse Gruppenpostulate wie Homogenität der Zeit, Isotropie des Zustandsraums, Reversibilität der Bewegung. Ich kann nicht mehr darauf eingehen, wie diese Postulate mit den Bedingungen der Erfahrung zusammenhängen. Ich möchte nur anmerken, daß die Gruppenpostulate m. E. letzten Endes an der Möglichkeit der Begriffsbildung hängen; jedenfalls würde eine jeder Symmetrie entbehrende Welt wohl keine Allgemeinbegriffe zulassen.

Zweitens sollte dann, wie mir scheint, versucht werden, die Elementarteilchenphysik und die Kosmologie aus der Quantenmechanik herzuleiten. Es erscheint mir nämlich philosophisch unbefriedigend, zuerst eine allgemeine Theorie der Bewegung beliebiger Objekte einzuführen und dann eine zweite Theorie, nach der nur bestimmte der danach möglichen Objekte »wirklich möglich« sind. Ebenso unbefriedigend scheint mir eine Kosmologie, welche das einzige, was es gibt, nämlich die ganze Welt, als eine spezielle Lösung allgemeiner Bewegungsgleichungen beschreibt. Welchen Sinn haben die Objekte der Quantentheorie, die von der Elementarteilchenphysik ausgeschlossen sind; welchen Sinn haben die Lösungen der Bewegungsgleichungen, die nicht im Weltmodell realisierbar sind? Ich vermute, daß in Wirklichkeit die Elementarteilchentheorie und die Kosmologie schon logische Konsequenzen der Quantenmechanik sind, wenn man an sie die

Forderung stellt, sie solle die Kräfte selbst als Objekte, d.h. im Ergebnis als Felder beschreiben.

Die Elementarteilchentheorie müßte dann aus der Theorie der einfachsten nach der Quantenmechanik überhaupt möglichen Objekte aufgebaut werden können; diese wären zugleich die einzigen Atome im ursprünglich philosophischen Sinn schlechthinniger Unteilbarkeit. Solche Objekte wären durch eine einzige einfache Meß-Alternative, eine Ja-Nein-Entscheidung, definiert. Ihr quantenmechanischer Zustandsraum ist ein zweidimensionaler komplexer Vektorraum, der in bekannter Weise auf einen dreidimensionalen reellen Raum abgebildet werden kann. In diesem mathematischen Faktum möchte ich den physikalischen Grund der Dreidimensionalität des Weltraums vermuten. Die sogenannten Elementarteilchen müssen als Komplexe solcher »Urobjekte« und eben darum als ineinander unwandelbar erscheinen. Die Symmetriegruppen der Elementarteilchenphysik ebenso wie die Topologie des Weltraums sollten auf diese Weise aus der Struktur des quantenmechanischen Zustandsraums der Urobjekte folgen. Ich nenne diese Hypothesen nicht, um sie schon als richtig anzukündigen, sondern um zu zeigen, daß wir keinen Grund haben, eine Herleitung der Elementarteilchenphysik und der Kosmologie aus der Quantentheorie für unmöglich zu halten.

Parmenides

1
Was heißt Einheit der Natur?

Wir rekapitulieren zunächst die Fakten und Vermutungen, in denen sich uns der Gedanke der Einheit der Natur dargestellt hat.

An der Spitze steht die *Einheit des Gesetzes.* Dies ist ein anderer Ausdruck für das, was die Physiker auch die *allgemeine Geltung einer fundamentalen Theorie* nennen. Eine derartige »Theorie« besteht aus einer Anzahl von Begriffen und von grundlegenden Sätzen, durch welche diese Begriffe verbunden sind und aus welchen weitere Sätze logisch gefolgert werden können. Es muß ferner praktisch hinreichend klar sein, wie die Begriffe der Theorie in der Erfahrung angewandt werden müssen und wie man somit ihre Sätze an der Erfahrung prüft. »Geltung« hat die Theorie nur, wenn dieses Verfahren bekannt ist und wenn die so geprüften Sätze mit der Erfahrung übereinstimmen. Die methodischen Probleme dieser Forderungen seien hier nicht rekapituliert; wir berufen uns zunächst auf das Faktum, daß die Physiker sich hierüber im allgemeinen praktisch einigen können. Die Geltung ist »allgemein, wenn sie sich auf alle möglichen Objekte der betr. Theorie erstreckt, d.h. auf alle Objekte, die überhaupt unter die Begriffe der Theorie fallen. Auch hier genügt uns vorerst die praktische Allgemeinheit, etwa vorbehaltlich der Entdeckung von Ausnahmen oder noch allgemeineren Gesetzen. Die Theorie soll »fundamental« heißen, wenn sie sich auf alle überhaupt möglichen Objekte der Natur erstreckt. Die Allgemeingültigkeit einer fundamentalen Theorie bedeutet, daß für alle Objekte der Natur ein und dasselbe Gesetzesschema gilt; in diesem Sinne bezeichnen wir sie als »Einheit des Gesetzes«. Es sei hervorgehoben, daß alle diese Begriffe noch deskriptiv sind. Sie beschreiben das ungefähre Selbstverständnis der Physik unseres Zeitalters und werden durch die des weiteren zu rekapitulierenden Überlegungen erläutert oder revidiert.

Wir sind im Besitz einer solchen fundamentalen Theorie. Es ist die Quantentheorie. Wir erläutern etwas näher, was von einer fundamentalen Theorie verlangt wird und inwiefern die Quantentheorie dies erfüllt.

Die Theorie soll sich auf beliebige Objekte der Natur beziehen. Sie muß dazu ein beliebiges Objekt charakterisieren können. Sie tut es, indem sie die Gesamtheit seiner möglichen (»formal-möglichen«) *Zustände* angibt. Sie muß ferner angeben, wie sich diese Zustände im Lauf der Zeit *ändern* können. Diese beiden Forderungen würde man von der Denkweise der klassischen Physik her aufstellen; die Quantentheorie ergänzt die Forderungen in einer für sie charakteristischen Weise, indem sie sie erfüllt.

Nach der Quantentheorie hat jedes Objekt, in mathematischer Allgemeinheit gesprochen, *dieselbe* Mannigfaltigkeit möglicher Zustände*, sie lassen sich charakterisieren als die eindimensionalen Teilräume eines Hilbertraumes. Die Quantentheorie hat auch eine allgemeine Regel für die *Zusammensetzung* zweier Objekte zu einem einzigen Objekt: der Hilbertraum des Gesamtobjekts ist das Kroneckerprodukt der Hilberträume der Teilobjekte. Die Frage nach der zeitlichen Änderung der Zustände spaltet sie in zwei Fragen auf. Ändert sich der Zustand, ohne beobachtet zu werden, so geschieht dies gemäß einer *unitären Transformation* des Hilbertraums. Eine *Spezies von Objekten* (z. B.: die Heliumatome) ist charakterisiert durch die für sie als formalmöglich zugelassenen unitären Transformationen, mathematisch beschrieben durch ihr infinitesimales Element, den *Hamiltonoperator H*. Der Hamiltonoperator eines isolierten Objekts charakterisiert dessen innere Dynamik und zeichnet damit z. B. unter seinen Zuständen gewisse als Eigenzustände von H mit bestimmten Energieeigenwerten aus. Die Wechselwirkung des Objekts mit anderen Objekten wird durch den Hamiltonoperator des aus diesen Objekten zusammengesetzten Gesamtobjekts beschrieben; dieser läßt sich in gewissen Näherungen zu einem Hamiltonoperator des betrachteten Objekts allein in einer vorgegebenen Umwelt verkürzen. Wird hingegen der Zustand *beobachtet*, so tritt eine Zu-

* Von der Finitismusforderung sehen wir in dieser Beschreibung der bestehenden Quantentheorie ab.

standsänderung anderer Art ein. Eine bestimmte Beobachtung läßt nur eine Auswahl aus den formalmöglichen Zuständen des Objekts als mögliche Beobachtungsergebnisse zu; sie sind gerade die Eigenzustände des Hamiltonoperators des Objekts unter dem Einfluß des als Teil der Umwelt beschriebenen Meßapparats. Lag nun vor der Beobachtung ein bestimmter Zustand ψ vor, so ist die Wahrscheinlichkeit, bei der Beobachtung einen bestimmten Zustand φ_n aus der Mannigfaltigkeit der als Beobachtungsergebnisse möglichen Zustände zu finden, gleich dem Absolutquadrat des inneren Produkts der Einheitsvektoren in den Richtungen der Zustände ψ und φ_n.

Wegen des notwendigen mathematischen Apparats mag diese Schilderung der Quantentheorie schwerfällig wirken. Begrifflich erreicht die Theorie in gewisser Weise schon ein Maximum möglicher Einfachheit. Sie charakterisiert beliebige Objekte, deren Zusammensetzung, die Änderung ihrer Zustände ohne Beobachtung und die Prognose von Beobachtungen durch jeweils allgemeingültige und eindeutige Vorschriften. Trotzdem drückt sie, auch wenn wir sie als allgemeingültig annehmen, noch nicht die volle Einheit der Natur aus.

Zweitens gibt es nämlich die Einheit der Natur im Sinne der *Einheitlichkeit der Spezies von Objekten.* In der Quantentheorie spricht sich dies als das Vorkommen von Objekten mit speziellen Hamiltonoperatoren aus. Wir glauben heute, daß alle Spezies von Objekten prinzipiell durch ihre Zusammensetzung aus einer kleinen Zahl von Spezies von Elementarteilchen erklärt werden können. Dies gilt nach allgemeiner Überzeugung für die unbelebte Natur; für die lebenden Organismen ist es die Hypothese, die wir in diesem Buch zugrundegelegt haben. Die Spezies der Elementarteilchen schließlich hoffen wir auf eine einzige Grundgesetzlichkeit zu reduzieren, die vielleicht besser nicht als die Existenz einer Urspezies, sondern als ein Gesetz der Spezifikation beschrieben werden wird.

Drittens erscheint es der heutigen Kosmologie sinnvoll, von der Einheit der Natur im Sinne der *Allheit der Objekte* zu reden. Man spricht von *der Welt*, so als sei sie ein einziges Objekt. In der Tat läßt die Quantentheorie die Zusammensetzung beliebiger Objekte zu Gesamtobjekten zu. Ja sie fordert diese Zusammensetzung in dem Sinne, daß sie als den eigentlichen Zustandsraum einer Anzahl koexistierender Objekte gerade den Zustandsraum des aus ihnen zusammengesetzten Objekts ansieht; die Isolierung einzelner Objekte ist für sie stets nur eine Näherung. Wenn die Gesamtheit der Objekte in der Welt wenigstens grundsätzlich aufgezählt werden kann, so nötigt uns die Quantentheorie, grundsätzlich das aus ihnen zusammengesetzte Gesamtobjekt »Welt« einzuführen. Hier entstehen freilich manifeste begriffliche Probleme, welche ein Hauptthema des vorliegenden Aufsatzes sein werden. Sie seien zunächst bloß genannt: Wenn es das Objekt »Welt« gibt, für wen ist es Objekt? Wie ist eine Beobachtung dieses Objekts vorzustellen? Wenn wir das Objekt »Welt« aber nicht einführen dürfen, wie haben wir dann das Zusammensein der Objekte »in der Welt« quantentheoretisch zu beschreiben? Oder reicht hier die Quantentheorie prinzipiell nicht aus?

Viertens haben wir versucht, die Einheit der Natur unter den drei aufgezählten Aspekten zu begründen auf die *Einheit der Erfahrung*. Zunächst war die Rede von den Bedingungen der Möglichkeit der Erfahrung. Dabei ist »die Erfahrung« immer schon als eine Einheit verstanden, in dem Sinne, daß »jede« Erfahrung mit jeder anderen Erfahrung widerspruchslos und in einem Gewebe von Wechselwirkungen verknüpft gedacht werden darf. Diese Einheit erscheint bei Kant unter dem Titel der Einheit der Apperzeption. In unserem Ansatz, der nicht die Subjektivität, sondern die Zeitlichkeit der Erfahrung an die Spitze stellt, erscheint sie eher als die *Einheit der Zeit*. Die Einheit der Zeit (welche in unserer Darstellung natürlich den Raum umfaßt) ist vermutlich der einzige angemessene Rahmen für das Problem der Allheit der Objekte. Mit diesen letzten Überlegungen sind wir wie mit einem Sprung in die Grundprobleme der klassischen Philosophie eingetaucht. Ehe wir uns in ihnen weiterbewegen, müssen wir als letzten den kybernetischen Ansatz einführen:

Fünftens gehört zur Einheit der Natur nach unserem Ansatz die *Einheit von Mensch und Natur*. Der Mensch, in dessen Erfahrung wir die Einheit der Natur auffinden, ist zugleich Teil der Natur. Wir versuchen, menschliche Erfahrung in einer Kybernetik der Wahrheit als einen Naturvorgang zu beschreiben. Das philosophische Problem, das hier entsteht, ist manifest. Wenn dieses Programm wenigstens prinzipiell durchführbar ist, so stellt sich die Einheit der Natur irgendwie innerhalb der Natur als Einheit der Erfahrung des Menschen dar. Was heißt dieses »irgendwie«? Anders gewendet: Zur Allheit der Objekte gehören nun auch die

Subjekte, für welche die Objekte Objekte sind. Ferner: Menschliches Bewußtsein hebt sich in einer Kybernetik der Wahrheit aus tierischer Subjektivität zwar als spezifische höhere Gestalt, aber doch in genetischer Kontinuität heraus. Die Subjektivität aller Substanz wird im Versuch der Reduktion von Materie und Energie auf Information, wenn auch implizit und undeutlich, vorausgesetzt. Die klassische Formel, die Natur sei Geist, der sich nicht selbst als Geist kennt, drängt sich als Stenographie dieser Probleme auf, ohne darum im geringsten verstanden zu sein.

Ein nächster Schritt ist es also, daß wir diesen Problemkomplex nunmehr mit den Gedanken der klassischen Philosophie, in denen wir hier faktisch schon schwimmen, ausdrücklich konfrontieren. Befinden wir uns nicht mitten in den Problemen des Eleaten Parmenides? Hen to pan: Eins ist das Ganze. Das Ganze ist zunächst die Welt, »vergleichbar einer wohlgerundeten Kugel«. Diese Welt aber umfaßt ebensosehr das Erfahren wie das Erfahrene, Bewußtsein und Sein: To gar auto noein estin te kai einai, dasselbe nämlich ist Schauen und Sein. Hier habe ich noein mit »Schauen« übersetzt, um die abstrakte Introvertiertheit des »Denkens« davon fernzuhalten. Was kann Parmenides uns lehren?

2
Exkurs: Wie kann man Philosophen lesen?

Wer sich nunmehr zur Auskunft an die heutige Sekundärliteratur über den Eleaten Parmenides oder über Platons Parmenides-Dialog wendet, der kann nur verzweifeln.

Wie primitiv war Parmenides? War er ein astronomischer Materialist, der an ein kugelförmiges Universum glaubte? Meinte er, wie konsequente Materialisten nach ihm, daß die Materie auch denken kann? War er ein Pantheist, dem die denkende Materie Gott war? War er ein Spiritualist, dem das Räumliche als Sinnliches nur Schein war? Beruht seine Philosophie darauf, daß er den Unterschied zwischen Bewußtsein und Materie oder zwischen Form und Materie noch nicht begriffen hatte? Oder bedeutet das »esti« mit Infinitiv »man kann« und lehrt er so nur die Erkennbarkeit der Wirklichkeit: »dasselbe kann man denken, was sein kann«? Lehrt er, daß alle Bewegung nur Schein ist? Wenn ja, merkt er nicht, daß dies sein Lehren selbst eine Bewegung ist? Ist er das Opfer einer noch unreifen Logik? Verwechselt er Logik und Ontologie? Ist sein Verdienst gerade die Eröffnung des Fragens nach einer strengen Logik? Oder hat er eigentlich das Dauernde im Wechsel, die Substanz, entdeckt? Ein Vorläufer scheint er jedenfalls zu sein; wessen Vorläufer aber?

Und Platons Parmenides-Dialog: Ist das »Präludium« eine Kapitulation der Ideenlehre, eine Selbstkritik auf dem Weg zu einer besseren Ideenlehre, eine Propädeutik zur Ideenlehre? Und, wenn wir unter den Hypothesen der »Fuge« die erste herausgreifen: Ist sie »nur negativ« oder auch oder nur »positiv« gemeint? Ist sie einfach die Widerlegung des Eleaten Parmenides, geschmackvollerweise ihm selbst in den Mund gelegt? Spricht sie von jeder Idee, insofern diese eine ist? Spricht sie vom Einen Platons, vom Einen der Neuplatoniker? Ist beides dasselbe oder etwas völlig Verschiedenes? Ist sie ein logisches Schulstück, ein Scherz, oder ist sie die höchste Stufe der abendländischen Theologie?

Alle diese Meinungen werden dem Leser angeboten. Können wir hoffen, von so dunklen Texten etwas für unsere Probleme zu lernen? Sollten wir uns nicht lieber den Problemen selbst zuwenden? Kann der philosophierende Physiker auch nur die philologische Gelehrsamkeit erwerben, um textlich glaubwürdige von unglaubwürdigen Deutungen zu unterscheiden?

Aber was uns zu diesen Texten drängt, sind die Probleme selbst. Die Frage, was Physik ist, hat uns in die Philosophie geführt, als Rückfrage nach dem Sinn der verwendeten Begriffe. Bei Aristoteles, Platon, Parmenides studieren wir diese Begriffe an der Quelle; wer soll besser Auskunft geben können, was mit diesen Begriffen gemeint sein könnte als ihre Erfinder? Platons Philosophie aber steigt selbst rückfragend vom Eisenring zum Kreis, vom Kreis zur Idee, von der Idee zum Einen auf. Es ist systematisch klar, daß wir Platons Philosophie noch nicht verstanden haben, solange wir seinen Parmenides-Dialog nicht nachvollziehen können. Solange wir das nicht können, können wir hoffen, unsere eigene Philosophie besser zu verstehen als die seine?

Lesen wir mit dieser Selbstbelehrung nun die angebotenen Deutungen der beiden Philosophen noch einmal durch, so finden wir jedesmal ungefähr dasjenige als Erklärungsprinzip angeboten, worüber hinaus der betreffende Sekundärautor in seinem eigenen Philosophieren nicht mehr zu fragen vermocht hat. Nur, da der Text sich diesen Deutungen nie ganz fügt, wird dann die Abweichung von dem, was der Philosoph nach der Meinung des Interpreten hätte sagen sollen, durch die frühere Entwicklungsstufe jener Philosophie begreiflich gemacht. Selbstverständlich werden auch wir, wenn wir uns nun zu diesen Texten wenden, an ihnen ebenso Schiffbruch erleiden; unsere Deutungen werden ebenso erbarmungslos unsere eigenen philosophischen Grenzen enthüllen. Indem wir darauf vorbereitet sind, können wir uns ein paar methodische Prinzipien für die Lektüre zurechtlegen.

Zunächst sollten wir uns generell an eine verallgemeinerte und vereinfachte Fassung des Prinzips der Wahrheit des Behaupteten halten. Dieses Prinzip wurde im vorangehenden Aufsatz als philologisches Prinzip der Platoninterpretation in dem sehr viel spezielleren Sinne eingeführt, daß es zu jeder Behauptung, die Platon einer seiner Figuren in den Mund legt, eine Deutung gibt, in der verstanden die betreffende Behauptung nach Platons eigener Ansicht wahr ist. Das mag ein fruchtbares Prinzip sein, das man nicht überziehen sollte; jedenfalls kennzeichnet es nur die Schriftstellerei des einen Philosophen Platon. Jetzt suchen wir nicht die Äußerungen platonischer Dialogpersonen, sondern die Meinungen der Philosophen selbst zu verstehen. Wo wir sie nicht verstehen und für falsch halten, besagt nun das heuristische Prinzip: Der Philosoph hat recht. Ich habe ihn noch nicht verstanden, wenn ich ihm widersprechen muß, und ich habe die Wahrheit noch nicht gesehen, wenn ich ihn nicht verstehe. Ehe ich die Wahrheit gesehen habe, die er gesehen hat, habe ich nicht die geringste Hoffnung, eine Wahrheit zu sehen, welche seine Wahrheit überschreitet oder relativiert.

Gegen ein bloßes Nachreden der Lehren, das dann wiederum kein Verständnis wäre, mag uns eine dreifache Überlegung schützen.

Erstens ist nicht zu erwarten, daß das, was auf dem Grund der Möglichkeit diskursiven Denkens liegt, selbst in diskursivem Denken adäquat dargestellt werden kann. Wir kommen im nächsten Abschnitt von der Sache her hierauf zurück. Methodisch heißt dies, daß wir nicht annehmen dürfen, Parmenides oder Platon hätten es uns leichter machen können, wenn sie das, was sie meinten, anders, also z. B. »direkt«, gesagt hätten, oder wir könnten das von ihnen Unterlassene durch unsere eigene Interpretation nachholen.

Zweitens haben diese Philosophen ohne Zweifel auch mit den

lösbaren Schwierigkeiten des diskursiven Denkens und des sprachlichen Ausdrucks gerungen. Haben wir einmal erfaßt, wovon sie reden, so dürfen, ja müssen wir mit ihnen diskutieren. Nur liegt es im Wesen der Sache, daß philosophische Texte systematisch vieldeutig sind. Um es in der Sprache der platonischen Ideenlehre zu sagen: Wer von einer Idee spricht, spricht damit automatisch auch von allem, was an dieser Idee teilhat; wer von irgend etwas spricht, spricht damit automatisch auch von allen Ideen, an denen dieses Irgendetwas teilhat. Dies ist unvermeidlich, es liegt im Wesen des sinnvollen Sprechens. Also kann es uns zustoßen, daß wir den Philosophen in einer der Ebenen, in denen er zugleich spricht, schon verstanden haben (soweit das isoliert möglich ist), in einer anderen aber noch nicht.

Drittens leben diese Philosophen in einer anderen Zeit als wir, und das impliziert eine dreifache Relation zu uns: sie sind unsere Lehrer, sie sind unsere Vorläufer, und sie sind Fremde für uns. Wir philosophieren jetzt. Jetzt, z. T. vermittelt durch einen uns nicht mehr durchschaubaren historischen Prozeß, sind sie unsere Lehrer. Der Lehrer kann uns aufschließen, was wir selbst vielleicht nie gefunden hätten. Indem wir seine Worte nachreden, so gut wir sie eben verstehen, erschließt sich uns mehr als wir ausdrücklich wissen. Jetzt sind sie unsere Vorläufer. Sie haben manches geahnt, was heute explizit verfügbar ist, manches nicht einmal geahnt, was sich doch aus ihren Ansätzen entwickelt hat. Reden wir ihre Worte nach, so dürfen wir mit Recht in ihnen Potentialitäten erkennen, die ihnen selbst nicht explizit sichtbar sein konnten. Jetzt sind sie uns fremd. Ihre kulturelle Umwelt ist versunken, und wir wissen, daß jeder Mensch jedem anderen Menschen, selbst dem Zeitgenossen und Freund, ein Fremder bleibt, wo er es weiß und wo er es nicht weiß. So ist jede gute Deutung zugleich ein produktives Mißverständnis. Auch das gehört zum Sein in der Geschichte, zur condition humaine.

All dies vor Augen machen wir uns in der Naivität der Frage nach der Wahrheit an das Gespräch mit den Philosophen.

3
Wovon haben Parmenides und Platon gesprochen?

Es ist jetzt nicht die Rede von der Vielfalt der platonischen Politik und Ethik, Physik und Logik, von der Vielgestalt des Ideenkosmos. Die Frage steht nach dem Thema, das Platon mit Parmenides gemeinsam hat und das er selbst im Parmenides-Dialog unter den Titel des Einen bringt. Es geht um die Einheit des Seienden, das Sein des Einen, die Einheit des Einen.

Beginnen wir mit Platon, der uns wenigstens, als frühester unter den Philosophen, in seinen Schriften vollständig überliefert zu sein scheint. Aber der explizite Text dieser Schriften läßt uns nahezu im Stich. Der systematische Ort des Einen wird nirgends außerhalb des Parmenides-Dialogs erörtert, und in diesem Dialog wird das Bild einer totalen Aporie geboten. Die Anknüpfung an die Idee des Guten in der Politeia beruht textlich auf einer Äußerung des Aristoteles*; die richtige Anknüpfung an die obersten Gattungen des Sophistes ist weitgehend unbekannt. Wir wissen nicht mehr davon als Plotin wußte, wahrscheinlich weniger. Denn sicher war zu Plotins Zeit noch eine reichere schriftliche, vielleicht auch eine glaubwürdige mündliche Tradition vorhanden.

Wir sind so alsbald auf die Frage nach der ungeschriebenen Lehre Platons verwiesen. In der Tat grenzen alle seine Dialoge manifest ans Ungeschriebene. Sie fordern auf, weiter zu denken. Oft endet ein Dialog mit einer Aporie, und ein späterer Dialog löst eben diese Aporie, nur um mit einer neuen Aporie auf höherer Stufe zu enden. Notieren wir am Rand jedes Platontextes die Parallelstellen in anderen Dialogen, so erhalten wir ein System ineinanderpassender Haken und Ösen, ein Geflecht, das mehr zeigt als jede kursorische Lektüre der Texte hergibt. Schon die Behauptung, es gebe in der platonischen Philosophie einen Aufstieg vom Eisenring oder Ball zum Einen, ist ein noch ziemlich naiver Versuch eines solchen Weiterdenkens. Nun überliefert uns Aristoteles, daß Platon ungeschriebene Lehren (agrapha dogmata) besaß**. Können diese uns weiterhelfen?

* Met. 1091b 13, E. E. 1218a 19f.

** Vgl. *Krämer*, H. J. »Arete bei Platon und Aristoteles«. Heidelberg 1959; *Gaiser*, K.: »Platons ungeschriebene Lehre«. Stuttgart 1963.

Zunächst die Frage, warum Platon gewisse Lehren nicht aufgeschrieben haben sollte. Entweder hielt er es für unmöglich, sie aufzuschreiben, oder er hielt es für möglich, aber nicht wünschenswert oder auch für wünschenswert, aber er ist nicht mehr dazu gekommen. Der Kern der Lehre vom Einen war wohl von der ersten Art; was Aristoteles überliefert, mag mehr von der zweiten, in Randgebieten auch von der dritten Art sein. Warum aber war Platon der Meinung, man könne gewisse Lehren zwar niederschreiben, solle es aber nicht tun? Die Äußerungen im Phaidros und im 7. Brief lassen vermuten, daß solche Lehren mit dem, was nicht geschrieben werden kann, so innig zusammenhängen, daß der, der dieses nicht verstanden hat, auch mit jenen Lehren nur Unheil stiften kann. Nun scheint die ungeschriebene Lehre der zweiten Art nach dem Zeugnis des Aristoteles eine Zwei-Prinzipien-Metaphysik und eine aus ihr entfaltete mathematische Naturwissenschaft gewesen zu sein. Sie scheint eine absteigende Konstruktion dessen gewesen zu sein, was im Aufstieg der schrittweise erkennenden Seele als die verschiedenen Stufen von Ideen erscheint, wie sie im Präludium des »Parmenides« kritisiert werden. Die beiden Prinzipien heißen das Eine (hen) und die unbegrenzte Zweiheit (aoristos dyas). Ihr Zusammenspiel entfaltet die Zahlen, die Raumdimensionen und -figuren und die Elemente der sinnlichen Welt. Was können wir daraus lernen, wenn wir nicht die Spielereien einer hypothetisch-spekulativen antiken Naturwissenschaft philologisch eruieren wollen, sondern die auch für uns geltenden Fragen verfolgen?

Ein fundamentales Paradox liegt in der Zwei-Prinzipien-Lehre. Prinzip heißt Anfang (archē). Man kann eine Vielheit auf allerhand relative Prinzipien hin analysieren. Das tut Aristoteles mit phänomenologischer Methode in immer neuen Anläufen*. Aber aus dem eigentlich spekulativen Problem der Prinzipien-Vielheit weicht Aristoteles, wenn ich richtig sehe, durch die pros-hen-Struktur der Kategorienlehre und durch die Lehre von Gott als oberster Usia in genau die Verdeckung der ontologischen Differenz aus, die Heidegger als Metaphysik bezeichnet. Bleiben wir hier vorerst bei einer etwas naiven Fassung des spekulativen Pro-

* *Wieland*, W.: »Die aristotelische Physik«. Göttingen 1962, stellt diesen Prinzipien-Pluralismus vortrefflich, wenngleich in überzogen sprachanalytischer Deutung dar.

blems der Prinzipien. Dann werden wir sagen müssen: Mehrere, selbst nur zwei »Anfänge« sind eigentlich überhaupt keine Anfänge, denn sie haben vor sich noch die Fragen: Warum gerade diese zwei? Was ist ihnen gemeinsam (z. B. »Anfang« zu sein)? Was unterscheidet sie? Wenn es überhaupt so etwas wie einen Anfang geben kann, so muß er einer sein. Wie aber kann ein Anfang Einer sein, wenn er Vielheit aus sich entläßt (zur Folge hat, erklärt)? Soll der Anfang Einer sein, so muß nichts außer ihm sein. Er muß alles sein: Eins ist das Ganze. Wir sind bei Parmenides von Elea angekommen. Aber sind wir schon wirklich bei ihm?

Wir haben postuliert, es möchte wohl so etwas wie einen Anfang geben. Wir haben diskursiv weitergeschlossen. Wir haben mit Wenn und Aber argumentiert. (Heidegger nennt solches Verfahren im Gespräch »Herumargumentieren«.) Wir sind zu einem Schluß gekommen, der, wenn er wahr ist, alles leugnet, womit wir begonnen haben. Die diskursiv richtige Folgerung wäre, daß wir eine deductio ad absurdum vollzogen haben: Das parmenidische Eine kann es nicht geben, also auch nicht ein einziges Prinzip, also gar kein Prinzip im strengen Sinne. Wir sind nicht bei Parmenides angekommen.

Parmenides selbst hat sich ganz anders verhalten, wenn wir der Wahrheit des Behaupteten glauben dürfen*. Er beginnt sein abstrakt wirkendes Gedicht mit der bildlichen Darstellung seiner Entrückung zum Tor des Wissens, das sich öffnet, damit ihm die Göttin Wahrheit gebieten kann: Schaue! und er sieht. Sein Gedicht ist, in der überlieferten Sprache der Mysterien eingeleitet, die Epiphanie, die offenbare Erscheinung dessen, was ist. Das, was ist, to eon, ist das eine, was er sieht. Und daneben muß er lernen, daß alles andere nicht ist, bloße Meinung der Menschen. Das, was ist, verstehen wir – in Pichts Worten – als die ewige Gegenwart, wie sie geschichtlich vorbereitet war in der Lehre von der Gegenwart des göttlichen Nus – des göttlichen Sehens – bei allen Dingen, denen die sind, die waren, die sein werden.

Ich versuche hier nicht, den Inhalt der parmenideischen Lehre zu entfalten und verweise dafür auf Pichts Deutung. Es soll uns

* Ich folge in seiner Auslegung im wesentlichen *Picht*, G.: »Die Epiphanie der ewigen Gegenwart« in: »Beiträge zur Philosophie und Wissenschaft. Festschrift für Wilhelm Szilasi«. München 1960. Abgedruckt in: *Picht*, G.: »Wahrheit, Vernunft, Verantwortung«. Stuttgart 1969.

jetzt nur darauf ankommen, zu fragen, wie wir selbst uns zur Möglichkeit einer solchen Erkenntnis verhalten. Sie hat untrennbar an sich die assertorische Form der Aussprache des direkt Gesehenen – Picht sagt zugespitzt: das Gedicht selbst ist die Epiphanie – und die äußerste abstrakte Rationalität der Argumente und Behauptungen. Geht dies zusammen, oder ist es nicht ein innerer Widerspruch, der die Verwirrung der Interpreten rechtfertigt? Wie verträgt sich göttliche Erscheinung mit wissenschaftlicher Rationalität?

Kehren wir zum Zwecke des Vergleichs zum Alltag der Wissenschaft zurück! In der Beschreibung der Physik haben wir gesehen, daß die Physik auf allgemeinen Aussagen beruht, die durch Erfahrung weder in ihrer Allgemeinheit verifiziert noch auch nur in logischer Strenge falsifiziert werden können. Wir sprachen von wissenschaftlicher Wahrnehmung als einer Art Gestaltwahrnehmung. Eben diese identifizierten wir hypothetisch mit der Wahrnehmung der platonischen Gestalt (Idee) im Einzelding, die gerade als kybernetisch möglich erscheinen kann. Das Grundmaterial der wissenschaftlichen Erkenntnis ist uns in einer Gestaltwahrnehmung verfügbar, die eben wegen ihrer alltäglichen Verfügbarkeit keinerlei Erleuchtungserlebnisse mit sich bringt. Aber auch die großen neuen Schritte der Wissenschaft beruhen auf solchen Wahrnehmungen, nunmehr Wahrnehmungen von bisher verborgenen Gestalten, denen wir als Merkmale Einfachheit, Allgemeinheit und Abstraktheit zuschrieben.

Wir haben uns hier der methodischen Rolle der wissenschaftlichen Wahrnehmung zu vergewissern. Sie läßt sich vielleicht zunächst leichter am außerordentlichen Fall eines großen theoretischen Fortschritts erläutern. Der Forscher, der den neuen Gedanken gefaßt hat, hat zwar etwas wie eine Erleuchtung erlebt; er hat gesehen, was andere und er selbst vorher nicht gesehen haben. Aber er darf sich nicht auf Erleuchtung berufen, nicht den andern gegenüber und auch nicht sich selbst gegenüber. Er muß sich vergewissern, ob er wirklich gesehen hat, indem er die Konsequenzen seines neuen Gedankens zieht und an der anerkannten oder neu hervorgebrachten Erfahrung prüft. Ihm obliegt die Pflicht des Versuchs, seine Entdeckung zu falsifizieren. War sie wahr, so wird sie der Falsifikation trotzen und wird bisher Unverstandenes verständlich machen. Sie rechtfertigt sich wie ein im Dunkeln entzündetes Licht durch das, was sie sehen lehrt. Er wird dann die andern überzeugen, wenn er sie zu bewegen vermag, ebenso wie er zu sehen. Die Erfahrungen aber, die zur Falsifikation benötigt werden oder durch die neue Erkenntnisse möglich oder verständlich werden, haben selbst eben diese selbe Natur der Gestaltwahrnehmung, nur meist von der undramatischen, längst anerkannten Art. Aber jede einzelne sogenannte Erfahrung hat sich grundsätzlich derselben Kritik zu stellen. Sie muß, so sagen wir, nachprüfbar sein, und die Nachprüfung bedeutet stets, daß wir dasselbe wieder sehen und das daraus zu Folgernde auch sehen können.

Genau von dieser methodischen Struktur aber ist auch das Gedicht des Parmenides. Der Verfasser schildert, in dichterischer, d. h. für den Menschen seines Kulturkreises vertrauter Sprache, daß er zum Sehen geführt wurde, er legt dar, was er sieht, er gibt die Argumente an, denen ein geschultes Denken sich nicht entziehen kann, und so lehrt er den Leser selber sehen. Wenn wir es nicht sehen, so liegt das vielleicht nur an unserem Unvermögen. Aber wenn Platon offensichtlich von eben demselben spricht wie Parmenides und doch ihn kritisiert*, so muß es um diese Wahrnehmung möglichen Streit geben, der nicht einfach das Wahrgenommensein selbst betrifft, sondern die Frage, wie das zu verstehen ist, was hier wahrgenommen wurde, eine Frage, die freilich zur Antwort neue Wahrnehmung verlangt.

Eine alltägliche Sinneswahrnehmung wird nicht als Akt argumentativen Denkens, nicht als Teil eines Argumentationszusammenhangs empfunden, obwohl auch sie prädikativen Charakter hat und Gestalten wahrnimmt, die in Argumentationen eingehen können. Die Tradition der Menschheit kennt nun eine Erfahrung, die sich zu dem hier argumentativ Vorgetragenen ähnlich verhält wie die Sinneswahrnehmung zu ihrem virtuellen begrifflichen Gehalt, nämlich das, was wir in der westlichen Welt die Mystik nennen. Die mystische Erfahrung ist in der Weise, in der sie sich ausspricht, kulturgebunden und doch in erstaunlichem Maße in allen Kulturen identisch. Ihr oberster Begriff ist das Einswerden, die unio mystica. Einswerden kann zunächst heißen, daß zwei in einem aufgehen. Man kann es auch lesen als zu dem Einen werden (so wie Erwachsenwerden, Schönwerden). Die neuplatonische Schule hat das Eine der mystischen Erfahrung mit dem Einen Platons

* Explizit z. B. Sophistes 241 d 5.

gleichgesetzt. In der alten asiatischen Tradition gehört meditative Schulung zu den selbstverständlichen Voraussetzungen des philosophischen Denkens, dessen hohe Stufen eben die hohen Stufen der meditativen Erfahrung interpretieren.

In diesen Stufen dreht die Frage, ob das Eine als Gott vorgestellt werde, ihre Bedeutung um. Von der Volksreligion kommend, kennt man die Vorstellung von Göttern oder von einem Gott. Diese Vorstellung ist selbst dem Ungläubigen *als* Vorstellung vertraut. So ist sie eine der erläuternden Vorstellungen, ähnlich wie Materie, Bewußtsein, Weltall, Liebe, mit denen man an den abstrakten und nicht aus Erfahrung bekannten Begriff des Einen herantritt. Ist das Eine vielleicht eine abstrakte Bezeichnung für eine dieser vertrauten Realitäten oder Vorstellungen? Das philosophische Denken ebenso wie die meditative Erfahrung muß diese Fragerichtung umkehren. Was alle diese Vorstellungen denn eigentlich bedeuten, das wird jetzt die Frage, und der Rückgang zum Einen ist der Weg der Antwort. Nennen wir nun das Eine Gott, so ist Gott ein Name für das Eine. Das erscheinende Weltall mit all seiner Materie, seinem Bewußtsein, seinem Lieben und Begehren aber ist dann ein Götterbild (agalma bei Platon, Timaios 37c8) oder ein Werk Gottes (bei Platon im Timaios; so haben dann christliche Theologen Genesis 1 gedeutet); die Götter der Welt sind Erscheinungen oder Derivate dieses Gottes. Im Gedicht des Parmenides sind im Selben Schauen und Sein, also wie wir sagen würden, Bewußtsein und Sein vereinigt, oder eigentlich (so Picht) die Identität (das Selbe: tauton) ist, d. h. läßt sein sowohl das Schauen wie das Sein. In der indischen Vedanta-Lehre ist das Eine Sat-Chit-Ananda, was man uns mit Sein – Bewußtsein – Seligkeit übersetzt. T. M. P. Mahadevan erläuterte mündlich die Advaita (Nicht-Zweiheit)-Lehre so, daß im Einen die drei nicht Aspekte, sondern identisch sind, im Erscheinungsbereich der Zeitlichkeit aber auseinandertreten; Sat ist in allem, was ist, Chit in jedem Bewußtsein, Ananda, Seligkeit, nur in einem reinen Bewußtsein.

Die Anerkennung einer meditativen oder mystischen Erfahrung der Einheit ist nicht ein Ausweichen aus der Rationalität, sondern, wenn wir richtig argumentiert haben, eine Konsequenz des Verständnisses des Wesens der Rationalität. Argumentierende Philosophie kann dann eine Vorbereitung oder eine Auslegung dieser Erfahrung sein; sie kann auch eine Auslegung der Anerkennung der Möglichkeit dieser Erfahrung sein. Die Mystiker haben in der Tat in der Philosophie des Einen eine Auslegung ihrer Erfahrung gefunden. Andererseits liegt es nahe, daß derjenige, der selbst die Möglichkeit dieser Erfahrung verwirft oder als irrelevant betrachtet, in der Philosophie des Einen leicht Unbegreiflichkeit oder Verwirrung finden und aus dieser in kurzschlüssige Deutungen ausweichen kann. Andererseits ist die mystische Erfahrung selbst so wenig Philosophie wie die Sinneswahrnehmung Naturwissenschaft ist. Ein Aufsatz wie der gegenwärtige, der die Diskussion im Medium des heutigen wissenschaftlichen Bewußtseins sucht, kann höchstens Philosophie als Auslegung der Anerkennung der Möglichkeit der mystischen Erfahrung anbieten. Er muß versuchen, über das Eine theoretisch zu argumentieren. Eben diese Anstrengung macht Platon in seiner geschriebenen Lehre, also besonders im Parmenides-Dialog.

4
Die erste Hypothese des platonischen Parmenides und die Quantentheorie

Wir kehren zur Einheit der Natur zurück, so wie sie sich uns in unseren fünf einleitend rekapitulierten Stationen dargestellt hat. Wir fragen, ob Parmenides und Platon uns über sie belehren können. Wenn der Parmenides des platonischen Dialogs mit der Meinung recht hat, was er vorführe, sei eine notwendige Übung (gymnasia) für das Verständnis der Gestalten (Ideen), so wird ihr Vollzug auch uns guttun. Wir unternehmen damit noch etwas in doppelter Hinsicht ganz Eingeschränktes. Einmal nützen wir Platons Gymnastik nur im Blick auf den gegenwärtigen Stand der Naturwissenschaft aus; wir sind weit davon entfernt, Platons Philosophie angemessen zu interpretieren. Andererseits konfrontieren wir unser physikalisches Problem nur mit Parmenides und Platon; wir lassen die christliche Theologie, die neuzeitliche Philosophie der Subjektivität und die Einheit der modern verstandenen geschichtlichen Zeit dabei aus dem Spiel. Wir üben unser Denken, nicht mehr. Deshalb auch der sonderbar konfrontierende Titel dieses ganzen Aufsatzes; erstaunlicherweise scheint die Konfrontation etwas herzugeben.

Wir können die Vorbereitung der ersten Hypothese 137a4 beginnen lassen, wo Parmenides fragt: »Wovon sollen wir nun also anfangen und was wollen wir als erstes unterstellen (hypothesometha)? Wollt ihr etwa, da es scheint, daß wir ein mühsames Spiel spielen, daß ich mit mir selbst anfange und mit meiner eigenen Hypothese, und in bezug auf das Eine die Hypothesen machend zusehen, was herauskommen muß, entweder wenn (es) Eines ist oder wenn nicht Eines?« Hier ist schon die erste Crux des Übersetzers in dem eingeklammerten »es«. Sprachlich kann man in dem Satzteil »peri tu henos autu hypothemenos, eite hen estin eite mē hen« das »eite hen estin« ebensowohl als selbständige Aussage (»wenn Eines ist«) auffassen. Ebenso kann im eigentlichen Beginn der Hypothese 137c4 der erste Satzteil, das »Thema der Fuge«: »ei hen estin« selbständig heißen »wenn Eines ist« oder ans vorige anknüpfend »wenn es Eines ist«. Die einen Ausleger verstehen daher die erste Hypothese als besagend, daß Eines ist, die anderen als besagend, daß das Eine eines ist*. Vielleicht freilich ist dies ein ähnliches Dilemma wie das des Spaziergängers an einer Wegegabel ohne Wegzeiger; vielleicht führen beide Wege zum selben Ziel und sind eben darum nicht bezeichnet. Denn alle Ausleger sind einig, daß das »ei hen estin« der ersten Hypothese den Ton auf das hen legt, im Unterschied zum »hen ei éstin« der zweiten Hypothese, und zwar in dem Sinne, daß es hier um die Einheit des Einen, in der zweiten Hypothese aber um das Sein des Einen geht. Ist die erste Hypothese wahr, ist also das Eine in strengem Sinne Eines, so besagen beide grammatischen Konstruktionen wohl dasselbe.

Was aber ist das Eine, von dem hier die Rede ist? Alle unsere bisherigen Überlegungen nötigen uns zu der Erwartung, wir würden das nicht besser verstehen, wenn wir auf irgend etwas, das uns schon vertraut scheint, deuten und sagen: das ist gemeint. Es ist gleichsam sicher, daß so etwas nicht gemeint sein kann. Aber doch muß uns das Eine, von dem hier die Rede ist, irgendwie schon (vielleicht immer schon) vertraut sein, denn wie könnte Platon sonst seinen Parmenides mit seinem Aristoteles darüber ein offenbar beiden in Rede und Gegenrede verständliches, glatt fließendes Gespräch führen lassen? Die Argumentation stellt sich literarisch so dar, als müsse sie aus sich verständlich sein. Welches

* So insbesondere *Suhr*, M.: »Platons Kritik an den Eleaten«. Hamburg 1970.

gemeinsame Wissen legt sie zugrunde? Mir scheint, dreierlei: Erstens verweist Parmenides ausdrücklich auf sich selbst und seine Hypothese; also sollen wir sein Lehrgedicht kennen und benutzen. Zweitens argumentiert er aus bekannten Begriffsdeutungen; wir sollen versuchen, diese Begriffe so zu begreifen, daß wir die Argumente einsehen oder wenigstens nachvollziehen können. Drittens steht unausgesprochen hinter der Argumentation die dem von Platon vorausgesetzten Leser natürlich vertraute gesamte platonische Philosophie; Berufung auf sie darf zwar nach der Regel des Spiels nicht als Argument eingeführt werden, Erinnerung an sie aber ist eine erlaubte Deutungshilfe. Erstens ist hier also die Rede von dem, was Parmenides selbst als Eines bezeichnet hat, von seinem eon. Zweitens aber zeigen die Argumente der ersten Hypothese, daß es sich mit diesem eon nicht so verhalten kann, wie Parmenides darüber geredet hat; in diesem Sinne ist die erste Hypothese sicher »Eleatenkritik«. Drittens rückt dadurch das Eine in seiner strengen Einheit an eine bestimmte Stelle der platonischen Philosophie, die es eigentlich zu eruieren gilt.

Die Argumente nun arbeiten durchaus nur mit dem, was explizit vorausgesetzt ist, der Einheit des Einen, und im übrigen mit Begriffsbedeutungen, die dem damaligen philosophisch gebildeten Leser geläufig sein mußten. Die verwendeten Begriffe folgen zwar der Reihe der parmenideischen »Merkmale« (sēmata)*, wir finden sie aber auch in den aristotelischen Kategorien wieder; wir dürfen sie als seit den Eleaten gängige Grundbegriffe annehmen. Dann muß die Argumentation aber so gemeint sein, daß sie aus diesen Voraussetzungen allein schon stringent ist. Wenn sie zugleich die Lehre des alten Parmenides korrigiert, dann deshalb, weil in dieser von eben denselben Prämissen aus argumentiert wurde. Man darf dann also mit Lynch** sagen, daß die erste Hypothese sich auf alles bezieht, was Eines ist. Sie ist (gegen Suhr) also gerade deshalb fähig, zugleich Eleatenkritik zu sein, weil sie gültige Philosophie ist und sich auch auf alles erstreckt, was bei Platon selbst Eines ist. Freilich stellt sich dann sofort die Frage, was denn in diesem Sinne als Eines bezeichnet werden darf. Hier verlieren wir völlig den Faden, wenn wir nun auf eine Doxogra-

* *Suhr*, M. l. c., S. 25-31.

** *Lynch*, W. F.: »An aproach to the metaphysics of Plato through the Parmenides«. Georgetown 1959.

phie der platonischen Lehrmeinungen springen und entdecken: jede Idee ist gemeint, denn sie ist eine, oder: das bekannte Eine Platons ist gemeint. Jetzt handelt es sich ja darum, überhaupt erst zu verstehen, was man meint, wenn man sagt: »eine Idee« oder »das Eine«.

Wir unternehmen nun also eine Probe auf die Stringenz der platonischen Argumentation, indem wir sie auf die Quantentheorie anwenden.

Wenn es Eines ist, nicht wahr, dann ist das Eine doch wohl nicht Vieles? – Wie sollte es? – Also darf es weder Teile haben, noch selbst ein Ganzes sein. – Wie meinst du? – Der Teil ist doch irgendwie Teil eines Ganzen. – Ja. – Was aber ist das Ganze? Wäre nicht das, dem kein Teil fehlt, ein Ganzes? – Allerdings. – Auf beide Weisen also bestünde das Eine aus Teilen, sowohl wenn es ein Ganzes wäre, wie wenn es Teile hätte. – Notwendigerweise. – Auf beide Weisen wäre also so das Eine Vieles und nicht Eines. – Offenbar. – Es muß aber nicht Vieles, sondern das Eine selbst sein. – Das muß es. – Also wird das Eine weder ein Ganzes sein, noch Teile haben, wenn es Eines sein wird. – Nein, das nicht. (137c4-d3).

Denken wir an die klassische Physik, so gibt es in ihr kein solches Eines außer vielleicht einem Massenpunkt; in der Quantenfeldtheorie sind auch Elementarteilchen keine Massenpunkte, sondern enthalten virtuell andere Elementarteilchen und zeigen im Experiment räumliche Ausdehnung. Wir haben die Gedanken also nicht auf Elementarteilchen zu richten, sondern entweder auf jedes Objekt (es ist ja »*ein* Objekt«) oder speziell auf das Weltall. Dieses nun ist nach der klassischen Physik aus vielen Objekten aufgebaut, also vielleicht ein Ganzes, gewiß kein strenges Eines. Wie aber steht es in der Quantentheorie?

Wir kennen die Regel der Zusammensetzung von Teilobjekten zu einem Gesamtobjekt. Soll man demnach alle Objekte in der Quantentheorie als zusammengesetzt ansehen oder sind einige zusammengesetzt, andere nicht? In Wirklichkeit aber haben wir zunächst den Begriff »zusammengesetzt« zu kritisieren und zu unterscheiden von »teilbar«. Es ist eine bekannte und zutreffende Ausdrucksweise, daß nach der Quantentheorie z. B. das Wasserstoffatom eine Einheit ist, die zerstört wird, wenn man in ihm Teile, also den Kern und das Elektron, lokalisiert. Man spricht dann auch von dem Atom als einem Ganzen, aber im Sinne einer anderen Definition, als Platon sie hier benutzt; hier sagt man nicht, daß kein Teil fehlt, sondern man würde eher sagen, daß die Teile im Ganzen »untergegangen« sind. Wir können jedenfalls die Sprechweise der Quantentheorie der platonischen so anpassen, daß wir gerade ein quantentheoretisches Objekt ein Eines nennen.

Diese Sprechweise erweist sich als völlig streng, wenn wir sie als Ausdruck der mathematischen Gestalt der Zusammensetzungsregel auffassen. Unter den Zuständen eines Gesamtobjekts kommt nur eine Menge vom Maß Null vor, in der seine Teilobjekte in bestimmten Zuständen sind; nur in diesen »Produktzuständen« kann man in Strenge sagen, daß die Teilobjekte existieren*. In allen anderen Zuständen gilt nur: Wenn man das Gesamtobjekt einer Messung unterwirft, welche die Teilobjekte zu erscheinen zwingt, so werden sie sich mit der und der Wahrscheinlichkeit in den und den Zuständen zeigen. Das Gesamtobjekt ist also Eines, das in Viele zerlegbar ist, aber dann aufhört, zu sein, was es bis dahin ist. Die Anwendung aufs Weltall stellen wir noch zurück.

Platon geht nun zu den räumlichen Bestimmungen über. Das Eine hat weder Anfang, Mitte noch Ende, es hat keine Gestalt, weder eine gerade noch runde. Es ist in keinem Ort, weder in einem Anderen noch in sich. Es ruht weder noch bewegt es sich. Denn all dies wäre nur möglich, wenn es Teile hätte (137d4-139b3). Wir wollen hier Platons Argumenten nicht im einzelnen folgen, sondern fragen, wie dies sich in der Quantentheorie verhält.

Damit wir sagen dürfen, ein Objekt habe eine bestimmte (kontingente) Eigenschaft, eine gewisse Observable X habe z. B. einen bestimmten Wert ξ, ist es nötig, daß entweder X oder ξ gefunden ist, oder doch daß ein Zustand vorliegt, in dem die Wahrscheinlichkeit, bei einer Messung von X den Wert ξ zu finden, den Wert Eins hat. Die Menge der Zustände eines Objekts, in denen eine vorgegebene Observable X überhaupt bestimmte Werte hat, besitzt wiederum das Maß Null. Ferner gibt es, wie bekannt, überhaupt keine Zustände, in denen ein Objekt nach Lage und Bewegung vollständig bestimmt wäre; dies drückt die Unbestimmtheitsrelation aus. Für sich betrachtet ist also ein quantenmechanisches Objekt Eines und hat nicht zugleich eine bestimmte

* In Drieschners Axiomatik erweist sich dieser Sachverhalt als fundamental.

Lage und eine bestimmte Bewegung. Wir müssen aber darüber hinaus danach fragen, wie es zu räumlichen Bestimmungen für Objekte kommt. Dies geschieht nur durch Wechselwirkung mit anderen Objekten. Beschreibt man nun die Wechselwirkung rein quantenmechanisch, so ist sie die innere Dynamik eines aus den wechselwirkenden Objekten bestehenden Gesamtobjekts; das ursprünglich betrachtete Objekt ist in diesem Gesamtobjekt »untergegangen«. Eine Messung am ursprünglichen Objekt tritt nur ein, wenn an den mit ihm wechselwirkenden Objekten, die wir den Meßapparat nennen, ein irreversibler Vorgang geschieht. Irreversibilität ist aber kein Merkmal der quantentheoretischen Zustandsbeschreibung; sie bezeichnet vielmehr den Übergang zur klassischen Beschreibung, der Beschreibung des Wissens endlicher Wesen von endlichen Dingen. Damit wird notwendigerweise ein Stück quantentheoretisch möglicher Information über das Gesamtsystem (die Phasenbeziehungen zwischen Objekt und Meßgerät) und damit die Einheit des Gesamtsystems geopfert. Man kann also sagen: räumliche Bestimmungen werden nur möglich, wenn ein Stück quantentheoretischer Einheit verloren ist.

Dies können wir nun aufs Weltall anwenden. Eigentlich ist die Beschreibung irgendeines Objektes in der Welt als isoliert Eines ja immer illegitim. Das Objekt wäre nicht Objekt in der Welt, wenn es nicht durch Wechselwirkung mit ihr verbunden wäre. Dann aber ist es strenggenommen gar kein Objekt mehr. Wenn es etwas geben könnte, was in Strenge ein quantentheoretisches Objekt sein könnte, dann allenfalls die ganze Welt. Übertragen wir nun auf sie das, was wir soeben über Objekte überhaupt gesagt haben, so folgt: Die Beschreibung des Weltalls als räumlich strukturiertes Ganzes, in dem Teile räumlich nebeneinander liegen, steht in einem ausschließenden Verhältnis zu seiner Beschreibung als quantentheoretische Einheit. Dabei ist die quantentheoretische Beschreibung, mathematisch betrachtet, nicht ärmer, sondern reicher an Bestimmungen als die räumliche; in letzterer sind ja Phasenbeziehungen weggefallen. Aber aufs ganze Weltall bezogen, ist bei voller quantentheoretischer Beschreibung niemand mehr da, der diese Information wissen könnte. Vom schlechthin Einen gibt es nicht einmal ein mögliches Wissen. Dies aber ist auch Platons Konklusion: »Also wird es von ihm weder einen Namen geben noch eine Beschreibung (logos), noch ein Wissen, noch eine Wahrnehmung, noch eine Meinung.« (142a3-4) Quantentheoretisch können wir sagen: Je größer wir das Objekt unseres Wissens wählen, desto mehr Wissen, das nicht mehr räumlich beschrieben werden kann, läßt sich über dieses Objekt gewinnen. Beziehen wir aber alles, also auch unser eigenes Wissen, ins Objekt ein, so entsteht nur noch ein fiktives, formalmögliches Wissen, das nicht mehr die Bedingungen der Wißbarkeit erfüllt. Diese Fiktion mag der Schatten sein, den ein nicht-endliches, göttliches All-Wissen auf die Wand wirft, auf der wir unser endliches Wissen aufzeichnen; jedenfalls aber ist dieser Anspruch mit endlichem Wissen nicht mehr erfüllbar.

Freilich ist hervorzuheben, daß diese ganze Betrachtungsweise die Zeitlichkeit unseres Wissens undiskutiert läßt. Die Grundbegriffe der Quantentheorie aber sind zeitlich. Die Einheit wird durch Phasenbeziehungen vermittelt, diese bedeuten Wahrscheinlichkeiten, also zukünftige Möglichkeiten. Zwischen die Einheit des Vielen in der Natur und die Einheit des Einen tritt die Einheit der Zeit. Dies überschreitet den platonischen Ansatz und wird hier nicht in Angriff genommen.

Wir sind zuletzt zur platonischen Konklusion über die Mittelglieder hinweg gesprungen. Platon zeigt (139b4-140d8), daß auf das Eine auch die Begriffspaare Identität-Verschiedenheit, Ähnlichkeit-Unähnlichkeit, Gleichheit-Ungleichheit nicht angewandt werden können. Das Eine kann weder mit einem Andern noch mit sich identisch oder verschieden sein usw. Das wesentliche Argument ist dabei, daß die Bestimmung der Einheit mit keiner dieser anderen Bestimmungen zusammenfällt. Hier entsteht die hochinteressante Frage, welche Logik Platon dabei benutzt hat und ob seine Schlußweise stringent ist oder – wie es von gewissen Interpretationen aus scheinen muß – logische Fehler enthält. Wir entziehen uns hier diesem Problem der Platondeutung und wenden die Überlegungen auf die Quantentheorie wie folgt an: Genau wie die räumlichen Bestimmungen müssen wir auch die soeben angeführten kategorialen Bestimmungen operationalisieren, wenn wir sie auf Objekte anwenden wollen. Dies bedeutet Wechselwirkung und damit den Verlust der Einheit des Objekts. Um z. B. festzustellen, ob ein Objekt *X* mit einem Objekt *Y* tauton im Sinne des eidos ist, d. h. ob es von derselben Spezies ist, muß man beider Verhalten beobachten. Dasselbe gilt auch, wenn die Aussage, das Objekt sei mit sich selbst speziesgleich, nicht eine bloße Formel, sondern empirisch nachweisbar werden soll.

Selbst seine numerische Identität mit sich erfordert Beobachtung; die nichtklassischen Symmetrien, die zu Bose- und Fermistatistik führen, beruhen gerade darauf, daß die numerische Identität eines Objektes mit sich nicht festgehalten werden kann. Soll ein Objekt als Eines in Strenge festgehalten werden, so muß es völlig isoliert sein; dann wird aber auch seine Identität mit sich unbeobachtbar.

Als letzte Begriffsgruppe vor der Konklusion behandelt Platon die Begriffe der Zeitlichkeit (140 e 1-141 e 7). Früher und später (»älter« und »jünger«) können auf Eines nicht angewandt werden. Das Eine war nicht und wird nicht sein und ist nicht jetzt. Wenden wir dies noch einmal auf die Quantentheorie an, so werden wir auf eine Inkonsequenz mindestens der üblichen Präsentation dieser Theorie gestoßen. Die für ein Objekt charakteristischen Größen (der Zustandsvektor im Schrödingerbild, die Operatoren im Heisenbergbild) werden als Funktionen eines mit der Zeit identifizierten Parameters t geschrieben. Die Zeit gilt als grundsätzlich meßbar, aber ihr, als einziger unter den meßbaren Größen, entspricht kein Operator. In Wirklichkeit tritt als Meßgröße für die Zeit immer eine andere Observable ein, deren zeitlicher Verlauf als theoretisch hinreichend bekannt gilt, vorzugsweise eine periodische Zeitfunktion. Die Isolierung eines in seiner Einheit festgehaltenen Objekts hebt natürlich auch die zur zeitlichen Einordnung seiner Zustände erforderliche Meßwechselwirkung auf. Ein streng isoliertes Objekt ist auch nicht in der Zeit. Natürlich hebt dies den Sinn der Grundbegriffe der Quantentheorie, insbesondere des Wahrscheinlichkeitsbegriffs, auf, also eben der Begriffe, mit denen wir isolierte Objekte formal beschreiben.

Den Übergang in die Schlußaporie vollzieht Platon nun in einer für das durchschnittliche Platonverständnis sehr verblüffenden Weise. Wir lernen sonst, das wahrhaft Seiende seien ihm die Ideen, und deren Sein sei zeitlos. Hören wir nun die anderslautende Emphase (141 e 3-142 a 1): »Wenn also das Eine auf gar keine Weise an irgendeiner Zeit teilhat, so war es weder jemals entstanden, noch entstand es, noch war es jemals, weder ist es jetzt entstanden, noch entsteht es, noch ist es, noch auch wird es später entstehen oder entstanden sein oder wird sein. – Das ist so offenbar wie nur möglich (alethestata). – Kann nun etwas irgendwie anders am Sein (usia) teilhaben als in einer dieser Weisen? – Es kann nicht. – Auf keine Weise also hat das Eine Anteil am Sein. – Es scheint nicht. – Auf keine Weise also ist das Eine. – Es sieht nicht so aus. – Es kann also nicht einmal so sein, daß es eines wäre, denn dann wäre es doch schon ein Seiendes oder des Seins teilhaftig. Aber wie es scheint, ist das Eine weder Eines, noch ist es, wenn wir dieser Art der Argumentation vertrauen.« Und dann folgt der Passus, daß es keine Erkenntnis oder auch nur Meinung von ihm gibt, aus dem oben schon zitiert wurde. »Ist es wohl möglich, daß es sich mit dem Einen so verhält? – Mir scheint: nein.« (142a6-7).

Zentral ist hier der Gedanke, daß es Sein nur in der Zeit gibt. Ist dies eine bewußte Irreführung des Gesprächspartners? Ich glaube nicht. Man wird wohl die im Einen verharrende Zeit (aion im Timaios 37d5) von ihrem nach der Zahl fortschreitenden, von den Himmelsbewegungen gezählten Abbild (chronos daselbst) unterscheiden müssen*. Doch folgen wir hier und für heute dem platonischen Aufstieg nicht weiter.

Ist die Schlußaporie eine Widerlegung der Hypothese? Wem sollte angesichts dieses Textes nicht einfallen, daß die Idee des Guten (Staat 509b9) jenseits des Seins (epekeina tēs usias) ist? Freilich wird die Hypothese bis zum expliziten Widerspruch geführt: Wenn das Eine eines ist (137c4), so ist das Eine nicht einmal so, daß es eines wäre (141e10-11). Nun gehört das Verbot des Widerspruchs zum Sein; was sich widerspricht, hat keinen Bestand, kann nicht einmal sinnvoll behauptet werden. Das, was jenseits des Seins »ist«, behaupten zu wollen, wäre in der Tat ein Widersinn. Die Theologen, die sagen, daß das Eine, selbst den Bereich alles Seienden weit an Würde und Kraft überragend (Staat 509b9), dessen nicht bedarf, daß wir es behaupten, können sich auf diese Stelle ebenso berufen wie die Logiker, die versichern, hier sei nichts, und folglich nichts zu behaupten. Beide nehmen Platon beim Wort.

Die Entscheidung kann nur fallen, wenn wir sehen, ob es einen anderen Weg gibt, der die Logiker mehr befriedigt, oder ob eben dieser Widerspruch nötig ist, damit es so etwas wie einen Bereich ohne Widerspruch geben kann. Die Entscheidung fällt nach Durchlaufung der weiteren Hypothesen.

* Vgl. hierzu und zu unserem ganzen Text *Wyller*, E. A.: »Platons Parmenides«. Oslo 1960.

5
Der Ansatz der zweiten Hypothese

In die Breite seiner Philosophie, wie sie in den weiteren Hypothesen skizziert ist, können wir dem Platon heute nicht folgen. Nur den Ansatz und seine wichtigste Konsequenz müssen wir noch betrachten.

Wenn Eines *ist*, so ist seine Einheit von seinem Sein zu unterscheiden. Dann aber ist an ihm schon wesentlich zweierlei; eben Eines und Ist. Jedes dieser beiden aber hat zweierlei an sich: das Eine hat an sich, daß es ist; das Ist, daß es eines ist. Der Prozeß ist somit unendlich zu iterieren. Das Eine, wenn es ist, enthält unendliche Vielheit (142 b 1-143 a 3). In dieser Vielheit werden dann andere der obersten Gattungen (das Verschiedene z. B. an Hand der Verschiedenheit von Einheit und Sein) und die Zahlen nachgewiesen. Das seiende Eine entfaltet sich zur Welt. In dieser Welt freilich finden sich ständig unausweichliche Widersprüche, die schon mit dem Anfang gesetzt sind. »So ist also nicht nur das seiende Eine vieles, sondern auch das Eine selbst ist durch das Seiende verteilt und ist mit Notwendigkeit Vieles.« (144 e 5-7). Der Logiker wird dem Widerspruch auch in der seienden Welt nicht entgehen. Er kann, so mag man noch oberflächlich umschreiben, ein jeweils vorgefundenes seiendes Eines zum Stehen bringen und widerspruchslos beschreiben, solange er seiner Herkunft und seiner weiteren Aufteilung nicht nachforscht, also der Weise nicht nachforscht, wie seine Einheit sein, sein Sein einheitlich sein kann.

Wenden wir uns noch einmal zur Quantentheorie. Die Weise, wie ein zunächst als völlig isoliert gedachtes Objekt doch Objekt sein, also eigentlich sein kann, ist seine Wechselwirkung mit anderen Objekten. Eben hierdurch aber hört es auf, genau dieses Objekt, ja überhaupt *ein* Objekt zu sein. Man kann paradox sagen: beobachtbar wird eine beliebige Eigenschaft eines Objekts nur dadurch, daß das Objekt eben diese Eigenschaft verliert. Die Näherung, in der von diesem Verlust abgesehen werden kann, ist die klassische Physik bzw. die klassische Ontologie, auf der die klassische Physik beruht. Nur in klassischer Näherung aber können wir Beobachtungen machen und aussprechen. In diesem Sinne beruht alle Physik wesentlich auf einer Näherung. Diese Näherung läßt sich im Einzelfall jeweils selbst physikalisch beschreiben und damit zugleich verbessern, aber nur, indem wir von ihr an anderer Stelle wiederum Gebrauch machen.

Bohr hat diese Verhältnisse durch den Begriff der Komplementarität beschrieben. Man hat darin vielfach eine Resignation gegenüber unverständlichen empirischen Schwierigkeiten der Messung gesehen und folglich in Bohrs Anwendung dieses Begriffs auf weitere Bereiche die illegitime hypothetische Verallgemeinerung eines physikalischen Problems. Wir finden nun jedoch den Grund der Komplementarität schon im platonischen Parmenides angedeutet. In Wahrheit steht gerade die klassische Ontologie nicht auf dem Reflexionsniveau des Parmenides (weder dem des alten Eleaten noch dem des platonischen Parmenides); sie erkennt nicht, daß ihre Anwendung ihre eigene Falschheit voraussetzt. Das Weltall selbst kann nur *sein*, insofern es nicht eines, sondern vieles ist. All dies viele aber besteht nicht für sich, so wie es die Logik und die klassische Ontologie beschreibt. Es besteht nur im undenkbaren Einen.

Wir werfen schließlich einen letzten Blick auf die Zwei-Prinzipien-Lehre. Wir sagten, zwei Prinzipien seien gar keine Prinzipien; ihr Gemeinsames und ihr Unterscheidendes wären ihre Prinzipien, und auch diese wären wieder zwei. *Ein* Prinzip aber führt nicht zur Vielheit. Die beiden ersten Hypothesen erläutern dieses Problem. Sie zeigen, daß es nicht anders sein kann. Platons, durch Aristoteles überlieferte zwei Prinzipien bezeichnen, in technisch ausgedrückter Form, Einheit und Vielheit. Die Einheit allein ist kein Prinzip; indem sie ist, ist sie Vielheit, aber um den Preis des Widerspruchs.

Platon

Ich möchte heute über platonische Naturwissenschaft im Lauf der Geschichte sprechen. Es werden fünf Teile sein. Ich beginne mit dem 20. Jahrhundert, gehe zum 17. über und dann zu Platon selbst, kehre von dort ins 17. und noch einmal ein bißchen ausführlicher ins 20. Jahrhundert zurück.

Ich beginne also mit dem 20. Jahrhundert. Werner Heisenberg schildert in seinem Erinnerungsbuch *Der Teil und das Ganze*, wie er als Gymnasiast und, wie es damals hieß, »Zeitfreiwilliger« während der Kämpfe in München 1919, auf dem Dach des Priesterseminars gegenüber der Universität in der Ludwigstraße in München liegend, Platons *Timaios* im Urtext las. Er tat das, um sein Griechisch zu üben für das bevorstehende Abitur, und er las andererseits gerade diese Schrift, weil sie eben Platons Naturwissenschaft enthielt und ihn das interessierte. Er schildert, wie er erstaunt war festzustellen, daß Platon eine Art kleinster Teile der Materie, die wir vielleicht Atome nennen würden, statuierte, die reguläre Polyeder sind, Tetraeder, Oktaeder, Würfel, Ikosaeder – nur das Dodekaeder war ausgespart –, und er fragte sich, was wohl für ein Sinn darin liegen könne, diese mathematischen Figuren zugleich als die letzten Bausteine von Feuer, Wasser, Luft, Erde, also dessen, was wir die Elemente nennen, aufzufassen. Liest man Heisenbergs Buch durch, so findet man dann am Ende wiederum Betrachtungen über die Beziehung seiner eigenen physikalischen Theorien, die er inzwischen entwickelt hat, zu diesen platonischen Vorstellungen, und Heisenberg bekennt sich dort dazu, daß er im Grunde mit seiner heutigen Theorie der Elementarteilchen Platonische Naturwissenschaft treibe, Naturwissenschaft im Sinne Platons. Man kann also sagen, daß der wohl größte, heute lebende, theoretische Physiker seine Naturwissenschaft als eine Naturwissenschaft in der Tradition Platons versteht, und ich könnte den ganzen Vortrag, den ich halten will, auf die Formel bringen: In welchem Sinne kann heutige Naturwissenschaft platonisch sein?

Zunächst ein paar Worte über das Buch Heisenbergs, aus dem ich gerade paraphrasierend zitiert habe. Ich finde dieses Buch in seinem Habitus platonisch, es sind eigentlich aus neuerer Zeit die einzigen wirklich platonischen Dialoge, die ich kenne. Es ist ein Buch, das Gespräche schildert. In diesen Gesprächen wird die Umwelt lebendig, werden die beteiligten Menschen lebendig. Wie bei Platon sind die an den Gesprächen Beteiligten Menschen, die wirklich gelebt haben, die z. T. heute noch leben, und wie bei Platon selbst werden sie durch das, was sie sagen, charakterisiert, und es werden zugleich einander gegenüberstehende geistige Positionen deutlich. Ich glaube, ich tue meinem Lehrer und Freund Heisenberg nicht unrecht, wenn ich sage, daß die Präzision und Dichte des philosophischen Denkens der platonischen Dialoge noch das übertrifft, was in Heisenbergs Dialogen vorkommt, daß das philosophische Reflexionsniveau Platons noch höher ist, nur wüßte ich kaum eine Schrift der ganzen Weltliteratur zu nennen, der gegenüber ich diesen Vorzug den platonischen Dialogen nicht zuerkennen würde. Auf der anderen Seite haben auch Heisenbergs Dialoge einen Vorzug gegenüber denen Platons. Bei Platon behält Sokrates oder wer immer im Namen Platons das Wort führte, der Eleat, der Athener, der Pythagoreer Timaios, stets recht. Bei Heisenberg behält manchmal auch der andere recht. Und das ist sehr angenehm. Aber nun zum Inhalt:

Die These Heisenbergs läßt sich klar formulieren. Wenn Platon der Meinung ist, daß die letzten Bausteine des Feuers Tetraeder sind, die letzten Bausteine der Erde Würfel usf., so benützt er die nicht von ihm erfundenen, aber heute vielfach nach ihm benannten »Platonischen Körper«, die eine mathematische Eigenschaft haben, die mathematische Eigenschaft nämlich, die Symmetrie des dreidimensionalen Raumes in diskreter Gestalt darzustellen; sie sind geometrische Darstellungen der Symmetriegruppen des Raumes, der Drehungen, die der Raum zuläßt. Alle diese Körper haben die Eigenschaft, daß es gewisse Drehoperationen gibt, die ihre Ecken in andere Ecken überführen, so daß der Körper im Ganzen nachher denselben Raum erfüllt wie zuvor. Sie sind in diesem Sinne reguläre Körper, sie sind Darstellungen von Symmetriegruppen. Heisenberg ist der Meinung, daß die heutige Physik letzten Endes aufgebaut werden muß auf der Annahme, daß die Grundgesetze der Natur symmetrisch sind, invariant sind gegenüber der Anwendung bestimmter Symmetriegruppen, allerdings noch anderer Gruppen als derjenigen, die Platon betrachtet hat. Das heißt, Heisenberg ist der Meinung, daß eben dieselbe Symmetrie, die schon für Platon Fundament der Naturwissenschaft war, auch für die heutige Physik Fundament der Naturwissenschaft ist, nur in einer mathematisch weiter ausgestalteten Weise und auch so, daß das, was wir als Grundgesetz ansehen, nicht mehr die Existenz bestimmter letzter Körper ist, sondern so, daß das, was wir als Grundgesetz ansehen, zunächst einmal bestimmte Differentialgleichungen sind, die das Gesetz der Wandlung, der möglichen Zustände der Objekte angeben. Daß hierin ein Unterschied gegen Platon vorliegt, ist Heisenberg natürlich klar, auch ist Heisenberg sicher der Überzeugung, daß ein Fortschritt gegenüber Platon vorliegt. Der Fortschritt der Naturwissenschaft wird nicht geleugnet. Heisenberg ist aber der Meinung, daß hier zurückgegriffen wird auf ein Prinzip, das historisch vermutlich von Platon zuerst formuliert worden ist, wenn Platon nicht auch in diesem Gedanken pythagoreische Vorgänger gehabt hat. Dies aber ist eine Frage, die historisch schwer zu erforschen ist, und ich will mich heute nur an Platon halten. So also Heisenbergs Meinung.

Nun ist die Frage, hat diese Meinung eigentlich etwas zu besagen, und wenn ja, was? Bei Heisenberg hat sie eine ausgesprochen ästhetische Färbung. Heisenberg bekennt sich ausdrücklich dazu, daß die Naturgesetze schön sind, und daß die Symmetrien eine Gestalt sind, in der sich die Schönheit der Gesetzmäßigkeiten der Natur begrifflich fassen läßt, begrifflich spiegelt. Und daß auch für Platon das Schöne an einem der höchsten Orte steht, einen der höchsten Werte ausmacht, ist zweifellos. Auf der anderen Seite wird man fragen, ist dieser Rekurs auf das Schöne eigentlich gedanklich ausweisbar? Handelt es sich hier um mehr als eine Impression des beweglichen künstlerischen Gemüts eines Wissenschaftlers? Ich glaube, wenn man dieser Frage nachgehen will, und das ist die eigentlich philosophische Frage, die mich hier interessiert, dann wird man zunächst fragen müssen: haben wir nicht vielleicht eine völlig befriedigende Theorie der Naturwissenschaft, die uns erklärt, warum eigentlich solche mathematischen Gesetzmäßigkeiten gelten; und ich glaube, es ist die wesentliche Pointe Heisenbergs zu sagen, nein, eine solche Theorie haben wir in dem, was heute als Wissenschaftstheorie angeboten wird, nicht. Der Rekurs auf Platon ist notwendig gerade deshalb, weil die zweifellos nicht platonischen Ansichten, die im allgemeinen in der heutigen Wissenschaftstheorie herrschen, das eigentliche Phänomen, um das es hier geht, nicht erklären. Dieses Phänomen ist, roh gesagt, zunächst einmal die Gültigkeit mathematischer Gesetze, genauer eben der Gesetze, von denen ich gerade schon gesprochen habe, also die Gültigkeit bestimmter Symmetriegesetze. Wir haben heute im allgemeinen eine mehr oder weniger empiristische Theorie der Wissenschaft, die einen Zug der Wissenschaft zweifellos richtig darstellt, nämlich daß unsere Wissenschaft anhand der Erfahrung gefunden worden ist und des Ausweises in der Erfahrung bedarf, wenn wir sie glauben sollen. Als Kontrolle der Wahrheit unserer Thesen und als Anreiz, um unsere Thesen zu entwickeln, bedürfen wir der begrifflich geordneten, sinnlichen Erfahrung. Eine These, die wohl auch Platon nicht bestritten hätte. Hingegen weist Heisenberg darauf hin, daß das bloße Faktum der Erfahrung, so wie wir es normalerweise kennen und anerkennen, nicht einleuchtend macht, warum es ganz einfache Grundgesetze geben sollte, Grundgesetze, die man mit ein paar simplen mathematischen Begriffen beschreiben kann, obwohl es Gesetze sind, die eine schlechthin unermeßliche Fülle von Einzelerfahrungen bestimmen. Warum sind die Gesetze, wenn es überhaupt welche gibt, nicht von ähnlicher Kompliziertheit wie die einzelnen Erfahrungen? Es handelt sich hier um etwas, was man rein methodologisch nicht verstehen kann, denn verschiedene Wissenschaften, die dieselbe Methode benützen, machen hier ganz verschiedene Entdeckungen. Das Wetter ist kompliziert und jeder Versuch, die Meteorologie zu einer einfachen Wissenschaft zu machen, scheitert. Wenn aber die Wetterwolken einmal weggezogen sind vom Himmel und wir die Sterne sehen, so finden wir hier das Objekt einer anderen Wissenschaft, der Astronomie, und in der Astronomie gibt es, wie z. B. im 17. Jahrhundert Kepler schon gefunden hat, ganz einfache mathematische Gesetzmäßigkeiten der Bewegung. Trotzdem sind die Grundgesetze der Meteorologie und der Astronomie, nämlich die physikalischen Grundgesetze, dieselben. Aber es gibt komplizierte Phänomene und es gibt einfache Phänomene, und dieser Unterschied läßt sich nicht methodisch wegerklären. Man kann sich nicht vorstellen, daß es eine Wissenschaft gäbe, für die die Meteorologie einfach und die Theorie der Planetenbewegung kompliziert wäre. Das heißt also, die Entdeckung der Einfachheit ist eine echte Entdeckung und nicht nur methodische Maßnahme, nicht nur ein Mittel der Denkökonomie oder wie man es nennen will. Was wird da entdeckt? Was wird entdeckt, wenn sich zeigt, daß gerade die Grundgesetze, wenn man bis zu den Atomen vordringt, wirklich einfach sind? Diese Frage stellt Heisenberg, und ich glaube, man kann mit gutem Gewissen sagen, die Wissenschaftstheorie unseres Jahrhunderts weiß darauf keine Antwort. Nun ist die Frage, weiß Heisenberg, weiß Platon, oder weiß irgendein anderer darauf eine Antwort?

Ich gehe nun zum zweiten Teil über und spreche von denjenigen Vermutungen und vielleicht Antworten, die im 17. Jahrhundert für diese Frage formuliert worden sind. Ich gehe in das 17. Jahrhundert zurück, weil im 17. Jahrhundert die Wissenschaft begonnen wurde, die heute im 20. zu einer Blüte gekommen ist, die vielleicht, jedenfalls in der Physik, auch ihrer Vollendung nahe führen kann. Ich spreche insbesondere von Galilei und von Kepler.

Galilei hat in den Anfängen des 17. Jahrhunderts die These vertreten, daß das Buch der Natur, das zweite Buch Gottes – das andere ist das Buch der Erlösung, die Bibel – geschrieben ist mit mathematischen Lettern. Wer es lesen will, muß diese Lettern, also die Mathematik, lesen können. Galilei wendet sich mit dieser These gegen die Tradition der damaligen Philosophie, die sich auf Aristoteles beruft, und er beruft sich seinerseits auf eine andere Autorität, nämlich auf Platon und auf Pythagoras. Galilei argumentiert hier mit der mathematischen Naturwissenschaft Platons gegen die qualitative Naturwissenschaft des Aristoteles. Er argumentiert mit der konstruktiven Naturwissenschaft Platons gegen die empirisch deskriptive Wissenschaft des Aristoteles. Im späteren Wissenschaftsmythos der Neuzeit sind diese Verhältnisse verkehrt worden, und es ist, ganz entgegen der Wahrheit, gemeint worden, Galilei habe hier für eine empirische Wissenschaft gegen eine, wie man sagte, rein spekulative Wissenschaft argumentiert. Er hat allerdings für Erfahrung argumentiert, aber für eine durch mathematische Konstruktion durchsichtig gemachte Erfahrung; nicht für die Deskription dessen, was man sieht, sondern für die Konstruktion von Experimenten und das Erzeugen von Phänomenen, die man normalerweise nicht sieht, und deren Vorausberechnung auf Grund der mathematischen Theorie. Ich will das jetzt nicht im einzelnen schildern, ich müßte mich sonst darauf einlassen zu zeigen, inwiefern z. B. das Trägheitsgesetz oder das Fallgesetz von Galilei etwas mathematisch beschreibt, was in genau dieser Form nicht beobachtet war und wohl auch gar nicht in aller Genauigkeit beobachtet werden kann, und daß Galilei gerade das Verdienst seiner Wissenschaft darin sieht, ein reines, abstraktes, mathematisches Modell zu entwerfen, mit dessen Hilfe er das Wesentliche vom Unwesentlichen im Naturphänomen unterscheiden und dadurch sekundär auch das Unwesentliche, nämlich die Abweichung von diesem mathematischen Gesetz, einer weiteren mathematischen Analyse zugänglich machen kann. Z. B. gilt das Fallgesetz streng, so wie er es darstellt, nur im Vakuum, das er empirisch gar nicht kannte, sondern postulierte. Dann werden die Abweichungen des wirklichen Fallgesetzes von dem Fallgesetz, wie es im Vakuum gilt, ihrerseits einer mathematischen Analyse zugänglich, einer Analyse der Kräfte des Auftriebs und der Reibung. Soweit also Galilei.

Galilei glaubt hier an die Mathematisierbarkeit der Naturphänomene, aber er begründet sie nicht. Er begründet sie nur durch den Erfolg. Die Frage ist nun, ob man diese Mathematisierbarkeit, die Galilei hier postuliert, verständlich machen kann, denn sie ist ja nicht selbstverständlich. Bei Galilei gibt es da ab und zu theologische Formeln. Ich habe gerade schon von dem »Buch der Natur« geredet; das ist eine Metapher. Dieselbe Theologie, auf die Galilei hier locker anspielt, ist von seinem Zeitgenossen Kepler scharf durchdacht worden, und ich will hier ein paar Worte darüber sagen, wie Kepler diese Dinge gesehen hat. Kepler hat, um zunächst dieses zu sagen, die mathematisch empirische Wissenschaft der Neuzeit in einem Maße vorangetrieben, das über das, was Galilei geleistet hat, in gewisser Hinsicht hinausgeht. Ich erinnere daran, daß Kepler sein erstes Gesetz der Planetenbewegung – daß die Planeten auf Ellipsen laufen – der älteren Ansicht, daß himmlische Bewegungen notwendigerweise auf Kreisbahnen stattfinden müßten, dadurch abgerungen hat, daß er versuchte, die Beobachtungen Tycho Brahes über die Bahn der Planeten mit der höchsten nur möglichen Genauigkeit mathematisch zu beschreiben. Er stellte fest, daß jede Kombination von Stücken von Kreisen, welche die Bewegung des Planeten Mars darstellen sollte, an die wirklich beobachtete Bewegung nur mit einem Fehler von 8 Bogenminuten herankam, und 8 Bogenminuten sind sehr wenig. 8 Bogenminuten sind etwa ein Viertel des Durchmessers des Vollmondes am Himmel. Nun würde man sagen, ob Mars da steht, wo die Bahnberechnung sagt, oder ein viertel Vollmondbreite daneben, das kann einem doch wahrhaftig gleichgültig sein. Es war Kepler aber nicht gleichgültig, und er gab die Kreisbahnen auf und wagte dafür den für seine Zeit unerhörten Gedanken, die Ellipsenbahn einzuführen, eine minder vollkommene Kurve, wie es schien, und man glaubte doch an die Vollkommenheit der himmlischen Bewegungen. Mit der Ellipse aber brachte er eine genaue Übereinstimmung zwischen Beobachtung und Berechnung zustande, und aufgrund dieses empirischen Tests akzeptierte er das neue Gesetz. So empirisch dachte Kepler, und zwar empirisch im Sinne der höchstmöglichen mathematischen Genauigkeit, d. h. er glaubte, daß die Erfahrung eine Analyse mit strenger Mathematik zuläßt. Und nun ist die Frage, warum? Seine Antwort ist direkt theologisch. Ich skizziere sie hier kurz, wie sie in seinem Werk über die Welt-Harmonik dargestellt ist: Gott hat die Welt geschaffen gemäß seinen Schöpfungsgedanken. Diese Schöpfungsgedanken sind die reinen Urgestalten, die Platon Ideen nannte, und die für uns relevante Art dieser Urgestalten sind die mathematischen Gestalten, sind Zahl und Figur. Diese sind die göttlichen Schöpfungsgedanken, denn sie sind reine Formen. Diesen Formen gemäß hat Gott die Welt geschaffen. Der Mensch ist von Gott geschaffen nach dem Bilde Gottes. Gewiß nicht nach dem körperlichen Bilde Gottes, denn Gott selbst ist unkörperlich, sondern nach dem geistigen Bilde Gottes, und das heißt, daß der Mensch imstande ist, die Schöpfungsgedanken Gottes nachzudenken. Dieses Nachdenken der göttlichen Schöpfungsgedanken ist die Physik. Die Physik ist Gottesdienst und als Gottesdienst wahr. Das ist sehr kurz zusammengefaßt die keplersche Philosophie, welche das empirische Faktum des Erfolgs der Mathematik in der Naturwissenschaft zu begründen sucht durch einen Rekurs auf das Einzige, wovon Kepler überzeugt ist, daß es überhaupt diese Sache erklären kann, nämlich das Schöpfungswerk Gottes in der doppelten Gestalt der Erschaffung der Natur und der Erschaffung des die Natur wissenden, verstehenden Menschen. Ich habe vor etwa 10 Jahren und mehr verschiedentlich über diese Fragen geredet und geschrieben und habe damals die christliche Komponente in diesen Gedanken hervorgehoben. Ich würde das auch heute nicht zurücknehmen, muß aber doch sagen, daß ich in diesen 10 Jahren viel mehr Platon gelesen habe als zuvor und gelernt habe, in wie hohem Maße das, was Kepler hier sagt, eigentlich nicht christlich, sondern platonisch ist oder christlich, insofern es platonisch ist, denn das historische Christentum ist in seiner Theologie in weitem Umfang platonisch. Es ist platonisch, aber es ist allerdings die Frage, ob es Platonismus auf höchstem Niveau ist, und ich würde sagen, es ist das nicht ganz. Weder Heisenberg noch Galilei, noch Kepler hat die volle philosophische Reflexion Platons mitvollzogen.

Ich komme nun zum dritten Teil, in dem ich versuche wenigstens anzudeuten, wie meinem Verständnis nach dieser Zusammenhang bei Platon selbst ausgesehen hat. Ich muß von vorneherein die Unvollkommenheit dessen, was ich hier vortrage, bekennen, denn ich müßte, um wirklich darzustellen, wie die Naturwissenschaft im Zusammenhang der platonischen Philosophie steht, die gesamte Philosophie Platons entwickeln. Sie wäre nicht Philosophie – ich vermeide hier jedes Epitheton ornans, das Wort Philosophie soll selbst dafür dienen –, sie wäre also nicht Philosophie, wenn sie nicht die Eigenschaft hätte, daß jeder einzelne Gedanke, aus ihr herausgegriffen und abgefragt auf seinen Inhalt, zu einem Durchgang durch das Ganze dieser Philosophie nötigt, um die Antwort zu bekommen. Wenn ich also über Naturwissenschaft Platons spreche, kann ich nicht anders sprechen, als indem ich das mit durchlaufe, was wir vielleicht die Metaphysik Platons nennen könnten, die politische Philosophie Platons, Platons Lehre vom künstlerisch Schönen und alles andere, was es bei Platon gibt. Nun, das ist zumindest physisch an einem Abend nicht möglich, ich gebe also nur ein paar Andeutungen. Ich muß zweitens sagen, daß das, was ich sage, z. T. der Versuch der Rekonstruktion von Lehren Platons ist, die in seinen Schriften angedeutet, aber nicht ausgeführt sind. Darüber gibt es Äußerungen Platons im 7. Brief, und es gibt den berühmten Streit über die »ungeschriebene Lehre« Platons. Ich muß kurz darauf eingehen und werde meine Interpretation vortragen, ohne die Belege im einzelnen vorzulegen. Daß ich Platon nicht voll gerecht werde, weiß ich, denn es gibt bei Platon Regionen, die ich noch nicht verstanden habe, von denen ich aber überzeugt bin, daß Platon genau wußte, wovon er redete. Im wesentlichen will ich mich an Gedanken aus dem »Timaios« halten, denn der »Timaios« ist nun einmal die Darstellung, die Platon seinem Bilde der Natur, seiner Naturwissenschaft gegeben hat.

Wenn man diesen Dialog aufschlägt, dann beginnt er alsbald mit einem vollkommenen rätselhaften Scherz: »Einer, zwei, drei, aber wo bleibt der Vierte?« sagt Sokrates, und er meint, es sind drei Gesprächspartner, und der vierte ist noch nicht da. Und doch, wenn man Platon kennt, wird man sagen, da ist ganz sicher noch auf etwas anderes angespielt. C. G. Jung hat sich zu großen Phantasien anregen lassen durch diesen Anfang des platonischen Dialogs, weil für Jung die Quaternität ein psychologisch fundamentales Phänomen war und das Vergessen des vierten und das nur Aufnehmen von dreien davon ebenfalls ein Grundphänomen. Aber ob Platon das gemeint hat? Ich würde sagen, Platon hat dort wohl hingewiesen auf eine Vierheit – auf die ich nachher zu sprechen kommen werde –, die vielleicht auch angedeutet ist im Liniengleichnis der *Politeia*. Aber das weiß ich nicht, ich sage nur, beim ersten Satz eines solchen Dialogs bemerkt man bereits, daß hier mit Geheimnissen gespielt wird, die voll zu enthüllen offenbar nicht die Absicht des Verfassers war. Liest man weiter, so findet man, daß die Gesprächspartner sich darüber unterhalten, daß Sokrates ihnen am Tage vorher erzählt hat, was in dem uns überlieferten Dialog *Politeia*, dem *Staat*, steht. Allerdings nicht das Ganze, sondern nur die erste Hälfte. Es hat einige Philologen gegeben, die der Meinung waren, man sehe daraus, daß Platon damals auch erst die erste Hälfte des *Staats* geschrieben und gedanklich besessen habe. So war es wohl nicht. Ich möchte viel eher glauben, daß Platon an dieser Stelle mit einem der ihm vertrauten schriftstellerischen Mittel darauf hinweisen will, daß man die erste Hälfte der *Politeia* gelesen haben muß, um an die systematische Stelle zu kommen, an der der *Timaios* einsetzt. Und das ist die Lehre von einem Staat, indem es einen Stand der Wächter gibt, die eigentlich Philosophen sind, welche diesen Staat regieren kraft eines Wissens, das sie erworben haben. Dieses Wissen, das z. T. nur durch einen göttlichen Funken in ihnen entstehen kann, ist soweit, als es durch Erlernbares vorbereitet ist, vor allem vorbereitet durch die Erlernung von Mathematik und mathematischer Naturwissenschaft. Daß dies so ist, steht im 7. Buch des *Staats*. Der *Timaios* ist nun, so würde ich diesen Übergang interpretieren, die Ausführung der Lehre, die im 7. Buch des *Staats* nur angedeutet ist, die man gelernt haben muß, wenn man politisch ein Staatswesen gut regieren will. Dazu muß man nämlich Astronomie gelernt haben. Natürlich war das für die Leser Platons genauso verblüffend wie für uns. Die Frage ist: Warum ist das so? Das kann nur deshalb so sein, weil in dieser Astronomie und in dieser Physik – dieser Elementarteilchenphysik, wie wir vielleicht sagen würden, – Grundstrukturen des Wirklichen sichtbar gemacht werden, auf welche jeder den Blick richten muß, der imstande sein will, die sehr viel komplizierteren, verworreneren Strukturen des Wirklichen zu durchschauen, die sich im politischen Kampf oder in der politischen Ordnung manifestieren. Den Zusammenhang mit der Politik schneide ich für den heutigen Vortrag hiermit ab. Ich gehe nur auf die Lehre selbst ein.

Diese Lehre trägt nunmehr der Pythagoreer Timaios vor, ein Mann, der sonst bei Platon keine Rolle spielt und von dem wir auch so gut wie nichts wissen. Er trägt sie vor, denn es ist manifest, daß Sokrates, der Ethiker, der politische Denker, der religiöse Denker, dergleichen nicht wußte – so wird man wohl annehmen dürfen. Timaios also trägt sie vor in zusammenhängender, feierlicher Rede. Er beginnt mit einem Unterschied, an den wir uns stets erinnern müssen, das ist der Unterschied zwischen dem, was immer ist, nie wird und nie vergeht, und dem, was nie ist, immer wird und vergeht. Dieser Unterschied, mit dem der *Timaios* eröffnet wird, ist eine Erinnerung an das, was dem Leser dieses Dialogs längst vertraut sein muß, an die Ideenlehre. D. h. die Naturwissenschaft kann überhaupt nur verstanden werden von der Basis der Ideenlehre aus.

Wir müssen uns also fragen, was ist die Ideenlehre? Und wir müssen uns fragen, was ist ihre Rolle für die Naturwissenschaft? Nun, die Ideenlehre – ich erinnere hier zunächst an Bekanntes – wird eingeführt beispielsweise im *Phaidon*, an dem Beispiel der Idee des Gleichen: zwei Stücke Holz, oder wenn man in einer Prüfung fragt, sagt man zwei Stücke Papier, die vor einem liegen, sind gleich. Aber sie sind ja doch nicht genau gleich. Ganz gewiß sind sie immer ungleich. Wie kann ich eigentlich sagen, sie seien ungleich, wenn ich nicht schon weiß, daß es das Gleiche gibt? Wie kann ich aber wissen, daß es das Gleiche gibt, da alles, was mir sinnlich gegeben ist, immer ungleich ist, die Gleichheit also empirisch überhaupt nie vorkommt? Hier wird nun mit dem Mythos der Anamnesis gesagt: vor all meiner sinnlichen Erfahrung, vor diesem Leben in diesem Körper hat die Seele schon einmal das

Gleiche selbst geschaut und daran wird sie erinnert durch diejenigen Dinge, die nicht wahrhaft gleich sind, sondern am Gleichen nur Anteil haben. Diese Teilhabe, dieses angebliche Gleichsein, was doch nicht Gleichsein ist, das ist das Wesen des Sinnlichen, welches entsteht und vergeht. Das Gleiche selbst aber ist sich selbst immer gleich, ist unvergänglich, immer dasselbe; das ist die »Gestalt« des Gleichen, griechisch *idea*.

Dieser klassische, bekannte Gedankengang Platons muß von uns interpretiert werden, wenn wir sehen wollen, daß er für die Naturwissenschaft relevant ist. Eine Interpretation, die naheliegt, ist die der Realisierung mathematischer Gestalten. Ich habe in früheren Vorlesungen oft einen Kreis an die Tafel gemalt und gesagt: dieser Kreis ist vielleicht ein sehr schöner Kreis, aber er ist doch kein wirklicher Kreis, und die Mathematik redet über den Kreis selbst und nicht über diese empirischen, angeblichen Kreise. Wenn die Naturwissenschaft mathematisch ist, dann schließt sie sich an die Mathematik an, die über den Kreis selbst redet, und beschreibt die Dinge, die wir sinnlich wahrnehmen als solche, die Anteil haben an den mathematischen Gestalten, die also von dem Verständnis der mathematischen Gestalten her begriffen werden können, so der Kreis an der Tafel, so die Bewegungen der Gestirne am Himmel. Nun ist aber auch hiermit nur ein Problem formuliert. Denn was heißt Anteil haben, Methexis bei Platon? Was heißt das denn, daß ich eine Figur habe, die ein Kreis ist und doch kein Kreis, sondern nur Anteil hat an der Kreisgestalt? Versteht man, was man damit meint?

Ich gebe noch ein zweites Beispiel. Im 10. Buch der *Politeia* führt Platon, vielleicht zum Schrecken mancher, die meinten, sie hätten die Ideenlehre verstanden, nunmehr sogar die Ideen von Dingen ein, z. B. die Ideen von Betten oder von Zaum und Zügel. Ich erinnere an die Struktur, die er dort gibt. Er führt zuerst die Idee der *Kline*, der Lagerstatt an, auf der man bei der griechischen Mahlzeit liegt, und sagt, es gibt dreierlei solcher Lagerstätten. Die eine, die Gott gemacht hat, die vielen, die die Handwerker machen, und dann die Bilder von diesen, die die Maler malen. Das Ganze ist im Zusammenhang der Kritik an den Dichtern und an den Künstlern gesagt, aber diese Seite der Sache lasse ich jetzt weg. Die vielen Lagerstätten, die die Handwerker machen, sind die Abbilder der einen, einzigen Lagerstatt, die Gott gemacht hat. Das ist die Kline im Himmel. Und ebenso sind dann wiederum die Gemälde, die nur so aussehen wie Lagerstätten, aber gar keine sind, Abbilder der Lagerstätten, die die Handwerker, die Tischler machen. Dann genau dasselbe für Zaum und Zügel, für das Zaumzeug. Das eine Zaumzeug, das es eigentlich in der Natur, in der Physis gibt, das kennt der Reiter. Die vielen Zaumzeuge, die tatsächlich gemacht werden, macht der Sattler. Und dann gibt es noch die Maler, die malen das ab. Ich lasse wiederum die Maler beiseite und stelle fest, die Handwerker tun in beiden Fällen dasselbe, in den beiden Fällen aber tritt in der obersten Stufe etwas Verschiedenes auf, es tritt nämlich auf Gott, der die Lagerstatt gemacht hat, und der Reiter, der das Zaumzeug weiß. Da die Parallelität dieser Stellen im Übrigen vollkommen ist, muß man schließen, daß der Reiter weiß, was Gott gemacht hat. Ich knüpfe hier eine Interpretation an und sage, ich kann diesen Text überhaupt nur so interpretieren, daß ich behaupte, wir müssen ernst nehmen, daß der Reiter weiß, was Gott gemacht hat. Bleiben wir zunächst einmal beim Reiter und sagen wir, die Rede von Gott sei bei Platon vielleicht metaphorisch. Sie ist vielleicht eine Form, in der Sprache der Volksreligion einen philosophischen Gedanken auszudrücken, der nicht leicht zu sagen ist. Was aber weiß denn der Reiter? Er kann dem Sattler sagen, wie ein Zaumzeug sein muß, damit es gut funktioniert. Der Reiter kennt nämlich die Funktion des Zaumzeugs, er kennt dessen Aufgabe. Er kennt den Zusammenhang zwischen Pferd und Mensch, der ermöglicht, daß überhaupt ein Mensch auf einem Pferd reitet, genau dann, wenn der Mensch das Pferd lenken kann, und das tut er mit Hilfe des Zaumzeugs. Dieser Zusammenhang ist ein realer Zusammenhang in der Welt. Der Zusammenhang ist aber kein materielles Ding. Er ist etwas, was man verstehen kann, wenn man die Funktions-, die Gesetzeszusammenhänge in der Welt versteht, und wenn man sagt, daß diese Welt von Gott gemacht ist, dann kann man allerdings sagen, daß Gott das eine wahre Zaumzeug gemacht hat, nämlich denjenigen gesetzmäßigen Zusammenhang, der ermöglicht, daß ein Mensch mit Hilfe des Zaumzeugs ein Pferd regieren kann.

Ich will diesen selben Gedanken in moderner Fassung wenden, indem ich einen heutigen Autor zitiere. Konrad Lorenz hat über die Graugans geschrieben – u. a. in seinem Buch über *Das sogenannte Böse* –, und er schildert dort, daß die Graugans, die der Zoologe oder der Ethologe, der Verhaltensforscher, beschreibt, ein Wesen ist, das es nie und nirgends gibt, sowenig es den vollkommenen Kreis auf der Welt gibt. Die Graugans, so wie nach Lorenz der Ethologe und Zoologe sie beschreibt, ist dasjenige Wesen, das die ökologische Nische der Graugans, also die Lebensbedingungen der Graugans, optimal als Graugans ausfüllt. Die wirklichen Graugänse sind davon immer verschieden. Ich wiederhole, was Lorenz in diesem Zusammenhang sagt. Die Graugänse sind, wie wir wissen, monogam. Das scheint für die Lebensweise der Graugans auch optimal zu sein. Als Lorenz dann aber die vielen Graugansbiographien, die er selbst beobachtet hatte, mit einer Mitarbeiterin zusammen durchsah, stellte er fest, daß seine Graugänse empirisch doch nicht immer so ganz monogam gelebt hatten. Und darüber wurde er böse. Das ist sehr charakteristisch für ihn, daß er darüber böse wurde. Und dann sagte seine Mitarbeiterin, er solle sich doch darüber nicht ärgern, die Graugänse seien schließlich auch nur Menschen. Nun, »sie sind auch nur Menschen« heißt, sie haben nur eine methexis an der wirklichen Graugans. Die wirkliche Graugans, die der Zoologe beschreibt, die ist schon monogam, aber die gibt es nicht. Doch die empirischen Graugänse, die es gibt, wie man so sagt, – wer gibt da eigentlich, »es« gibt – die empirischen Graugänse sind nur möglich, weil es die reine Gestalt der Graugans in einem anderen Sinne gibt, nämlich als dasjenige Gesetz, welches das optimale Funktionieren der Graugans beschreibt. Und Lorenz ist Darwinist. Nach Darwin wird sich diejenige Form der Graugans im Kampf ums Dasein immer wieder durchsetzen, welche optimal angepaßt ist an diese Bedingungen, die nur der Zoologe weiß, die keine Graugans weiß, und ohne die es die Graugänse nicht gäbe. Das heißt, Lorenz hat den schönen Gedanken, daß die Realisierung der platonischen Idee in der modernen Naturwissenschaft gerade dadurch geschieht, daß alles ganz naturwissenschaftlich zugeht, so wie z. B. Darwin es beschreibt. Zwischen Platon und Darwin ist hier kein Gegensatz. Allerdings hat Lorenz nicht ganz gewagt, so platonisch zu reden, wie ich hier rede. Ich habe mich dann einmal mit Lorenz unterhalten und habe gesagt, ich möchte ihm dazu Mut machen. Dies ist Platonismus. Es ist natürlich nicht genau das, was in den platonischen Dialogen steht, aber ich meine, es ist damit im Einklang.

Nun ist aber damit im Grunde auch wieder nur ein Problem formuliert. Platon hat sich gewiß mit Tischen und Zaumzeugen und Gänsen auch beschäftigt, aber er hat insbesondere nach dem gefragt, wonach in der heutigen Naturwissenschaft der Physiker fragen wird, wenn er sich darüber Gedanken macht, inwiefern denn eigentlich Graugänse möglich sind. Was eigentlich sind Gesetzmäßigkeiten, die zugrundgelegt sind, wenn man so wie diese Zoologen redet? Aber gerade, wenn man schöne materialistische Naturwissenschaften macht, ganz treu an der Materie bleibt und an deren Gesetzen, dann kommt man nämlich zu Platon, sonst, wenn man zu schnell den Sprung ins Spirituelle wagt, nicht. Die Graugans ist, so sagt der Naturwissenschaftler, aus Molekülen und diese sind aus Atomen zusammengesetzt. Die Atome genügen den Gesetzen der Quantenmechanik, und sie sind die eigentlichen Gesetze der modernen Physik, der Elementarteilchenphysik.

Was entspricht dem bei Platon? Zunächst einmal, daß die Grundgesetze der Natur mathematisch sind. Aber warum sollen sie mathematisch sein? Damit werden wir wieder zurückgeführt auf die Frage, wieso es eigentlich in der Natur, in dem, was wir die sinnliche Wirklichkeit nennen, so etwas wie die Kreise gibt, die an der Gestalt des Kreises selbst, den die Mathematik beschreibt, Anteil haben. Wir sind jetzt im Eintrittstor zum Vorhof der Ideenlehre, denn alles, was ich bisher gesagt habe, war ja nur die Verwendung des Begriffs »Idee«, um einige Phänomene zu beschreiben. Ich will den Schritt, der hier gemacht werden muß, mit eigenen Worten systematisch so charakterisieren: Ich habe also einen Kreis an die Tafel gemalt und habe gefragt, was ist das, und die Antwort war: »ein Kreis«. Nun, es ist vielleicht kein guter Kreis, aber was ist denn ein Kreis? So frage ich, um überhaupt zu sehen, inwiefern es ein Kreis ist und inwiefern nicht. Dann sage ich, der Kreis ist der geometrische Ort der Punkte, die von einem gegebenen Punkt konstanten Abstand haben in einer Ebene. Jetzt habe ich eine mathematische Definition gegeben; der Kreis ist also eine mathematische Gestalt. Diese nennt Platon eine Idee. Die mathematischen Gestalten sind nicht die höchsten Ideen. Es gibt eine platonische Terminologie, nach der die »mathematika« noch nicht eigentliche Ideen sind; diese Unterscheidungen vernachlässige ich hier für einen Augenblick. Der Kreis ist also eine Idee. Ich rekapituliere und frage: Was ist das? Ein Kreis. Was ist ein Kreis? Eine Idee. Aber was ist eine Idee? Nun, wie sind wir bisher vorgegangen? Wir sind vom häufig Vorkommenden, systematisch Niedrigeren, durch die Rückfrage »was ist das?« zum Nächst-Höheren aufgestiegen. Es war stets die Erklärung durch das, was wir logisch einen Oberbegriff nennen würden; das reicht allerdings nicht aus zur Charakterisierung. Denn: was ist nun der mögliche Oberbegriff, durch den man bestimmen kann, was eine Idee ist? Würde man sagen: »eine Idee ist das und das« und würde dabei auf irgend etwas zeigen, so hätte man die ganze gedankliche Bewegung verfehlt. Dann hätte man das Erklärungsprinzip durch dasjenige erklärt, was mit Hilfe dieses Prinzips erklärt werden soll. Die Antwort auf die Frage: »was ist eine Idee?« kann zunächst der Versuch sein, zu charakterisieren, welche Eigenschaften Ideen haben, so wie ich vorhin den Kreis charakterisiert habe durch eine mathematische Definition. Was sind die Eigenschaften der Idee? Die Idee, so sagt Platon z. B. in der Mitte der *Politeia*, ist *eine*, verglichen mit den vielen Realisierungen; so hat er auch gesagt, Gott hat das *eine* Bett gemacht. Die Graugans, wie der Zoologe im Singular sagt, ist *eine*. Denn der gesetzmäßige Zusammenhang, von dem hier die Rede ist, ist einer. Die Idee ist also eine.

Die Idee ist *gut*. Der Kreis, den der Mathematiker beschreibt, ist ein guter, ein *wirklicher* Kreis, im Unterschied zu den schlechten Kreisen, die man von Hand macht. Die Idee *ist*, sie ist wirklich. Das, was ein Ding ist, beschreibe ich, indem ich seine Idee nenne, also beschreibe ich sein Sein durch seine Idee. Die Ideen sind also charakterisiert durch Sein, im Unterschied zu Entstehen und Vergehen.

Die Idee kann man verstehen. Sie ist sogar das Einzige, was man verstehen kann, und sie ist in diesem Sinne unverborgen, wie Heidegger sehr gut übersetzt, sie ist alethes, sie ist wahr. Das Wort »wahr« wird im heutigen Sprachgebrauch meistens so verwendet, daß wir es nur von Sätzen aussprechen und nicht von Gestalten. Deshalb ist die Übersetzung »unverborgen« besser, denn wenn ich etwa dieses Gebilde, was ich an die Tafel zeichne und »Kreis« nenne, verstehen will, so verstehe ich es, *insofern* ich es »Kreis« nenne. Also verstehe ich seine Idee. Die Abweichungen von der Idee sind mühsam zu verstehen. Da könnte ich sagen: das sind Kreidemoleküle. Ja, Kreide gewiß, aber was ist Kreide? Das ist auch wieder eine begriffliche Kennzeichnung, und wenn ich es genau sagen will, so komme ich vielleicht auf so etwas wie die Idee der Kreide. Also, was ich verstehe, ist immer die Idee. Und das ist das Wesen der Idee. Jetzt habe ich Ideen charakterisiert durch die Transzendentalien eins, gut, wahr, seiend. Diese sind die klassischen Transzendentalien, und sie stehen alle bei Platon in der *Politeia*.

Die Rückfrage, die ständig weitergeführt hat, führt über die Idee hinaus zum Einen. In der *Politeia* ist nun gesagt, daß so wie die Sonne den Pflanzen und Tieren Sein und Licht, Sein und Sichtbarkeit gibt, die Idee des Guten – die als oberste Idee, als das oberste mathema, das oberste Lehrstück, eingeführt wird, – allem wahrhaft Seienden, d. h. den Ideen, Sein und Sichtbarkeit, on und alethes als Eigenschaften gibt. Daß dieses Gute, wovon hier die Rede ist, systematisch dasselbe ist wie das Eine, ist zwar in den platonischen Schriften nicht explizit gesagt, ist aber von Aristoteles überliefert, und ich meine, wir dürfen es akzeptieren. Die Transzendentalien stehen also noch in einem nicht ganz leicht enthüllbaren Zusammenhang, und ich charakterisiere sie jetzt durch das Eine, to hen, das Einssein. Die platonische Ideenlehre also erfüllt sich demnach, wenn sie sich überhaupt erfüllen kann, in der Lehre vom Einen. Aber was ist das Eine? Nun, das Eine noch einmal auf etwas anderes zurückzuführen ist offenbar ein hoffnungsloses Unterfangen. Dann wäre es ja nicht das Eine, sondern ein Zweites oder Drittes. Ich kann hier Platons Philosophie des Einen, wie sie im Parmenides dargelegt ist, nicht darstellen, obwohl ich erst damit nicht nur die Tür zum Vorhof, sondern vielleicht die Tür zum Vorheiligtum dieses Tempels durchschritte. Erst dort beginnt eigentlich die Ideenlehre. Aristoteles überliefert uns, daß Platon der Meinung gewesen sei, es gebe zwei Prinzipien, das eine von ihnen heiße *to hen*, das Eine, das andere habe verschiedene Namen, das »Große-und-Kleine« oder die »unbestimmte Zweiheit«; man kann vielleicht auch sagen, das Kontinuum. Diese zwei Prinzipien habe Platon benützt, um die Ideen zu gewinnen und alles, was an den Ideen Anteil hat.

Fragt man sich nun, nachdem man gerade den Gedankengang, den ich hier vorgeführt habe, durchlaufen hat, wie das denn sein kann, so muß man sich wundern; denn wie kann es ein *Prinzip* geben, wenn es mehr als Eines ist? Die Reduktion führt doch notwendig auf das Eine und endet dort. Wie aber kann es zwei Prinzipien in einer Philosophie geben, die so streng gebaut ist wie die platonische? Auf der anderen Seite, wie kann es möglich sein, aus einem einzigen Prinzip überhaupt irgend etwas von der Vielheit abzuleiten, in der wir doch leben und weben? Das Aufzeigen dieser Spannung der Einheit des Prinzips im Hinblick auf eine Mehrheit von Prinzipien, ist eine der Weisen, wie man den platonischen *Parmenides* interpretieren kann. Dieser Dialog versucht ja noch zu zeigen, daß, wer das Eine überhaupt zu denken sucht, nicht anders kann, als das Eine in dieser Bewegung von Einheit und Vielheit zu denken.

Nun aber kommen wir vom Aufstieg zurückkehrend zum Abstieg, und erst der Abstieg ist, wenn ich Platon richtig verstehe, Naturwissenschaft. Erst der Abstieg ist auch Politik. Im Höhlengleichnis der *Politeia* stellt Platon ja dar, wie wir Menschen alle vergleichbar sind Gefangenen in einer Höhle, die gefesselt sitzen und auf die Wand der Höhle schauen, auf der sie bewegte Schatten sehen – die Schatten der Gegenstände, die hinter ihrem Rücken vorbeigetragen werden, beleuchtet von einem noch weiter hinten liegenden Feuer. Wenn wir in der Höhle sitzend den Blick nicht umwenden, so halten wir die Schatten für das einzig Wirkliche. Das ist die sinnliche Welt. Das ist, im Bereich der Politik, der Sieg in Wahlen und ähnliches. Bleiben wir aber in der Physik. Wenn wir beschreiben, was wir sinnlich wahrnehmen, meinen wir, das sinnlich Wahrgenommene seien die Dinge selbst. Nun muß eine Umwendung der ganzen Seele geschehen, und wir müssen hinaufgeführt werden aus der Höhle, so daß wir erst die Gegenstände sehen, deren Schatten wir an der Höhlenwand gesehen haben; treten wir aus der Höhle, um dort die wirklichen Gegenstände zu sehen, so ist unser Auge zuerst schmerzhaft geblendet und kann sie nicht fassen, weil es dafür noch nicht vorbereitet ist; es kann nur ihre Schatten und Spiegelbilder sehen, dann aber sieht es die Dinge selbst im Lichte der Sonne, und schließlich kann es einen Blick werfen auf die Sonne selbst. Und die Sonne, so sagt Platon ausdrücklich, ist das Gleichnis für das Gute, ist Erscheinung der Idee des Guten. Wenn nun der Mensch bis dahin aufgestiegen ist, so wird er wünschen, immer nur die Dinge selbst zu sehen, wie sie an sich selbst sind; er wird aber zurückkehren müssen in die Höhle, schon um der anderen Menschen willen, die in der Höhle geblieben sind, um sie sehen zu lehren. Im Abstieg durchläuft er alle Stufen wieder, und er kehrt bis dorthin zurück, wo er von neuem auf seinem Stuhle sitzend von neuem die Schatten an der Wand sieht, nichts anderes sieht als alle anderen auch sehen, aber weiß; weiß, was das ist, was er hier sieht.

Ich würde sagen, daß die Spätphilosophie Platons die Philosophie des Abstiegs, die Rückkehr in die Höhle ist, welche von den höchsten Prinzipien her erklärt, was das ist, was wir in der Höhle sehen.

In dieses Gefüge des Abstiegs, so scheint mir, tritt die Lehre ein, die im *Timaios* entwickelt ist, auf die Heisenberg Bezug genommen hat, die Lehre von den Polyedern, aus denen die physischen Elemente bestehen. Platon gibt im *Timaios* an einer Reihe von Stellen vollkommen eindeutige Winke, daß er hier einiges verschweigt. Denn er führt ein paar Sätze, ganz rätselhaft, mit präzisen Behauptungen ein, und es scheint mir undenkbar, daß Platon diese Behauptungen anders als präzis gemeint hätte, obwohl er sie nicht erklärt. Ich folge gern, vielleicht nicht in jeder Einzelheit, aber doch im Grundansatz der in der Tübinger Schule entwickelten These, der These von Krämer und Gaiser, daß die ungeschriebene Lehre Platons, von deren Existenz Aristoteles spricht, wirklich existiert hat, und daß ein wesentlicher Teil dieser Lehre der Entwurf dieser mathematischen Naturwissenschaft war. Was Aristoteles darüber berichtet, z. B. in *De Anima*, ist allerdings ebenso rätselhaft, und wenn man nur diese Berichte des Aristoteles und einiger anderer vor sich hat, so hat man zunächst das Gefühl: das ist eine vollkommen versponnene und unbegreifliche Philosophie und eigentlich Platons nicht würdig. Der Widerstand gegen diese Interpretation der ungeschriebenen Lehre, der sich vielfach geregt hat, scheint mir insbesondere damit zusammenzuhängen, daß man meint, Platon gegen den Vorwurf, eine so schlechte Philosophie gemacht zu haben, schützen zu müssen. Ich möchte aber meinen, daß diese Philosophie nicht schlecht ist, sondern daß sie nur verschwiegen wurde, weil Platon genau wußte, daß sie hypothetisch war, und weil Platon das Gerede zu vermeiden suchte, das entstehen mußte über Hypothesen, die symbolisch andeuten, wie der Zusammenhang sein kann. Auch das ist eine Vermutung, man kann darüber streiten, ich würde es gerne so ansehen.

Was ist der Inhalt? Der Inhalt ist unter anderem – so Aristoteles in *De Anima* –, daß Platon gelehrt habe, es gebe einen vierstufigen Abstieg von den reinen Zahlen, welche die Ideen sind, zu den Linien, von dort zu den Flächen und von dort zu den Körpern. In diesen vier Stufen vollziehe sich die vollständige Aufzählung dessen, was die Natur eigentlich ausmacht. Diesen Aufstieg oder Abstieg, je nachdem von welcher Seite man kommt, würde ich folgendermaßen deuten. Betrachten wir einmal die Frage, was ist eigentlich ein Körper? Zunächst mathematisch. Platon lehrt ja, daß z. B. das Feuer aus Tetraedern besteht, also aus bestimmten kleinen Körpern. Was ist also ein Tetraeder? Oder was ist ein Würfel? Nun, das ist ein Volumen, das umgrenzt ist von gewissen Flächen. Diese Flächen sind Dreiecke im Fall des Tetraeders. Das Tetraeder hat seine Grenze im Dreieck. *Peras*, Grenze, ist ein platonischer Terminus, der systematisch auch an der Stelle stehen kann, wo sonst »Idee« steht. Die Idee ist dasjenige, was dem Ding seine Form gibt, woran es Anteil hat, insofern es eine Form hat, und die Form ist hier verstanden als der Umriß. Die Grenze also des Körpers Tetraeder ist das Wesen oder die Idee dieses Körpers, und das ist eine gewisse Anordnung von Dreiecken. Was aber ist ein Dreieck? Das ist eine ebene Figur, sie ist charakterisiert durch ihre Grenze, nämlich etwa das gleichseitige Dreieck durch drei gleiche Linien. Diese Linien also sind das, was das Wesen des Dreiecks ausmacht. Die Idee des Dreiecks liegt in seinen Grenzlinien. Was aber ist eine Linie? Eine Linie ist begrenzt durch eine bestimmte Anzahl, in diesem Fall zwei, Punkte. Das Wesen dieser Linie ist gegeben durch die Punkte, die sie begrenzen. Die Punkte selbst haben keine Ausdehnung mehr. Sie haben keinen Anteil mehr an der Erstreckung, am Großen und Kleinen, sie haben aber noch eine Zahl. Was ist das Wesen von Punktkonfigurationen? Es ist zum mindesten ihre Zahl.

Jetzt habe ich einen Aufstieg gemacht durch die Dimensionen hindurch vom Körper zur Zahl, immer operierend mit dem Begriffspaar der Sache und deren Wesen. Das Wesen ist die Idee, ich habe also die Ideenlehre dreifach iteriert. Ich möchte nun glauben, daß das mindestens der platonischen Konstruktion ein Stück weit nachtastet; und wenn das so ist, dann kann man die Lehre im *Timaios* allerdings verstehen. Dann sind nämlich diese Tetraeder, die so spitz sind und deshalb erklären, daß das Feuer brennt, weil sie sich mit ihren Spitzen eindrängen in unsere Haut, einerseits ein Versuch, auch solche physiologischen Zusammenhänge begreiflich zu machen, andererseits sind sie aber nur die unterste Stufe eines Derivationssystems, wie das die Tübinger nennen, welches das, was das Wesen des Feuers ausmacht, zurückführt über die Dreiecke, über die Linie auf die Zahl. Die Zahl ihrerseits ist das, was durch das Fortschreiten aus dem Einen heraus entwickelt wird – also letzten Endes durch die zwei Prinzipien des Einen und der unbegrenzten Zweiheit, d. h. des Prinzips von Vielheit überhaupt. Es ist dieses ein Versuch, in symbolischer Weise darzustellen, inwiefern die Sinnenwelt gerade nicht etwas ist, was in einem radikalen Dualismus der Welt der Ideen gegenübersteht, wie man dann oft gelehrt hat, sondern zu zeigen, inwiefern die Sinnenwelt dasjenige ist, worin sich die Idee selbst darstellt, insofern sie sich vervielfältigt gemäß dem Prinzip der Vielheit, der unbestimmten Zweiheit. Es ist also ein Versuch einer deduktiven Naturwissenschaft.

Wenn man daher fragt, warum gelten mathematische Gesetze in der Natur, dann ist die Antwort, weil diese ihr Wesen sind, weil die Mathematik das Wesen der Natur zum Ausdruck bringt. In der von Kepler übernommenen Sprache heißt das, Gott habe die Welt gemäß seinen Schöpfungsgedanken geschaffen, die die reinen Formen sind. Der Demiurg, der im *Timaios* eingeführt wird, der göttliche Handwerker, der die Welt macht, ist ja doch wohl zunächst einmal die symbolische Darstellung dieses Wesenszusammenhanges. Wieweit Platon damit die Lehre von einem bewußten, persönlichen Wesen, von einer Weltseele, von einer Weltintelligenz verbunden hat, ist etwas, was er selbst hinter dem Schleier seiner symbolischen Ausdrucksweise verborgen hat, und was ich nicht versuchen will, hier auseinanderzunehmen.

Der entscheidende Übergang, von dem ich hier gesprochen habe, vom Einen zur Vielheit, hat nun wesentlich noch zu tun mit dem Prinzip der Bewegung. Ich muß daher ein paar Worte noch über Platons Lehre von der Bewegung und von der Zeit sagen. Hier erreiche ich dann auch den Punkt, in dem die neuzeitliche Naturwissenschaft nach und nach gelernt hat, wie sie sich von Platon abgrenzen muß. Die neuzeitliche Naturwissenschaft ist ja alsbald begonnen worden als eine Lehre von der Mathematisierung der Bewegung; das hat Galilei getan. Er hat die Bewegung mathematisiert im Unterschied zu der Mathematisierung der Gleichgewichte, der Statik, die in der Antike schon vorlag. Die Unterscheidung ist aber nicht ganz scharf, denn in der antiken Astronomie war Bewegung auch schon mathematisiert. Wie denkt nun Platon die Bewegung, wie denkt er die Zeit, in der, wie wir sagen, die Bewegung ist? Ich könnte hier noch einmal sagen, daß ich mit dieser Frage erst ins Tor zur platonischen Philosophie trete. Ich möchte meinen, daß die Spätphilosophie Platons wesentlich Philosophie der Bewegung ist.

Im *Timaios* gibt Platon eine Definition der Zeit. Sie sei das nach der Zahl fortschreitende Abbild des im Einen verharrenden *aion*, und zwar das aionische Abbild. Was heißt aion? Wir übersetzen es mit Ewigkeit, man kann es aber nach griechischem Sprachgebrauch zunächst als eine sinnvolle, erfüllte Zeitspanne bezeichnen. Es ist ein Terminus, der bei Platon ohne Erklärung auftritt. Jedenfalls ist die Zeit ein Abbild von etwas anderem, Chronos ist ein nach der Zahl fortschreitendes Abbild von etwas anderem. Das ist die zahlenmäßig meßbare Zeit. Unmittelbar daran anschließend spricht er davon, daß das Himmelsgewölbe vom Demiurgen geschaffen wurde, damit die Zeit sei, denn die Zeit wird gemessen durch die Umläufe der Himmelskörper. Die Ideen erscheinen bei Platon als unbewegt; dann aber, im *Sophistes*, spricht er von ihnen doch so, als seien sie nicht unbewegt, sondern vielleicht in einer Bewegung befindlich, die aber dann wohl immer dieselbe ist. Auch dies wird nur angedeutet, und ich will es hier nicht durchdringen. Die Weise, wie sich die Zeit im Himmelsgewölbe darstellt, ist nun die folgende: Am Himmel gibt es zwei Kreise, den Kreis des Gleichen und den Kreis des Ungleichen; das nennen wir den Äquator und die Ekliptik. Und auf dem einen Kreis wird der Tag gemessen, in dem das ganze Himmelsgewölbe in 24 Stunden einmal um die ruhend gedachte Erde kreist. Auf dem anderen Kreis laufen die Planeten, auf der Ekliptik, und die Planeten unterscheiden durch ihre immer wechselnden Stellungen die verschiedenen Tage voneinander. Ich habe das gelegentlich so ausgedrückt: man braucht, um die Zeit zu messen, eine Uhr und einen Abreißkalender, etwas was immer gleichbleibend umläuft, und etwas, was jedesmal wieder anders ist, so daß man wissen kann, den wievielten Umlauf man vor sich hat. Dieses ist in der platonischen Konstruktion dargestellt durch den Tag und andererseits durch die Planetenumläufe. Platon knüpft aber hier an eine babylonische Lehre an, wie ich von van der Waerden gelernt habe, nämlich die Lehre vom großen Jahr oder, wie man auch sagt, vom platonischen Jahr. Das ist diejenige Zeitspanne, nach der alle Planeten wieder so stehen wie zuvor. Platon deutet zumindest den Gedanken an – der an anderen Stellen auch in der griechischen Tradition ausdrücklich ausgesprochen ist – daß, wenn alle Planeten wieder stehen wie zuvor, die Welt im Prinzip wieder so ist, wie sie damals war. Diese Zeit ist also schon der astronomischen Konstruktion nach zyklisch, und ich würde meinen, daß auch dem philosophischen, dem metaphysischen Ansatz nach diese Zeit als zyklisch gedacht werden muß, denn wie soll die Zeit Abbild des im Einen Verharrenden sein, wenn sie ihrerseits aus dem Einen herausläuft, um nie wieder dahin zurückzukehren, woher sie gekommen ist. Das nach der Zahl fortschreitende Vorschreiten der Zeit muß, wenn die Zeit wirklich Abbild der Ewigkeit sein soll, ein Rückkehren sein. Ich möchte hier die Formel noch einmal gebrauchen: wenn man platonisch denkt, so ist die Herrlichkeit der Welt, daß es in ihr nichts Neues gibt. Gäbe es in ihr Neues, so hätte es ja eine Zeit gegeben, in der die Welt nicht so gut war, wie sie sein kann. Es ist aber nicht einmal zu denken erlaubt, so steht im *Timaios*, daß die Welt schlechter sein könnte als ihr möglich ist, daß der Demiurg nach einem anderen Vorbild geblickt hätte als dem besten. Die Herrlichkeit der Welt also verlangt, daß es in ihr nichts Neues gibt, und das bedeutet, daß die Zeit zyklisch ist.

Gehen wir nun in die Neuzeit, so finden wir von diesem platonischen Entwurf natürlich viele Abweichungen und doch auch eine prägende Wirkung, die alles durchdringt, und es ist die Frage, wieviel davon in der neuzeitlichen Naturwissenschaft realisiert ist. Kehren wir also noch einmal zurück zum 17. Jahrhundert, zu Kepler und Galilei. Für sie ist dieser platonische Entwurf nicht eigentlich eine durchsichtige philosophische Theorie, sondern das große Reservoir der Bilder, durch die man zum Ausdruck bringt, woran man glauben muß, wenn man Naturwissenschaft treiben will. Die eigentliche Strenge der Argumentation ist in dieser Naturwissenschaft des 17. Jahrhunderts nicht gesehen, aber wohl doch geahnt. Da aber diese Strenge nicht wirklich gesehen ist, und da andererseits Erfahrungen nun in immer rascherer Folge eintreten, von denen Platon keine Ahnung hatte – und die man mit den speziellen Konstruktionen Platons ganz gewiß nicht fassen konnte – glitt die Naturwissenschaft von diesem platonischen Podest herab. Wir finden z. B. anstelle der persönlichen Frömmigkeit und der persönlichen künstlerischen Phantasie Keplers, die nicht übertragbar war, später dieselben physikalischen und astronomischen Erkenntnisse, die Kepler hatte, verbunden mit vollkommen anderen Philosophien, beispielsweise dem mechanischen Weltbild. Das mechanische Weltbild erklärt die Gesetzmäßigkeiten der Natur so, daß die Dinge der Natur letzten Endes aus Materie bestehen, die keine andere definierende Eigenschaft hat als die Undurchdringlichkeit; und deren Gesetze könnten erklärt werden durch Druck und Stoß, d. h. durch die Wirkung, die ein undurchdringlicher Körper auf einen anderen undurchdringlichen Körper ausübt. Diese Lehre hat dann einige Jahrhunderte neuzeitlicher Naturwissenschaft, wenn nicht beherrscht, so doch stark beeinflußt. Diese Lehre ist in der Atomphysik unseres Jahrhunderts vollkommen verschwunden, denn für uns sind die sogenannten Atome gerade nicht kleine Billardkugeln, gerade nicht undurchdringliche Materie. Wir beschreiben sie durch die mathematischen Gesetzmäßigkeiten der Quantentheorie und nicht durch diese anschaulichen Bilder. Man kann auch sehr leicht zeigen, zu welchen Inkonsistenzen das mechanische Weltbild, streng durchgeführt, hinführt: das will ich mir aber hier ersparen.

Es gibt dann empiristische Theorien, die nichts anderes lehren, als daß man der Erfahrung folgen müsse und ihr mit mathematischen Hypothesen vorausgreifen könnte, die man dann an der Erfahrung prüft; Theorien, die das, was in der Physik vorgeht, zwar richtig beschreiben, aber völlig unerklärt lassen, warum mathematische Hypothesen überhaupt erfolgreich sind.

Geht man nun in die Physik des 20. Jahrhunderts mit diesen Fragestellungen noch einmal hinein, so findet man in einer Physik, der alles andere im Kopf ist als gerade die Anknüpfung an Platon – wenn man absieht von ein paar großen Gestalten wie etwa Heisenberg –, daß ein Zug des platonischen Denkens sich wieder herstellt, der seit dem 17. Jahrhundert eigentlich nur in der Form des mechanischen Weltbildes gedacht worden war, nämlich der Gedanke der Einheit der Natur. Die Atomphysik nimmt in den verschiedenen Zweigen, in Evolutionslehre, Selektionslehre, Kybernetik, die Chemie und die Biologie in sich auf. Und wir wissen nicht, wieweit diese Entwicklung zur Einheit fortschreiten kann. Es scheint heute, daß eine einheitliche Naturwissenschaft bis in den Bereich des organischen Lebens möglich ist. Die Physik ihrerseits wächst aus den klassischen Disziplinen zusammen in eine einzige Theorie, die Quantentheorie. Die Elementarteilchenphysik, die heute unvollendet ist, auf deren Vollendung man aber hofft, und für die gerade Heisenberg seine Entwürfe gemacht hat, versucht dann noch zu erklären, warum es genau die Elementarteilchen gibt, die es gibt und keine anderen, und versucht dies alles auf ein einziges Grundgesetz zurückzuführen. Dieses Grundgesetz hatte schon Einstein in vorquantentheoretischer Weise in seiner einheitlichen Feldtheorie ins Auge gefaßt. Heisenberg und andere Elementarteilchenphysiker versuchen heute in quantentheoretischer Weise diese Einheit besser und neu darzustellen. Hier also wird schließlich, so scheint es, das Resultat der historischen Entwicklung der Physik sein, daß sie eine Einheit als Grundprinzip hat, und die Frage ist, ob diese Einheit nicht wesentlich zu tun hat mit derjenigen Einheit, die Platon seinerzeit zu denken suchte.

Will man insbesondere den Heisenbergschen Gedanken der Symmetrien noch einmal aufgreifen, dann kann man sagen, daß Platon die Symmetriegruppen, die Heisenberg einfach postuliert, in gewisser Weise noch hypothetisch und, wie wir freilich sagen müssen, nicht sachlich zutreffend zu erklären suchte. Die regulären Körper erklärt Platon dadurch, daß sie alle dieselben Dreiecke als Grenzen haben; daß diese Dreiecke aber alle gleich sind, erklärt er dadurch, daß sie alle die gleichen Seiten haben, und daß diese Seiten gleich sind, erklärt er dadurch, daß diese Seiten letzten Endes eben die Realisierung des Prinzips der Gleichheit sind, das am Anfang der ganzen Konstruktion steht. Hier kommt die wiederum literarisch schlecht ausgewiesene Lehre von den unteilbaren kleinsten Linien herein, und diese Lehre ist gleichsam ein Versuch, auch die Mathematik des Kontinuums noch einer letzten Einheit zu unterwerfen. Das wiederum verliert sich in dem, was wir philologisch kaum mehr fassen können. Ich sage nur, daß Platon versucht hat, die Symmetrie dieser Körper noch zu erklären. Er geht also hier wiederum im Ansatz über das hinaus, was Heisenberg tatsächlich wagt. Aber auch Heisenberg würde sich einer Erklärung dieser Symmetrien nicht widersetzen, wenn jemand sie liefern könnte.

Es scheint also, daß wir mit unserer Physik gleichsam rekapitulierend die verschiedenen Gedanken, die bei Platon entworfen sind, durchgehen; aber dann doch mit einem wesentlichen Unterschied. Der wesentliche Unterschied liegt, wie ich glaube, in unserer Auffassung von der Zeit. Die Zeit, so wie wir sie verstehen, ist nicht zyklisch, sie hat die offene Zukunft, die faktische Vergangenheit, die sich nie wiederholt. Sie ist die Zeit der Geschichte. In unserer Physik wird die Zeit dann mit dem Raum zusammengesehen, so wie das etwa in der Relativitätstheorie geschieht, die in der antiken Philosophie keine echte Parallele hat. Man kann also keinesfalls sagen, daß wir zum platonischen Bild zurückgekehrt seien, und ich würde falsch verstanden, wenn es so schiene, als wollte ich hier nur eine Revindikation Platons leisten. Ich will vielmehr sagen, daß die Naturwissenschaft der Neuzeit, die sich zu Anfang einmal auf Platon berief, ohne ihn philosophisch ganz zu vollziehen, eben an den Stellen, wo sie ihn nicht vollzogen hat, auf die Probleme zurückgeführt worden ist, die Platon schon recht genau gesehen hat, und daß eine Vollendung der Physik, so wie sie heute als möglich am Horizont zu stehen scheint, eine philosophische Reflexion verlangt, die der platonischen philosophischen Reflexion als Partner gegenüberstehen würde. Ich sage allerdings als letztes dazu, nicht ohne die Vermittlung Kants. Denn die Formulierung, die jedenfalls mir unerläßlich scheint, um begreiflich zu machen, inwiefern wir mathematische Naturgesetze glauben können, muß den Satz enthalten, daß diese Gesetze Bedingungen der Möglichkeit von Erfahrung sind. Sonst können wir den Zusammenhang zwischen der empirischen Bewährung dieser Wissenschaft und der Unmöglichkeit, sie empirisch zu begründen, nicht wirklich denken. Dieser Gedanke Kants, daß die Naturgesetze die Bedingung der Möglichkeit der Erfahrung sind, müßte hineinkommen, wenn wir die Auseinandersetzung mit dem alten platonischen Ansatz leisten wollten. Sie sehen sofort, daß dieses ein neuer, mindestens ebenso langer Vortrag wäre, den ich jetzt nicht halten werde.

Aristoteles

Aristoteles hat mit seiner potentiellen Auffassung des Unendlichen, wie er sie im 3. und 6. Buch der *Physik* entwickelt hat, zwei Jahrtausenden, bis zu Kant und Gauß hin, genug getan. In der Tat kann der heutige Leser die Äußerungen Kants über Unendliches und Kontinua nicht mehr verstehen, wenn er sich nicht klarmacht, daß Kant hier die aristotelische Auffassung voraussetzt als die einzige begrifflich saubere Weise, vom Unendlichen zu sprechen; so wenn er oft betont, daß die Teile des Raumes »Räume« sind, oder wenn er (MA 3) im Gegensatz zu den empirisch realen relativen Räumen, die durch bewegte Körper bestimmt und stets als endlich vorgestellt sind, dem unendlichen absoluten Raum den Charakter als »Objekt« abspricht. Und von Gauß, dem Lehrmeister mathematischer Strenge, kennen wir die ausdrückliche Forderung, den Begriff des Unendlichen nur potentiell aufzufassen. Weder Kant noch Gauß haben dabei historisch auf diese Auffassung als auf eine aristotelische reflektiert; sie taten Aristoteles die größte Ehre an, die man einem Denker zollen kann, nämlich seine Auffassung, als die evidentermaßen wahre, nicht mehr mit seinem Namen zu verbinden. In der Tat vermeidet die potentielle Auffassung die Paradoxien, welche kritische Geister immer wieder in der Vorstellung eines aktual existierenden Unendlichen gefunden haben. Warum sie das konnte, wird besonders deutlich aus der glänzenden Darstellung, die W. Wieland* unlängst von der aristotelischen Theorie des Kontinuums gegeben hat. Diese Theorie ist der Intention und weitgehend auch dem Erfolg nach schlichte Phänomenologie; sie ist eine, Konstruktionen womöglich vermeidende, Deskription der Art, wie uns Unendliches und Kontinuum im Widerspiel von

* *Wieland*, W.: »Die aristotelische Physik«, § 17. Göttingen 1962.

Anschauung und Denken (αἴσθησις und νοῦς) wirklich gegeben sind*.

Wer das verstanden hat, mag sich wundern, warum die Mathematik der zweiten Hälfte des 19. Jahrhunderts gleichwohl zu der so viel schwerer zu rechtfertigenden aktualen Auffassung des Unendlichen übergegangen ist – mit solchem Erfolg, daß man heutigen Mathematikstudenten den Aberglauben kaum austreiben kann, diese aktuale Auffassung sei die einzig mögliche, sie sei »die« Theorie »des« Unendlichen und »des« Kontinuums. Der Grund liegt in innermathematischen Problemen. Die strenge Grundlegung der Infinitesimalrechnung im Sinne von Weierstraß und Dedekind schien eine Theorie der Irrationalzahlen zu erfordern, die ohne den Cantorschen Begriff der aktual unendlichen Mengen anscheinend nicht möglich war. Aber die Entdeckung der Paradoxien der Mengenlehre zerstörte sowohl Cantors Vorstellung vom schlichten gedanklichen Gegebensein der mengentheoretischen Grundbegriffe wie auch Freges Versuch, diesen Begriffen, deren Fragwürdigkeit er durchschaute, eine rein logische Herleitung zu verschaffen. Der Übergang zur axiomatischen Mengenlehre bedeutet den Verzicht auf Evidenz der Grundbegriffe und die Rechtfertigung der Theorie bloß durch ihre Schönheit oder ihren Nutzen. Dabei ist der Widerspruchsfreiheitsbeweis doch nicht ohne Benutzung als evident anerkannter Schlußweisen zu führen. Die Mathematiker, die von der hier benutzten Evidenz aus direkt eine Theorie des Kontinuums aufzubauen suchen, wie Brouwer, Weyl und Lorenzen, kehren, in der durch Begriffe wie »konstruktiv« oder »operativ« angedeuteten Präzisierung, zur potentiellen Auffassung zurück.

Diese intuitionistische Denkweise ist wohl die einzige, welche dem Mathematiker von heute das Verständnis für Kant oder Aristoteles wieder öffnen kann. Diese Philosophen fragen eben nicht, was man sich alles (»axiomatisch« im heutigen Sinne) ausdenken kann, sondern was man »immer schon« verstanden hat, wenn man Worte wie »grenzenlos« (ἄπειρος) oder »zusammenhängend« (συνεχής) nur verständig gebraucht. Wie man aber gerade aus der Darstellung Wielands lernen kann, reicht die intuitionistische

* Die Frage, was *Aristoteles* älteren philosophischen (pythagoreischen, eleatischen, platonischen) oder mathematischen (pythagoreischen, eudoxischen) Auffassungen verdankt oder in welchen Punkten er vielleicht sogar hinter ihnen zurückbleibt, muß ich in dieser Notiz beiseitelassen.

Mathematik zur Interpretation der aristotelischen Kontinuumsauffassung noch nicht aus, und zwar, weil das Kontinuum für Aristoteles nicht ein mathematisches, sondern ein physikalisches Phänomen ist*. Unendlichkeit und Kontinuität sind wesentlich Phänomene der Bewegung; deshalb ist der systematische Ort ihrer Besprechung das Buch, das mit der Definition der κίνησις beginnt (Phys. Γ). Der dem heutigen Denken naheliegende Einwand, beide Begriffe seien doch »schon« in der reinen Mathematik, die Kontinuität insbesondere in der Geometrie zu Hause, verfehlt die aristotelische Denkweise. Denn nach Aristoteles sind die mathematischen Gegenstände nur deshalb ἀκίνητα, weil sie keine eigene Existenz haben (nicht χωριστά sind), sondern nur durch Abstraktion von wirklichen, nämlich bewegten Dingen gedanklich erfaßt werden. Unendlichkeit und Kontinuum aber sind wesentlich auf κίνησις bezogen und sind insofern keine eigentlich mathematischen Begriffe, treten auch meines Wissens bei Aristoteles nie als solche auf. Denn der Sinn des Begriffs Unendlichkeit ist ja nur die Möglichkeit des Weitererzählens, Weiterteilens, Streckenverlängerns. Und das Kontinuierliche, etwa eine Strecke, ist ja nur »der Möglichkeit nach unendlich«; die Strecke »besteht« nicht aus unendlich vielen Teilen, sondern läßt zu jeder vollzogenen Teilung eine weitere zu. Alle diese Möglichkeiten sind nicht »logische«, sondern »reale« Möglichkeiten; wer wirklich zählt, teilt, Strecken verlängert, vollzieht eine wirkliche Bewegung. δύναμις und κίνησις gehören zusammen. Die vorliegende Notiz wird nur einige vorläufige Beobachtungen über diese Zusammengehörigkeit aufzählen.

Wir knüpfen an die πολυθρύλητα der Zenonischen Paradoxien an und beschränken uns auf die erste und die dritte**. Die erste

* Die Schwierigkeiten, die *Schramm*, M.: »Die Bedeutung der Bewegungslehre des Aristoteles für seine beiden Lösungen der zenonischen Paradoxie«. Frankfurt 1962; in der in Physik Θ8 entwickelten Vorstellung vom Kontinuum findet, rühren nur zum kleinen Teil von den manifesten Unvollkommenheiten des dortigen Beweisgangs her, überwiegend aber von der Verkennung der zwei Tatsachen, daß a) die für *Aristoteles* zuständige Mathematik die intuitionistische ist, und b) *Aristoteles* hier durchweg nicht Mathematik treibt. Vgl. die zwar etwas knappe, aber den hier wesentlichen Punkt treffende Besprechung dieses Kapitels bei *Wieland*, S. 302.

** Wiederum müssen wir Zenons eigene Auffassung außerhalb der Erörterung lassen. Nur die Auffassung des *Aristoteles* und ihr etwaiges Verständnis oder Mißverständnis durch uns steht zur Debatte.

besagt, daß man in endlicher Zeit keine Strecke durchlaufen kann. Denn vor dem Endpunkt muß man den Halbierungspunkt, vor diesem den Halbierungspunkt der ersten Hälfte der Strecke erreichen und so fort in infinitum; also müßte man in endlicher Zeit unendlich viele Punkte und unendlich viele Teilstrecken durchlaufen, was unmöglich ist. Aristoteles antwortet in Phys. Z 2, völlig korrekt auch im Sinne moderner Mathematik, daß die endliche Zeit dieselben unendlich vielen Teilungen zuläßt wie die endliche Strecke; also sind Strecke und Zeitspanne im selben Sinn endlich, im selben Sinn unendlich, jedenfalls also eindeutig aufeinander abbildbar, und die Durchlaufung der Strecke in der Zeitspanne stellt eben eine solche Abbildung dar. Die dritte Paradoxie besagt, daß der fliegende Pfeil in jedem Augenblick an einem Ort ist, also in keinem Augenblick den Ort wechselt, somit überhaupt ruht. Aristoteles antwortet in Phys. Z 9, daß die Bewegung überhaupt nicht in einem Jetzt (νῦν), sondern in einer Zeit χρόνος stattfindet; die Zeit aber besteht nicht aus Jetzten, sondern aus Zeiten. Hier ist die Definition des Kontinuums wesentlich, daß es unbegrenzt in Teilbares geteilt werden kann (λέγω δὲ συνεχὲς τὸ διαιρετὸν εἰς αἰεὶ διαιρετά Phys. Z. 2, 232b24-25). Die Zeit besteht nicht aus Zeitpunkten, sondern diese sind nur die Grenzen der »Zeiten« (χρόνοι), oder, wie wir sagen, der Zeitspannen; und die Bewegung ist nicht im Jetzt, sondern jeweils in einer Zeit. Auch hier wird der moderne Mathematiker und vor allem der Physiker nichts einwenden. Zwar kann er bei einer differenzierbaren Bewegung dem einzelnen Zeitpunkt eine Geschwindigkeit zuschreiben. Aber die Geschwindigkeit als Differentialquotient ist ja per definitionem ein Grenzwert. Um sie zu definieren, muß man also eine Folge von Zeitspannen abnehmender Länge betrachten. »Eigentliche«, nämlich meßbare Geschwindigkeiten sind die Differenzenquotienten in der Folge; der Grenzwert gehört nicht zur Folge und wird erst durch Nominaldefinition zur »Geschwindigkeit im Zeitpunkt t« ernannt.

Aristoteles selbst aber ist, Gott sei Dank, mit seiner Auflösung der Paradoxien noch nicht zufrieden. In Phys. Θ 8 kommt er auf die erste Paradoxie zurück und bemerkt zutreffend, er habe in der soeben zitierten Betrachtung zwar die gestellte Frage beantwortet, aber nicht das Problem gelöst (263a15-18). Das Problem nämlich lasse sich unter Absehung von der Strecke, rein im Blick auf die Zeit formulieren: wie kann man in endlicher Zeit unendlich viele Zeitspannen wirklich durchlaufen? Wer das tut, zählt doch, gewissermaßen, die Endpunkte der Teilspannen; also zählt er in endlicher Zeit »bis unendlich«. Wer heute von der mengentheoretischen Denkweise bestimmt ist, versteht meist das Problem gar nicht (so z. B. M. Schramm, l. c.), weil er gar nicht auf den Gedanken kommt, »zählen« bedeute hier wirklich zählen. Daß man nicht wirklich bis unendlich zählen kann, ist ja klar, aber die Mathematik abstrahiert doch davon. Bewegung aber ist für Aristoteles keine mathematische Abstraktion, sondern etwas Wirkliches. Der durch die Quantentheorie geschulte Physiker hat es leichter, zu verstehen, wovon Aristoteles spricht. Der Physiker hat gelernt, wie problematisch es ist, die Existenz einer physikalischen Größe zu behaupten, wenn naturgesetzlich gewiß ist, daß sie nicht gemessen werden kann. In endlicher Zeit unendlich viele Zeitpunkte zu »messen«, also etwa auf einer Uhr abzulesen, ist sicher unmöglich. Welchen Sinn hat also die Behauptung ihrer Existenz? Aristoteles beantwortet diese Frage präzis. Sie existieren nur der Möglichkeit nach (δυνάμει). Jeden von ihnen kann man messen, alle zu messen ist unmöglich. Was in Wirklichkeit (ἐντελεχείᾳ) existiert, ist das ganze Kontinuum (die ungeteilte Strecke, die volle Zeitspanne eines realen, abgeschlossenen Vorgangs). Die Punkte auf der Strecke, die Jetzte im Zeitablauf einer überschaubaren Bewegung existieren nicht wirklich, wenn sie nicht aktualisiert werden. So »zählt« eine reale Bewegung z. B. diejenigen Punkte, die durch ein objektives Merkmal eben der Bewegung, wie einen vorübergehenden Stillstand oder eine Richtungsumkehr, ausgezeichnet sind; das aber sind nur endlich viele. Als Schüler Bohrs und Heisenbergs kann ich nicht umhin, meine Begeisterung über eine physikalisch so gesunde Denkweise auszusprechen.

Natürlich weiß der heutige Physiker auch, daß eine »gesunde Denkweise« noch keine konsistente Theorie ist. Die Verwendung, die Aristoteles in Phys. Θ von seiner Denkweise zum Zweck der Auszeichnung der Kreisbewegung macht, ist für uns in der Konsequenz seit Kepler unannehmbar, und damit sehen wir deutlicher ihre vielen logischen Lücken. Eine konsistente Theorie des physikalischen Kontinuums, die den aristotelischen Einsichten Rechnung trägt, existiert bis heute nicht; sie müßte gewiß eine Quantentheorie sein. Es mag aber auch der Vorbereitung einer solchen Theorie dienen, wenn wir diejenigen Probleme der aristotelischen

Auffassung noch um einige Schritte weiter verfolgen, die schon innerhalb der aristotelischen Prämissen deutlich werden.

Es handelt sich um den Zusammenhang von Zeit, Bewegung und Möglichkeit, d. h. von χρόνος, κίνησις und δύναμις, im aristotelischen Kontext.

χρόνος und κίνησις sind aufeinander bezogen. Jede Bewegung ist in einer Zeit (ἐν χρόνῳ). Zeit andererseits ist explizit definiert als die Maßzahl der Bewegung gemäß dem Früher oder Später (τοῦτο γάρ ἐστιν ὁ χρόνος, ἀριθμὸς κινήσεως κατὰ τὸ πρότερον καὶ ὕστερον Phys. Δ 11, 219b 1-2). Für die umschreibende Wiedergabe von ἀριθμός durch »Maßzahl« möchte ich auf Wieland l. c. § 18 verweisen. Fragt man, welcher der beiden Begriffe beim Versuch einer systematischen Darstellung als der grundlegendere oder ursprünglichere erscheinen müßte, so wäre es zweifellos der der Bewegung. Die Definition des χρόνος benutzt den Begriff κίνησις, die alsbald zu zitierende Definition von κίνησις bedarf hingegen keinerlei Rekurses auf χρόνος. χρόνος ist nicht die volle »Zeitlichkeit«, sondern eben nur ein ihr zugeordnetes Maß; in der Tat setzt ja die Definition des χρόνος als etwas, woraufhin Bewegung beurteilt wird, das »Frühere und Spätere« voraus. Dabei wird »früher und später«, oder besser »vorangehend und folgend« (πρότερον καὶ ὕστερον) nach Phys. Δ11, 219a16 ursprünglich in der von der Bewegung durchmessenen Erstreckung (μέγεθος) gefunden, also als primär räumliche Bestimmung interpretiert. Soviel von dem, was wir Zeitlichkeit nennen, überhaupt bei Aristoteles sichtbar wird, müssen wir also durchaus im Begriff der κίνησις selbst finden.

Hier laufen wir aber auf eine Schwierigkeit auf. Wie ist die Wirklichkeit der Bewegung zu denken? κίνησις ist ja der Grundbegriff der ganzen Physik. Das natürliche Ding, das φύσει ὄν, ist definiert als das, was einen Ursprung der κίνησις in sich hat (vgl. dazu Wieland § 15). Mit der Abwendung von der platonischen Interpretation des εἶδος sind aber diese Dinge zu eigentlich Wirklichem, zu οὐσία, geworden. κίνησις also ist das auszeichnende Merkmal der für den Physiker vordringlich wichtigen, auch für den Metaphysiker im Vordergrund vieler Einzeluntersuchungen stehenden Klasse der ὄντα, eben der κινητά, geworden. Wie *ist* die Bewegung?

Sie ist in einer Zeitspanne, aber nicht im Jetzt. Andererseits beginnt Aristoteles die Zeitabhandlung in Phys. Δ mit der Aporie, daß die Zeit eigentlich gar nicht ist, da ein Teil von ihr vorbei und also nicht mehr ist, ein Teil zukünftig und also noch nicht ist (τὸ μὲν γὰρ αὐτοῦ γέγονε καὶ οὐκ ἔστιν, τὸ δὲ μέλλει καὶ οὔπω ἔστιν. 217b33-34); das Jetzt aber ist gar keine Zeit, sondern scheidet nur Vergangenes und Zukünftiges (218a6-8). Dies ist nun gewiß eine der für Aristoteles typischen aporetischen Einleitungen einer Untersuchung. Man kann aber fragen, ob er die Aporie wirklich auflöst. In der Zeitabhandlung gelangt er bis zur Definition der Zeit als Maßzahl der Bewegung. Insofern also die Bewegung ist, kann dann auch die Zeit als etwas von der Bewegung Prädizierbares sein. Wir aber werden damit auf unsere Frage zurückgeworfen, wie denn Bewegung sei. Jedenfalls ist sie nicht im νῦν. Ja, das νῦν selbst ist nur δυνάμει. Ein νῦν wird aktual nur, insofern es durch eine Bewegung aktualisiert wird. Andererseits aber ist nirgends gesagt, inwiefern es nicht wahr sei, daß das Vergangene nicht mehr, das Zukünftige noch nicht ist, beide also nicht sind. Dann also wäre überhaupt nichts Zeitliches: Vergangenheit und Zukunft nicht, weil sie nicht »da sind« (vgl. Heideggers überzeugende Deutung von ὄν als »anwesend«), Zeitspannen nicht, weil sie aus Vergangenem und/oder Zukünftigem bestehen, Bewegung nicht, weil sie nur in einer Zeitspanne ist, das Jetzt nicht, weil es nur in der Bewegung wirklich ist. Die gesamte Philosophie des Aristoteles wäre dann gescheitert; wenn jemand recht behielte, so wäre es der »Ideenfreund« des Sophistes, um nicht gleich zu sagen Parmenides, so wie Aristoteles ihn interpretierte.

Es ist der Mühe wert, in dieser Schwierigkeit lange auszuhalten, länger als die Lektüre dieser Notiz dauert. Zur Verlängerung lohnt es, einige Lösungsmöglichkeiten zu mustern.

Man kann versuchen, der Gegenwart eine zeitliche Erstrekkung zu geben*. Das ist zwar gegen den klaren Wortlaut bei Aristoteles, aber man könnte sich ja entschließen, von ihm abzuweichen. Die Erstreckung könnte eine unteilbare, eine bestimmte teilbare oder eine unbestimmte teilbare Zeitspanne sein. Daß unteilbare Zeitspannen nichts nützen, legt Aristoteles ausführlich dar, von Z 2, 232b24 immer wieder bis Θ8, 263b27-32. Das für unseren Zweck stärkste Argument steht an der letzten der soeben genannten Stellen, daß nämlich in einer unteilbaren Zeitspanne

* Vgl. zu den systematischen Problemen *Böhme*, G.: »Über die Zeitmodi«. Göttingen 1966.

so wenig Bewegung ist wie in einem Zeitpunkt; eine Veränderung während dieser Zeitspanne würde sie eben mit wechselndem Inhalt erfüllen, also teilen. Eine bestimmte teilbare Zeitspanne wäre durch Zeitpunkte begrenzt, die nacheinander und doch beide gegenwärtig sein müßten. Dem aristotelischen Zeitbegriff widerspräche das durchaus; eben die Bestimmtheit der Zeitspanne gestattet, ihre Teile als getrennt und damit der Gleichzeitigkeit unfähig zu erkennen. In einer unbestimmten Zeitspanne könnte vielleicht eben diese Trennung nur δυνάμει bestehen. Dies hat Aristoteles nicht diskutiert; es mag eine für die heutige Physik fruchtbare Annahme sein. Jedenfalls führt auch diese zu Problemen, die den alsbald zu besprechenden analog sind.

Augustin* nimmt im 11. Buch der Konfessionen das Problem auf und löst es, indem er das Sein von Vergangenheit und Zukunft in die Seele verlegt: das Gedächtnis ist die Gegenwart der Vergangenheit, die Antizipation die Gegenwart der Zukunft. Nun werden wir gewiß der Aporie nicht entgehen können, wenn wir nicht Begriffe wie Gegenwart der Vergangenheit und der Zukunft einführen**. Aber ihre Einführung durch Augustin ist gerade in demjenigen ihrer Züge sowohl unaristotelisch wie für den Physiker unbrauchbar, den die neuzeitliche Geistesgeschichte oft als »Entdeckung der Subjektivität« gepriesen hat, nämlich in der Verlegung dieser Gegenwart ins Ich. Aristoteles teilt mit der naiven Praxis der Physiker*** die Voraussetzung, daß die Bewegungen der Dinge selbst gegenwärtig, vergangen, zukünftig sein können; er braucht also eine Gegenwart von Zukunft und Vergangenheit in den πράγματα, nicht nur in der Seele des einzelnen Menschen. Dem widerspricht nicht, daß er die Zeit als Maßzahl der Bewegung sehr vorsichtig auf die Seele (ψυχὴ καὶ ψυχῆς νοῦς) bezieht, für den Fall nämlich, daß nichts anderes als die Seele zählen kann. Man kann dies mit Wieland so deuten, daß die Bewegung außerhalb der Seele und nur ihr Gezähltwerden in der einzelnen Seele ist oder man kann gegen Wieland (S. 328[14]) die Stelle auf die

* Hierzu verdanke ich wesentliche Belehrung einem mündlichen Referat von U. *Duchrow* und den Diskussionsbemerkungen dazu von G. *Picht*.

** Vgl. *Picht*, G.: »Die Erfahrung der Geschichte«, Abschn. VI. Frankfurt 1958.

*** Ich kann hier nicht darlegen, inwiefern die Relativitätstheorie, entgegen einer verbreiteten Meinung, diese Tatsache unberührt gelassen hat. Vgl. dazu II, 1.

Weltseele beziehen, keinesfalls sind das Früher und Später und die Bewegung nur im Bewußtsein des einzelnen Menschen.

Wir haben uns jetzt das Problem hinreichend vergegenwärtigt, um die aristotelische Definition der Bewegung studieren zu können: ἡ τοῦ δυνάμει ὄντος ἐντελέχεια ᾗ τοιοῦτον κίνησίς ἐστιν (Phys. Γ1, 201a10-11). Diesen Satz in einer anderen Sprache wiederzugeben ist nicht möglich ohne eine Interpretation. Erlauben wir uns, ἐντελέχεια und δύναμις mit Wirklichkeit und Möglichkeit zu übersetzen, so sagt Aristoteles offenbar: die Wirklichkeit des der Möglichkeit nach Seienden als eines solchen ist Bewegung. Dies mag dunkel scheinen. Ross* versucht Licht in das Dunkel zu bringen durch die Paraphrase: »Change may now be defined as the actualization of the potential as such« und erläutert im Kommentar (S. 537): »ἐντελέχεια must here mean ›actualization‹, not ›actuality‹: it is the *passage* from potentiality to actuality that is κίνησις«. Dies erscheint mir philologisch unhaltbar: ἐντελέχεια bedeutet, soviel ich sehe, überall einen Zustand und nicht den Übergang in diesen Zustand; zudem wäre diese Definition zirkelhaft**, denn »passage« ist doch sicher eine Form von »change«. Ebensowenig kann die Definition eine Koexistenz von δύναμις und ἐντελέχεια während der κίνησις meinen***. Das ᾗ τοιοῦτον bliebe unerklärt, und es käme eine Symmetrie zwischen Möglichsein und Verwirklichtsein in die Definition, von der der Wortlaut nichts zeigt; die ἐντελέχεια ist offensichtlich die des δυνάμει ὄν, oder, wie Wieland (l. c. S. 298[25]) zutreffend sagt: »hier werden die Modalkategorien aufeinander und stufenförmig angewendet«****. Als hätte Aristoteles alle

* *Ross*, W. D. (ed.): »Aristotele's Physics«, S. 359. Oxford 1936.

** Die entsprechende Kritik übt schon *Thomas* (*Maggiolo*, Ph. M. [ed.]: »S. Thomae Aquinatis in octo libros physicorum Aristotelis expositio«, S. 144. Turin 1954) an analogen Definitionsversuchen, die sich freilich nicht als Übersetzung des *Aristoteles* verstehen (»motus est exitus de potentia in actum non subito«; dazu *Thomas*: »qui in definiendo errasse inveniuntur, eo quod in definitione motus posuerunt quaedam quae sunt posteriora motu: exitus enim est quaedam species motus ...«).

*** So M. *Schramm*, l. c. S. 106: »... wäre dann mit δυνάμει ὄν das bezeichnet, was noch nicht verwirklicht ist, mit ἐντελεχείᾳ ὄν das Verwirklichte ... δυνάμει ὄν und ἐντελέχεια fielen also genau während der Bewegung zeitlich zusammen, und es ergäbe sich eine nicht ungeschickte Definition ...«

**** Vgl. auch 201b31-33: ἥ τε κίνησις ἐνέργεια μὲν εἶναί τις δοκεῖ, ἀτελὴς δέ · αἴτον δ᾽ὅτι ἀτελὲς τὸ δύνατον, οὗ ἐστιν ἐνέργεια.

diese Mißverständnisse vorhergesehen, scheidet er zwei Bedeutungen von Wirklichkeit (hier, im lockeren Wechsel mit ἐντελέχεια, durch ἐνέργεια bezeichnet): »Entweder ist nämlich der Hausbau (ἡ οἰκοδόμησις) die Wirklichkeit des Erbaubaren (τοῦ οἰκοδομητοῦ) oder das Haus (ἡ οἰκία). Aber wenn es ein Haus ist, ist es nicht mehr erbaubar. Erbaut jedoch wird das Erbaubare; notwendig also muß der Hausbau seine Wirklichkeit sein.« (201 b 10-13) Offensichtlich ist hier die Wirklichkeit des der Möglichkeit nach Seienden nicht das Resultat der Bewegung, sondern eben genau die Bewegung selbst*.

Bewegung, der Grundbegriff der Physik, wird also auf das Begriffspaar δύναμις-ἐντελέχεια zurückgeführt. Dieses Begriffspaar scheint demnach ursprünglicher als der Begriff der Bewegung oder mindestens gleichursprünglich zu sein. Was bedeuten nun diese beiden Begriffe selbst, und was bedeutet ihre eigentümlich iterierte Anwendung in der Bewegungsdefinition? Eine Interpretation des Buches Θ der Metaphysik, die hier nötig würde, würde diese Notiz sprengen. Uns muß ein einzelner Gesichtspunkt genügen.

Die Möglichkeit, δύναμις, hat, wie man sie auch näher bestimmen mag, mit der Zukunft zu tun. Der Same ist δυνάμει ein Mensch**, d. h. vielleicht wird er einmal ein Mensch sein. Wenn er überhaupt Mensch ist, dann in Zukunft. Die Zukunft aber ist ungewiß, deshalb nur vielleicht. Die δύναμις aber ist nicht schlechthin die Zukunft, sondern gleichsam das, was von der Zukunft jetzt schon da ist, also in gewissem Sinne gerade die Gegenwart der Zukunft. In Zukunft wird – vielleicht – ein wirklicher Mensch da sein. Fall er aber da sein wird, so ist jetzt schon etwas da, was eben das Ding ist, das in Zukunft der Mensch sein wird, nämlich der Same. Aber der Same ist noch nicht Mensch, er ist eben nur die Möglichkeit zu einem Menschen. Er ist die Weise, in der das Noch-nicht Jetzt sein kann: er ist die Gegenwart der Zukunft. Dies aber ist er nicht als das, was er aktuell,

* Die älteren Ausleger sind hierüber im klaren. Vgl. vor allem die sehr genaue Interpretation bei *Brentano*, F.: »Von der mannigfachen Bedeutung des Seienden nach Aristoteles«, IV. Kap., 2. Aufl., Darmstadt 1960.

** Ich erlaube mir dieses Beispiel, obwohl nach Met Θ 1049 a 4 der Same »noch nicht« δυνάμει ist; hier ist schon der Unterschied im Spiel, von dem im übernächsten Absatz die Rede sein wird.

ἐνεργείᾳ, jetzt ist, als Samentröpfchen, sondern nur insofern er δυνάμει etwas anderes ist, eben Mensch.

Ein kurzer Exkurs sei gestattet. Es ist offenbar überflüssig, zur Interpretation dieses δύναμις-Begriffs ein »teleologisches Weltbild« zu verwenden*. Notwendig ist nur, daß es überhaupt so etwas wie Gegenwart der Zukunft gibt, logisch gewendet, daß Schlüsse von der Gegenwart auf die Zukunft möglich sind. Aristoteles gebraucht hierfür die teleologische Sprechweise erstens, wo sie sich auch uns Heutigen noch aus den Phänomenen heraus aufdrängt, wie in der Biologie, und zweitens oft als Ausdruck der großen Zusammenhänge, die wir heute gerne durch die Geltung universeller Naturgesetze beschreiben. Das entscheidende Phänomen ist aber nicht die Sprechweise oder das Weltbild, sondern die Einheit der Zeit (vgl. Picht l. c.), also, in unserem jetzigen Problem, eben das Gegenwärtigsein von Zukunft.

Die δύναμις nun kann dem, was sie zu werden vermag, näher oder ferner stehen. So gibt es die δύναμις zu einem bestimmten Wissen bei dem, der es nicht hat, aber lernen kann, und bei dem, der es gelernt hat, aber nicht daran denkt (Phys. Θ, 255 a 33-34, und De an. 417 a 22 ff.). Es kann auch ein δυνάμει ὄν geben, das etwas Bestimmtes zwar werden könnte, aber, bisher wenigstens, sich nicht anschickt, es zu werden; etwa ein Stein, der fallen könnte, aber so fest liegt, daß er nicht fällt; der Same vor der Begattung; der begabte Faule, der nicht lernt. Hier ist die Zukunft in gewissem Sinne doch nicht gegenwärtig, sie ist »unberührte« Zukunft. Ein anderes δυνάμει ὄν aber stellt die Verbindung zur Zukunft schon her: der Stein fällt, der Same reift zum Embryo, der Schüler lernt. Dies ist die ἐνέργεια des δυνάμει ὄν ᾗ τοιοῦτον. Jetzt ist die δύναμις wirkliche, vollendete δύναμις; sie tut ihr Werk (ἐνέργεια), sie hat ihr τέλος *als* δύναμις erreicht (ἐντελέχεια). Dies ist eigentliche Gegenwart der Zukunft. Und eben dies ist κίνησις.

Die Bewegung ist also von Aristoteles gerade so definiert, daß

* Vgl. *Wieland* l. c. § 16. Ich darf jedoch vielleicht bemerken, daß der Gewinn, den der Leser aus Wielands Buch ziehen kann, nicht geschmälert wird, wenn er den Gegensatz von Sprachanalyse und metaphysischem Tiefsinn nicht so nachzuempfinden vermag, wie ihn der Verfasser statuiert (z. B. S. 139, 179). M. E. bleibt diese Gegenüberstellung hinter den sonstigen Einsichten Wielands zurück.

in ihr die Einheit der Zeit zum Ausdruck kommt. Die Bewegung kann in der Tat nur ἐν χρόνῳ und gleichwohl jetzt sein, insofern im Jetzt ein zukünftiger χρόνος gegenwärtig ist; die Weise dieser Gegenwart ist die δύναμις, und das Wirklichsein dieser δύναμις ist die Bewegung.

In dieser Formel scheint noch die Zukunft vor der Vergangenheit bevorzugt. Wo ist die Gegenwart der Vergangenheit? Nun ist ja in der Tat das Verhältnis von Zukunft und Vergangenheit nicht symmetrisch; die Sprache drückt dies unübertrefflich und unumschreibbar aus, indem sie sagt, das eine wird sein, das andere aber ist gewesen. Diese Unsymmetrie ist im Begriffspaar δύναμις – ἐνέργεια, im Begriff des τέλος und ἀγαθόν, auch im ὅθεν ἡ κίνησις ausgedrückt und soll nicht eliminiert werden. Aber des Aristoteles Lehre vom sachlichen und zeitlichen Primat der ἐνέργεια vor der δύναμις (ἄνθρωπος γὰρ ἄνθρωπον γεννᾷ) stellt ein Gleichgewicht her. Vorhandene ἐνέργεια setzt entweder ewiges Sein, wie bei Gott, oder vorangegangenes Werden voraus. Gewordene ἐνέργεια ist notwendig für neue δύναμις; der Same ist Same für einen zukünftigen Menschen, aber er muß Same eines erwachsenen Menschen sein. Der Erwachsene ist die Gegenwart des vergangenen Wachstums als Resultat, also die Gegenwart vergangener δύναμις, insofern sie als κίνησις wirklich wurde, in der Gestalt der Vollendung, der ἐντελέχεια μὴ τοῦ δυνάμει ὄντος ἀνθρώπου, ἀλλὰ τοῦ ἀνθρώπου ἁπλῶς. Insofern setzt die Gegenwart der Zukunft die Gegenwart der Vergangenheit voraus.

Zum Abschluß muß sich der Verfasser fragen, ob Aristoteles all dieses so, und zwar explizit so, gedacht habe. Der Interpret, der selbst philosophiert, ist ja der Gefahr der gewaltsamen Interpretation stets ausgesetzt. Das Erlebnis, daß Aristoteles mir sehr oft verständlicher ist als es die Schwierigkeiten sind, die seine modernen Ausleger in ihm finden, ist eine Ermutigung, mag aber auch eine Fehlerquelle sein. Immerhin möchte ich mich zu einem in dieser Notiz angewandten Auslegungsprinzip ausdrücklich bekennen. Ich hätte mich nicht dem Studium der antiken Philosophie zugewandt, wenn ich nicht in den begrifflichen Traditionen der neuzeitlichen Physik und Geisteswissenschaft und der neuzeitlichen Philosophie auf Unbegreiflichkeiten gestoßen wäre, die ich nur im Rückgang auf ihre historischen Quellen zu verstehen hoffen konnte. In der Tat scheinen mir die großen Fortschritte der Neuzeit wie die Entstehung der exakten Naturwissenschaft, die

Ausprägung der Subjektivität und das Wachstum eines historischen Bewußtseins mit bestimmten Verengungen der Fragestellung und der Begrifflichkeit – schärfer gesagt, mit fortschreitender Seinsvergessenheit – bezahlt. Wer an einer Stelle der neuzeitlichen Probleme, z. B. in der Physik, nach den Grundlagen fragt, der entdeckt dieselben Strukturen wieder, die die griechischen Philosophen schon einmal, wenngleich unter anderem Blickwinkel, entdeckt haben. Deshalb mag eigene Arbeit an den heutigen Problemen das Verständnis für Platon und Aristoteles erleichtern, und vice versa.

Nikolaus Kopernikus – Johannes Kepler – Galileo Galilei

1543 veröffentlichte Nikolaus Kopernikus sein Buch *De revolutionibus orbium coelestium*, in dem er das vortrug, was wir heute das kopernikanische System nennen. Die Sonne ist nach diesem System in Ruhe nahe dem Mittelpunkt des Weltalls. Die Erde hingegen hat eine doppelte Bewegung: sie dreht sich um ihre eigene Achse in 24 Stunden und umläuft einen Punkt nahe der Sonne in einem Jahr.

Dieses System hatten die griechischen Astronomen schon gekannt. Sie hatten es gekannt und verworfen. Aristarch von Samos im dritten Jahrhundert vor Christus scheint es in eine Gestalt gebracht zu haben, die der später von Kopernikus gewählten am meisten gleicht. Hipparch, der etwa hundert Jahre später lebte und der als der größte Beobachter in der antiken Astronomie gilt, verwarf es. Er bot eine andere Deutung der Planetenbewegung an, die später als das ptolemäische System bezeichnet wurde, nach Ptolemäus von Alexandria, der um 150 n. Chr. das klassische Lehrbuch der griechischen Astronomie schrieb. Wollen wir die neuzeitliche Astronomie verstehen, so wird es uns gut tun, erst zu lernen, warum vermutlich die Griechen das System verwarfen, das wir für das richtige halten, obwohl sie es kannten und genau verstanden.

Daß die Erde ruht, ist sicher die natürlichste Ansicht, wenn man von der alltäglichen Erfahrung ausgeht. Aber dann scheint auch der Himmel zu ruhen, und die Erde erscheint als flache Scheibe. Schon als ich von den Atomisten sprach, sagte ich, daß die Griechen diese naiven und natürlichen Ansichten früh aufgegeben haben. Man erkannte die Erde als Kugel, umgeben vom Himmel als einer zu ihr konzentrischen Kugel. Da die Sterne einschließlich der Sonne (und, ungenauer, auch des Mondes) ihre tägliche Bewegung ohne nennenswerte Änderung ihrer relativen Stellung am Himmel vollenden, ist es ein guter Ausgangspunkt, sie zunächst als an der Himmelskugel fixiert anzusehen. Nehmen wir das an, so ist eines gewiß: es gibt eine Bewegung des Himmels relativ zur Erde; ein Umlauf vollzieht sich in 24 Stunden. Aber nun kann man fragen: Ruht die Erde, indes sich der Himmel um sie dreht, oder ruht der Himmel, während sich die Erde inmitten der Himmelskugel in entgegengesetzter Richtung dreht? Oder drehen sich vielleicht beide? Ihre Relativbewegung ist das einzige, was wir sehen; was ist die absolute Bewegung?

Griechische Astronomen und Philosophen waren sich dieser Frage voll bewußt. Verschiedene Ansichten wurden verteidigt. Die endgültige Entscheidung, in der Aristoteles und Ptolemäus einig waren, lautete, daß die Erde ruht. Der Hauptgrund für diese Entscheidung kam aus der Physik. Die Griechen wußten recht genau, wie groß die Erde ist. Sie wußten daher, daß, wenn der Himmel ruht, die Erdoberfläche sich in der geographischen Breite Griechenlands infolge der Drehung der Erde mit etwa 300 Metern pro Sekunde bewegen müßte. Wenn sich Körper auch nur viel langsamer als das bewegen, so beginnen sie zu zittern, und man fühlt die entgegenkommende Luft wie einen starken Wind. Würde sich die Erde mit der genannten Geschwindigkeit bewegen, so würde sie unter der Luft wie unter einem furchtbaren Sturm dahineilen. Noch subtilere Fragen können gestellt werden, z. B.: Wenn man einen Stein von einem hohen Turm herabfallen läßt, müßte er dann nicht westlich vom Lot auf der Erde aufschlagen; denn während er fiel, hat sich die Erde unter ihm nach Osten weitergedreht. Vom modernen Standpunkt aus ist es leicht, zu erwidern, die Erde führe Luft, fallende Steine und alles andere bei der Drehung mit sich. Diese Antwort ist den Griechen natürlich auch eingefallen. Aber sie kannten das Trägheitsgesetz noch nicht, sie hatten überhaupt keinen abstrakten Begriff des Naturgesetzes. Für sie mußte ein Körper, auf den keine Bewegungsursache wirkt, in Ruhe bleiben. Also hätten sie sich Kräfte ausdenken müssen, welche die Luft und frei fallende Steine mit der Erde mitführen könnten. Eine Kraft bedeutete immer ein bewegendes Ding, das die Kraft ausübte, womöglich eines, das in Berührung mit dem bewegten Ding blieb (wie die Physiker des 17. und des 20. Jahrhunderts nach Christus glaubten die Griechen nicht an Fernwirkung). Sie sehen, daß das berühmte Prinzip, das moderne (zumal englischsprechende) Empiristen gern Occams Rasiermesser nennen, das Prinzip, nicht mehr Entitäten als nötig einzuführen, sehr vernünftig von denjenigen Griechen angewandt wurde, welche die Annahme einer täglichen Umdrehung der Erde mit allen durch sie erzwungenen komplizierten Hilfshypothesen verwarfen. Gewiß standen sie dann vor der Frage, wie denn der Himmel die mechanische Belastung seiner noch viel schnelleren Bewegung aushält. Aber schließlich besteht der Himmel sicher aus einem Stoff, der von allen uns bekannten irdischen Stoffen sehr verschieden ist; seine schnelle Bewegung ist nur eine schöne und erstaunliche Eigenschaft mehr neben der Leuchtkraft seiner Gestirne, seiner evidenten Leichtigkeit und seiner vollkommenen Kugelgestalt.

Aber das wirkliche astronomische Problem entstand bei der jährlichen Bewegung. Der Satz, der Himmel bewege sich als Ganzes, kann nur in erster Annäherung richtig sein. Zwar sind die meisten Sterne an ihm fixiert und werden daher auch Fixsterne genannt. Aber es gibt sieben Sterne, die ihre eigenen Wege im Garten der Fixsterne gehen; diese Wege sind schwer vorherzusagen, und die sieben Sterne werden daher mit Recht Planeten, irrende Sterne, genannt. Fünf von ihnen sehen wie gewöhnliche Sterne aus, wenn auch ungewöhnlich hell und mit stetigem, nicht flimmerndem Licht: Merkur, Venus, Mars, Jupiter, Saturn. Sie sehen, sie tragen Götternamen. Zu ihnen muß man den Mond fügen, der in einem Monat um die Himmelskugel wandert. Auch die Sonne ist ein Planet. Wegen ihrer Helligkeit können wir zwar die Sterne neben ihr nicht sehen; aber bei Nacht sehen wir, welche Sterne auf der der Sonne abgewandten Seite des Himmels stehen, und diese wechseln mit den Jahreszeiten. So folgert man leicht, daß das Jahr gerade die Periode eines Umlaufs (einer »Revolution«, wie der Fachausdruck lautete) der Sonne ist.

Wie ich sagte, sind die Bewegungen der Planeten etwas erratisch. Sie halten sich zwar ziemlich genau an den größten Kreis auf der Himmelskugel, den man den Tierkreis oder die Ekliptik nennt. Auf diesem Kreis wandern sie wieder im Durchschnitt in derselben Richtung (von Westen nach Osten), aber mit verschiedenen Geschwindigkeiten; der Mond umläuft den Himmel in einem Monat, Saturn in 29 Jahren. Aber außerdem benehmen sich die fünf sterngleichen Planeten zuzeiten wie Tänzer. Sie halten an, wenden sich rückwärts, vollenden eine Schleife und schreiten wieder voran. So tanzen Merkur und Venus immer um die Sonne; deshalb erscheint Venus bald als Morgenstern, bald als Abendstern, aber nie um Mitternacht. Mars, Jupiter und Saturn bewegen sich selbständig. Aber sie tanzen ihre Schleife einmal im Jahr, und zwar gerade, wenn sie am Himmel der Sonne genau gegenüberstehen. So scheint die Sonne irgendwie doch alle Planetenbewegungen zu beherrschen.

Wie soll man das erklären? Die griechischen Astronomen strebten nach einer mathematisch exakten Theorie dieser Bewegungen, welche die Phänomene korrekt beschreiben oder, wie sie zu sagen pflegten, retten würde. Ich übergehe die höchst scharfsinnigen älteren Modelle wie das von 27 ineinander rollenden Kugeln, das Eudoxos erfand. Aristarch bot die kopernikanische Lösung. Die Sonne ruht im Mittelpunkt des Systems. In diesem Sinne ist sie kein Planet, sondern der regierende Körper der Welt. Ihre scheinbare jährliche Bewegung ist das Spiegelbild der wahren Bewegung der Erde, die in einem Jahr um die Sonne läuft. Die Erde ist ein Planet wie die anderen Planeten. Der Mond ist ein Satellit der Erde, der ohne weitere Komplikationen um sie kreist. Die fünf verbleibenden sterngleichen Planeten laufen um die Sonne. Merkur und Venus sind der Sonne näher als die Erde. Deshalb wird man sie von der Erde aus nie in großem Abstand von der Sonne sehen. Die drei anderen Planeten sind weiter von der Sonne entfernt als die Erde. Deshalb kommt, nahezu einmal im Jahr, ein Augenblick, in dem die Erde zwischen der Sonne und dem betreffenden Planeten steht. Von der Erde aus gesehen wird dieser Planet dann der Sonne am Himmel gegenüberstehen. Nun bewegt sich die Erde schneller als diese »äußeren« Planeten. Also muß der Planet in der Zeit, in der er der Sonne gegenübersteht, hinter der Erde zurückbleiben und somit für einen irdischen Beobachter scheinbar rückwärts laufen. Ich weiß noch, wie ich als Kind zum erstenmal in einem Auto saß und wie erstaunt ich die Bäume am Straßenrand schnell neben uns davonlaufen sah. In der Tat sind die Schleifen in den scheinbaren Bewegungen der äußeren Planeten einfach die umgekehrten Bilder der jährlichen Bewegung der Erde um die Sonne. Ein langsames Vorschreiten, überlagert über regelmäßig wiederkehrende Schleifen, ist genau die Relativbewegung zwischen zwei Körpern, die mit verschiedener Geschwindigkeit um denselben Mittelpunkt kreisen. So erklärt diese Theorie die Beobachtungstatsachen aufs beste; mehr als das, wir pflegen in der Neuzeit zu sagen, sie sei die wahre Theorie.

Aber das ptolemäische System ist dem kopernikanischen in der Erklärung der scheinbaren Bewegungen, soweit ich sie bisher beschrieben habe, keineswegs unterlegen. Dem modernen Denken kann man das am leichtesten durch den Begriff der Relativbewegung erklären. Man betrachte zuerst nur die Relativbewegung von Sonne und Erde. Aristarch und Kopernikus lassen die Sonne ruhen und die Erde um sie in einem wohlbestimmten Kreis laufen. Es macht keine Schwierigkeit, die entgegengesetzte Annahme zu machen, nach der die Erde ruht und die Sonne in einem dem vorher angenommenen exakt korrespondierenden Kreis um sie läuft. Dann nehme man an, daß sich die anderen fünf Planeten *relativ zur Sonne* immer noch genau so bewegen wie im kopernikanischen System. Aber da jetzt die Sonne als bewegt angesehen wird, so werden alle fünf Planeten, zusätzlich zu ihrer Bewegung *um* die Sonne, auch noch *mit* der Sonne um die Erde geführt. Sie haben also eine doppelte Bewegung: um die Sonne und mit der Sonne. Das Aussehen ihrer Bahnen für einen irdischen Beobachter wird sich durch diese geänderte Beschreibungsweise gar nicht ändern; die Bewegung mit der Sonne ist z. B. für die äußeren Planeten die jährliche Schleife, die Bewegung um die Sonne ist das Fortschreiten des Punkts, um den sie die Schleife vollziehen. Was wir beobachten können, solange uns ein absolutes Bezugssystem fehlt, sind eben nur Relativbewegungen, und diese sind in beiden Systemen identisch.

Nun habe ich soeben eine sehr moderne Beschreibungsweise gewählt; ich habe, das sei für den Kenner gesagt, das System Tycho Brahes relativistisch gedeutet und damit als Argument der kinematischen Unwiderlegbarkeit eines geeignet formulierten geozentrischen Systems gebraucht. Die griechischen und früh-neuzeitlichen Astronomen benützten andere Begriffe, und so konnte es ihnen scheinen, als bestünden reale Unterschiede zwischen beiden Systemen. Z. B. hätte Ptolemäus natürlich nicht das kopernikanische System als Ausgangspunkt gewählt und aus ihm sein eigenes System dann durch eine Transformation des Bezugssystems gewonnen. Er setzte zu Anfang fest, daß die Erde ruht. Die doppelte Bewegung eines äußeren Planeten wurde dann beschrieben, indem zunächst auf einem Kreis um die Erde ein idealer Punkt bewegt gedacht wurde; dieser bewegte Punkt ist der Mittelpunkt eines zweiten Kreises, des sogenannten Epizykels, auf dem der Planet selbst umläuft. So ist die Bewegung des Planeten wie die eines Punktes auf dem Kranz eines kleinen drehenden Rades, das exzentrisch auf einem größeren ebenfalls drehenden Rad befestigt ist.

Ich habe bisher immer von Kreisen gesprochen. Nach heutiger Kenntnis ist dies nur näherungsweise korrekt; in besserer Näherung müßte man von nicht sehr exzentrischen Ellipsen sprechen. Aber für die antike Astronomie und genau ebenso für Kopernikus war es eine heilige Wahrheit, daß Himmelskörper sich auf exakten Kreisen bewegen. Der Kreis war die vollkommenste Kurve, und die himmlischen Körper waren die vollkommensten Körper; in manchen Weltbildern galten sie selbst als göttliche oder engelhafte Mächte. Niemand in unserer Zeit kann sich noch vorstellen, was für eine gotteslästerliche Unmöglichkeit es gewesen wäre, zu meinen, diese vollkommenen Körper könnten unvollkommene Bewegungen ausführen. Dies nötigte den Astronomen Beschränkungen auf, die ihre Systeme weniger flexibel machten als sonst nötig gewesen wäre. Ptolemäus mußte allerhand Kompromisse schließen. Er setzte ja seine Bahnen schon aus zwei überlagerten Kreisen zusammen. Ferner ließ er zu, daß die Mittelpunkte der verschiedenen Planetenkreise nicht in der Sonne lagen, sondern an verschiedenen Stellen in der Nachbarschaft der Sonne. Schließlich mußte er den Gedanken einer konstanten Winkelgeschwindigkeit des Planeten in seinem Kreis aufgeben. All dies geschah, um die Erscheinungen zu retten. Es war die jedem Naturwissenschaftler so wohlbekannte Komplikation, die entsteht, wenn man eine Theorie, in der ein grundlegender Fehler steckt, an sorgfältig beobachtete Tatsachen anpassen will. Aber der Fehler war bei Kopernikus genau derselbe wie bei Ptolemäus; er steckte in der Beschränkung auf den Kreis.

Dies führt uns wieder zu der Frage zurück: Warum haben die Griechen am Ende den Ptolemäus, und warum haben die Modernen den Kopernikus vorgezogen?

Es gibt zwei Argumente zugunsten des Ptolemäus. Das eine ist, daß die Bewegung der Erde um die Sonne ähnlich schwer mit der Physik zu vereinbaren gewesen wäre wie ihre Drehung um die eigene Achse. Das zweite ist, daß, wenn sich die Erde bewegt, ihre wahre Bewegung sich nicht nur in scheinbaren Bewegungen der Planeten – den »Schleifen« – spiegeln sollte, sondern auch in einer scheinbaren Bewegung der Fixsterne. Nichts dergleichen fand sich in der Beobachtung. Es ist freilich wahr, daß für den, der schnell auf einer Straße fährt, zwar die benachbarten Bäume rasch in entgegengesetzter Richtung zu laufen scheinen, eine entfernte Bergkette aber ihren scheinbaren Ort lange Zeit kaum verändern wird. So müssen die Fixsterne, wenn sie die Erdbewegung nicht durch eine kleine Schleife, die sie während eines Jahres sichtbar durchlaufen, spiegeln, eben sehr weit entfernt sein. Heute wissen wir, daß der uns nächste Fixstern fast dreihunderttausendmal weiter von der Sonne entfernt ist als die Erde, welch letztere Distanz ihrerseits schon 150 Millionen Kilometer beträgt. Wieder kann man an Occams Rasiermesser erinnern: warum unermeßliche Entfernungen annehmen, wenn es nicht nötig ist? Und im ptolemäischen System, in dem die Erde ruht, erwartet man natürlich keine Spiegelung der Erdbewegung in Fixsternschleifen. Der empirische Beweis der Existenz dieser scheinbaren Schleifenbahnen der Fixsterne wurde in der Tat erst in der Mitte des 19. Jahrhunderts erbracht.

Haben wir diese sehr guten wissenschaftlichen Gründe verstanden, die für Ptolemäus sprechen, so werden wir uns nicht mehr darüber wundern, daß sich das kopernikanische System in der Neuzeit nur langsam durchgesetzt hat. Eher könnten wir uns wundern, warum es sich überhaupt durchgesetzt hat. Es gab dafür zwar gute astronomische Gründe auf Grund genauerer Beobachtungen und auf Grund neuer physikalischer Theorien; diesen werde ich mich alsbald zuwenden. Aber entdeckt wurden diese Gründe von Männern, die schon vor ihren Entdeckungen an Kopernikus glaubten. Warum? Ich glaube, was das kopernikanische Bild für Männer wie Kepler, Galilei und Descartes so anziehend machte, war anfangs eine psychologische Tatsache. Die Diskussionen, die vermutlich die griechischen Astronomen untereinander geführt hatten, waren vergessen; bekannt war fast nur Ptolemäus. Aus der Ptolemäischen Astronomie und der Aristotelischen Philosophie war ein verfestigtes dogmatisches Gedankengebäude geworden, sehr verschieden von der Geisteshaltung, in der Aristoteles oder Hipparch selbst ihre erregenden Forschungen angestellt hatten. Das kopernikanische System kam als eine ganz neue, originelle Idee. Es wagte, die staubigen Kammern der Überlieferung auszuräumen; wer es annahm, bekundete, daß wir jetzt endlich frei sind, selbst über die Natur nachzudenken. Man stellte neue Beobachtungen an. Sie paßten sehr gut zur kopernikanischen Lehre. Man machte nicht immer den ernstlichen Versuch, ob sie nicht ebenso gut in die ptolemäische Lehre paßten. (Tycho Brahe freilich tat eben dies.) Das ptolemäische System war erstarrt, nicht wegen seines Grundgedankens, sondern einfach, weil man es so viele Jahrhunderte lang für wahr gehalten hatte. Jahrhundertelange öffentliche Anerkennung tut sogar Wahrheiten oft nicht gut; wieviel mehr einer noch anfechtbaren Hypothese. So boten die stillen Revolutionen der Planeten um die Sonne der Neuzeit ihr Stichwort, wenngleich sie es dann in ganz anderem Sinne gebrauchte: das Wort Revolution.

Man könnte die These verfechten, die wahrhaft revolutionäre Entdeckung der neuzeitlichen theoretischen Astronomie sei nicht das kopernikanische System, sondern Keplers erstes Gesetz (1604). Kepler konstatiert, daß die Planeten auf Ellipsen laufen, in deren einem Brennpunkt die Sonne steht. Diese Entdeckung war ermöglicht durch die unermüdlichen Beobachtungen von Tycho Brahe. Es war einer der Glücksfälle in der Geschichte der Naturwissenschaft, daß der Schatz dieser langen Listen von Zahlen, die der große dänische Beobachter in zwanzig Jahren rastloser Arbeit gesammelt hatte, in die Hände eines wissenschaftlichen Genius kam, der voller schöpferischer Phantasie und zugleich von skrupulöser Genauigkeit im Detail war, in die Hände von Johannes Kepler. Kepler glaubte an die mathematische Vollkommenheit der himmlischen Sphären vielleicht mehr als irgend jemand vor oder nach ihm. Eben darum fand er sich nicht bereit, eine Abweichung von weniger als 8 Bogenminuten zwischen der berechneten und der beobachteten Bewegung des Planeten Mars hinzunehmen. Acht Bogenminuten sind ein Viertel des scheinbaren Durchmessers des Mondes; so klein war der Abstand der beobachteten Position des Planeten von der vorausberechneten; und dieser Abstand mußte erklärt werden. Kepler gab den Gedanken der Kreisbahn preis, nachdem mehr als vierzig verschiedene hypothetisch angesetzte Bahnen für Mars die Übereinstimmung mit der Erfahrung nicht herbeigeführt hatten. Er versuchte eine Ellipse als Arbeitshypothese und war erschüttert von der Entdekkung, daß sie die Beobachtungen exakt beschrieb. Dann hatte er genug mathematisches Vorstellungsvermögen, um nunmehr zu glauben, eine Ellipse könne ebensogut ein Element eines vollkommenen Systems himmlischer Bewegungen sein wie ein Kreis.

Ich werde hier nicht Keplers verwickeltes System der Sphärenharmonien besprechen. Es ist ein Werk künstlerischer Mathematik, vielleicht Bachs Kunst der Fuge vergleichbar, aber es ist nicht Naturwissenschaft im modernen Sinn und darum wohl zu Recht von der heutigen Wissenschaft trotz seiner Schönheit vergessen. Ich will eine andere Frage stellen: Was hat alles bisher Gesagte mit Kosmogonie zu tun?

Da die Astronomie die räumlich allumfassenden Strukturen unserer Welt zu beschreiben sucht, würde sie als die Wissenschaft erscheinen, die prädestiniert wäre, kosmogonische Theorien hervorzubringen. In Wirklichkeit war weder die antike noch die frühneuzeitliche Astronomie in irgendeiner bekannten Weise mit Kosmogonie verbunden. Als ich vom Altertum berichtete, mußte ich über Philosophie sprechen, um die kosmogonischen Theorien einzuführen, und sogar in der Neuzeit werden wir als folgenreichste kosmogonische Gedanken zunächst die zweier Philosophen, Descartes und Kant, antreffen. Dies ist jedoch verständlich. Die genaue Beobachtung der Planeten zeigte nur periodische Bewegungen ohne den leisesten Hinweis auf eine Entwicklung, auf ein Entstehen oder Vergehen oder auf irgendeine irreversible Änderung des Systems. Mechanische Kausalität schien den Himmelskörpern so fremd zu sein wie biologisches Wachstum und Altern; der Himmel stellte sich gerade der genauen Beobachtung wie ein großes vollendetes Kunstwerk dar. Daß man ihn durch unwandelbare mathematische Gesetze beschreiben konnte, machte seinen Gegensatz zu allem, was wir auf der Erde kennen, nur schlagender, denn alles unter dem Mond ändert sich ja doch rasch und auf von Tag zu Tag wechselnden Wegen. Für Kepler war die Astronomie eine Anbetung des Schöpfers durch das Medium der Mathematik. Im mathematischen Gesetz denkt der Mensch, der nach Gottes Bild geschaffen ist, Gottes Schöpfungsgedanken nach. Dies ist die Welt des Timaios, nicht die Welt Demokrits.

Ehe man eine naturwissenschaftliche Kosmogonie versuchen konnte, mußte man Himmel und Erde unter der Herrschaft gemeinsamer physikalischer Gesetze zusammenbringen. Die Mathematik mußte auf die Erde herunter, die Mechanik hinauf zum Himmel gebracht werden. Diese Errichtung einer neuen Wissenschaft, die schließlich Himmelsmechanik genannt wurde, geschah in drei Schritten. Man mußte zuerst die Himmelsbewegungen selbst mathematisch exakt beschreiben; das vollbrachte Kepler. Man mußte die Mechanik als mathematische Wissenschaft begründen; hierzu trug Galilei wohl das wichtigste bei. Man mußte schließlich die Mechanik auf die Himmelsbewegungen anwenden; dies war die krönende Leistung Newtons.

Indem ich nun von Galileo Galilei spreche, will ich zwei Themen erörtern: seine Entdeckungen in der Mechanik und seinen Kampf für das kopernikanische System. In beiden Bereichen geht es mir hier mehr um die Prinzipienfragen als um die von der Wissenschaftsgeschichte sorgfältig herausgearbeiteten, interessierten Lesern zugänglichen Einzelheiten.

Indem Galilei die Wissenschaft der Mechanik begründete, brachte er die Mathematik auf die Erde herab. Hierin folgte er einem anderen griechischen Denker, dem von ihm hoch bewunderten Archimedes. Was Archimedes für die Statik geleistet hatte, wollte er für die Dynamik, die Bewegungslehre vollbringen. Er hinterließ die Theorie der Nachwelt nicht in vollendeter Form; spätere Physiker, vor allem Huygens und Newton, ja die großen Mathematiker des 18. Jahrhunderts, hatten noch viel hinzuzufügen. Und doch wird man sagen können, daß die entscheidende gedankliche Anstrengung von Galilei geleistet worden ist. Versuchen wir diese Anstrengung nachzuvollziehen.

Die neuzeitliche Naturwissenschaft hat ihren eigenen historischen Mythos. Es ist der Mythos von Galilei: Dieser Mythos versichert, man habe im dunklen Mittelalter die Spekulationen des Aristoteles hochgeschätzt, die sich um Beobachtungen nicht kümmerten, aber Galilei habe der Wissenschaft die Bahn gebrochen, indem er die Welt so beschrieb, wie wir sie wirklich erfahren. Wie jeder Mythos drückt auch dieser ein Stückchen Wahrheit aus; sicher hat er recht mit der hohen Schätzung Galileis. Aber ich glaube, er entstellt vollkommen die Natur von Galileis wahrer Leistung. Ich wäre bereit, diese Leistung zu charakterisieren, indem ich in jedem Punkt genau das Gegenteil des Mythos ausspräche. Daher sage ich: Das späte Mittelalter war in keiner Weise ein dunkles Zeitalter; es war eine Zeit hoher Kultur, von gedanklicher Energie sprühend. Jene Zeit übernahm die Philosophie des Aristoteles, weil er sich mehr als irgend ein anderer der sinnlichen Wahrheit annahm. Aber die Hauptschwäche des Aristoteles war, daß er zu empirisch war. Deshalb brachte er es nicht zu einer mathematischen Theorie der Natur. Galilei tat seinen großen Schritt, indem er wagte, die Welt so zu beschreiben, wie wir sie nicht erfahren. Er stellte Gesetze auf, die in der Form, in der er sie aussprach, niemals in der wirklichen Erfahrung gelten und die darum niemals durch irgendeine einzelne Beobachtung bestätigt werden können, die aber dafür mathematisch einfach sind. So öffnete er den Weg für eine mathematische Analyse, die die Komplexheit der wirklichen Erscheinungen in einzelne Elemente zerlegt. Das wissenschaftliche Experiment unterscheidet sich von der Alltagserfahrung dadurch, daß es von einer mathematischen Theorie geleitet ist, die eine Frage stellt und fähig ist, die Antwort zu deuten. So verwandelt es die gegebene »Natur« in eine manipulierbare »Realität«. Aristoteles wollte die Natur bewahren, die Erscheinungen retten, sein Fehler ist, daß er dem gesunden Menschenverstand zu oft recht gibt. Galilei zerlegt die Natur, lehrt uns, neue Erscheinungen willentlich hervorzubringen, und den gesunden Menschenverstand durch Mathematik zu widerlegen.

So sagt z. B. Aristoteles, daß schwere Körper schnell fallen, leichte Körper langsam und ganz leichte Körper sogar aufsteigen. Dies ist genau, was die Erfahrung jedes Tags uns lehrt: der Stein fällt schnell, das Blatt Papier langsam, die Flamme steigt auf. Galilei behauptet, alle Körper fielen mit gleicher Beschleunigung und müßten deshalb nach gleicher Zeit gleiche Geschwindigkeit erlangt haben. In der alltäglichen Erfahrung ist dieser Satz einfach falsch. Galilei fährt fort, im Vakuum würden sich die Körper aber in der Tat so verhalten. Hier stellt er also die Hypothese auf, es könne ein Vakuum, einen leeren Raum, geben, wieder im Widerspruch nicht nur zur Philosophie des Aristoteles, sondern auch zur Erfahrung jedes Tags. Er war selbst nicht imstande, ein Vakuum zu erzeugen. Aber er schuf einen starken Anreiz für die Physiker des späteren 17. Jahrhunderts, wie seinen Schüler Torricelli, ein Vakuum herzustellen; und in der Tat, als ein hinreichend leerer Raum produziert war, erwies sich Galileis Vorhersage über den Fall der Körper in ihm als richtig. Ferner eröffnete seine Behauptung den Weg für eine mathematische Analyse des Auftriebs und der Reibung, der zwei Kräfte, die dafür verantwortlich sind, daß Körper von verschiedenem spezifischen Gewicht oder von verschiedener Größe und Gestalt verschieden schnell fallen. Nur wenn man weiß, wie schnell ein Körper ohne diese Kräfte fallen müßte, kann man diese Kräfte selbst durch ihren den Fall verlangsamenden Effekt messen.

Dieselben Überlegungen gelten für das Trägheitsgesetz. Dieses Gesetz besagt, daß ein Körper, auf den keine Kräfte wirken, seinen Zustand der Ruhe oder der geradlinigen Bewegung mit gleichbleibender Geschwindigkeit beibehalten wird. (Ich gehe hier nicht auf die Komplikation ein, daß Galilei das Gesetz niemals in dieser Form ausgesprochen hat, sondern die scheinbar geraden Bahnen in Wirklichkeit als Stücke großer Kreise ansah; diese Komplikation gaben seine Schüler sehr bald auf.) Niemand hat jemals einen Körper auf einer geraden Linie mit gleichbleibender Geschwindigkeit sich bewegen sehen. Das liegt natürlich daran, daß immer irgendwelche Kräfte auf einen Körper wirken. Dann gibt uns das Trägheitsgesetz eine Gelegenheit, klar zu definieren, was wir unter einer Kraft verstehen; nach Newton ist die Kraft proportional der Beschleunigung des Körpers, auf den sie wirkt. Die Beschleunigung ist die Änderung der Geschwindigkeit pro Zeiteinheit (die Ableitung des Geschwindigkeitsvektors nach der Zeit). Also ist die Kraft per definitionem proportional zur Abweichung des Körpers von seiner Trägheitsbahn. Aber welche sorgfältige Analyse oder welcher gedankliche Mut waren nötig, ehe Galilei ein derartiges Gesetz aussprechen konnte, das einerseits in keinem Phänomen direkt aufzuweisen war und andererseits allen traditionellen Kausalvorstellungen widersprach. Es galt als selbstverständlich, daß keine Änderung möglich sei ohne eine sie bewirkende Ursache. Bewegung eines Körpers ist eine Änderung seines Orts. Also wird es keine Bewegung ohne eine Ursache, also eine sie erzeugende und erhaltende Kraft geben. Jetzt soll Bewegung fortdauern in Abwesenheit jeder sie aufrechterhaltenden Ursache. Spätere Denker, z. B. Descartes, gaben sich zufrieden, indem sie eine Ursache nur für eine Zustandsänderung verlangten und den Zustand eines Körpers durch seine Geschwindigkeit definierten. Das ist ein geschickt gespielter Trick; warum definierten sie den Zustand nicht statt dessen durch den Ort oder durch die Beschleunigung oder durch den Geschwindigkeitsbetrag einer konstanten Kreisbewegung? Das Trägheitsgesetz hat seine einzige Rechtfertigung in der Erfahrung. Aber eben diese Erfahrung ist nicht in einem einzigen Einzelfall streng nachweisbar und ganz gewiß nicht im Erfahrungsschatz des Alltags. Der empirische Beweis des Gesetzes liegt nur im Vergleich der Theorie der Mechanik als Ganzer mit dem Bereich mechanischer Experimente als Ganzem.

Ich werde zu diesem erkenntnistheoretischen Problem in der dritten Vorlesung der zweiten Vorlesungsreihe zurückkehren. Jetzt möchte ich darauf hinweisen, wie all dies mit dem Platonismus zusammenhängt. Die Naturforscher jener Zeit liebten es, zur Verteidigung ihres Glaubens an mathematische Gesetze Platon gegen Aristoteles ins Feld zu führen. Ich glaube, daß sie damit wenigstens teilweise im Recht waren. Vergleichen Sie die Analyse der Mathematik in Platonischen Begriffen, die ich Ihnen in der vierten Vorlesung zu geben versucht habe. Wir sagten dort: den wahren Kreis kann man in dieser Sinnenwelt nicht vorfinden. Ebenso können wir jetzt sagen: die wahre Trägheitsbewegung kann man in dieser Welt der Sinne nicht vorfinden. Wahre Wissenschaft muß ihrem Wesen nach über das hinausgehen, was uns die Sinne lehren. Aber hier endet die strenge Analogie. Für Platon hat nur die reine Mathematik irgendeinen Anspruch, als wahre Erkenntnis zu gelten, indem der eigentliche Anspruch hierauf sogar der philosophischen Erkenntnis der Ideen vorbehalten bleibt; von der Sinnenwelt kann man auch mit Hilfe der Mathematik nur eine wahrscheinliche Geschichte erzählen. Für Galilei hingegen gilt das mathematische Gesetz streng in der Natur und kann durch eine Anstrengung des menschlichen Denkens, zu dem auch die Ausführung von Experimenten gehört, entdeckt werden. Die Natur ist kompliziert und bietet uns nicht immer von selbst die einfachen Fälle, in denen das eine Gesetz, das wir studieren wollen, frei von Störungen durch andere Effekte wirkt. Aber diese Störungen sind durch Kräfte verursacht, die wieder ihren eigenen Gesetzen genügen, sie sind selbst ebenfalls mathematischen Studien zugänglich. Werdet nicht müde, die Natur zu zerlegen, und ihr werdet ihr Meister werden. Der Realismus der modernen Physik glaubt weder naiv an die Sinne, noch verachtet er sie in spiritualistischem Hochmut.

Diese Haltung hat einen theologischen Hintergrund. Die Welt der Sinne ist die Welt der Natur im christlichen Sinne des Wortes. Sowohl der Platonismus wie das Christentum trauen auf das, was jenseits der Natur ist. Aber zwischen ihnen besteht der Unterschied, daß der Gott Platons die Materie nicht gemacht hat; nur das spirituelle Element in der Welt ist göttlich; deshalb kann sich die Wissenschaft, die eine Gabe Gottes ist, nicht im strengen Sinn auf die materielle Welt beziehen. Für die Christen hat Gott alles gemacht. Deshalb kann der Mensch, der nach seinem Bilde geschaffen ist, die geschaffenen Dinge, gewiß aber die ganze materielle Welt verstehen. Gerade der Gedanke, daß das Wort Fleisch geworden ist, das Dogma der Inkarnation, zeigt, daß die materielle Welt nicht zu niedrig ist, um von Gott angenommen zu werden, und folglich auch nicht zu niedrig, um durch das Licht der Vernunft, das Gott uns gegeben hat, verstanden zu werden. In seinem Kampf gegen die Inquisition für das kopernikanische System sagte Galilei mit Nachdruck, wir sollten nicht nur in dem Buch der Worte lesen, das Gott uns zur Erlösung gegeben hat, sondern auch in dem Buch der Natur, das Gott uns in der Schöpfung gegeben hat.

Aber über diesen berühmten Kampf will ich ausführlicher sprechen. Er ist zu einem anderen Teil des Galilei-Mythos geworden. Der Mythos besagt etwa: »Galileo Galilei war ein Märtyrer der wissenschaftlichen Wahrheit gegenüber dem mittelalterlichen Aberglauben.« Wieder packt der Mythos die Wahrheit an einem Zipfel. Wieder betont er mit Recht Galileis Schlüsselrolle. Wieder entstellt er aber die historischen Tatsachen in solchem Grad, daß man versucht ist, diese Tatsachen zu beschreiben, indem man jedem einzelnen Wort des soeben von mir formulierten Satzes widerspricht. Aber hier ist die Lage noch komplizierter. Wir werden Gründe finden, den Spieß mehreremale umzudrehen.

War Galilei ein Märtyrer? Märtyrer heißt Zeuge. Soweit können wir zustimmen. Er war ein öffentlicher Zeuge. Er sprach öffentlich für die Wissenschaft mit großem Feuer und großem literarischem Talent, und er sprach für eine Theorie, die wir für wahr halten. Wenn man voraussetzt, daß die Wissenschaft und die Kirche Gegner sind, so kann man hinzufügen, daß er ein Zeuge war in dem Sinne, daß der Kirche – nicht nur der katholischen – vielleicht keine einzelne Handlung mehr geschadet hat als der Prozeß gegen Galilei; noch heute ist er eine Hauptstütze der antichristlichen Propaganda.

Aber das Wort Märtyrer hat die Bedeutung eines Zeugen angenommen, der seinen Glauben selbst angesichts der Todesdrohung bekennt, und dessen entscheidendes Zeugnis im Tod für seinen Glauben liegt. Galilei wurde mit weniger als dem Tod bedroht – freilich scheint wahr zu sein, daß er, ein siebzigjähriger Mann, mit der Folter bedroht worden ist – und er schwor die kopernikanische Theorie unter diesem Druck ab. Wenn wir das Wort im vollen Sinn gebrauchen, war Galilei kein Märtyrer.

Der historische Tatbestand ist, daß Galilei kein Märtyrer wurde, weil er niemals einer sein wollte. Er war ein Mensch der Spätrenaissance, der das Leben genoß und genießen wollte, der die Wissenschaft und den wissenschaftlichen Ruhm genoß und genießen wollte, und der ein guter und treuer Katholik war, der niemals einen Konflikt mit seiner Kirche gesucht hat. Wahrscheinlich war er ein so guter Katholik und zugleich ein so guter Wissenschaftler, daß er klar einsah, daß das Martyrium ein Zeugnis für religiöse und ethische Überzeugung ist und nicht für wissenschaftliche Wahrheit. Religiöse und ethische Überzeugungen beziehen sich auf menschliches Handeln und können nur durch menschliches Handeln bewährt werden; wissenschaftliche Überzeugungen beziehen sich auf Fakten und werden bewährt, indem man sich die Fakten ansieht. Was er wünschte, war, seine Kirche von einem Faktum zu überzeugen. Er wünschte, sie davon zu überzeugen, daß die kopernikanische Auffassung richtig, wichtig und in keiner Weise dem katholischen Glauben zuwider sei. Um das zu erreichen, schrieb er Bücher, ließ er Leute durch Fernrohre sehen, führte er Gespräche mit Kardinälen und dem Papst. Als sein Buch verurteilt wurde, war er bereit, es zu »verbessern«, und als er zum Abschwören gezwungen wurde, haßte er die Menschen, die ihn in diese Lage gebracht hatten, und sprach von ihnen später nie anders als mit kalter Verachtung; aber wir haben keine Andeutung, daß er jemals daran gezweifelt hätte, daß er, wenn diplomatische Mittel ihn nicht retten könnten, sich ins Unvermeidliche ergeben und den Eid gegen Kopernikus leisten würde. Es ist völlig gewiß, daß er in diesem Augenblick dachte: »eppur si muove«, »und die Erde bewegt sich doch«; es dürfte ebenso gewiß sein, daß er die Worte nicht ausgesprochen hat, denn er war kein Narr.

Aber warum gelang es ihm nicht, die Kirche zu überzeugen? Ich fürchte, ich muß antworten: weil er eben nicht eine klar erkennbare wissenschaftliche Wahrheit gegen mittelalterliche Rückständigkeit verteidigte. Die Dinge lagen eher umgekehrt: er konnte nicht beweisen, was er behauptete, und die Kirche seiner Zeit war nicht mehr mittelalterlich. Um mit dem zweiten Punkt zu beginnen: Ein moderner Biograph, G. de Santillana, hat, so scheint mir, ganz recht mit der Behauptung, die römische Kirche des frühen 17. Jahrhunderts sei schon so weit auf dem Weg zum totalitären Staat fortgeschritten gewesen, daß sie eine Freiheit des Denkens nicht mehr gestatten konnte, die in vielen Jahrhunderten des Mittelalters möglich gewesen wäre, und gewiß in der Renaissance. Galilei verteidigte die damals altmodisch gewordene

Theorie, die Lehrautorität der Kirche erstrecke sich auf das, was für das Heil wichtig ist, aber nicht auf strittige Auffassungen über die Natur. Andererseits hatte ich beim Lesen der Dokumente seines Prozesses das Gefühl, daß sehr wenige Leute in der Kirche sich überhaupt für die Frage interessierten, ob er in der Sache recht habe oder nicht. Die Kirche hatte sich gerade von dem Schlag der Reformation erholt; viele zweifelhafte dogmatische Fragen waren im Konzil von Trient entschieden; die Jesuiten hatten eine viel strengere Auffassung von Gehorsam in der Kirche gebracht; man hatte begriffen, welche Stärke der Kirche eine monolithische Bindung an das Dogma geben konnte. In Deutschland focht man den Dreißigjährigen Krieg. Die Bibel war Gottes Wort, und sie war nicht leicht mit Kopernikus zu versöhnen – warum sollte man da die Position der Kirche in ihrem gefährlichen und vielleicht abschließenden Kampf gegen die Häretiker durch neu vom Zaun gebrochenes Gezänk über die Bewegung der Erde schwächen? So gedeutet, war der Kampf zwischen Galilei und der Inquisition ein Kampf zwischen zwei höchst modernen Mächten: der Wissenschaft und dem Totalitarismus. Beide Seiten glaubten an Christus, und wahrscheinlich meinte jede Seite, sie selbst bedeute den Weizen, die andere aber das Unkraut. So ambivalent ist die Geschichte.

Jede der beiden Seiten war in sich selbst zweideutig, und der Opponent, mit dem scharfen Auge des intelligenten Feindes, sah ihre Schwäche, wenigstens in gewissem Umfang. Galileis Schwäche in der Art, wie er die Wissenschaft vertrat, war, wie gesagt, daß er seine Behauptungen gar nicht wissenschaftlich beweisen konnte. Um das klarzumachen, brauche ich Sie nur an das zu erinnern, was ich zu Anfang dieser Stunde über das kopernikanische System gesagt habe. Gewiß hatte das Fernrohr in der Hand Galileis Sonnenflecken, Berge auf dem Mond und ein Satellitensystem um den Planeten Jupiter gezeigt, das wie ein verkleinertes Modell des kopernikanisch verstandenen Systems der Planeten rings um die Sonne aussah. So waren einige alte Anschauungen über die Himmelskörper erschüttert, vor allem die Ansicht, sie seien ganz anders als die Erde und bestünden aus einem fleckenlosen himmlischen Stoff. Aber aus all diesem folgte kein zwingender wissenschaftlicher Beweis für oder gegen Kopernikus. Es wäre wohl das stärkste damals verfügbare Argument gewesen, daß Keplers Gesetze im kopernikanischen System einen durchschlagend klaren Sinn hatten, während ihre Umdeutung ins ptolemäische System ein höchst verworrenes Bild ergeben hätte. Aber Galilei hat dieses Argument nie verwendet; er scheint nicht einmal Keplers schwer lesbares Buch über diese Themen studiert zu haben, obwohl Kepler es ihm geschickt hatte. Den guten Theologen der Kirche wie Kardinal Bellarmin und den jesuitischen Astronomen (von denen manche im Herzen Kopernikaner gewesen sein mögen) war diese Sachlage natürlich völlig klar. In dem ersten sogenannten Prozeß von 1615, in dem Galilei noch mit großer Höflichkeit behandelt wurde, war es Bellarmins Standpunkt, man dürfe das kopernikanische System sehr wohl als mathematische Hypothese zur einfacheren Beschreibung der Planetenbewegungen benützen; nur dürfe man nicht seine Wahrheit behaupten, da es ja nicht beweisbar sei, und da die Heilige Schrift zu der Folgerung nötige, es sei falsch. Hypothese bedeutet hier offenbar eine Annahme, an die man nicht glaubt, die aber die Rechnungen vereinfacht. Galilei unterwarf sich dieser Formel, aber nur als einer façon de parler. Er zog sich den endgültigen Schlag des zweiten – nun wirklichen und gefährlichen – Prozesses von 1633 zu, indem er ein Buch schrieb, seine berühmten Dialoge über die beiden hauptsächlichen Weltsysteme, in dem er seine wahre Meinung in einer zu durchsichtigen Weise durch diese Formel abzuschirmen suchte.

Wir können also sogar behaupten, daß die Inquisition von Galilei nicht mehr verlangte, als daß er nicht mehr sagen sollte, als er beweisen konnte. Er war ein Fanatiker in dieser Auseinandersetzung. Aber wir müssen nun den Spieß noch einmal umdrehen: Er hatte damit recht, daß er ein Fanatiker war. Die großen Fortschritte der Wissenschaft geschehen nicht, indem man ängstlich am Beweisbaren klebt. Sie geschehen durch kühne Behauptungen, die den Weg zu ihrer eigenen Bestätigung oder Widerlegung selbst erst öffnen. Alles was ich über den Fall der Körper und über das Trägheitsgesetz gesagt habe, erläutert diesen Satz, und wir können nicht zweifeln, daß Galilei sich dieser methodologischen Situation voll bewußt war. Die Wissenschaft braucht Glauben so gut wie die Religion, und beide Weisen des Glaubens unterwerfen sich, wenn sie sich selbst verstehen, der ihnen jeweils eigentümlichen Probe: der religiöse Glaube im menschlichen Leben, der wissenschaftliche im Weiterforschen.

Aber wenn Galilei das Wesen der Wissenschaft besser verstand als die Inquisition, verstand er auch die Rolle der Wissenschaft in der Geschichte? Er stand für das, was ich in der vorigen Vorlesung die historische Position der Realität genannt habe. Der Mensch ist frei, die Wahrheit über die Natur zu erforschen. Diese Freiheit sollte nicht behindert werden. Aber was für Folgen wird die freie Forschung haben? Wir müssen versuchen, den Motiven der Kirche gerecht zu werden. Wenn Galilei die Autorität der Bibel und der 1500jährigen christlichen Tradition unterminierte, wo würde dies Unterwühlen des Erdreichs zum Ende kommen? Diese Autorität hatte vielleicht viele schlimme Dinge gedeckt; aber schließlich hatte sie Europa hervorgebracht. Wenn ich dem Kardinal Bellarmin etwas mehr Hellsicht zutraue, als er vermutlich hatte – muß ihn nicht geschaudert haben beim Gedanken an die Folgen des herannahenden Zeitalters ungezügelter Forschung? Ein gerader Weg von dreihundert Jahren führt von der klassischen Mechanik zur Mechanik der Atome. Ein gerader Weg von zwanzig Jahren führt von der Atommechanik zur Atombombe. Ob diese Bombe die westliche Zivilisation zerstören wird, aus der sie hervorgegangen ist, wissen wir noch nicht. Wäre einer von uns im Jahr 1615 Kardinal gewesen und hätte er die Zukunft übersehen bis 1964, aber nicht weiter, hätte er gewagt, das Risiko dieser Entwicklung auf seine Verantwortung zu nehmen, wenn es eine Aussicht gab, sie noch aufzuhalten?

Was die Kirche nicht wußte, war, daß es keine Aussicht gab, diese Entwicklung aufzuhalten. Hier, meine ich, liegt die Zweideutigkeit der kirchlichen Position. Ich glaube, es wäre schlechthin ungerecht, zu leugnen, daß ihr Versuch, ein autoritäres System zu errichten, das gefährliche Entwicklungen verhindern würde, von einem echten Sinn der Verantwortlichkeit für die Menschheit veranlaßt war. Können diejenigen, die die Gefahren am besten kennen, ihren Brüdern einen besseren Dienst erweisen in dieser Zeit, in der wir auf das jüngste Gericht warten, als indem sie sie vor dem Übel behüten mit den Mitteln kluger Voraussicht? Hat Gott denn gewollt, daß wir die Geheimnisse seiner Schöpfung enthüllen, ehe er selbst sie uns in einer neuen Welt eröffnen will?

Dies ist genau, was ich in der letzten Vorlesung konservatives Christentum genannt habe. Ähnlich mögen römische Kaiser stoischen Glaubens gedacht haben, wenn sie die Opfer entgegennahmen, die ihre Zeitgenossen ihrer Person darbrachten und mit denen ihre Herrschaft als das kleinste der möglichen Übel anerkannt wurde. Die politische Herrschaft der Kirche übertrug das römische Reich auf den geistlichen Boden. Aber der christliche Radikalismus hatte sich in den ersten Jahrhunderten geweigert, sich dem göttlichen Kaiser zu beugen; durch seinen scheinbar närrischen Eigensinn, nur den wahren Gott anbeten zu wollen, hatte er Verfolgungen auf sich herabbeschworen und den Weltkreis erobert. Jetzt weigerte sich der Radikalismus der modernen Wissenschaft, sich den Priestern zu unterwerfen, die eine göttliche Verantwortung in ihre menschlichen Hände genommen hatten; auch wenn die Wissenschaftler noch Christen waren, konnten sie nicht glauben, daß es eine christliche Haltung sei, eher der menschlichen Vorsicht als der Wahrheit zu dienen. Lagen nicht die Folgen unserer Wahrheitssuche in Gottes Hand? Ich glaube, daß die frühen Christen und die neuzeitlichen Wissenschaftler in ihrem Bestehen auf der Wahrheit etwas Gemeinsames haben, so verschieden sie auch den Begriff der Wahrheit verstehen.

Wie dem auch sei, die Kirche mußte lernen, daß es, selbst wenn die Welt der Wissenschaft das Unkraut war, doch unmöglich war, das Unkraut vor der Ernte auszujäten.

Galileo Galilei

Galileo Galilei wurde 1564 geboren, in der Woche, in der Michelangelo starb; er starb 1642, wenige Monate vor der Geburt Newtons. Er stammte aus der Welt der Renaissance, lebte im Raume der Gegenreformation und eröffnete das Zeitalter der Wissenschaft.

Er stammte aus einer künstlerischen Familie. Sein Vater war Musiker, als Musiktheoretiker bekannt. Er wurde jung für einige Jahre Professor in Pisa, war zwei fruchtbare Jahrzehnte hindurch Professor der Mathematik in Padua, unter dem Schutz der kulturellen Liberalität der Republik Venedig, und war während der letzten drei Jahrzehnte seines Lebens Hofastronom seines Landesherrn, des Großherzogs von Toskana. Diese letzten Jahrzehnte waren überschattet von seinem Kampf um das kopernikanische System. Im Jahre 1616 wurde er vom Heiligen Offizium vermahnt, dieses System nicht zu lehren; 1633 wurde er als Siebzigjähriger angeklagt, sein diesbezügliches Versprechen gebrochen zu haben, und gezwungen, der kopernikanischen Lehre abzuschwören. Sein letztes Lebensjahrzehnt verbrachte er, erblindend, als überwachter Gefangener in seinem Landhaus nahe Florenz. In diesem letzten Jahrzehnt schrieb er sein größtes wissenschaftliches Werk, die *Discorsi*, das die Grundlagen der Mechanik enthält. Auch vermochte er es in Holland zum Druck zu bringen: Leiden 1638.

Galilei ist eine, ja *die* legendäre Gestalt des heutigen Wissenschaftsglaubens. Mein Ziel ist, den Galilei-Mythos mit der geschichtlichen Wirklichkeit Galilei zu vergleichen, Wirklichkeit soweit wir sie sehen können; denn geschichtliche Wirklichkeit bleibt uns im letzten Grunde wohl immer verborgen.

Es müßten über dieses Thema eigentlich drei Vorträge gehalten werden: 1. über die historischen und naturwissenschaftlichen Tatsachen, 2. über den Versuch, diese Tatsachen in die Geschichte einzuordnen, 3. über die Bedeutung, welche diesen Tatsachen und ihrer Einordnung in der Geschichte als einem Ganzen zukommt. Der heutige Vortrag ist der mittlere dieser drei möglichen Vorträge. Ich werde jedoch zum ersten Thema einige Literaturhinweise geben und anschließend aus dem dritten Vortrag einige Betrachtungen über die Stellung der Wissenschaft in der heutigen Welt anstellen.

Es wäre interessant genug, sich mit Galilei um seiner selbst willen zu beschäftigen. Da er aber hier nur wegen seiner welthistorischen Bedeutung betrachtet werden soll, werde ich biographische und wissenschaftliche Einzelheiten nur so weit erwähnen, als sie dafür relevant sind.

Die Wissenschaft scheint den Charakter und das Schicksal unserer Zeit zu bestimmen. Ich stelle die These auf: Der Glaube an die Wissenschaft ist die beherrschende Religion unseres Zeitalters. Während sich alle Weltreligionen – Christentum, Buddhismus, Islam – und alle Fast-Religionen – Kommunismus, Liberalismus – Anhängern, Gegnern und völlig unbeteiligten Zeitgenossen gegenübersehen, hat allein die Wissenschaft nur Anhänger. Sicher hat unsere Epoche keine andere derart umfassende Religion. Im Mittelalter und in der Neuzeit bis ins 19. Jahrhundert hinein war in Europa das Christentum herrschend. Dies läßt sich von unserem Jahrhundert nicht sagen, und zwar aus zwei Gründen. Erstens stellt, obschon das Christentum immer noch die offizielle Religion der meisten Bürger unserer westlichen Welt ist, der religiöse Agnostizismus wahrscheinlich die verbreitetste Geisteshaltung dar. Zweitens genügt der Standpunkt des Europäers heute nicht mehr, um die Welt, welche wir die unsrige nennen, zu beschreiben. Während Amerika heute an der europäischen religiösen Überlieferung teilhat, hat Rußland diese Überlieferung über Bord geworfen; und China, Indien und die arabischen Länder, welche nie an dieser Tradition Anteil hatten, sind ganz offensichtlich Teile der Welt, in der wir zusammen leben müssen.

Vielleicht leben wir in einer a-religiösen Welt. Es ist jedoch unwahrscheinlich, daß der Platz, welcher im durchschnittlichen menschlichen Geiste früher von der Religion eingenommen wurde, heute leer bleiben sollte. Meine oben aufgestellte These besagt, daß dieser Platz jetzt vom Glauben an die Wissenschaft eingenommen wird. Das Wesen der Wissenschaft, wenn man sie als bestimmenden Faktor im Geiste des Individuums und der Gesellschaft betrachtet, ist solcher Art, daß sie diesen Platz sehr wohl ausfüllen kann.

Wie würde ein Soziologe die unerläßlichen Elemente einer Religion umschreiben? Wir sind geneigt, wenigstens folgende drei zu nennen: ein gemeinsamer Glaube, eine organisierte Kirche, ein Kodex des Verhaltens. Bietet uns die Wissenschaft etwas, was man mit Glaube, Kirche, Verhaltensgesetz vergleichen könnte?

Viele Bewunderer der Wissenschaft sind der Meinung, diese unterscheide sich gerade darin von der Religion, daß sie den Glauben durch die Vernunft ersetze. Diese Ansicht geht jedoch aus einem zu eng gefaßten Begriff des Glaubens hervor. Das Wichtigste an einem Glauben ist nicht das Fürwahrhalten, sondern das Vertrauen. Ich verwende hier das Wort »Fürwahrhalten« im Sinne einer Zustimmung, die sich nicht auf Wissen stützt. Unter »Vertrauen« verstehe ich eine alles durchdringende Haltung der Persönlichkeit, welche sich nicht auf den bewußten Teil unseres Seins beschränkt, eine Zuversicht, welche es uns ermöglicht, genau so zu handeln, wie wir handeln müßten, läge das, worauf wir vertrauen, offen vor unseren Augen. Es ist nicht in erster Linie die intellektuelle Befriedigung des Fürwahrhaltens, sondern die moralische Befriedigung des Vertrauens – das Wort moralisch in seinem weitesten Sinne verstanden – welche dem religiösen Glauben seine Kraft verleiht. Und wenn Sie mich fragen, was die siamesischen Zwillinge Wissenschaft und Technik zum Abgott unserer Zeit macht, so lautet die Antwort: ihre Vertrauenswürdigkeit. Der primitive Junge in irgendeinem Dorf der Welt, der wenig über seine Götter weiß und nichts von der Wissenschaft, lernt heute auf das Gaspedal treten, und der Wagen fährt. Der europäische Geist und der europäische Agnostiker zeigen ihr gemeinsames Vertrauen in die Welt der Technik jedesmal, wenn sie beim Betreten eines Zimmers den Schalter drehen und erwarten, daß das Licht aufleuchte. Und wenn das Auto, das elektrische Licht, das Telefon uns einmal im Stiche lassen, so werfen wir deshalb der Wissenschaft nicht vor, sie habe unrecht; wir sehen den Fehler beim jeweiligen Apparat, der defekt sein muß, der den Ansprüchen der Wissenschaft offenbar nicht genügt. Solcher Art ist unser Glaube an die Wissenschaft.

Verdient dieses alltägliche Vertrauen den Namen Glauben? Wird uns der religiöse Glaube nicht aus einer anderen Welt geoffenbart, ins Geheimnis gehüllt und durch Wunder bekräftigt? Dazu läßt sich sagen, daß die psychologische Lage des heutigen Durchschnittsmenschen, der sich der Wissenschaft gegenübersieht, genau die gleiche ist wie die eines Gläubigen gegenüber seiner geoffenbarten Religion. Ist nicht auch das Atom eine unsichtbare Welt und die mathematische Formel eine heilige Schrift, geöffnet vor den Augen der Eingeweihten, die wir Wissenschaftler nennen, doch geheimnisvoll für den Laien? Das Wunder wurde ursprünglich nicht als etwas angesehen, was jenseits der Naturgesetze lag – der Begriff des Naturgesetzes ist ja modern –, es war die Offenbarung einer übermenschlichen Macht. Die augenfälligsten Wunder in der Geschichte des religiösen Glaubens sind Wunder der Speisung, der Heilung, der Zerstörung. Die moderne Landwirtschaft und Güterbeförderung, die moderne Medizin, die moderne Kriegsmaschinerie wirken genau entsprechende Wunder.

Hat die Religion der Wissenschaft auch eine Kirche? Sie werden die Frage wahrscheinlich verneinen. Mag sein, daß die kommunistische Partei versucht, so etwas wie eine Kirche zu sein. Diese ist aber höchstens eine mächtige Sekte. Die Mehrzahl der Wissenschaftsgläubigen in der heutigen Welt teilt die kommunistische Auffassung von der Wissenschaft nicht. Sie hat das Gefühl, viel von dem, was die Kommunisten Wissenschaft nennen, verdiene diesen Namen gar nicht. Obschon es also keine Wissenschaftskirche gibt, gibt es anderseits eine Priesterschaft der Wissenschaft: eben die Wissenschaftler. Ich habe sie die Eingeweihten genannt. An ihrem Verständnis für die gemeinsame Wahrheit erkennen sie sich gegenseitig.

Daß die Physik eine Wissenschaft ist und der dialektische Materialismus nicht, zeigte sich zum Beispiel deutlich im Jahre 1955, an der ersten Genfer Konferenz über die friedliche Verwendung der Atomenergie. Manche westlichen und sowjetrussischen Physiker trafen sich dort zum ersten Male, und es wurden viele unveröffentlichte Informationen ausgetauscht. Es war sehr eindrucksvoll, daß sich bei diesem Austausch die Zahlenwerte der gleichen atomaren Konstanten, welche in tiefster Verschwiegenheit in Ländern mit entgegengesetztem politischem System und Glaubensbekenntnis errechnet worden waren, als bis zur letzten Dezimalstelle identisch erwiesen. Nichts dergleichen geschah jedoch in bezug auf die Gesellschaftslehre. Die sowjetrussischen Physiker und ihre Kollegen aus dem Westen vereinigte ein Band, welches von keiner politischen Meinungsverschiedenheit berührt wird. Was sie einigt, ist eine gemeinsame Wahrheit.

Als drittes Element der Religion habe ich ihr Verhaltensgesetz genannt. Dies schließt ein Sittengesetz in sich. Manche Religionen haben ihre eigenen Ritualvorschriften. Der Begriff der reinen Ethik ist wahrscheinlich in der historischen Entwicklung einer Religion ziemlich spät ausgebildet worden. Ursprünglich waren die sittlichen Vorschriften in den Ritus eingebettet. Das Ritual enthielt die Regeln des richtigen Verhaltens gegenüber jenen übermenschlichen Mächten, von denen der Mensch sein ganzes Leben lang abhängig war. Diese Regeln sind dem modernen Menschen meist unverständlich. Es ist ihm nicht möglich, und wenn es auch nur spielerisch geschähe, sich in die Geisteshaltung eines Menschen hineinzudenken, der an die Realität jener Mächte tatsächlich glaubte. Und doch gibt es im heutigen Leben etwas Entsprechendes, nämlich unseren Glauben an die Naturgesetze und unsere Bereitschaft, die Gebrauchsanweisungen zu befolgen, die jedem unserer Apparate beigelegt sind. Warum fährt der Wagen nicht an? Man hat vergessen, die Handbremse zu lösen. Wenn man nicht gelernt hat, den richtigen Hebel zu betätigen, wird man nie fahren können. Wenn wir nicht gelernt haben, die richtige Formel im richtigen Augenblick auszusprechen, werden uns die Dämonen nie gehorchen.

Die Ethik geht aus dem Ritual hervor, so wie das richtige Verhalten unserem Mitmenschen gegenüber aus dem richtigen Verhalten gegen die unsichtbaren Mächte hervorgeht. Auf die ihr eigene Art kennt auch die technische Welt diesen Übergang, und es ist für unsere Zukunft lebenswichtig, daß wir dies verstehen. Wenn Sie wissen, wie auf den Knopf drücken, können Sie mit 90 km pro Stunde Auto fahren. Doch wenn Sie versuchen, mit 90 km pro Stunde durch die Straßen der Stadt zu fahren, so verstoßen Sie gegen das Verkehrsgesetz. Noch mehr: Sie sind verantwortungslos und wissen das. Es gibt eine der technischen Welt innewohnende Ethik, doch sie wird noch nicht gut verstanden. Alles tun, was technisch durchführbar ist, führt zu untechnischem Verhalten; es ist nicht technischer Avantgardismus, sondern kindisches Getue. Der kleine Knabe probiert sein Spielzeug aus, ohne an die Möbel und den Seelenfrieden der Eltern zu denken; der Erwachsene bedient sich des Apparates als Mittel zum Zweck. Diese Überlegung läßt sich, wie mir scheint, auch auf so schwerwiegende Probleme wie Krieg und Waffen im Atomzeitalter anwenden. Viel von dem, was heute auf technischem Gebiet erreicht wird, ist nichts anderes als schwarze Magie und eines reifen technischen Zeitalters unwürdig. Wir leben noch immer in einer Zeit mehr technischen Rituals als technischer Ethik. Insofern ist die Technik in einer zweideutigen Lage. Sie nimmt einen Platz ein, den sie nicht begehrte und wahrscheinlich auch nicht ausfüllen kann.

An der Gestalt Galileis wird die Rolle sichtbar, welche die Wissenschaft zu spielen hat. Ich werde vor allem zwei Gegenstände behandeln: Galileis Errungenschaften auf dem Gebiete der Mechanik und seinen Kampf um das kopernikanische Weltbild. Auf beiden Gebieten interessiere ich mich mehr für die Prinzipienfrage als für die wohlbekannten Einzelheiten.

Durch die Begründung der wissenschaftlichen Mechanik hat Galilei die Mathematik sozusagen auf die Erde heruntergeholt. Darin folgte er einem großen Griechen, Archimedes, den er sehr bewunderte. Was Archimedes auf dem Gebiete der Statik erreicht hatte, wollte Galilei auf dem Gebiete der Dynamik, der Bewegungslehre vollbringen. Er hinterließ seinen Nachfahren zwar kein vollendetes Lehrgebäude. Spätere Physiker, vor allem Huygens und Newton, mußten vieles beifügen. Doch der entscheidende geistige Anstoß ging zweifellos von ihm aus. Versuchen wir, diese geistige Leistung zu verstehen.

Die moderne Wissenschaft hat ihren eigenen historischen Mythos. Es ist dies der Mythos Galilei. Er besagt, daß im dunklen Mittelalter die Spekulationen des Aristoteles, bar jeder Begründung in der tatsächlichen Beobachtung, in hohem Ansehen standen und daß dann Galilei der Wissenschaft den Weg zur Beschreibung der Welt, wie sie tatsächlich ist, bahnte. Wie jeder Mythos, drückt auch dieser ein Stück Wahrheit aus. Er hat sicherlich recht mit seiner hohen Einschätzung Galileis. Doch verzerrt er, meiner Ansicht nach, das Wesen von Galileis wirklicher Leistung gänzlich. Ich möchte Galileis Leistung umschreiben, indem ich gerade das Gegenteil von dem behaupte, was der Mythos aussagt.

Ich sage also: Das Hochmittelalter war keineswegs eine finstere Zeit, es war im Gegenteil eine Epoche hoher Kultur, überschäumend von geistiger Tatkraft. Es eignete sich die Lehre des Aristoteles wegen dessen Beschäftigung mit der Wirklichkeit an. Doch die Hauptschwäche des Aristoteles bestand darin, daß er zu empirisch vorging. Deshalb konnte er keine mathematische Naturlehre schaffen. Galileis großer Schritt vorwärts bestand darin, daß er es wagte, die Welt so zu beschreiben, wie wir sie tatsächlich *nicht* erleben. Er stellte Gesetze auf, welche, so wie er sie formulierte, dem tatsächlichen Erlebnis widersprachen und welche deshalb an keiner einzelnen Beobachtung nachgeprüft werden konnten. Doch diese Gesetze waren mathematisch einfach. Und so bereitete er der mathematischen Analyse den Weg, welche die vielschichtigen Phänomene der sichtbaren Welt in ihre Elemente zerlegt. Das wissenschaftliche Experiment weicht darin von der alltäglichen Erfahrung ab, daß es sich von einer mathematischen Theorie leiten läßt, welche die Fragestellung liefert und die Antwort zu deuten vermag. Dadurch verwandelt es die gegebene »Natur« in eine leicht zu handhabende »Realität«. Aristoteles wollte die Natur beibehalten, die Phänomene retten. Er beging den Fehler, den gesunden Menschenverstand zum Dogma zu erheben. Galilei jedoch zerlegt die Natur; er lehrt uns, neue Erscheinungen zu schaffen und den gesunden Menschenverstand mit der Mathematik zu schlagen.

Betrachten wir irgendein einfaches Beispiel. Aristoteles sagt, daß schwere Körper rasch fallen, leichte langsam, und daß sehr leichte Körper sogar steigen. Dies ist genau das, was die tägliche Erfahrung uns lehrt. Galilei jedoch sagt, daß alle Körper mit der gleichen Beschleunigung fallen und daß deshalb nach einer gegebenen Zeit alle die gleiche Geschwindigkeit erreicht haben. In der Alltagserfahrung erweist sich diese Behauptung als einfach falsch. Galilei sagt aber, in einem Vakuum würden die Körper wirklich gleich schnell fallen. Er stellt also die Hypothese auf, es gebe ein Vakuum, einen luftleeren Raum, und widerspricht damit nicht nur Aristoteles, sondern auch der tatsächlichen Erfahrung. Es war ihm nicht möglich, selbst einen luftleeren Raum herzustellen. Doch er ermutigte die Physiker des späteren 17. Jahrhunderts, etwa seinen Schüler Toricelli, ein Vakuum herzustellen. Und in der Tat: Nachdem ein annähernd luftleerer Raum hergestellt worden war, erwies sich Galileis Voraussage als richtig. Noch mehr: Seine Voraussage bahnte der mathematischen Analyse des Auftriebs und der Reibung den Weg, den zwei Kräften, welche dem verschiedenen Verhalten fallender Körper verschiedenen spezifischen Gewichts und verschiedener Größe und Gestalt zugrunde liegen. Erst wenn man weiß, wie ein Körper ohne das Vorhandensein der genannten Kräfte fallen würde, kann man diese an ihrer hemmenden Wirkung messen.

Die gleichen Betrachtungen können über das Trägheitsgesetz angestellt werden. Dieses besagt, daß ein Körper, auf den keine Kräfte einwirken, sich auf einer geraden Linie mit unveränderter Geschwindigkeit fortbewegt. Niemand hat je einen Körper gesehen, der sich auf diese Weise fortbewegt. Das beruht auf der Tatsache, daß immer gewisse Kräfte auf den Körper einwirken. Das Trägheitsgesetz gibt uns also die Möglichkeit, genau zu definieren, was wir unter einer Kraft verstehen. Nach Newton ist die Kraft proportional zur Beschleunigung des Körpers, auf den sie einwirkt. Die Beschleunigung ist die Geschwindigkeitsveränderung pro Zeiteinheit. Deshalb wird die Kraft definiert als proportional zur Abweichung eines Körpers von seiner Trägheitsbahn. Welch tiefschürfende Analyse und welch geistiger Wagemut waren erforderlich, bis Galilei ein Gesetz aufzustellen wagte, das nicht deutlich an den Phänomenen abgelesen werden konnte und das allen traditionellen Kausalitätsvorstellungen widersprach! Galt es doch als Axiom, daß es keine Veränderung ohne eine sie bewirkende Ursache gebe. Bewegung ist eine Lageveränderung. Es gibt also keine Bewegung ohne Ursache, das heißt ohne Kraft, die sie bewirkt. Und nun sollte es eine Bewegung geben, die ohne Ursache vor sich ging? Das Trägheitsgesetz rechtfertigt sich allein durch die Erfahrung. Doch diese Erfahrung kann uns nicht jeder Einzelfall liefern, und sicher nicht die alltägliche Erfahrung. Den empirischen Beweis des Gesetzes liefert allein der Vergleich der Theorie der Mechanik als Ganzes mit dem Gebiet der mechanischen Experimente als Ganzes.

Dieses die Methoden der Erkenntnis betreffende Problem ist mit dem Platonismus verknüpft. Die Wissenschaftler jener Zeit liebten es, Platon gegen Aristoteles ins Feld zu führen, um ihren Glauben an mathematische Gesetze zu verteidigen. Meiner Ansicht nach taten sie das zum Teil mit Recht. Den vollkommenen Kreis gibt es in dieser unserer Sinnenwelt nicht. Und gleichermaßen können wir sagen: die wahre Trägheitsbewegung ist nirgends in dieser Sinnenwelt zu finden. Die wahre Wissenschaft muß also notgedrungen über das hinausgehen, was uns die Sinne vermitteln. Doch hier hört die Vergleichsmöglichkeit auf. Für Platon konnte höchstens die reine Mathematik den Anspruch erheben, wahre Erkenntnis genannt zu werden; den eigentlichen Anspruch darauf hatte die philosophische Ideenlehre; von der Sinnenwelt läßt sich nur eine wahrscheinliche Geschichte erfahren. Für Galilei jedoch gilt auch in der Natur das mathematische Gesetz in seiner ganzen Strenge und kann dort durch eine Anstrengung des menschlichen Geistes entdeckt werden, eine Anstrengung, welche auch die Durchführung von Experimenten in sich schließt. Die Natur in ihrer Kompliziertheit liefert uns nicht immer die einfachen Fälle, in denen sich das Gesetz, das wir gerade studieren wollen, frei von Störungen auswirkt. Doch diese Störungen, weil durch Kräfte verursacht, die ihren eigenen Gesetzen gehorchen, sind der mathematischen Analyse ebenfalls zugänglich. Man fahre also weiter, die Natur zu zerlegen, und man wird sie meistern. Der Realismus der modernen Wissenschaft ist weder ein naiver Glaube an die Sinne noch eine spiritualistische Verachtung der Sinne.

Galileis Haltung hat einen theologischen Hintergrund. Die Welt der Sinne ist die Welt der Natur im christlichen Sinne des Wortes. Sowohl der Platonismus als auch das Christentum trauen auf das, was jenseits der Natur liegt. Doch die Materie hat der Gott Platons nicht geschaffen. Nur das Geistige in der Welt ist göttlich. Deshalb geht die Welt im engeren Sinn des Wortes die Wissenschaft, welche eine göttliche Gabe ist, nichts an. Nach christlicher Auffassung jedoch hat Gott alles geschaffen. Deshalb kann der Mensch, der Gottes Ebenbild ist, alles Geschaffene verstehen, sicherlich die ganze körperliche Welt. Gerade das Dogma der Inkarnation, der Gedanke, daß das Wort Gottes Fleisch geworden ist, zeigt dem Christen, daß die materielle Welt nicht zu niedrig ist, um von Gott angenommen zu werden. Deshalb können wir sie im Lichte des uns von Gott geschenkten Verstandes auch verstehen. In seinem Kampf mit der Inquisition um das kopernikanische System sagte Galilei deutlich, wir sollten nicht nur im Buch der Worte lesen, das uns Gott gab, um uns zu erlösen, sondern auch im Buch der Natur, das uns Gott in seiner Schöpfung entfaltet.

Auf diesen berühmten Kampf möchte ich jetzt näher eingehen. Er ist zu einem Teil des Mythos Galilei geworden. Dieser Mythos besagt hier folgendes: Galileo Galilei war ein Märtyrer der wissenschaftlichen Wahrheit im Kampf gegen den mittelalterlichen Aberglauben. Auch dieser Mythos hat einen gewissen Wahrheitsgehalt. Er betont mit Recht die Schlüsselstellung Galileis. Aber auch er verzerrt die historischen Tatsachen so sehr, daß man sich versucht fühlt, fast jedes Wort des Satzes, mit welchem ich diesen Mythos umschrieben habe, durch sein Gegenteil zu ersetzen. Die Sachlage ist hier allerdings vielschichtiger. Wir werden den Spieß in der Folge mehr als nur einmal umdrehen müssen.

War Galilei ein Märtyrer? Märtyrer heißt Zeuge. Galilei war in der Tat ein öffentlicher Zeuge. So weit bejahen wir also die Frage. Mit großer Leidenschaft und literarischer Kunst verteidigte er in aller Öffentlichkeit die Wissenschaft und setzte sich für eine Lehre ein, welche wir heute für wahr halten. Wenn man annimmt, daß die Kirche und die Wissenschaft Gegner seien, so kann man beifügen, Galilei sei auch in dem Sinn ein Zeuge, als wahrscheinlich kein einzelnes Ereignis der Kirche – und zwar nicht nur der römischen Kirche – mehr geschadet hat als die Verurteilung Galileis. Noch heute ist sie eines der Hauptargumente der antichristlichen Propaganda.

Doch das Wort Märtyrer hat heute die Bedeutung eines Zeugen, der seinen Glauben öffentlich bekennt, sogar wenn er vom Tode bedroht ist, und dessen entscheidendes Zeugnis im Sterben für seinen Glauben besteht. Galilei wurde weniger als der Tod angedroht – allerdings wurde ihm wahrscheinlich einmal, als er 70 Jahre alt war, mit der Folter gedroht – und unter diesem Druck schwor er der kopernikanischen Lehre ab. In des Wortes voller Bedeutung war er also kein Märtyrer.

Der geschichtliche Tatbestand ist, daß Galilei deshalb kein Märtyrer wurde, weil er nie ein Märtyrer sein wollte. Er war ein Mensch der Spätrenaissance, der das Leben genoß und genießen wollte, der die Wissenschaft und den wissenschaftlichen Ruhm genoß und genießen wollte, und der als guter, gläubiger Katholik keinen Konflikt mit seiner Kirche heraufbeschwören mochte. Er war wahrscheinlich ein so guter Katholik und ein so guter Wissenschaftler, daß er klar einsah, daß das Martyrium ein Zeugnis für religiöse und sittliche Überzeugungen, nicht für die wissenschaftliche Wahrheit ist. Denn religiöse und sittliche Überzeugungen beziehen sich auf menschliches Handeln und können nur durch solches Handeln bezeugt werden. Wissenschaftliche Überzeugungen beziehen sich auf Tatsachen und können nur durch Erhellung dieser Tatsachen bewiesen werden. Galilei wollte seine Kirche von einer Tatsache überzeugen. Er wollte sie davon überzeugen, daß die Thesen des Kopernikus wahr seien, daß sie keineswegs im Gegensatz zur katholischen Lehre stünden. Er versuchte dies dadurch zu erreichen, daß er Bücher schrieb, die Leute durch Teleskope blicken ließ, mit den Kardinälen und dem Papst vertraulich redete. Als sein Buch verurteilt wurde, war er bereit, es abzuändern. Als man ihn zwang, zu widerrufen, wandte sich zwar sein Haß gegen jene, welche ihn in diese Lage versetzt hatten (er sprach später von ihnen nie anders als mit kalter Verachtung), aber wir haben keinen Grund, daran zu zweifeln, daß er von Anfang an dazu entschlossen war, sich im Falle des Versagens diplomatischer Schritte zu seiner Rettung ins Unvermeidliche zu schicken und den Widerruf auszusprechen. Sicherlich dachte er dabei: »Eppur si muove«, »und sie bewegt sich doch«. Mit gleicher Sicherheit läßt sich aber auch sagen, daß er die Worte nicht aussprach; denn er war kein Narr.

Warum hat Galilei seine Kirche nicht überzeugt? Ich fürchte, die Antwort muß lauten: weil er eben doch nicht eine klare, wissenschaftliche Erkenntnis gegen mittelalterliche Zurückgebliebenheit verteidigte. Die Sachlage war eher umgekehrt. Galilei konnte nicht beweisen, was er behauptete, und die Kirche war nicht mehr mittelalterlich. Um den zweiten Punkt vorwegzunehmen: Ich glaube, daß ein moderner Biograph Galileis, G. de Santillana, recht hat, wenn er sagt, die Kirche des frühen 17. Jahrhunderts habe sich schon zu weit auf dem Wege zum modernen totalen Staat befunden, als daß sie weiterhin jene Gedankenfreiheit hätte gewähren können, welche im Mittelalter während Jahrhunderten möglich gewesen wäre, und sicher auch in der Renaissance. Galilei vertrat die damals überlebte Ansicht, die Lehrbefugnis der Kirche beziehe sich auf das, was das Heil der Seele betreffe, jedoch nicht auf die sich widersprechenden Ansichten über die Natur. Anderseits stehe ich nach Durchsicht der Prozeßakten unter dem Eindruck, daß sich damals nur wenige Männer der Kirche darum kümmerten, ob Galilei tatsächlich recht hatte oder nicht. Die Kirche war eben erst im Begriff, sich vom Schlage der Reformation zu erholen. Viele offene, die kirchliche Lehre betreffende Fragen waren vom Konzil von Trient entschieden worden. Durch die Jesuiten war eine viel strengere Auffassung vom Gehorsam in die Kirche eingedrungen; man begann zu merken, welche Kraft der Kirche aus der monolithischen Treue zum Dogma erwachsen könne. In Deutschland wütete der Dreißigjährige Krieg. Die Bibel war Gottes Wort, und sie vertrug sich schlecht mit der Lehre des Kopernikus. Warum also durch innere Kämpfe um die Bewegung der Erde die Kirche in dem Augenblick schwächen, in dem sie sich in einem heftigen, vielleicht entscheidenden Abwehrkampf gegen die Ketzer befand? Es war vielleicht die Torheit Galileis, daß er seine Bücher italienisch und nicht lateinisch schrieb, denn unter den kirchlichen Würdenträgern waren wohl manche, die ihm innerlich recht gaben, wenn er nur den öffentlichen Skandal vermied. So ausgelegt ist der Kampf zwischen Galilei und der Inquisition ein Kampf zwischen zwei neuzeitlichen Mächten, der Wissenschaft und dem totalen Staat. Beide Parteien glaubten dabei an Christus, und wahrscheinlich hielt jede sich selbst für den Weizen und die Gegenpartei für das Unkraut. So groß ist die Zweideutigkeit der Geschichte.

Keiner der zwei Standpunkte war frei von Unklarheiten, und mit dem scharfen Auge des geschickten Gegenspielers sah jede Partei die Schwäche der anderen, wenigstens teilweise. Galileis Schwäche, wie ich schon sagte, bestand darin, daß er seine These nicht wissenschaftlich beweisen konnte. Schon die griechischen Astronomen hatten das heliozentrische Weltsystem gekannt. Im 3. vorchristlichen Jahrhundert hatte Aristarch von Samos dieser Lehre eine Form gegeben, welche derjenigen des Kopernikus am nächsten kam. Doch Hipparch, der etwa hundert Jahre später lebte und als der beste Beobachter der antiken Astronomie gilt, verwarf sie wieder. Er gab eine andere Erklärung der Planetenbahnen, welche später das ptolemäische System genannt wurde, nach Ptolemäus von Alexandrien, welcher etwa im Jahre 150 n. Chr. das klassische Lehrbuch der antiken Astronomie verfaßte. Wenn wir die moderne Astronomie verstehen wollen, ist es für uns von Nutzen, zu erfahren, warum wohl die Griechen ein System wieder verwarfen, das sie kannten und verstanden und das wir als das richtige ansehen.

Wenn man von der täglichen Erfahrung ausgeht, ist es am natürlichsten, zu sagen, die Erde bewege sich nicht. Dann müssen wir aber auch sagen, der Himmel bewege sich nicht, und die Erde sei eine flache Scheibe. Diese natürliche, aber naive Ansicht hatte die griechische Wissenschaft schon früh aufgegeben. Die Erde, so lehrte sie, war eine Kugel, umgeben vom Himmel, welcher eine größere, mit der Erdkugel konzentrische Kugel darstellte. Da die Sterne, Sonne und Mond mit eingeschlossen, ihre täglichen Bewegungen ohne merkliche Veränderung ihrer Stellung zueinander ausführen, kann man vorerst einmal annehmen, sie seien an der Himmelskugel befestigt. Wenn wir das annehmen, so steht eines fest: der Himmel führt in bezug auf die Erde eine Bewegung aus; innerhalb von 24 Stunden dreht er sich einmal um die Erde. Man kann nun aber fragen: Ist die Erde in Ruhelage und der Himmel bewegt sich um sie herum, oder ist der Himmel unbeweglich und die Erde bewegt sich in seiner Mitte? Oder bewegen sich vielleicht beide? Das einzige, was wir sehen können, ist ihre relative Bewegung. Doch welches ist die absolute Bewegung?

Die griechischen Astronomen und Philosophen kannten diese Fragestellung wohl. Mehrere Ansichten standen sich gegenüber. Der endgültige Entscheid, dem sowohl Aristoteles als auch Ptolemäus zustimmten, lautete, die Erde stehe still. Das Hauptargument für diesen Entscheid lieferte die Physik. Die Griechen kannten die Größe der Erde ziemlich genau. Folglich wußten sie, daß die erforderliche Bewegung der Erde – angenommen der Himmel stehe still – in der geographischen Breitenlage von Griechenland etwa 300 m pro Sekunde wäre. Sogar Körper, die sich viel langsamer bewegen, geraten durcheinander, und man empfindet die entgegenströmende Luft als heftigen Wind. Würde sich die Erde mit der besagten Schnelligkeit bewegen, so käme das einem ständigen Sturmwind gleich. Und wenn man einen Stein von einem hohen Turm hinunterfallen ließe, müßte er wesentlich entfernt von der Stelle zu Boden fallen, die vertikal unter dem Punkte liegt, von dem aus man ihn fallen ließ. Für uns Heutige ist es leicht, zu sagen, die sich bewegende Erde führe sowohl die Luft als auch den Stein mit sich. Der Gedanke war übrigens auch den griechischen Denkern nicht unbekannt. Doch kannten sie das Trägheitsgesetz nicht; es fehlte ihnen überhaupt der abstrakte Begriff des Naturgesetzes. Für sie blieb ein Körper, auf den keine Kraft einwirkte, in Ruhelage. Sie hätten also Kräfte finden müssen, welche dünne Luft und fallende Steine mit der Erde fortbewegten. Das Prinzip, das man heute manchmal Denkökonomie nennt, war daher für sie am einfachsten zu erfüllen, wenn sie annahmen, daß die Erde ruht. Es stellte sich ihnen dann allerdings die Frage, wie der Himmel seine noch viel raschere Bewegung aushalten konnte. Doch sie nahmen an, der Himmel bestehe aus einem ganz anderen Stoff als alle Stoffe, die sie kannten, und seine schnelle Bewegung sei bloß eine weitere seiner wunderbaren Eigenschaften.

Galileis Teleskop hatte nun Sonnenflecken und Mondberge aufgezeigt, ferner ein Satellitensystem um den Jupiter, welches wie ein Miniaturmodell des kopernikanischen Planetensystems aussah. Dadurch wurde die Annahme, diese Himmelskörper seien ganz verschieden von der Erde, sie bestünden aus einem fleckenlosen himmlischen Stoff, widerlegt. Doch daraus ließ sich kein abschließender wissenschaftlicher Beweis für oder gegen Kopernikus ableiten. Das stärkste Argument, welches hätte ins Feld geführt werden können, waren die Keplerschen Gesetze von den elliptischen Planetenbahnen, die sich im kopernikanischen System als sinnvoll erwiesen, während ihre Übertragung in die Sprache des Ptolemäus recht schwierig gewesen wäre. Doch Galilei benützte dieses Argument nicht. Er scheint Keplers kompliziert geschriebenes Buch nicht einmal gelesen zu haben, obschon Kepler es ihm zugesandt hatte. Die guten Theologen der römischen Kirche, wie Kardinal Bellarmin, und die Astronomen des Jesuitenordens, von denen einige vielleicht zutiefst dem Kopernikus anhingen, waren sich hingegen dieser Sachlage bewußt. Im sogenannten ersten Prozeß von 1615, in dem Galilei mit großer Zuvorkommenheit behandelt wurde, formulierte Bellarmin seine Stellungnahme dahin, das kopernikanische System dürfe wohl als mathematische Hypothese dienen, um die Bewegung der Planeten leichter beschreiben zu können. Doch es dürfe nicht als wahr dargestellt werden, weil der Beweis fehle und weil die Heilige Schrift lehre, es sei falsch. »Hypothese« bedeutet hier offensichtlich eine Annahme, an die wir nicht glauben, die aber zur Vereinfachung der Berechnungen von Nutzen ist. Galilei unterwarf sich dieser Formel, doch nur als *façon de parler*. Er schrieb darauf seine berühmten »Dialoge über die zwei hauptsächlichsten Weltsysteme«, worin er seine wahre Ansicht allzu durchsichtig hinter dieser Formel verbarg. Dies führte zum zweiten, wirklichen Prozeß von 1633 und zu seiner endgültigen Verurteilung.

Wir können also sagen, daß die Inquisition von Galilei nur verlangte, er dürfe nicht mehr behaupten, als er beweisen könne. In diesem Falle war *er* der Fanatiker. Doch nochmals müssen wir den Spieß umdrehen. Er hatte recht mit seinem Fanatismus. Die Wissenschaft wird durch ängstliches Festhalten an dem, was bewiesen werden kann, nicht gefördert; die Wissenschaft wird durch kühne Behauptungen gefördert, welche den Weg zum Beweis oder zur Widerlegung öffnen. Alles, was ich über den freien Fall und das Trägheitsgesetz gesagt habe, beweist diese meine Aussage, und es unterliegt keinem Zweifel, daß sich Galilei dieser methodologischen Situation bewußt war. So gut wie die Religion braucht auch die Wissenschaft Glauben, und jede dieser beiden Formen des Glaubens unterzieht sich, wenn sie ihre Stellung richtig versteht, den ihr gemäßen Arten der Nachprüfung, der religiöse Glaube der Bewährungsprobe im menschlichen Leben, der wissenschaftliche Glaube der Nachprüfung durch weitere Untersuchungen.

Galilei verstand das Wesen der Wissenschaft besser als die Inquisition dies tat. Doch verstand er auch die Rolle der Wissenschaft in der Geschichte? Der Mensch ist frei, so sagte er, die Wahrheit über die Natur zu erforschen; diese Freiheit sollte nicht geschmälert werden. Doch wie verhält es sich dann mit den Folgerungen aus den wissenschaftlichen Erkenntnissen? Wir müssen versuchen, den Beweggründen des Verhaltens der Kirche Gerechtigkeit widerfahren zu lassen. Wenn Galilei die Autorität der Bibel und der 1500 Jahre alten kirchlichen Überlieferung untergrub, wo würde das hinführen? Diese Autorität mag ein Deckmantel für allerhand Schlechtes gewesen sein. Doch hatte sie Europa zu dem gemacht, was es war. Mit etwas mehr Hellsichtigkeit, als er wahrscheinlich besaß, hätte Kardinal Bellarmin beim Gedanken an die Folgen der im anbrechenden Zeitalter der ungehemmten Forschung zu erwartenden Entdeckungen erschaudern müssen. Ein gerader Weg von 300 Jahren führt von der klassischen Mechanik zur Mechanik des Atoms. Ein gerader Weg von 20 Jahren führt von der Mechanik des Atoms zur Atombombe. Ob diese Bombe die westliche Zivilisation, welche sie geschaffen hat, zerstören wird, weiß niemand. Wenn Sie, meine Zuhörer, im Jahre 1615 Kardinal Bellarmin gewesen wären und die Zukunft bis 1959 – nicht weiter – hätten voraussehen können, hätten Sie wohl gewagt, das Risiko einer solchen Entwicklung auf sich zu nehmen, wenn Hoffnung bestand, ihr Einhalt gebieten zu können? – Die Kirche wußte jedoch nicht, daß keine Hoffnung bestand, der Entwicklung Einhalt zu gebieten. Darin, glaube ich, liegt die Zweischneidigkeit der kirchlichen Stellungnahme. Es wäre meines Erachtens ungerecht, zu bestreiten, daß der Versuch, ein autoritäres System zu begründen, um gefährliche Entwicklungen zu verhindern, von wahrem Verantwortungsgefühl für die Menschheit getragen war. Konnten die, welche die Gefahr am besten kannten, ihren Brüdern einen besseren Dienst leisten, als sie in dieser Ära, in der wir auf den Jüngsten Tag warten, durch alle ihrer Klugheit zur Verfügung stehenden Mittel vor dem Übel zu bewahren? War es wirklich Gottes Wille, daß wir die Geheimnisse seiner Schöpfung erforschen sollten, bevor er sie uns in einer neuen Welt offenbaren würde?

Die stoischen römischen Kaiser, wenn sie die ihrer Person dargebrachten Gaben annahmen (welche von den Zeitgenossen als Anerkennung ihrer das Gemeinwohl fördernden Herrschaft als des geringsten Übels gedacht waren), mögen ähnliche Gedanken gehegt haben. Doch der christliche Radikalismus der ersten Jahrhunderte unserer Zeitrechnung weigerte sich, einen göttlichen Kaiser anzuerkennen. Dadurch, daß er scheinbar törichterweise darauf beharrte, nur den einen Gott anzubeten, beschwor er Verfolgungen auf sich herab – und eroberte die Welt. Die politische Herrschaft der Kirche übertrug das römische Reich auf den geistigen Bereich. Der Radikalismus der modernen Wissenschaft weigerte sich nun, sich den Männern zu unterwerfen, welche eine göttliche Verantwortung in ihre menschlichen Hände genommen hatten. Auch Wissenschaftler, die gleichzeitig noch Christen waren, konnten nicht glauben, daß es eine christliche Haltung darstelle, sich den Eingebungen der Klugheit statt der Wahrheit zu unterwerfen. Mir scheint, daß in ihrem Beharren auf der Wahrheit die frühen Christen und die modernen Wissenschaftler etwas Gemeinsames haben, wie verschieden ihre Deutung der Wahrheit auch sein möge.

In der Neuzeit geht also der christliche Radikalismus auf den Säkularismus über. Dadurch wird das Christentum zu einer konservativen, d.h. einseitigen Macht. Aber man kann den Säkularismus nicht verstehen, wenn man seinen christlichen Ursprung nicht kennt. Wie ich schon gesagt habe, gewann der Begriff des exakten, mathematisch formulierten Naturgesetzes, welcher bei den Griechen nur undeutlich vorhanden war, durch die christliche Vorstellung der Schöpfung stark vermehrte Überzeugungskraft. Er ist also ein Geschenk des Christentums an den modernen Geist. – Und nun sehen wir, wie dieses ererbte Gut gegen die Religion, von welcher es stammt, ins Feld geführt wird. Dieses Umbringen des eigenen Erzeugers mit den von ihm stammenden Waffen wird im Verlauf der Zeit immer mehr zu einer naiven Selbstverständlichkeit. Kepler war ein ehrlicher Christ, welcher in der mathematischen Weltordnung Gott anbetete. Galilei und in noch höherem Maße der fromme Newton waren ernste Christen, die sich für die Werke Gottes interessierten. Doch während Galilei noch um sein Recht, Gottes Größe aus dem Buch der Natur herauslesen zu dürfen, kämpfen mußte, war Newton schon gezwungen, seine Auffassung von der Natur als eines von Gott geschriebenen Buches zu verteidigen. Die modernen Wissenschaftler nun gar haben meist Mühe, in einer religiösen Interpretation des Naturgesetzes etwas anderes zu sehen als eine weitere Lehrmeinung, wahrscheinlich mythischen Ursprungs, die sicherlich in keiner logischen Beziehung zum Begriff des Naturgesetzes steht. Kein guter Wille und keine religiöse Inbrunst kann diese Entwicklung rückgängig machen. Die heutige säkularisierte Wirklichkeit kann in Worten ausgedrückt werden, welche die Religion vollständig aus dem Spiele lassen. Die Wissenschaft beweist das Dasein Gottes nicht. Dies sollten jene nie vergessen, welche die moderne Welt von der Religion her verstehen möchten. Andererseits ist es gut zu wissen, daß der Baum, an dem diese jetzt heranwachsende Frucht der modernen Wissenschaft gewachsen ist, das Christentum war, daß es der christliche Radikalismus war, welcher die Natur aus dem Haus der Götter in das Reich des Gesetzes verwandelt hat. Im Sinne der Definition der Häresie – Absolutsetzen einer Teilwahrheit – scheint mir der neuzeitliche Säkularismus den Namen einer christlichen Häresie zu verdienen. Doch das wäre ein neues Thema.

René Descartes

René Descartes wurde in La Haye in der Touraine 1596 geboren. Er war Zögling der Jesuitenschule in La Flèche. Später lebte er als unabhängiger Edelmann teils in Frankreich, teils auf Reisen, zuletzt zwei Jahrzehnte in selbstgewählter Einsamkeit in Holland. Er starb 1650 in Stockholm als Gast der Königin Christine von Schweden.

Warum habe ich ihn zum Gegenstand meiner heutigen Vorlesung gewählt? Er gilt, nicht ohne Grund, als der Eröffner der neuzeitlichen Philosophie. Hegel sagt, mit Descartes betrete die Philosophie zum erstenmal festen Grund. Dieser Grund ist das Wissen des menschlichen Geistes von sich selbst, ausgedrückt in Descartes' berühmtem Satz: Cogito ergo sum, ich denke und somit bin ich. Descartes hat das menschliche Subjekt gelehrt, den letzten Grund seiner Gewißheit in sich selbst zu finden.

Aber ich will sprechen über Descartes und die neuzeitliche Naturwissenschaft. Die Naturwissenschaft fragt gerade nicht nach dem menschlichen Subjekt. Sie fragt nach den Gegenständen der Außenwelt, den Objekten der Natur. Objektivität im Gegensatz zur Subjektivität ist für sie das Merkmal wahrer Erkenntnis.

Es ist jedoch eine historische Tatsache, daß Descartes ein großer Mathematiker und ein hochbedeutender Naturforscher war. Ich möchte mich der These anschließen, das eigentliche Ziel seiner Philosophie sei es gewesen, ein festes Fundament für die mathematische Naturwissenschaft zu legen. Also müssen für ihn Subjekt und Objekt etwas miteinander zu tun gehabt haben: die Gewißheit, mit der das menschliche Denken sich selbst kennt, und die Gewißheit, mit der es die Natur mathematisch erkennt. In der Tat ist seine Philosophie weder einseitig dem Geist noch einseitig der Materie zugewandt. Zwar hat er Geist und Materie scharf unterschieden, vielleicht schärfer als es je zuvor in der

Geschichte der Philosophie geschehen ist. Aber er hat sie unterschieden, um dann auch die Art ihrer Beziehung zueinander ebenso scharf bezeichnen zu können. Historisch gehört er daher ebensosehr zu den Stammvätern des Methodenbewußtseins der Naturwissenschaft wie zu denen der Philosophie des Geistes.

Betrachten wir aber den heutigen Zustand nicht nur der Philosophie, sondern der ganzen Universität, nicht nur der Wissenschaft, sondern des ganzen öffentlichen Bewußtseins, so sehen wir ihn beherrscht von der Spaltung, der Fremdheit zwischen Geist und Materie. Geisteswissenschaft und Naturwissenschaft haben kaum eine gemeinsame Sprache, in der sie auch nur miteinander reden könnten, und oft genug sind beide sogar auf diese Fremdheit stolz. Wer den Menschen als Menschen, als seelisches, als geistiges, als verantwortliches Wesen versteht, weiß oft allzuwenig von seinem eigenen Leib und der Erde, auf der er steht, oder gar von der Art, wie heute unsere Maschinen die Materie bewegen. Wer aber mit Maschinen die Materie zu bewegen vermag, weiß oft allzuwenig vom Menschen und seiner Verantwortung für ihn.

Dieser Zustand ist unheilvoll. Durch bloßes Denken werden wir ihn nicht ändern können, aber das Denken kann doch immerhin einen wenn auch bescheidenen Beitrag leisten. Um diesen Beitrag soll es sich auch in der heutigen Vorlesung handeln.

Eine Weise, diesen Beitrag zu leisten, ist es, wenn man versucht, die heutigen Probleme der Wissenschaft und des menschlichen Zusammenlebens philosophisch zu durchdenken. Die heutigen Probleme haben aber vielfach ihre Wurzel in der Vergangenheit. Auch das Denken der Vergangenheit muß neu durchdacht werden, wenn wir die Gegenwart verstehen wollen. Ein Stück davon in der heutigen Stunde.

Will man in einer akademischen Stunde das Bild eines Philosophen entwerfen, so kann man sich auf einen kleinen Ausschnitt aus seinen Gedanken beschränken und an diesem Ausschnitt seine Art zu denken gleichsam vorexerzieren. Der Zusammenhang des Ganzen bleibt dann undeutlich. Ich will statt dessen versuchen, gerade den Zusammenhang der Philosophie Descartes' im ganzen auszusprechen. Wir werden dabei die einzelnen Stationen rasch, für ein adäquates Verständnis zu rasch durchlaufen müssen, so wie wir beim ersten Blick auf ein Gemälde die Einzelheiten nur insofern erfassen, als sie zum Bau des Ganzen beitragen, nicht aber in ihrer eigenen Struktur.

Dem Kenner der Philosophie von Descartes werde ich damit kaum etwas Neues sagen können, außer vielleicht eben in der Anordnung des Ganzen und in einem einzigen sachlichen Problem, dem seiner Auffassung von der Mathematik. Umgekehrt kann ich dem, der sich mit dieser Philosophie noch nicht beschäftigt hat, vieles nur andeuten, ohne es ihm zur vollen Klarheit zu bringen. Jeder von beiden möge entschuldigen, wenn ich ihm damit nicht ganz gerecht werde.

Der Vergleich mit dem Gemälde ist unzureichend, da die Rede sich in der Zeit abspielt. Wir müssen Descartes' Philosophie in einer Reihenfolge durchlaufen. Das Wichtige scheint mir dabei, daß wir in die Bewegung seines eigenen Denkens hineinkommen. Ich will das in zwei Umläufen versuchen, die jeweils dieselben Stationen durchmessen. Der erste Umlauf ist deskriptiv. Er schildert, was Descartes gedacht hat. Der zweite Umlauf ist kritisch. Die Kritik geschieht in dem Respekt, den wir dem großen Philosophen schuldig sind. Wir versuchen, das, was er denken wollte, so gut zu verstehen, daß wir es besser zu denken lernen, als er es vermocht hat. Philosophie muß wohl immer in diesem Sinne respektvolle Kritik der Vorgänger sein.

Da der Umlauf 12 Stationen umfaßt und da unsere Zeit beschränkt ist, will ich mir die Zeit nehmen, die Stationen einmal einzeln zu nennen. Dies möge Ihnen nachher helfen, sich zu erinnern, wo wir uns jeweils befinden. Ich möchte Ihnen folgende Titel geben:

1. Die Naturwissenschaft des frühen 17. Jahrhunderts
2. Descartes' eigene naturwissenschaftliche Leistungen
3. Die Suche nach einer deduktiven mathematischen Naturwissenschaft
4. Descartes' eigene mathematische Leistungen
5. Das Wesen der Mathematik
6. Der an der Mathematik orientierte Begriff von Wahrheit überhaupt
7. Der Gedankengang des Zweifels, der zum Ich als res cogitans führt
8. Die Gottesbeweise
9. Die durch Gottes Verläßlichkeit garantierte menschliche Erkenntnis

10. Die Begründung der Naturwissenschaft als Wissenschaft von der res extensa
11. Anwendungen in der Naturwissenschaft
12. Der Zusammenhang zwischen Leib und Seele.

Erster Umlauf

1. Die Naturwissenschaft des frühen 17. Jahrhunderts

Die Naturwissenschaft, in die der junge Descartes mit lebhaftestem inneren Anteil hineinwächst, ist eingeleitet von Kopernikus, dessen Name erst jetzt, mehr als ein halbes Jahrhundert nach seinem Tod, zur vollen Bedeutung emporsteigt; sie ist tief beeinflußt von Kepler, geprägt von Galilei. Sie beschreibt die Natur in quantitativen Begriffen, niedergeschrieben und durchsichtig gemacht in der mathematischen Formel, der Prüfung zugänglich im Experiment. Das aristotelisch-scholastische Deuten in Finalitäten ist überholt vom Platonismus der Mathematiker, der seinerseits dem Gedanken einer rein kausalen Naturerklärung nach mechanischen Prinzipien den Weg öffnet. Unter mechanischen Wirkungen versteht man zu jener Zeit meist solche, die auf der Undurchdringlichkeit der Materie beruhen, Wirkungen durch Druck und Stoß.

2. Descartes' eigene naturwissenschaftliche Leistungen

Descartes wurde selbst ein produktiver Naturwissenschaftler. Es wäre verlockend, eine ganze Stunde über seine Leistungen in diesem Felde zu reden. Hier deute ich sie nur an.

Wohl am bedeutendsten sind seine Beiträge zur Optik. Er hat das Brechungsgesetz zwar nicht als erster, aber vielleicht selbständig gefunden und jedenfalls selbständig begründet. Die Theorie der optischen Instrumente hat er wesentlich gefördert. Ein Kabinettstück physikalischer Analyse ist seine mathematische, experimentell an wassergefüllten Glaskugeln unterbaute Untersuchung des Strahlengangs in den Regentropfen, die den Regenbogen hervorbringen.

Seine Theorie des Planetensystems war in der Form, in der er sie vortrug, falsch, aber sachlich bedeutend und mit Recht historisch folgenreich. Er stellte sich die Planeten, die um die Sonne kreisen, etwa wie Korkstücke vor, die in einem großen Wirbel einer Flüssigkeit schwimmen. Er erklärte den einhelligen Umlauf der Planeten in Bahnen, die von Kreisen wenig abweichen, als mechanische Folge eines Ätherwirbels. Newton gab später die richtige Theorie, welche Keplers Gesetze der Planetenbewegung aus dem Zusammenspiel von Gravitation und Trägheit deduzierte. Newton konnte so, was Descartes nicht gelungen war, die allgemeine Form der Planetenbahnen quantitativ erklären. Die Entstehung des Systems und damit die individuelle Gestalt der Bahnen blieb bei Newton mechanisch undeutbar. Wieder einige Jahrzehnte später hat Kant das Richtige an Descartes' Theorie neu belebt, indem er den Wirbel, der heute nicht existiert, in diejenige Vergangenheit verlegt, in der das System sich gebildet hat. Er schloß damit die Lücken, die bei Newton geblieben waren. Kants Theorie halten wir heute in den Grundzügen für richtig. So ist Descartes ein Vorläufer der heutigen Theorie der Planetenentstehung.

3. Die Suche nach einer deduktiven Naturwissenschaft

Descartes wollte nicht nur diese oder jene schöne Entdeckung in der Naturwissenschaft machen. Er hat Galilei, der ein größerer Naturforscher war als er, dafür kritisiert, daß er nur einzelne Hypothesen aufgestellt und an der Erfahrung bewährt habe. Wahre Wissenschaft verlange eine sichere Herleitung aus ersten zweifellosen Prinzipien. In diesem Anliegen scheint sich mir ein berechtigtes Motiv mit einem unberechtigten zu verschlingen. Auf die Kritik dieser Verschlingung komme ich erst im zweiten Umlauf.

Das Muster einer deduktiven Wissenschaft ist die Mathematik. Descartes benutzt sie nicht nur als Vorbild und nicht nur als Werkzeug der deduktiven Naturwissenschaft. Sein eigenster Gedanke ist, Naturwissenschaft sei ihrem eigentlichen Wesen nach überhaupt nichts anderes als Mathematik. Um das zu verstehen, müssen wir uns seinem Begriff von Mathematik zuwenden.

4. Descartes' eigene mathematische Leistungen

War Descartes als Naturwissenschaftler bedeutend, aber von schwerwiegenden Irrtümern nicht frei, so war er als Mathematiker genial. Unter seinen Leistungen nenne ich nur diejenige, die heute noch jeder Abiturient lernen muß, die analytische Geometrie.

Zur Vereinfachung beschränke ich mich auf die Geometrie in

der Ebene, also auf die uns allen geläufige Darstellung funktionaler Zusammenhänge durch Kurven. Solche Diagramme gab es schon vor Descartes. Umgekehrt hat er gerade das vorweg gezeichnete rechtwinklige Koordinatensystem, das die Mathematiker heute »cartesisch« nennen, noch nicht benutzt. Sein eigener Gedanke ist von mehr prinzipieller Art. Die ebenso Geometrie als Lehre von Geraden, Kreisen, Ellipsen und anderen Kurven und ihren ausgezeichneten Punkten war seit der Antike bekannt. Die Algebra als Lehre von Gleichungen und ihrer Lösung war eben zu seiner Zeit in einer neuen lebhaften Entwicklung, zu der er selbst wesentliche Beiträge geliefert hat. Die analytische Geometrie stellt die Beziehung zwischen Kurven und Gleichungen her, indem sie sie als verschiedene Ausdrucksweisen desselben Sachverhalts liest. Die Gleichung gibt das Gesetz an, das die Koordinatenwerte der Punkte bestimmt, die auf der durch diese Gleichung »definierten« Kurve liegen; die Kurve »stellt dieses Gesetz dar«. Für Mathematiker sei bemerkt, daß Zeitgenossen von Descartes, wie z. B. Fermat, auch solche Darstellungen schon benutzten; Descartes gewann die volle Freiheit, indem er sich als erster durch willkürliche Definition einer Einheitsstrecke von der Forderung freimachte, die dargestellten Gleichungen müßten »dimensionsmäßig richtig« sein. Eben dies ist der Schritt von der Auffassung der dargestellten Gleichungen als einer bloßen Mitteilung eines vorweg gedachten geometrischen Sachverhalts zur vollen Allgemeinheit der Konfrontierung von Geometrie und Algebra.

5. Das Wesen der Mathematik

Die so verstandene analytische Geometrie ist ein Modell der Auffassung vom Wesen der Mathematik, die Descartes in seiner – zu seinen Lebzeiten nicht veröffentlichten – Jugendschrift *Regulae ad directionem ingenii* darlegt. Er sagt dort (4. Regel), nicht Arithmetik oder Geometrie oder Mechanik oder Musiktheorie, also keine der Disziplinen des »Quadriviums« der damaligen Lehrmethode sei die eigentliche Mathematik. Sie alle seien nur Einkleidungen, unter denen sich die Mathematik selbst verberge. Diese Mathematik selbst sei die Lehre von Ordo et mensura, von Ordnung und Maß. Zahlen, Figuren, Bewegungen, musikalische Harmonien seien nur »Gewänder« von Ordnung und Maß. Die Begriffe ordo et mensura sind von ehrwürdiger mittelalterlicher

Herkunft. Mir scheint aber, daß sie hier einen neuen, spezifisch modernen Gedanken ausdrücken, der auch in Descartes' Zeit noch nicht voll gedacht werden konnte, aber jetzt in unser eigenes Jahrhundert paßt. Der heutige Mathematiker wird bei diesen beiden Begriffen an die moderne Meinung erinnert, Mathematik sei eine Wissenschaft von abstrakten Strukturen. Ich möchte meinen, daß Descartes hier gleichsam eine Vision der abstrakten Auffassung der Mathematik gehabt hat.

Demnach wäre für Descartes der Kern der analytischen Geometrie nicht die geometrische Veranschaulichung von vorweggegebenen Gleichungen und auch nicht, umgekehrt, der große Nutzen der Algebra bei der Lösung geometrischer Probleme gewesen, sondern das, was diese Veranschaulichung und diesen Nutzen erst möglich macht: die Existenz einer abstrakten Struktur, eines ordo, welcher sowohl die Struktur der Gleichung wie die der Kurve ist und beide erst aufeinander abzubilden gestattet. Wir suchen das heute etwa durch den Isomorphiebegriff zu fassen. Wenn ich diesen Gedanken Descartes' richtig verstehe, so wäre er wohl dem bisherigen Verständnis der Entwicklung seiner Philosophie als nicht unwichtiges Glied einzufügen.

6. Der an der Mathematik orientierte Begriff von Wahrheit überhaupt

Ordo et mensura bezeichnen den Gegenstand der Mathematik. Die mathematische Art, zu erkennen, nennt Descartes intuitus. Der Begriff des intuitus enthält die unwidersprechliche Klarheit des Erkannten. Wer begreift, daß zwei mal zwei vier ist, kann daran nicht zweifeln; auch wenn er behauptet, er zweifle daran; auch wenn er ehrlich daran zweifeln will. Es ist sehr charakteristisch für Descartes' Vorstellung von mathematischer Wahrheit, daß er dem intuitus eine höhere Gewißheit zuschreibt als der logischen Deduktion. Logisch deduzieren muß ich dort, wo ich nicht unmittelbar einsehe. Zwar habe ich in der Schule gelernt und auch selbst eingesehen, daß die Syllogismen der Logik zwingend sind; ob ich aber bei ihrer Anwendung im konkreten Fall keinen Fehler gemacht habe, kann ich dort, wo mich der intuitus nicht belehrt, nicht sicher wissen. Sofern der Begriff des Urteils der Logik angehört, wäre es demnach ungenau, Descartes' Wahrheitsbegriff als »Urteilswahrheit« zu bezeichnen. Der produktive Mathematiker kennt sehr wohl jene Einsicht in eine Struktur, der gegenüber das sie sprachlich formulierende Urteil stets etwas Sekundäres, Uneigentliches bleibt.

Solche Gewißheit nun, wie sie der mathematische intuitus gibt, verlangt Descartes von aller Erkenntnis, die ihren Namen verdienen soll. Bloße Wahrscheinlichkeit erkennt er nicht als Erkenntnis an; das, dessen Gegenteil wahr sein könnte, ist für den Erkennenden so nutzlos wie das sicher Falsche.

7. Der Zweifel und das denkende Ich

Kann es eine Philosophie geben, die diesem Begriff von Wahrheit genugtut? Die bisherige Philosophie leistet das nicht. Können wir eine bessere errichten?

Es ist großartig, wie Descartes am Beginn seiner »Meditationes de prima philosophia«, in einem Selbstgespräch, das die augustinische Form der Soliloquien aufnimmt, in einer Auseinandersetzung mit sich und vielleicht mit Gott, anhebt: Einmal im Leben muß ich alles in Zweifel ziehen, was ich bisher geglaubt habe. Einmal im Leben ist diese Anstrengung notwendig. Heute finde ich mich in der Lage dazu; heute will ich beginnen.

An allem will ich zweifeln. Ich zweifle an dem, was die Sinne mich lehren. Sie können ja täuschen. Im Traume habe ich sinnliche Bilder, und im Erwachen erkenne ich, daß ihnen nichts Wirkliches entsprach.

Aber die mathematischen Erkenntnisse sind doch gewiß. Daß zwei mal zwei fünf sei, kann ich nicht glauben, selbst wenn ich es will. Gewiß, das ist so. Aber wie wenn ein übermächtiger böser Geist, ein Lügner von Anfang an, mich so geschaffen hätte, daß ich unfähig wäre, an 2 mal 2 = 4 zu zweifeln, obwohl diese Gleichung in Wahrheit unrichtig wäre? Ist meine Unfähigkeit, eine Vorstellung aufrichtig als falsch anzusehen, ein Beweis ihrer Wahrheit? Im Sinne dieser Frage vermag ich auch an den mathematischen Wahrheiten zu zweifeln!

Zweifle ich somit an allem? Ich zweifle, das ist gewiß. Daß ich zweifle, daran kann ich nicht zweifeln. Zweifeln ist ein Akt des Denkens. Zweifellos ist also, daß ich denke. Oder kann mir auch das der Betrüger eingeredet haben? Wenn er es mir eingeredet hat, so heißt das, daß er mich dazu gebracht hat, es zu denken. Daß ich denke, ist also Voraussetzung dafür, daß er mir etwas einreden kann. Mag alles andere falsch sein, was ich denke; daß ich denke, das denke ich der Wahrheit gemäß.

Indem ich denke, ist es gewiß, daß ich bin, Cogito sum. Was ist, ist eine Substanz, eine res. Ich bin res cogitans, eine denkende Substanz.

Man hat die gelegentliche Formulierung Cogito ergo sum als logischen Schluß mißverstanden, etwa in der Form: »Alles Denkende ist. Ich denke. Also bin ich.« Descartes selbst hat diese Deutung abgewiesen. Die Logik fällt unter den Zweifel; die syllogistische Figur könnte mich trügen, wenn der große Betrüger es wollte. Cogito sum heißt: Ich kenne mich als Denkenden. Im Zweifel bin ich meiner als des Zweifelnden gewiß geworden. Diese Gewißheit ist Bedingung der Möglichkeit des Zweifels selbst.

Man hat Descartes' Vorgehen als methodischen Zweifel bezeichnet. Es ist wahr, daß er den Zweifel methodisch vorträgt. Auch wird dieser methodische Vortrag wohl erst möglich geworden sein, als der Zweifel überwunden war. Für sicher aber halte ich, daß dieser Zweifel keine bloße methodische Maßnahme ist. Ich glaube, dieser Zweifel ist so tief gegangen, wie ein menschlicher Zweifel gehen kann. Man erfindet die Methode des Zweifels nicht, wenn man nicht selbst gezweifelt hat.

8. Die Gottesbeweise

Meiner selbst bin ich nun gewiß, aber keines anderen Dinges. Wie komme ich von dieser »Sandbank« (Jaspers) auf die freie See der Erkenntnis?

Descartes geht den Weg über die bewiesene Existenz Gottes. Seine Gottesbeweise hier vorzutragen, muß ich mir versagen; sie sind subtil und kompliziert. Ich mache nur eine methodische Bemerkung, die ich den bedeutenden Schriften von Gilson über Descartes verdanke. Die traditionellen Gottesbeweise der Scholastik, wie wir sie etwa bei Thomas finden, gehen von der existierenden Welt aus und fragen nach Gott als letzter Ursache der Welt. So kann Descartes nicht fragen. Er zweifelt ja soeben an der Welt. Nicht die Existenz der Welt kann ihn zur Gewißheit Gottes leiten; umgekehrt soll ihm die Existenz Gottes die der Welt gewiß machen. Was er vorher schon besitzt, ist nur das Wissen von der eigenen Existenz. So kann er Gottes nur gewiß werden auf dem Weg über sich selbst. Dies ist ein charakteristisch neuzeitlicher Sachverhalt. Nicht die Welt, in der ich mich vorfinde, garantiert mein Dasein. Diese Garantie geht mir verloren, und wenn ich die

Welt wiederfinde, dann als Gegenstand meines selbstgewissen Denkens und darum als Objekt, das ich hantieren kann.

Descartes vermag auf diesem Wege vom Ich zur Welt nicht, wie viele Spätere, Gott zu überspringen. Er geht von der Vorstellung Gottes aus, die er in sich vorfindet. Er schließt, daß diese Vorstellung so nur möglich ist, wenn der, den sie vorstellt, Gott, existiert. Er schließt dies teils mit Anselms Gedankengang, der den bloßen Begriff des vollkommenen Wesens verwendet, teils mit einer kausalen Argumentation.

9. Die durch die Verläßlichkeit Gottes garantierte menschliche Erkenntnis

Der Gott, dessen Existenz Descartes bewiesen hat, ist das allervollkommenste Wesen. Das allervollkommenste Wesen ist vollkommen gut, und ein vollkommen gutes Wesen wird mich nicht täuschen. Der Zweifelsgrund des großen Betrügers ist fortgeschafft. Was ich clare et distincte – übersetzen wir frei: hell und unterschieden – einsehe, dem darf ich nunmehr trauen.

Wenn aber Gott mich nicht täuschen will, woher kommt der Irrtum?

Nur dort ist Irrtum, wo ich einem Gedanken zustimme, den ich nicht klar und distinkt einsehe. Dazu aber bin ich fähig, weil ich einen freien Willen habe. Die Möglichkeit des Irrtums ist eine Folge einer Vollkommenheit der menschlichen Natur, ihrer Freiheit. Diese Deutung des Irrtums knüpft an Augustins Deutung der Sünde an, ohne daß Descartes, hier wie auch sonst, seine Vorgänger nennt.

10. Die Begründung der Naturwissenschaft als Wissenschaft von der res extensa

Die Naturwissenschaft wird nun soweit gesichert sein, als ich sie clare et distincte einsehe. Was aber außer dem Denken selbst sehe ich clare et distincte ein? Die Mathematik. Also muß Naturwissenschaft, um Wissenschaft zu sein, Mathematik sein.

Man hat diesen Gedanken, der weiteren historischen Entwicklung gemäß, oft dahin abgeschwächt, Naturwissenschaft müsse ein Anwendungsbereich der Mathematik sein. Versuche ich, Descartes in seinem eigenen Sinne streng zu denken, ziehe ich dazu insbesondere wieder die *Regulae* heran, so komme ich zu einem anderen Schluß. Nach der Konsequenz seines Denkens muß Naturwissenschaft nicht Mathematik anwenden, sondern Mathematik sein. Nur dann ist sie klar und distinkt, nur dann kann sie reiner intuitus sein; und daß sie das sei, will Descartes.

Wie aber kann Naturwissenschaft Mathematik sein? Sie kann es sein, wenn sie Geometrie ist. Denn die Natur ist das räumlich Ausgedehnte, sie ist die Welt der Körper. Der Zweig der Mathematik aber, der von den Körpern handelt, ist die Geometrie. Daß die Naturwissenschaft Geometrie enthält oder anwendet, weiß man seit den Griechen. Wenn die Natur aber durchgehend klar und distinkt erkannt werden, wenn Naturwissenschaft selbst Mathematik sein soll, so darf sie die Geometrie nicht bloß auf einen Gegenstand anwenden, der noch andere als geometrische Eigenschaften hat. Sie darf vielmehr nichts anderes sein als Geometrie. Demgemäß darf die Substanz der Natur, die Materie, keine andere Eigenschaft haben als die der Ausdehnung. Materie ist ausgedehnte Substanz, res extensa; d. h. sie ist durch Ausdehnung definierte Substanz, und weiter ist sie nichts.

Uns liegt es viel näher, das, was keine andere Eigenschaft hat als die Ausdehnung, den Raum zu nennen. Deshalb nennen wir Geometrie Wissenschaft vom Raum und unterscheiden vom Raum die Materie, die in ihm ist. Wir können Descartes nur verstehen, wenn wir uns klarmachen, daß er die Unterscheidung zwischen Raum und Materie ausdrücklich leugnet. Bewußt verwendet er die Ausdrücke extensio und res extensa ununterschieden für dieselbe Sache. Der Raum ist die Materie, die Materie ist der Raum, denn sie ist das Ausgedehnte. Darum gibt es auch für Descartes keine Atome und keinen leeren Raum.

11. Anwendungen in der Naturwissenschaft

Nun kann Descartes versuchen, seine naturwissenschaftlichen Intuitionen systematisch zu begründen. Wir bekommen auf einer neuen Stufe den Gegenstand unserer zweiten Station zu Gesicht, denn was wir durchlaufen, ist ein Kreis.

Descartes' Theorie der Materie, die ausgedehnt ist und nichts weiter, wird, modern gesprochen, eine Hydrodynamik eines inkompressiblen Mediums. So begründet er z. B. seine astronomische Wirbeltheorie. Materie eines lückenlos ausgedehnten inkompressiblen Kontinuums kann sich nur bewegen, also nur aus einem Raumteil in einen anderen übergehen, indem sie die Materie beiseiteschiebt, die vorher in diesem Raumteil war. Diese muß wiederum andere Materie beiseiteschieben. Also ist keine Bewegung im Kleinen möglich ohne eine Bewegung in größeren Räumen. Diese geht entweder bis ins Unendliche fort, oder sie schließt sich im Ring. Wenn sie sich im Ring schließt, ist sie ein Wirbel. Darum sind alle Bewegungen im Endlichen Wirbelbewegungen; so auch die des Sonnensystems.

Will man freilich die Existenz fester Körper verstehen, so kommt man mit Hydrodynamik nicht aus. Was Descartes hier unternimmt, ist vom heutigen Standpunkt aus phantastisch. Er ist, vor Newton, noch nicht im Besitz der richtigen Gesetze der Mechanik. Er postuliert (falsche) Stoßgesetze, nach denen ein größerer Körper jeden kleineren ungehindert überrennt. »Körper« ist hier eine zusammenhängende Materiemenge von einheitlicher Bewegungsrichtung. So kann er gröbere Korpuskeln annehmen, die ein Medium feinerer Korpuskeln ungehindert und ungeteilt durcheilen. Damit führt er faktisch einen Atomismus ein und bedient sich seiner zur Erklärung der Eigenschaften der Körper.

12. Der Zusammenhang zwischen Leib und Seele

Seele und Denken – zwei Begriffe, die für Descartes synonym sind – sind als res cogitans festgestellt, Materie als res extensa. Wie hängen beide zusammen? An diesem Problem scheitert meinem Empfinden nach seine Philosophie.

Die Tiere, so lehrt Descartes, sind Automaten. Den aristotelischen Begriff der Seele als Prinzip der Selbstbewegung hat er verworfen, indem er Seele und Denken gleichsetzte; Denken aber spricht er den Tieren ab. Wir mißverstehen die Tiere, wenn wir ihren Bewegungen seelisches Erleben zuordnen. Sie sind kunstvolle materielle Maschinen, in denen nichts wirkt als die mechanische Kausalität von Druck und Stoß. Dieser Gedanke ist eminent fruchtbar geworden. Er ist ein Ansatzpunkt der naturwissenschaftlichen Physiologie, er ist ein Ansatzpunkt für den größeren Teil dessen, womit sich auch heute die Medizinische Fakultät beschäftigt. Descartes selbst hat übrigens vielleicht mehr Zeit darauf verwendet, Tiere zu sezieren, als mathematische Probleme zu lösen, und, seinem eigenen Zeugnis nach, mehr Zeit auf mathematische Probleme als auf Metaphysik.

Ich als Mensch aber kenne mich als res cogitans. Zugleich ist die nahe Verwandtschaft meines Körpers mit dem Körper der Tiere nicht zu verkennen. Wie hängen beide zusammen?

Über die Antwort auf diese Frage ist Descartes hinweggestorben. Das Buch, das sie enthielt, blieb unvollendet. Wir kennen aber den Grundgedanken seiner Antwort.

Der menschliche Körper ist ein Automat wie der tierische. Nur an einer Stelle empfängt der Körper Befehle der Seele und vermittelt ihr Eindrücke. Als diese Stelle wählte Descartes das einzige unpaarige Organ im Gehirn, die Zirbeldrüse. Hierher bringen die Säfte des Körpers ihre Botschaften, und hier erleiden sie steuernde Einflüsse der Seele auf ihre Bewegung.

Zweiter Umlauf

Im zweiten Umlauf wollen wir die Stationen in umgekehrter Reihenfolge durchmessen, um von der Kritik der Ergebnisse zur Kritik der Grundlagen vorzudringen. Wir werden dabei nur bis zur entscheidenden 5. Station, dem Wahrheitsbegriff, zurückgehen müssen.

12. Leib und Seele

Die Theorie von der Zirbeldrüse ist vielfach lächerlich gemacht worden, und gewiß mit Recht. Sie ist eine Verlegenheitslösung. Wir müssen zugeben: Descartes wußte nicht, wie Leib und Seele zusammenhängen – ja, so dürfen wir sagen, ob »hängen« das Verb ist, das ihr Zusammengehören angemessen ausdrückt. Die Theorie von der Zirbeldrüse ist ebenso wie die Lehre, die Tiere seien empfindungslos, absurd. Aber es verrät die großartige, stählerne Konsistenz seines Denkens, daß er die absurden Konsequenzen zieht, durch welche die Lücken seines Grundansatzes kaum verhüllt an den Tag treten. Man muß ein großer Denker sein, um so etwas zu können.

11. (und 3.) Deduktive Naturwissenschaft

Es ist die kausale Naturwissenschaft, die er als einen Bau von stählerner Konsistenz konzipiert hat. Es geht ihm hier um zweifellose Erkenntnis; es geht ihm eben damit um Macht. Er persönlich mag sich mit der intellektuellen Macht des Denkens über das durchschaute Ding und mit der Macht des verborgen lebenden Denkers über die Geister begnügt haben. Er weiß aber, wie unermeßlich die kausale Naturerkenntnis die Medizin und die

Technik befruchten wird; er hat die Vision des Zeitalters, das die Natur beherrschen wird, weil es sie durchschaut.

Aber für den heutigen Physiker ist das an Descartes' Wissenschaft das fragwürdigste, was ihm das wichtigste war: die strenge Deduktion. Seine einzelnen Einfälle sprechen uns heute noch an, sein deduktiver Aufbau der Physik wirkt auf uns, ich sagte es schon, als reine Phantastik, von unvergleichlich niedrigerem Niveau als die Werke Galileis oder Newtons. Er beansprucht mathematische Stringenz und kommt fast nie auch nur zu einer quantitativen Formulierung. Es war sein titanischer Irrtum, er könne in einem Menschenleben ein Gebäude aus seinem Kopf heraus errichten, das seitdem dreihundert Jahre stürmischer und geduldiger kooperativer Forschung des ganzen abendländischen Kulturkreises noch nicht vollendet haben. Freilich spielt hier vielleicht der manifeste Titanismus eines Einzelnen den schwerer durchschaubaren Titanismus des Zeitalters vor, an dessen Eingang er steht.

10. Res extensa

Was ist der Grund dieser unzureichenden Deduktion? Was gibt ihm die falsche Zuversicht? Wir können eine Stufe dieses Grundes in dem unzureichenden Begriff von Natur als res extensa finden.

Man kann seinen Begriff der res extensa dreifach kritisieren.

Erstens: Wie verhält sich die extensio zum extensum, die Ausdehnung zum Ausgedehnten? Hier ist etwas erschlichen, und ich habe die Erschleichung durch meine Formulierungen im ersten Umlauf gedeckt, statt sie aufzudecken. Ich zeige sie Ihnen jetzt, so wie ich sie zu sehen meine, zunächst am konkreten Bild der wirbelnden Strömung. Ich sagte, Descartes identifiziere ausdrücklich Raum und Materie. Was heißt es dann, daß die Materie sich bewegt? Sie wechselt demnach den Ort. Was aber ist der Ort, der doch ein räumliches Etwas ist, wenn er nicht selbst Materie ist? Descartes fühlt diese Schwierigkeit und sucht sie durch kunstreiche Definitionen zu vermeiden. Mir scheint, daß er sie nur verdeckt und daß seine Lehre von der Bewegung der Materie der Gleichsetzung von Materie und reiner Ausdehnung widerspricht. Mir scheint hier ein feiner Sprung durch den Stahl seiner Deduktionen zu gehen.

Zweitens: Der Begriff der extensio dürfte, von Descartes' eigener Einsicht in das Wesen der Mathematik aus beurteilt, zu eng sein. Indem er fordert, Naturwissenschaft müsse Mathematik sein, nimmt er als selbstverständlich an, sie müsse Geometrie sein. In den »Regulae« hat er uns aber selbst gelehrt, Geometrie sei nur ein Gewand der eigentlichen Mathematik. Nehmen wir die abstrakte Deutung von ordo et mensura ernst, so sind wir viel näher bei der heutigen Physik, deren mathematisches Rüstzeug abstrakte Algebra ist. Für uns erweist sich die Ausgedehntheit der Körper immer deutlicher als ein Vordergrundsaspekt viel tieferliegender, unanschaulicher Strukturen. Es wäre natürlich unbillig, einem Denker des 17. Jahrhunderts den heutigen Begriff von Physik abzuverlangen. Ihm bot sich die Ausgedehntheit als erstes Objekt der Mathematisierung der Natur an. Wir sehen aber deutlicher, als er es konnte, wieviel er damit nicht deduzierte, sondern naiv hinnahm. Wollen wir heute seinem großen Gedanken einer einheitlichen Mathematik der Natur gerecht werden, so müssen wir ihn näher an seine eigene tiefste Einsicht in das abstrakte Wesen der Mathematik heranrücken, als er selbst es getan hat.

Drittens: Der Begriff der res bleibt undiskutiert. Descartes charakterisiert seine Substanzen durch je eine, ihm bekannte Eigenschaft. Materie ist ausgedehnt und sonst nichts. Ich bin denkend und sonst nichts. Ob das ein erlaubtes Verfahren ist, könnten wir erst beurteilen, wenn wir fragten, was der Begriff der Substanz selbst überhaupt bedeutet. Mit Heideggers Descartes-Kritik zu sprechen: das wäre nicht mehr die Frage nach gewissem, vielleicht ausgezeichnetem Seienden, sondern nach dem Sein dieses Seienden. Es wäre die in der griechischen Philosophie schon erwachte Frage nach dem Sein selbst. Sie mag unbeantwortbar sein; jedenfalls aber läßt Descartes' Aufbau schon ihre bloße Möglichkeit aus dem Blickfeld verschwinden.

9. *Klare und distinkte Erkenntnis*

Descartes hielt sein Verständnis der res extensa für klar. Wir haben in ihm so viele Dunkelheiten gefunden. Hat er sich nur in diesem einzelnen Inhalt geirrt, oder ist sein Programm, Erkenntnis – sei es der Natur, des Geistes oder was immer ihr Gegenstand sein mag – müsse und könne die Durchsichtigkeit des mathematischen intuitus haben, selbst irrig? Ist sein Begriff der Gewißheit Gottvertrauen, – ja, wie er selbst meint, durch einen zwingenden Beweis gerechtfertigtes Gottvertrauens, oder ist er Hybris?

Könnte es nicht sein, daß es Wirklichkeiten gibt, die sich der Erkenntnis in der Form einsehbarer Gewißheit gerade verschließen, sei es, daß sie sich anderen Weisen des Denkens oder Erfahrens öffnen, sei es, daß sie zur Verborgenheit bestimmt sind? Die Praxis Galileis und Newtons, die Theorie der Sensualisten stellt seiner apriorischen Konstruktion die empirische Naturwissenschaft gegenüber. Pascal unterscheidet vom esprit géometrique den esprit de finesse, Vico von der mathematischen Analyse die synthetische, legitim mit Wahrscheinlichkeiten arbeitende Anschauung. Leibniz gelangt über das Infinitesimale zur Wirklichkeit des Unbewußten, während Descartes, um seine Definition der Seele zu retten, behaupten mußte, sie denke auch im Schlafe unablässig.

Die meisten seiner philosophischen Kritiker bis heute bleiben insofern von ihm abhängig, als sie ihm seinen Begriff exakter Wissenschaft zu naiv abnehmen und dann nur außerdem eine andere Weise des Denkens statuieren, so daß auf neuer Ebene die Spaltung, die überwunden werden sollte, wiederkehrt. Es ist daher wichtig, die Kritik der Cartesischen Methodologie in die exakte Wissenschaft selbst hinein vorzutreiben. Wer etwa das Werden der theoretischen Physik unseres Jahrhunderts miterlebt hat, weiß, daß wir auch in der Physik nicht mit völlig klaren Begriffen anfangen können, sondern daß sich die Begriffe in dem Maße verschärfen, in dem wir sie gut gebrauchen. Es gibt ständig zwei Fronten der Forschung: die, an der neues positives Wissen gesammelt und in schon vorbereiteten Begriffen ausgesprochen wird, und die, an der die Fundamente tiefer gelegt, die Begriffe selbst kritisiert werden. Ich zitiere gern die Äußerung Niels Bohrs, der unter den nicht sehr sauberen Verhältnissen einer Schihütte Gläser gewaschen hatte und sagte: »Daß man mit schmutzigem Wasser und einem schmutzigen Tuch schmutzige Gläser sauber machen kann – wenn man das einem Philosophen sagen würde, er würde es nicht glauben.« So aber ist Wissenschaft wirklich, und der Philosoph, der das nicht glaubt, ist Descartes.

8. Die Gottesbeweise

Wie mir scheint, enthalten die Gottesbeweise Descartes', abgesehen davon, daß man an ihnen viel im einzelnen knobeln kann, einen fundamentalen Zirkel. Sie sprechen nicht einen intuitus Gottes aus. Descartes ist kein Mystiker. Nicht vom Anschauen des Göttlichen, sondern von der Vorstellung Gottes geht er aus. Descartes weiß auch nicht wie Luther von Gott, daß ich, indem ich ihn nicht schaue, in seiner Hand bin. Descartes beweist Gott clare et distincte. Woher aber weiß er, daß das wahr ist, was er clare et distincte einsieht? Erst aus der Verläßlichkeit des bewiesenen Gottes. Dies ist ein Zirkel.

Diese, schon zeitgenössische Kritik scheint mir unausweichlich. Was ist der Grund der Fehlkonstruktion? Descartes sieht, daß er keinen anderen Weg zur Gewißheit hat, er hat gelernt und wohl selbst erfahren, daß es nur in Gott Gewißheit gibt. Diese Gewißheit aber ist nicht selbst mit Gewißheit beweisbar. Heinrich Scholz sagte gelegentlich sehr schön: »Für Anselm ist der Gottesbeweis eingebettet in eine Invokation: Gott, der du bist, erleuchte mich, damit ich erkenne, daß du bist! Descartes aber beweist Gott wie eine mathematische Wahrheit.« Nur Anselms Ansatz ist, auch methodisch, sinnvoll. Nur er versteht Gott, wie die Christen sagen, als den lebendigen Gott.

7. *Der Zweifel*

Hat Descartes genug gezweifelt? Wahrscheinlich nicht. Zwar habe ich im ersten Umlauf gesagt, er habe den Zweifel so tief erfahren, wie ihn ein Mensch erfahren kann. Aber hat er in ihm zur Genüge ausgehalten? Vermochte er seinen eigenen Zweifel begrifflich angemessen zu denken? Ich kenne mich als Zweifelnden. Zweifeln ist Denken. Ich bin denkend. Ich bin denkende Substanz. Woher weiß Descartes, daß Denken Substanz ist, woher weiß er, was Substanz ist? Er zweifelt an der Existenz dessen, was seine Begriffe bezeichnen. Er zweifelt nicht am Sinn dieser Begriffe. Weiß er adäquat, was Zweifeln, Denken, Sein, Substanz eigentlich heißt? Er hat geantwortet, diese Frage könne man nicht mehr stellen; diese Begriffe seien jedem klar, der seinen Geist auf sie richte. Das ist eine Behauptung. Sie kann falsch sein. Vielleicht hat er hier nicht einmal die philosophische Tradition, in der er stand, aufgearbeitet.

Der Zweifel am Sinn seiner Begriffe hätte ihn zum Zweifel am Sinn von Begriffen überhaupt führen können, und dieser zum Zweifel an seinem Begriff der Gewißheit.

5. Das Wesen der Mathematik

Aber gibt es nicht wenigstens in der Mathematik Gewißheit? Die Frage ist, um welchen Preis.

Wenn der Gegenstand der Mathematik ordo et mensura oder Struktur ist, so fragen wir: Struktur wovon? Es gibt die Struktur und das, was die Struktur hat. Wie verhalten sich beide zueinander? Diese Frage gehört, in der philosophischen Tradition gesprochen, ins Universalienproblem. Sie ist ein Fall der Frage nach dem Verhältnis des Allgemeinen zum Besonderen, des Wesens zum Ding.

Descartes weicht dieser Frage in beunruhigender Weise aus. Genau dieses Ausweichen ist eine Bedingung der Möglichkeit seines Materiebegriffs, nämlich der Nichtunterscheidung der Ausdehnung vom Ausgedehnten. Nur wenn man die Struktur nicht von dem unterscheidet, was die Struktur hat, kann man sagen, Physik sei Mathematik. Es ist wohl möglich, daß wir mit keiner traditionellen Auffassung des Universalienproblems der logischen Struktur der neuzeitlichen Physik gerecht werden; gewiß aber wird ihr Descartes nicht gerecht, indem er das Problem verschweigt. Erst wenn es diskutiert ist, werden wir aber sagen können, was Gewißheit in der Physik und was sie in der Mathematik bedeutet.

Hiermit beende ich den kritischen Umlauf. Was nun folgen müßte, kann nicht Aufgabe der heutigen Vorlesung sein. Was Descartes für die Neuzeit vorbildlich unternommen, für uns unannehmbar ausgeführt hat, müßte in einem dritten, langen, aufbauenden Umlauf im einzelnen vollzogen werden. Einige unter Ihnen, zumal unter den Jüngeren, werden vielleicht Gelegenheit haben, mit mir gemeinsam in den kommenden akademischen Jahren diese Fragen durchzugehen. Ich bin dazu bereit und freue mich darauf.

Gottfried Wilhelm Leibniz

I.
Naturgesetz und Theodizee

Wohl kein Philosoph hat die Metaphysik und die mathematischen Wissenschaften mit einer so einheitlichen Bewegung des Denkens durchdrungen wie Leibniz. Was er in der Metaphysik dadurch an Klarheit gewann, hat er an Tiefe gewiß nicht eingebüßt. Vor allem hat er aber die mathematischen Wissenschaften damit vor den Hintergrund gestellt, vor den sie gehören. Wer seine Gedanken nachdenkt, erfährt, wie wir durch die Wahl unserer einfachsten mathematischen Begriffe metaphysische Entscheidungen fällen. Uns, die wir nicht mehr in der Welt der Aufklärung stehen, mag es fast erschrecken, wenn er wie in einem vollkommenen Uhrwerk mit der scheinbaren Mühelosigkeit selbstverständlicher mathematischer Schlußfolgerungen die Fülle des Wirklichen bis in seine Abgründe bewegt. Aber was wir von ihm zu lernen haben, ist der Zusammenhang aller Schichten des Seins. So wie wir die Zahl und die Bewegung denken, so denken wir unweigerlich auch Gott, und wer Gott anders zu denken wünscht als er, der muß es vermögen, auch die Zahl und die Bewegung anders zu denken.

Den Zusammenhang, den wir hier meinen, hat Heinrich Scholz unlängst für die Grundgedanken der Theodizee und der Characteristica universalis dargetan. Er hat vor allem hervorgehoben, wie die Theodizee nach dem Muster der Extremalprinzipien der Physik gebaut ist. Die folgenden Seiten wollen nichts sein als der Kommentar eines Physikers zu diesen Gedanken. Sie verdanken ihre Entstehung nur dem Wunsche, dem Manne, der heute in Deutschland als einziger die Einheit von Metaphysik und Mathematik verkörpert, ein Zeichen der Freundschaft und der Verehrung zu geben.

Leibniz hat es gewagt, die wirkliche Welt als die beste der möglichen Welten zu bezeichnen.

Hat er die Welt nicht gekannt? Wußte er nicht, daß sie die Welt des ewigen, schuldlosen Leidens und die Welt der ewigen unentrinnbaren Schuld ist?

Er wußte vom Leiden und der Schuld. Er kannte die Anklage, zu der sich Menschen haben verführen lassen, seit sie an einen Schöpfer der Welt glauben: Warum hast du, Gott, wenn du die Güte bist, keine bessere Welt geschaffen? Er wagte es, diese Anklage mit den Mitteln der Vernunft zu beantworten. Er wagte den Satz, Gott habe keine bessere Welt geschaffen, weil er keine bessere Welt schaffen konnte. Daß er aber keine bessere Welt schaffen konnte, lag nicht an einem Unvermögen, sondern daran, daß diese Welt die beste mögliche ist. Läßt sich dieses einsehen, so ist Gottes Schöpfung gerechtfertigt, die »Theodizee« gelungen.

Leibniz gilt um dieses Gedankenganges willen als philosophischer Optimist. Aber wäre ein solcher Optimismus nicht eine sophistische Selbsttäuschung? Gesetzt, man könnte einsehen, daß eine bessere Welt als die unsere nicht möglich ist, würde das Übel in unserer Welt dadurch geringer? Was hilft es der leidenden Kreatur, zu wissen, daß es keine Welt geben kann, in der sie nicht leiden müßte? Wird dadurch nicht umgekehrt jede Hoffnung auf eine bessere Welt abgeschnitten? Müßte die These von Leibniz nicht gerade den äußersten Pessimismus zur Folge haben?

Leibniz hätte auf diesen Einwand wohl geantwortet, die Gesamtmenge des Guten in der Welt überwiege die Gesamtmenge des Übels, und so sei es immerhin besser, die Welt sei, als sie sei nicht. Aber welchen wirklich Leidenden überzeugt dieser Gedanke? Enthüllt nicht der pessimistische Einwand zum wenigsten die dämonische Zweideutigkeit jedes Versuchs, das Rätsel des Daseins aufgehen zu lassen wie ein Rechenexempel? Das Sein Gottes ist das Gericht über den Menschen; kann da der Mensch auch nur versuchen, über Gott zu Gericht zu sitzen, sei es auch um ihn freizusprechen?

Aber vielleicht ist diese Zerstörung des vordergründigen Sinns der Theodizee notwendig, wenn wir ein Erlebnis ahnen können, das Leibniz beim Wagnis des Nachdenkens über diese letzten Fragen gehabt haben mag und das sich weniger im Inhalt seiner Behauptungen als in der großartigen Naivität seiner Gedankenführung spiegelt. Die Erkenntnis verändert den Menschen. Selbst die kleinen Übel des Alltags tragen wir ja leichter, wenn wir ihre Notwendigkeit einsehen. Das rührt nicht nur von dem elenden Troste her, der in dem Rat liegt, sich mit ihnen abzufinden, weil sie doch nicht zu vermeiden seien. Sondern das Bewußtsein wird mit einem neuen Gegenstand erfüllt. An die Stelle des rein tatsächlichen und in seiner Tatsächlichkeit unverständlichen Übels tritt ein größerer Zusammenhang, eine Notwendigkeit, ein Sinn. Ähnliches erlebt wohl der Philosoph im Sinne von Leibniz, wenn er die Welt im Ganzen betrachtet. Nicht mehr die Masse des einzelnen tatsächlichen Übels ist der Gegenstand seines Bewußtseins, sondern der Sinn des Ganzen. Gelänge es ihm, nicht mit dem Auge seiner beschränkten menschlichen Existenz, sondern mit dem Auge Gottes zu sehen, so wäre er der Wahl zwischen Optimismus und Pessimismus enthoben. Er würde einsehen, daß die Welt, wenn sie überhaupt sein soll, notwendig so sein muß, wie sie ist, und würde darum nicht mehr sagen: »sie ist gut« oder »sie ist schlecht«, sondern einfach: »sie ist«. Hiermit wäre alles gesagt.

Vielleicht vermögen wir dies nachzuerleben. Vermögen wir es auch nachzudenken? Wir wenden uns der begrifflichen Struktur des Theodizee-Gedankens zu.

»Welt« im philosophisch strengen Sinne ist ein singulare tantum. Wir leben »in der Welt«. Es gibt nicht »eine Welt« oder »Welten«. Die »Welt des Barock«, die »fernen Welten« der Astronomie sind nur Ausschnitte aus »der Welt«. Leibniz spricht gleichwohl von »möglichen Welten«. In welchem Sinne und mit welchem Recht?

Er steht auf dem Boden der abendländischen Metaphysik, für welche einzig Gott ein notwendiges Wesen ist. Sein Sein folgt aus seinem Begriff. Die Welt hingegen könnte sein oder auch nicht sein, so sein oder anders sein; sie ist kontingent.

Als Gott die Welt schuf, standen daher vor seinem Auge alle möglichen Welten zur Wahl; eine von ihnen, die beste, wählte er aus und gab ihr die Existenz. So wurde unsere Welt wirklich, sie wurde »die Welt«. Jede mögliche Welt aber war potentiell ebenso »die Welt«; nur wurde ihr das Prädikat der Existenz versagt.

In eigentümlicher Weise wird durch diesen Gedankengang die Einzigkeit der Welt zum philosophischen Thema gemacht. Der Begriff der »Möglichkeit«, der uns gestattet, Dinge ohne das Prädikat der Existenz zu denken, erlaubt es, neben die eine Welt, die wir allein kennen, die Fiktion anderer, nur gedachter Welten zu stellen. Diese Fiktion aber dient nur dazu, die »wirkliche« Welt unter allen möglichen durch bestimmte Eigenschaften auszuzeichnen und so ihre Kontingenz gleichsam wieder aufzuheben. Ihre Eigenschaften sind Bedingungen ihrer Existenz. Sie ist wirklich, weil sie so ist, wie sie ist; und sie ist einzig, weil ihre Eigenschaften einzig, nämlich optimal, sind.

Man könnte sagen, daß dieser Gedanke die Einzigkeit der Welt auf einem zwar für die alte Metaphysik notwendigen, aber für uns nicht mehr verbindlichen Umwege gewinne. »In der Welt sein« sei eine Grundbestimmung des Menschseins und damit eine Voraussetzung aller Erkenntnis. Darum könne auch der Begriff der Möglichkeit den Begriff der Welt nicht umfassen; es gebe Mögliches in der Welt, aber nicht mögliche Welten. Diese Frage gewinnt heute besonderes Gewicht angesichts des Versuchs von Heinrich Scholz, die Logik als den Inbegriff derjenigen Sätze zu definieren, die in jeder möglichen Welt gelten, und ihr damit den Charakter einer Metaphysik zuzuschreiben.

Wir wagen nicht, diese Frage hier in ihrer vollen Breite zu erörtern. Wir wollen uns beschränken, daran zu erinnern, daß der Gedankengang von Leibniz das philosophische Abbild von Überlegungen ist, die in der Physik zu Hause und dort ohne Zweifel legitim sind. Wir wollen uns den Inhalt dieser physikalischen Überlegungen vergegenwärtigen und verzichten an dieser Stelle darauf, auch die Legitimität ihrer Übertragung in die Philosophie ausdrücklich zu prüfen.

2 *Extremalprinzipien als Naturgesetze*

Der Gedankengang der Leibnizschen Theodizee ist genau dem der Extremalprinzipien der Physik analog. Betrachten wir als vielleicht zugänglichstes Beispiel das Fermatsche Prinzip des kürzesten Lichtweges. Dieses Prinzip besagt: Ein Lichtstrahl wählt stets denjenigen Weg, auf dem er die Strecke von seinem Anfangspunkt zu seinem Endpunkt in der kürzesten möglichen Zeit zurücklegt. Aus diesem Prinzip lassen sich die drei Grundgesetze der geometrischen Optik herleiten: das Gesetz von der geradlinigen Ausbreitung des Lichtes und die Gesetze der Spiegelung und

Brechung. Das Prinzip drückt gleichzeitig die mathematische Bedingung der Erweiterung der nur mit dem Begriff des Strahles arbeitenden geometrischen Optik zu einer Wellenoptik aus und kann umgekehrt aus der Differentialgleichung, der die Lichtwellen genügen, hergeleitet werden.

Wir verdeutlichen uns den Inhalt des Prinzips, indem wir aus ihm seine einfachste Konsequenz, die geradlinige Ausbreitung des Lichtes, herleiten. Es seien zwei Punkte im Raum gegeben, etwa ein ferner Stern und ein Beobachter auf der Erde. Auf welchem Wege wird das Licht von dem Stern zur Erde gelangen? Nach dem Prinzip wird es den Weg wählen, auf dem es in der kürzesten Zeit ankommt. Die kürzeste Verbindung zwischen zwei Punkten ist die Gerade. Also wird das Licht geradlinig laufen.

Dieser Schluß bedarf einer Erläuterung. Wir haben stillschweigend vorausgesetzt, daß das Licht auf allen möglichen Wegen gleich schnell läuft; nur dann wird der geometrisch kürzeste Weg auch in der kürzesten Zeit zurückgelegt. Diese Voraussetzung ist im leeren Weltraum berechtigt. Hingegen folgt das Phänomen der Lichtbrechung gerade daraus, daß in verschiedenen Substanzen die Lichtgeschwindigkeit verschieden ist. Fällt ein Lichtstrahl z. B. schräg auf eine Wasseroberfläche, so wird er bekanntlich so »gebrochen«, daß er im Wasser steiler abwärts läuft als vorher in der Luft. Im Wasser ist nämlich die Lichtgeschwindigkeit geringer als in der Luft. Die gerade Linie, welche die Lichtquelle in der Luft mit dem Endpunkt des Strahles auf dem Boden des Wassergefäßes verbindet, ist nun zwar wieder der geometrisch kürzeste Weg, aber nicht mehr derjenige, der in der kürzesten Zeit zurückgelegt werden kann. Das Licht gewinnt vielmehr Zeit, wenn es eine etwas längere Strecke in der Luft, also schneller, läuft, und dafür auf dem steileren und daher kürzeren Weg durch das nur langsam zu durchquerende Wasser geht. So weicht ja auch ein Fußgänger, der im Gelände rasch ein Ziel erreichen will, von der Luftlinie ab, wenn er dafür längere Zeit einem gebahnten Weg folgen kann.

Wir können nun den für das Prinzip charakteristischen Gebrauch des Begriffes »möglich« präzisieren. Als »mögliche Wege« gelten alle geometrisch denkbaren Verbindungslinien der Lichtquelle mit dem Ziel. Diese Wege sind im streng physikalischen Sinne eigentlich nicht möglich; das Naturgesetz, das im Fermatschen Prinzip formuliert ist, wählt ja einen unter ihnen als den wirklichen aus und stempelt damit die anderen zu realiter unmöglichen Wegen. Möglich sind sie also nur für eine bestimmte Betrachtungsweise, nämlich diejenige, die vom Fermatschen Prinzip noch absieht. Andererseits darf diese Betrachtungsweise nicht von allen Naturgesetzen absehen. Z. B. muß der Lichtgeschwindigkeit an jedem Punkte des Raumes der ihr dort nach den Naturgesetzen wirklich zukommende Wert zugeschrieben werden; daß das Licht im Wasser mit der Geschwindigkeit liefe, die es in der Luft hat, gilt nicht als möglich.

Man erkennt die Analogie zum Gedankengang von Leibniz. Leibniz würde z. B. eine Welt, in welcher der nach seiner Ansicht logisch notwendige Zusammenhang zwischen gewissen Gütern und gewissen Übeln nicht bestünde, nicht als eine mögliche Welt bezeichnen. Vielleicht darf man sagen, daß mögliche Welten in seinem Sinne alle, aber auch nur diejenigen Welten seien, welche alle der wirklichen Welt notwendig zukommenden Eigenschaften gleichfalls hätten, mit Ausnahme derjenigen Eigenschaften, die erst aus ihrem Sondercharakter als beste der möglichen Welten folgen. Sie sind also ebenso wie die möglichen Lichtwege bloße Gedankendinge, die zu einem methodischen Zweck konstruiert sind. Sie waren höchstens vor der Weltschöpfung im selben Grade objektiv möglich wie die wirkliche Welt; so wie man etwa sagen könnte, daß im Geiste Gottes alle Lichtwege möglich waren, ehe er verfügte, daß in der wirklichen Welt das Fermatsche Prinzip gelten solle.

Dieser Vergleich verliert sein etwas spielerisches Gepräge, wenn man bedenkt, daß die Extremalprinzipien der Physik für Leibniz nicht bloße Analogien, sondern entscheidende Konsequenzen des optimalen Charakters der wirklichen Welt sind. In der besten möglichen Welt müssen Extremalprinzipien gelten, und daß solche Prinzipien in der wirklichen Welt gelten, bestätigt, daß sie die beste ist. Der kürzeste Lichtweg ist der beste, und eine Welt, in der das Licht nicht den kürzesten Weg wählte, könnte schon darum nicht die beste sein. Diese mathematische Optimalität der Welt hat wahrscheinlich Leibnizens Interesse zeitweise sehr viel stärker gefesselt als die moralische; ja im Grunde ist seine Theodizee ein Versuch, die moralische Optimalität durchaus auf eine Art mathematischer Optimalität zurückzuführen. Daß heute nicht nur die Optik, sondern ebenso Mechanik und Elektrizitätslehre, ja sogar die neuartige Atomphysik, soweit wir sie schon mathematisch beherrschen, auf Extremalprinzipien zurückgeführt werden können, wäre für ihn ein Triumph. Freilich nur dann, wenn seine »optimistische« Deutung der Extremalforderungen für uns noch einen Sinn hat. Können wir einen Sinn mit der Behauptung verbinden, der kürzeste Lichtweg sei der beste? –

3 Kausalität und Finalität

Man hat die Extremalprinzipien oft als Ausdruck eines finalen, eines zweckhaften Charakters des Weltgeschehens aufgefaßt. Im allgemeinen gelten uns die Naturgesetze als der Ausdruck einer die Natur durchwaltenden Kausalität, nach welcher jeweils der Zustand eines Dinges und seiner Umgebung in einem Augenblick den Zustand des Dinges im unmittelbar nachfolgenden Augenblick determiniert. Dieses Schema scheinen die Extremalprinzipien durch eine finale Gesetzmäßigkeit zu durchbrechen: der Lichtweg ist durch den Endpunkt bestimmt, den der Lichtstrahl erst nach der Durchlaufung dieses Weges erreichen soll. Der das Geschehen bestimmende Faktor scheint hier nicht eine »mechanische« Ursache, sondern ein in der Zukunft zu erreichender Zweck, ein Ziel zu sein. So schloß man auf einen die Natur beherrschenden Plan, also auf ein geistiges Prinzip in der Natur.

Eine banale Deutung dieses Finalismus ist sofort abzuweisen. Das Fermatsche Prinzip besagt bei strenger Formulierung nicht, daß der Lichtweg ein Minimum, sondern nur, daß er ein Extremum sein solle; er darf also auch ein Maximum sein. In der Tat gibt es Anordnungen optischer Geräte, in denen der wirkliche Lichtweg nicht der kürzeste, sondern der längste mögliche ist; dazwischen liegt der Grenzfall der »idealen optischen Abbildung«, in dem von einem Punkt zu einem anderen, seinem »Bild«, sehr viele Lichtwege führen, die alle realisiert sind, weil sie alle in derselben Zeit durchlaufen werden können. Es ist also nicht so, daß Gott »keine Zeit hätte« und daher das Weltgeschehen möglichst schnell abwickelte. Aber auch in der weiteren Fassung des Prinzips ist der wirkliche Weg vor allen möglichen Wegen in mathematisch durchsichtiger Weise ausgezeichnet. Und vor allem bleibt der finale Vorgriff auf die Zukunft erhalten; der Lichtweg bleibt durch seinen Endpunkt bestimmt.

Es sei gestattet, den Gegensatz der Kausalität und Finalität durch eine kurze begriffsgeschichtliche Betrachtung zu erläutern. Der Begriff der Ursache hat sich in der Neuzeit unter dem Einfluß der Naturwissenschaft verengt. Die Scholastik unterschied, anknüpfend an Aristoteles, die berühmten vier Arten von Ursachen: die causa materialis, formalis, efficiens und finalis. Die Untersuchung des eigentlichen Sinns dieser Unterscheidung würde tief in die Probleme der Aristotelischen Philosophie hineinführen. Ihren praktischen Gebrauch mag uns ein vereinfachendes Beispiel in Erinnerung rufen. Betrachten wir etwa ein Weinglas. Seine causa materialis ist der Stoff, aus dem es gemacht ist, also die chemische Substanz des Glases. Seine causa formalis ist (um beim einfachsten zu bleiben) seine Gestalt: die Kelchform. Seine causa efficiens ist das, was das Glas hervorgebracht hat: die Hand und der Atem des Glasbläsers. Seine causa finalis ist sein Zweck: daß man aus ihm Wein trinke. Dasselbe Ding hat also im allgemeinen zugleich alle vier Ursachen: sie machen einander nicht Konkurrenz, sondern geben die verschiedenen Gesichtspunkte an, unter denen man das Ding auf einen Ursprung (ἀρχή) zurückführen kann.

Die Neuzeit nennt demgegenüber eine Realität nur dann, wenn sie außerhalb des Dinges liegt, seine Ursache. Dadurch fallen zunächst die beiden ersten causae fort, die nur im Ding selbst gegenwärtig sind; Stoff und Form bezeichnen nach dieser Redeweise das Wesen, aber nicht die Ursache des Dinges. Dieser veränderten Ausdrucksweise entspringt die den ursprünglichen Sinn des Aristoteles durchaus verfehlende Polemik der Naturforscher der beginnenden Neuzeit gegen die scholastische These, daß »substanziale Formen« oder »Qualitäten« Ursachen sein könnten. Der Wandel in der Sache, der diesem Wandel des Ausdrucks entspricht, dürfte in der Wendung der Neuzeit zu einer instrumentalen Auffassung der Wissenschaft liegen. Neben das bewundernde Anschauen der Dinge tritt der Wunsch sie zu beherrschen. Wenn Wissen Macht ist, so muß es vor allem die Mittel kennen, die Dinge und Erscheinungen selbst zu machen oder doch zu beeinflussen; es muß zu jeder Sache ihre causa efficiens kennen. Das Kriterium dafür, daß man die causa efficiens wirklich kennt, ist, daß man das von ihr bewirkte Ereignis richtig vorhersagen kann. Damit hat sich der Begriff der Ursache so gewandelt, daß das Kausalprinzip in der neueren Naturwissenschaft geradezu mit dem Prinzip der vollständigen Voraussagbarkeit der Naturerscheinungen identifiziert worden ist. Der mathematische Ausdruck dieses Kausalbegriffs ist die Darstellung des Naturgeschehens durch Differentialgleichungen, welche den zeitlichen Differentialquotienten der Größen, die den Zustand eines Dinges charakterisieren, durch diese Größen selbst ausdrücken: der Zustand determiniert von Augenblick zu Augenblick selbst seine zeitliche Veränderung.

Die causa finalis schließlich wird durch dieses Hervortreten der causa efficiens in ein Zwielicht gerückt. Auf der einen Seite verträgt sich das instrumentale Denken der Neuzeit sehr wohl mit der Ansicht, die Naturerscheinungen seien nach einem Plan hervorgebracht; der Rückschluß aus planvoll erscheinenden Naturphänomenen auf die Zwecke des Weltschöpfers ist oft gewagt worden. Daß man damit vom aristotelischen Sinn der causa finalis bereits abwich, wurde meist nicht bemerkt. Auf der anderen Seite läßt aber gerade die Annahme, die Gesamtheit der causae efficientes bestimme das zukünftige Geschehen vollkommen, keinen Raum mehr für weitere, konkurrierende Finalursachen. Wenn der augenblickliche Zustand des Lichtstrahles seine weitere Bahn schon vollständig bestimmt, so kann diese Bahn – so scheint es wenigstens – nicht außerdem noch durch die Forderung beeinflußt werden, sie solle einen vorgegebenen Endpunkt so rasch wie möglich erreichen.

Es ist eine entscheidende, viel zu wenig ins Allgemeinbewußtsein gedrungene Erkenntnis der neuzeitlichen Mathematik, daß dieser Gegensatz zwischen kausaler und finaler Determination des Geschehens in Wahrheit gar nicht existiert, wenigstens nicht, solange es erlaubt ist, das Prinzip der Kausalität durch Differentialgleichungen und dasjenige der Finalität durch Extremalprinzipien zu präzisieren. Die Variationsrechnung lehrt uns dieselbe mathematische Forderung entweder durch ein Extremalprinzip oder durch eine Differentialgleichung auszudrücken: die Differentialgleichung gibt die Zusammenhänge an, die im kleinen (von Ort zu Ort) herrschen müssen, damit im großen der im Extremalprinzip geforderte Effekt erreicht werden kann (Euler). So kann man nach der Differentialgleichung ausrechnen, welchen Endpunkt ein Lichtstrahl erreichen wird, der in einer bestimmten Richtung abgegangen ist; dieser Ort ist gerade so bestimmt, daß der Lichtstrahl, um ihn in kürzester Zeit zu erreichen, die Richtung einschlagen mußte, die er tatsächlich eingeschlagen hat. Das finale »Ziel« und das kausale »Gesetz« sind also nur verschiedene Arten, dasselbe Prinzip auszudrücken. Das Ziel gibt nur die Folge an, die nach dem Gesetz notwendig eintreten muß, und das Gesetz ist gerade so eingerichtet, daß die von ihm beherrschten Wirkungen das Ziel realisieren. Der Vorgriff auf die Zukunft, der in der Vorstellung eines Ziels ausdrücklich ausgesprochen ist, liegt unausdrücklich ebenso in der Erwartung, daß das Gesetz immer und überall gelten werde. Gerade der strenge Determinismus läßt den Schluß vom Zukünftigen auf das Vergangene ebenso zu wie den vom Vergangenen auf das Zukünftige.

Wir haben soeben den mathematischen Hintergrund der Leibnizschen Lehre von der prästabilierten Harmonie betrachtet. Ein Uhrmacher beurteilt sein Uhrwerk in der Tat im selben Akt kausal und final; er richtet seine Räder gerade so ein, daß sie kraft ihrer mechanischen Eigenschaften den ihnen gesetzten Zweck von selbst erfüllen. So ist zwischen Kausalität und Finalität des Weltgeschehens vor Gott kein Unterschied. Für uns Heutige ist freilich auch diese Konstruktion nur ein Gleichnis und nicht die Wahrheit selbst. Metaphysisch liegt es uns sehr viel ferner als Leibniz, Gott als einen eminenten Uhrmacher anzusehen. Und physikalisch hat uns die Atomphysik gerade den Determinismus, die Grundlage der ganzen Konstruktion, aus der Hand genommen. Zwar wird auch die Atomphysik von Differentialgleichungen und Extremalprinzipien beherrscht, aber die Größen, die diesen mathematischen Relationen genügen, sind nicht mehr objektive Eigenschaften seiender Dinge, sondern bloße Hilfsgrößen, aus denen Wahrscheinlichkeiten von Meßresultaten berechnet werden können. Was bleibt in dem Leibnizschen Gedankengang für uns verbindlich?

Vielleicht dürfen wir sagen: es ist die Reduktion der Kausalität und Finalität auf ein höheres Prinzip, das mit der alten causa formalis eine gewisse Verwandtschaft zeigt. Wir konnten den Extremalprinzipien von vornherein keine grob finalistische Deutung geben; wir wüßten nicht zu sagen, welchen konkreten Zweck der Weltschöpfer mit dem Fermatschen Prinzip zu erreichen gedachte. Hätte man Leibniz diese Frage vorgelegt, so würde er wohl geantwortet haben: Die Zwecke Gottes sind höherer Art; Gott braucht nicht die Welt um eines Nutzens willen, sondern er will, daß sie vollkommen sei. Die Vollkommenheit einer Welt, in der Extremalprinzipien gelten, besteht aber darin, daß sie mit dem einfachsten, für den Geist durchsichtigsten Gesetz den größten Reichtum an Erscheinungen zusammenfaßt; sie besteht darin, daß eine solche Welt die größte geistige Schönheit besitzt.

Wörtlich dasselbe läßt sich über die mathematische Fassung der causa efficiens sagen. Gerade die mathematische Formulierung der Naturgesetze hat die grob mechanische Tendenz der neuzeitlichen Physik, die Ableitung aller Dinge aus »Druck und Stoß«, schließlich überwunden. Denn was im Grunde schon für die Newtonschen Axiome der Mechanik galt, wurde evident an den Differentialgleichungen der Elektrodynamik und der Atomphysik; diese Gleichungen sind vor anderen, denkbaren nicht dadurch ausgezeichnet, daß sie etwa einen schon vor ihnen klaren Begriff von mechanischer Wirkung mathematisch umschrieben. Sondern sie haben erst unseren Kausalvorstellungen einen präzisen Inhalt gegeben; ihre Rechtfertigung aber verdanken sie der Erfahrung und ihren überzeugenden Charakter ihrer mathematischen Einfachheit. Die mathematische Form, in der Tat eine Art einer causa formalis, bleibt in der Physik als letzter faßbarer Gehalt unserer alten Kausalbegriffe übrig. Dabei wird der Begriff der Form auf den zeitlichen Ablauf ausgedehnt. Differentialgleichungen und Extremalprinzipien besagen, daß ein physikalischer Ablauf zeitlich ein Ganzes, eine Gestalt darstellt; Kausalanalyse erweist sich in einer Art, die nur von falschen Fronten aus paradox erscheinen kann, als die höchste Stufe der Morphologie.

Wir finden also mit Leibniz im mathematischen Naturgesetz den Geist in der Materie. Enthalten wir uns jeder metaphysischen Ausdeutung, so ist darin zunächst enthalten, daß die Materie so beschaffen ist, daß der Mensch sie denken kann; sie hat durch ihre Eigenschaft, möglicher Gegenstand des Denkens zu sein, Anteil am Geist. Daß dieser Satz nicht selbstverständlich ist, lehrt ein Blick auf den Problemkreis Kants. Weit darüber hinaus geht aber die mathematische Einfachheit der Naturgesetze. Auch der positivistische Naturforscher wird Leibnizens Theodizee in dem Bekenntnis nachvollziehen können, daß es keinem von uns je gelungen ist, sich eine andere mögliche Welt auszudenken, die mit so einfachen Grundgesetzen einen solchen Reichtum der Erscheinungen vereint.

Die Frage nach der Wirklichkeit des Geistes in der Natur, die wir damit aufgeworfen haben, vereint sich schließlich mit unserer Ausgangsfrage nach dem Recht und den Grenzen für die Anwendung des Begriffes der Möglichkeit. Wir bezeichneten oben die möglichen Lichtwege des Fermatschen Prinzips wie die möglichen Welten der Theodizee als bloße Gedankendinge, die zu einem methodischen Zweck konstruiert waren. Gegenüber der Fülle des Wirklichen haben sie die Armut des präzisiert Gedachten. Ein wirklicher Lichtweg ist für einen lebendig beobachtenden Menschen eine Straße der Wunder; ein möglicher Lichtweg ist eine geometrische Kurve und weiter nichts. Die »möglichen Dinge« sind aber andererseits notwendige Hilfsmittel des Denkens. Denn da wir nicht von vornherein die volle Wahrheit kennen, können wir das Wirkliche nicht anders denken, als indem wir es aus der Fülle des Möglichen aussondern. Das eine Wunder, daß wir Wirkliches überhaupt denken können, hat das zweite zur Voraussetzung, daß wir den Begriff der Möglichkeit sinnvoll denken können. Den Versuch, die Bedingungen anzugeben, unter denen dies geschehen kann, unternehmen wir hier nicht mehr.

II.
Das Kontinuitätsprinzip

Meine Damen und Herren. Der Vortrag, den ich Ihnen über das Kontinuitätsprinzip in der heutigen Naturwissenschaft halten möchte, versucht gleichsam selbst ein Stück Kontinuität vor Ihnen zu entfalten: ein Stück Kontinuität der Problemstellung von Leibniz bis zur Naturwissenschaft unserer Zeit. Dadurch hat ein solcher Vortrag eine doppelte Aufgabe. Einerseits soll er die Bedeutung, die das Kontinuitätsprinzip bei Leibniz hat, erläutern, andererseits muß er zugleich versuchen, in der heutigen Naturwissenschaft die Rolle aufzuspüren, die das Kontinuitätsprinzip in ihr spielt, und die neue Wendung, die die naturwissenschaftlichen Probleme ihm heute gegeben haben, erläutern.

Man kann vielleicht sagen, die Mathematik der neueren Zeit habe damit begonnen, daß es möglich wurde, das Kontinuum in einer Weise zu erfassen, in der dies in der antiken Mathematik nicht geschehen war.

Wenn man von der Antike her aussprechen wollte, was der Gegenstand der Mathematik sei, so würde man vielleicht sagen: Zahlen und Figuren. Wenn man von dem heutigen Zustand der Mathematik aus dieselbe Frage beantworten wollte, würde man eher sagen: die Zahl und das Kontinuum. Diese beiden Kennzeichnungen: Zahl und Figur, Zahl und Kontinuum, sind nicht eigentlich Gegensätze, denn sie umspannen denselben Bereich. Aber der Ton liegt auf Verschiedenem. Die ganzen Zahlen, die Zahlen 1, 2, 3, 4 ..., sind ein Gegenstand der Mathematik, der sich im Grunde nicht geändert hat. Aber auf der anderen Seite hat sich das Gewicht verschoben von den einzelnen Figuren, den Dreiecken, den Kreisen, den Kegelschnitten und den räumlichen Körpern, die die antike Mathematik in der Geometrie vorzugsweise behandelte, zu einer Auffassung der geometrischen Fragen, die in den Vordergrund die Tatsache stellt, daß der Raum ein Kontinuum ist.

Diese Wendung zur ausdrücklichen Beachtung des Kontinuierlichen in der Mathematik ist wohl historisch am deutlichsten sichtbar geworden durch die Entstehung der Differential- und Integralrechnung, deren einer Vater Leibniz ist. Wenn ich nun versuchen soll, in aller Kürze anzudeuten, worum es sich hier handelt, so möchte ich sagen, daß die neuzeitliche Mathematik etwa in drei Richtungen das Kontinuum ausgeschöpft hat: einmal dadurch, daß eine sehr viel größere, selbst kontinuierliche, Mannigfaltigkeit der räumlichen Gestalten betrachtet wurde, dann dadurch, daß mit dem Begriff des Grenzübergangs die Kontinuität selbst zum Gegenstand der Untersuchung gemacht wurde, und schließlich dadurch, daß das Kontinuum der Zeit in den Kreis der mathematischen Betrachtungen hineingezogen wurde, z. B. in der Schaffung einer Kinematik, die die Grundlage der mathematischen Physik ist. Mit allen drei Veränderungen der Mathematik ist die Differential- und Integralrechnung aufs engste verknüpft. Ich möchte von den vielen Problemen, um die es sich da handelt, nur eines als Beispiel herausgreifen: das klassische Problem der Differentialrechnung, die Bestimmung der Richtung der Tangente einer vorgeschriebenen Kurve.

Denken wir uns irgendeine beliebige Kurve, die die analytische Geometrie durch eine Gleichung darstellt, und fragen wir uns: wenn ich an diese Kurve in irgendeinem Punkte eine Tangente, d. h. eine sie berührende Gerade, anlege, welches wird die Richtung dieser Geraden sein? Wie kann ich etwa aus der Gleichung der Kurve die Bestimmungsstücke berechnen, die die Richtung der Tangente angeben? Diese Frage ist durch die Differentialrechnung von Newton und Leibniz gelöst worden, und zwar durch die folgenden Betrachtungen.

Gehen wir von der Tangente, die ja nur in einem einzigen Punkt die Kurve berührt, zu einer von ihr wenig entfernten Geraden, einer »Sekante«, über, die die Kurve in zwei einander nahe benachbarten Punkten schneidet, und zwar so, daß zwischen jenen beiden Schnittpunkten der eine Punkt liegt, in dem die gesuchte Tangente die Kurve berührt. Nun ist der Gedankengang der Differentialrechnung, daß man diese Sekante solange verschieben soll, bis die zwei Punkte, in denen sie die gegebene Kurve schneidet, zusammengerückt sind in einen einzigen, eben jenen Punkt, in dem die Tangente die Kurve berührt. Es wird behauptet, daß bei diesem Grenzübergang die Sekante schließlich übergeht in die gesuchte Tangente.

Nun ist es mit Hilfe der analytischen Geometrie möglich, die Richtung der Sekante, die in zwei benachbarten Punkten die Kurve schneidet, zu berechnen, und die Richtung der Tangente ergibt sich dann als Grenzfall aus den Richtungen der aufeinander folgenden Sekanten. Was ist nun für uns an diesem technischen Problem der Mathematik, dessen Bewältigung eben die große Leistung von Leibniz ist, prinzipiell wichtig? Zunächst ist wichtig die Leistungsfähigkeit der Methode, die damit gegeben ist. Man kann nicht nur diese eine Aufgabe der Bestimmung der Richtung der Tangente einer Kurve lösen, sondern man kann auch mit Hilfe dieser Methode die Probleme der Mechanik behandeln, die eben in der Zeit von Leibniz und Newton akut wurden, etwa das Problem der Berechnung der Flugbahn eines geworfenen Steines oder das Problem der Berechnung der Bahn, auf der ein Planet sich unter dem Einfluß einer gegebenen Kraft um die Sonne bewegt. Daß diese Aufgaben miteinander zusammenhängen, wird vielleicht deutlich, wenn man bedenkt, daß die Richtung der Tangente einer Kurve auch die momentane Bewegungsrichtung eines Körpers ist, der diese Kurve durchläuft, und daß nach der Newtonschen Mechanik die Kraft, die auf einen Körper ausgeübt wird, das ist, was seine Geschwindigkeit verändert. Es gelang also damals vermittels der Methoden der Differentialrechnung, das neue, von der Physik gestellte Problem der Berechnung der Bahnen von Körpern oder von Massenpunkten zu lösen.

Sie sehen schon an diesem einen Beispiel den Zusammenhang mit den Begriffen der Zeit und der Bewegung. Eigentlich wichtig geworden ist die Differentialrechnung vor allem deshalb, weil sie uns erlaubt hat, Bewegungen mathematisch zu erfassen, nicht nur ruhende Figuren. Aber auch noch in einem anderen Sinn haftet dieser Methode prinzipiell etwas an, was jedenfalls eine Beziehung zu den Problemen der Zeit und der Bewegung hat. Es ist die Tatsache, daß in ihr ein Grenzübergang verwendet wird.

Es gibt eine saloppe Ausdrucksweise, die sagt, eine Tangente sei eine Gerade, welche die gegebene Kurve in zwei unendlich benachbarten Punkten schneidet. Der dunkle Begriff des Unendlich-Kleinen, der hier auftritt, ist schon zu Leibniz' Zeiten viel diskutiert worden und hat sich zumal in populären Darstellungen bis in unsere Zeit durch die Mathematik geschleppt. Die Mathematiker haben sich jedoch endgültig im 19. Jahrhundert klargemacht, daß ein sauberer Aufbau der Mathematik des Kontinuums verlangt, diesen Begriff aus der Mathematik auszuschließen. Es gibt nicht aktuell unendlich kleine Strecken, es hat keinen vernünftigen Sinn zu sagen, zwei Punkte seien unendlich benachbart. Denn wenn ich zwei Punkte auf einer Kurve noch unterscheiden kann, so ist zwischen den beiden Punkten noch ein Stück der Kurve, also noch weitere Punkte; also sind die beiden Punkte dann nicht unendlich benachbart. Oder aber die beiden Punkte sind nicht zu unterscheiden, zwischen ihnen liegt kein Punkt mehr, dann sind die beiden Punkte identisch. Der mathematisch genaue Sinn der Überlegung, die etwa zur Bestimmung der Lage einer Tangente führt, ist vielmehr nur in dem Begriff des Grenzübergangs zu fassen. Man denkt sich die Lage der Sekante solange verschoben, bis sie in den Grenzfall der Tangente übergeht. Dieser Grenzfall ist gerade derjenige, in dem die beiden Punkte, in denen die Sekante die Kurve schnitt, zusammengerückt und nicht mehr verschieden sind, sondern sich in einem Punkt vereinigt haben. Diese mathematische exakte Ausdrucksweise, die auch der heutigen Formulierung der Differentialrechnung zugrunde liegt, enthält also nicht mehr den Begriff des Unendlich-Kleinen, aber dafür den Begriff einer wenigstens gedanklichen Bewegung, eben des Grenzüberganges. Und im Sinne der im Grenzübergang liegenden Bewegung hat auch Leibniz an mehreren Stellen seine eigene Differentialrechnung interpretiert. Hier tritt eine der Formulierungen dessen auf, was er selbst das Kontinuitätsprinzip genannt hat: »Wenn in der Reihe der gegebenen Größen zwei Fälle sich stetig einander nähern, so daß schließlich der eine in den andern übergeht, so muß notwendig in der entsprechenden Reihe der abgeleiteten oder abhängigen Größen, die gesucht werden, dasselbe eintreten.« (Mathemat. Schriften, Ausg. Gerhardt, VI, 129; zitiert nach der Übersetzung von Buchenau, Leibniz' Hauptschriften zur Grundlegung der Philosophie I, 84.) Hier ist der Begriff der Stetigkeit im Sinne der modernen Mathematik ausgesprochen.

Die Bedeutung dieses Prinzips der Kontinuität ist mit der Mathematik nicht erschöpft. Leibniz hat sein Prinzip in der Physik, in der Biologie, in der Psychologie verwendet. Es spielt eine wichtige Rolle im Gesamtaufbau seiner Metaphysik. Dies führt uns auf die Frage, ob das Prinzip als eine rein methodische Regel aufzufassen sei oder als ein Prinzip der Wirklichkeit, d. h. als eine Aussage darüber, wie die Wirklichkeit in der Tat beschaffen sei. Ich glaube, daß das Kontinuitätsprinzip von Leibniz als ein Prinzip der Wirklichkeit verstanden wurde. Im Hinblick auf die Ausführungen von Herrn König möchte ich allerdings hinzufügen, daß ich das Prinzip nur unter dem naturwissenschaftlichen Gesichtspunkt behandeln will; und die Wirklichkeit ist für den Naturwissenschaftler nur soweit Gegenstand einer Untersuchung, als sie in Erscheinung treten kann. Es handelt sich also um ein Prinzip der Erscheinung, wenn man die »Erscheinung« dem »An sich« gegenüberstellen will, aber eben um jene wohlfundierte Erscheinung, die dasjenige Wirkliche ist, von dem die Naturwissenschaft redet. Jedenfalls handelt es sich nicht um ein Prinzip willkürlicher Maßnahmen des Menschen.

Um dies zu erläutern, möchte ich das Prinzip in einer sehr viel allgemeineren Fassung Ihnen noch einmal vorlegen. Es heißt dann: »Die Natur macht keine Sprünge.« Es gibt in der Natur keine Vorgänge, in denen unvermittelt an einen Zustand ein von diesem endlich verschiedener Zustand anschließt, weder in der Zeitfolge noch in irgendeiner anderen sinnvollen Anordnung der Naturerscheinungen. Nur so ist das Prinzip überhaupt zu rechtfertigen, denn daß es in der Mathematik »Sprünge gibt«, d. h. daß man in der Mathematik Funktionen definieren kann, die unstetig und damit eben nicht kontinuierlich sind, wußte auch Leibniz. Die Natur macht keine Sprünge; unser Denken hingegen kann wohl Sprünge machen. Es ist nur die Frage, ob es dann ein naturgemäßes Denken ist.

Betrachten wir die Biologie. Es ist ein Satz, der für Leibniz eine sehr große Rolle gespielt hat, ein Erlebnis, das ihm offenbar stets gegenwärtig war, daß kein Individuum dem anderen völlig gleicht. Nicht ein Blatt eines Baumes gleicht dem andern. Diese unendliche Fülle möglicher Formen hängt mit der Kontinuität eng zusammen. Es ist zunächst die Kontinuität des Raumes, welche gestattet, daß eine unendliche Fülle jeweils voneinander verschiedener Formen überhaupt auftreten kann. Ferner aber ist es eine Überzeugung von Leibniz, daß diese zunächst ungegliederte Fülle verschiedener Formen auch in einem engeren Sinne ein Kontinuum eigener Art darstellt oder jedenfalls einem Kontinuum ähnelt. Es gibt Äußerungen von ihm, in denen er die Reihe der biologischen Organismen als eine kontinuierliche Reihe auffaßt, in der jedes Glied mit dem anderen zusammenhängt, und zwar durch Zwischenglieder, die sich jeweils beliebig wenig voneinander unterschieden. Dieser Gedanke der Kontinuität der organischen Formen ist zwar, soviel mir bekannt ist, bei Leibniz nicht historisch gefaßt. Leibniz lehrt nicht, daß diese Formen im Sinne der Metamorphose der Pflanzen und Tiere wie bei Goethe oder im Sinne der Evolutionslehre, die das 19. Jahrhundert entwickelt hat, auseinander entstanden seien. Aber immerhin ist die Vorstellung einer kontinuierlichen Folge von Organismen die unmittelbare phänomenologische Vorstufe einer solchen, der heutigen Naturwissenschaft geläufigen Anschauung.

Auch in der Psychologie von Leibniz spielt das Prinzip der Kontinuität eine zentrale Rolle. Es ist dies in seiner Ansicht über das Unbewußte, in seinem Begriff der petites perceptions, der kleinen Wahrnehmungen, die man nicht mehr bewußt aufnimmt, die aber in ihrer Summierung erst den Inhalt des Denkens ausmachen. Dieser Begriff hängt sicherlich zusammen mit seinen Vorstellungen über die Kontinuität. Es gibt ein Gleichnis, das er häufig an dieser Stelle gebraucht. Er sagt, wenn wir das Meeresrauschen hören, so hören wir nur ein einziges großes Geräusch, in dem wir keine Unterschiede mehr wahrnehmen. In Wirklichkeit aber entsteht dieses Geräusch dadurch, daß zahllose Wellen sich brechen, und jede Welle trägt zu dem Geräusch bei. Eigentlich nehmen wir also eine unübersehbare Fülle von einzelnen kleinen Geräuschen wahr. Aber diese kleinen Geräusche treten nicht ins Bewußtsein; ins Bewußtsein tritt nur das Ganze, das Rauschen der Brandung. So sieht er die Inhalte unseres Bewußtseins, die uns als getrennte gegeben sind, als Ergebnis einer ständigen Summierung jener Bewußtseinsdifferentiale von kleinen Wahrnehmungen an, die kontinuierlich miteinander zusammenhängen. In der Tat, wenn die Kontinuität ein Prinzip des Wirklichen ist, und wenn unsere Seele etwas Wirkliches ist, so ist geradezu zu fordern, daß die Seele ebenfalls in diesem Sinne kontinuierlich sei, und das Bewußtsein, das nicht imstande ist, die Fülle dieses Kontinuierlichen aktuell aufzunehmen, sondern das immer nur einzelne Punkte darin markiert, ist ein Ausschnitt, und nicht, wie es selbst meint, das Allein-Wirkliche des Seelenlebens.

Über die Rolle des Kontinuitätsprinzips in der Metaphysik von Leibniz kann ich im Rahmen des Vortrages nicht sprechen. Vielmehr möchte ich nun zu der Naturwissenschaft übergehen, die sich seit Leibniz bis zu unserer Gegenwart entwickelt hat. Die Entwicklung der Naturwissenschaft bis etwa zum Beginn unseres Jahrhunderts ist ein Siegeszug des Kontinuitätsprinzips. An immer neuen Stellen haben sich Vorgänge, die man für diskontinuierlich hielt, bei genauer Untersuchung als kontinuierlich erwiesen. Ich möchte das in bezug auf den Raum und in bezug auf die Zeit ausführen. Im Raum bewegen sich nach der älteren Mechanik zwar die Körper ohne Sprünge; ein Planet, der um die Sonne kreist, läuft auf einer stetigen Kurve, er springt nicht. Aber es traten immerhin Kräfte auf, die unmittelbar in die Ferne wirkten, etwa die Gravitationskraft. Ein räumliches Medium dieser Wirkung war nicht bekannt. Im 19. Jahrhundert hat man zuerst versucht, auch die elektrischen und magnetischen Erscheinungen in dieser Weise durch Fernkräfte darzustellen. Es zeigte sich dann aber, daß dies nicht die angemessene Ausdrucksweise war, sondern daß die elektrischen und magnetischen Erscheinungen in Wirklichkeit als Vorgänge aufgefaßt werden müssen, die durch den Raum ausgedehnt sind. Sie machen eine physikalische Realität aus, die man als das elektromagnetische Feld bezeichnet. Die Radiowellen machen heute jedem mit der Physik auch nicht vertrauten Menschen die Realität des elektromagnetischen Feldes klar. Auch die Gravitation ist wenigstens hypothetisch durch die allgemeine Relativitätstheorie als ein Vorgang gedeutet worden, der auf einem durch den Raum ausgedehnten Feld beruht.

Kontinuität in bezug auf die Zeit war der Physik von jeher selbstverständlich. Sprünge eines Körpers auf seiner Bahn wurden nicht erwartet. Aber auch in der Biologie hat die Kontinuität in bezug auf die Zeit sich eine Position erworben, die sie zu Anfang nicht hatte. Gegenüber den Anschauungen, die etwa meinten, jede Tierart und Pflanzenart sei eigens neu erschaffen worden, vielleicht nach einer kosmischen Katastrophe, hat sich die Abstammungslehre durchgesetzt, nach der die verschiedenen Formen der Tiere und Pflanzen in einem Stammbaum angeordnet werden können und durch eine nur langsam sich verändernde Folge von Geschlechtern auseinander hervorgehen. Darwins Vorstellungen über den Mechanismus, der die Veränderungen der Formen zustandebringt, liegen im Rahmen der Kontinuitätsidee. Er nahm an, daß kleine Variationen, wie sie beim Übergang von den Eltern zu den Nachkommen immer wieder zu beobachten sind, sich schließlich summmieren, bis eine neue Art entstanden ist.

In der Naturwissenschaft unserer Tage ist die Kontinuität in unerwarteter Weise zum Problem geworden. Heute finden wir an vielen Stellen der Naturwissenschaft Behauptungen, die wenigstens den Anschein erwecken, als gäbe es in der Natur auch Diskontinuierliches. Denken wir etwa an die Physik. Wir haben die von der Chemie herrührende, dann physikalisch unterbaute Lehre von der Existenz der Atome, von getrennten, nicht weiter teilbaren Bestandteilen der Materie. Die neuere Physik hat zwar gezeigt, daß das, was die Chemie als Atom bezeichnet hat, doch noch teilbar ist. Aber die »Elementarteilchen«, aus denen die »Atome« der Chemie bestehen, scheinen uns doch mit einer gewissen Wahrscheinlichkeit definitiv unteilbar zu sein. Vor allem aber zeigen sie außer der hypothetischen Unteilbarkeit andere Zeichen der Diskontinuität. Es kann etwa das Elektron, das sich um einen Wasserstoffkern bewegt, im Wasserstoffatom verschiedene voneinander scharf getrennte Zustände haben, die durch verschiedene Energien charakterisiert sind, und der Übergang zwischen diesen Zuständen geschieht in einem Vorgang, den man als Quantensprung bezeichnet. Hier macht anscheinend die Natur Sprünge. Oder es zeigt sich, daß dasselbe Elektron, wenn es in einem bestimmten Experiment auftritt, als ein lokalisiertes Gebilde, als ein Teilchen im engeren Sinn, in anderen Experimenten aber als ein durch den Raum ausgedehntes kontinuierliches Gebilde, eben als eine Welle erscheint. Wenn dies wahr ist, so liegt zunächst eine Art der Diskontinuität in der Zweiheit der Bilder. Wir haben hier zwei Begriffe, die nicht kontinuierlich ineinander übergehen, sondern einander entgegengesetzt sind, und zwischen denen in jedem konkreten Fall gewählt wird durch die zur Messung aufgestellte Apparatur, also letzten Endes durch den Willen des Menschen. Ferner kann man das eine Bild, das des Teilchens, auffassen als ein Bild der Diskontinuität, denn das Teilchen ist an einem Ort und eben deshalb nicht an einem anderen Ort; es ist etwas scharf Lokalisiertes. Demgegenüber ist die Welle etwas durch den Raum Ausgedehntes, ein Kontinuum. Es scheint also, als stünden für uns in der Physik Kontinuität und Diskontinuität als zwei mögliche Bilder des Geschehens zur Wahl.

Auch in der Biologie muß man von dem Auftreten einer diskontinuierlichen Betrachtungsweise sprechen. Wenn die Veränderung der Arten nicht durch kleine Variationen erfolgt, sondern durch endliche Mutationsschritte, bei denen sich irgendein Merkmal des Organismus unstetig von der Elterngeneration auf die Kindesgeneration hin verändert, so scheint es, als ob auch hier eine Diskontinuität zum Fortschritt des Lebensprozesses gehöre. Verfolgen wir den Vorgang in der Zelle, der der Mutation entspricht, so haben die neueren Untersuchungen es jedenfalls wahrscheinlich gemacht, daß es sich dabei um eine Umlagerung in den großen Molekülen handelt, welche die Gene im Chromosom verkörpern, um eine Umlagerung, die im Sinne der Quantentheorie als ein einziger Elementarakt aufgefaßt werden kann. Man kann etwa an die Umlagerung eines Atoms von einem Ort zum andern denken, die nach der Quantentheorie in einem Quantensprung erfolgt und die deshalb einer physikalischen kontinuierlichen Beobachtung prinzipiell entzogen ist. Dies ist eine Hypothese; ich weiß nicht, ob sie wahr ist. Wenn sie wahr ist, so ist jedenfalls jenes Element der Diskontinuität auch in der Biologie eingezogen.

Ich möchte nun die Frage stellen, ob wir hier in der Tat von einem Versagen des Kontinuitätsprinzips reden müssen, oder was sonst der Hintergrund dieser soeben geschilderten Vorgänge ist. Vielleicht können wir uns für einen Augenblick an Leibniz erinnern und uns die Frage stellen, woher er denn eigentlich gewußt hat, daß das Kontinuitätsprinzip gelten muß. Der heutige Naturwissenschaftler wird den Glauben an ein solches Prinzip nicht dadurch bei sich selbst bestärken können, daß er einsieht, daß dies Prinzip im metaphysischen System von Leibniz einen wichtigen Platz einnimmt. Abgesehen von einer nicht weiter begründeten Überzeugung, die wohl mehr oder weniger ausgesprochen den meisten Wissenschaftlern gemeinsam war, bleibt dann wohl nichts als die ungeheure Fruchtbarkeit des Prinzips als Rechtfertigung übrig. Es hat sich eben alles Wirkliche, das wir untersucht haben, mehr und mehr als kontinuierlich erwiesen, und als Quelle der Diskontinuitäten zeigt sich immer wieder nur die Schematisierung unseres in diskontinuierlichen Akten sich fixierenden Denkens. Das Kontinuitätsprinzip wäre dann eine empirisch begründete und empirisch widerlegbare oder auf einen Geltungsbereich einschränkbare Hypothese. Es scheint mir aber, daß man in gewissem Sinne auch in der heutigen Naturwissenschaft die Quelle der Diskontinuitäten in den isolierenden menschlichen Bewußtseinsakten finden kann.

Stellen wir etwa die Frage, warum man die Bahn eines Elektrons auf seinem Weg um den Atomkern herum nicht kontinuierlich verfolgen kann, so wie man die Bahn eines Planeten um die Sonne herum mit dem Fernrohr doch in der Tat kontinuierlich verfolgt. Das Elektron sendet in seiner Bahn um den Atomkern herum nicht etwa Licht aus, welches es gestatten würde, die Bahn einfach zu sehen, sondern es ist auf seiner Quantenbahn strahlungslos, und die Strahlung, die es aussendet, ist stets verknüpft mit dem Übergang von einer Bahn zur anderen, also mit dem, was wir als Quantensprung bezeichnen. Wenn wir das Elektron also auf seiner Bahn sehen wollten, so müßten wir es künstlich beleuchten. Wir kommen damit zu dem berühmten Gedankenexperiment, das von Heisenberg diskutiert wurde, dem sogenannten Gammastrahlenmikroskop. Ich muß hier eine Einschiebung über den methodischen Sinn von Gedankenexperimenten machen. Wenn man von einem in der Praxis heute nicht realisierbaren Apparat wie dem Gammastrahlenmikroskop redet, um die Meßmöglichkeiten zu diskutieren, welche nach der Quantentheorie grundsätzlich bestehen, so meint man damit nicht, ein solches Experiment müsse sich mit Sicherheit einmal wirklich ausführen lassen. Dies wäre in der Tat ein gefährlicher Gebrauch des Begriffs »Gedankenexperiment«, denn Schlüsse, die auf diese Voraussetzung gegründet wären, könnten falsch werden, wenn sich erwiese, daß das Experiment grundsätzlich nicht ausführbar wäre. Die Richtung der Argumentation ist vielmehr genau umgekehrt. Wir wollen zeigen: selbst wenn wir mit einem Mikroskop das Elektron anschauen könnten, so würden wir nach den Naturgesetzen, die nun einmal gelten, noch immer nicht die Bahn des Elektrons als eine kontinuierliche Kurve verfolgen können. Wir können es also erst recht nicht, wenn nicht einmal dieses Gedankenexperiment ausführbar sein sollte. Warum können wir nun das Elektron auch mit einem Gammastrahlenmikroskop nicht auf seiner Bahn verfolgen? Das liegt nach Heisenberg und Bohr daran, daß das Licht, welches ich auf das Elektron sende, dem Elektron einen so großen, nicht bekannten und nicht vorausberechenbaren Impuls erteilt, daß es durch diesen Impuls aus der Bahn, auf der es vielleicht einmal gewesen sein mag, herausgeschleudert würde. Wenn ich es also ein zweites Mal ansehe, so ist es zwar auch irgendwo, aber nicht mehr auf der Bahn, die ich verfolgen wollte. Und selbst wenn ich diese ständigen Störungen in Kauf nehme und sage, ich will eben nur eine Kette von Punkten haben, so wird es sich jedenfalls um eine Kette von einzelnen Punkten handeln, die nicht mehr durch ein Gesetz miteinander verknüpft sind, das in dem Sinne streng wäre wie das Gesetz, das die Planetenörter miteinander verknüpft. Es ist also in der Tat der Akt des experimentierenden Eingriffs, der notwendig ist, damit der Beobachter die Stelle, an der das Elektron sich befindet, in sein Bewußtsein aufnehmen kann, der die denkbare Kontinuität zu etwas Unbeobachtbarem macht.

Damit ist zunächst freilich nur ein Vakuum geschaffen, es bleibt noch offen, ob zwischen den einzelnen beobachtbaren Stationen auf der Bahn des Elektrons vielleicht doch an sich eine kontinuierliche Bahn verläuft. Dieses Vakuum wird aber ausgefüllt durch die Schrödingersche Wellengleichung, d. h. durch eine neue Art der Gesetzmäßigkeit für die Bewegung der Atome, welche begrifflich unvereinbar ist mit der Annahme, daß das Elektron sich zwischen diesen beiden Punkten auf einer definierten Bahn bewegt habe. Immerhin sind diese Wellenphänomene, mögen sie auch nicht eine Bahn des Elektrons beschreiben, doch formell etwas Kontinuierliches. Wir müssen sie daher näher betrachten. Wir sehen dabei zunächst ganz ab von der Tatsache, daß das Elektron als Teilchen beobachtet werden kann, betrachten also nur die andere Tatsache, daß in verschiedenen Experimenten, wenn nicht einzelne Elektronen, so aber doch Gesamtheiten von Elektronen unter dem Bild von Wellen aufgetreten sind. Wir betrachten ferner die Tatsache, daß die diskreten Zustände des Atoms, von denen ich gerade gesprochen habe, berechnet werden können, indem man voraussetzt, daß das Elektron in der Umgebung des Atomkerns nicht ein Teilchen sei, sondern ein kontinuierlich ausgebreiteter Wellenvorgang, der zu bestimmten Eigenschwingungen fähig ist, so wie auch eine gespannte Saite fähig ist, in ganz bestimmten Tonhöhen und keinen anderen zu schwingen. Schrödinger hat gezeigt, daß man unter dieser Voraussetzung der Wellennatur des Vorganges, der sich um den Atomkern herum abspielt, die Zustände des Atoms genau so berechnen kann, wie man die Tonhöhe einer schwingenden Saite aus ihren elastischen Eigenschaften berechnet. Damit schien zunächst sogar ein Triumph der Kontinuitätvorstellung verbunden zu sein. Denn es schien so, als seien die diskreten Zustände des Atoms jetzt genau so auf etwa in Wahrheit Kontinuierliches zurückgeführt wie eben die diskreten Schwingungen einer Saite. Diese drücken ja nicht eine wahre Diskontinuität der Natur aus, sondern nur die Tatsache, daß ein kontinuierlich schwingungsfähiges System, wenn es unter bestimmte Randbedingungen gestellt wird (etwa daß die Enden der Saite fest eingespannt sein sollen), nur fähig ist, voneinander scharf unterschiedene Schwingungszustände einzunehmen. Diese Art der Diskontinuität ist also eine interne Angelegenheit der Kontinuitätstheorie.

In der Tat ist an dieser Stelle das Prinzip der Kontinuität gewahrt. Aber wenn wir nun nach der physikalischen Deutung fragen, die man der Elektronenwelle geben muß, so hat sich gezeigt, daß die einzige widerspruchsfreie Auffassung die ist, daß die Elektronenwelle nicht einen aktuellen Zustand in der Natur, der etwa selbst unmittelbar bemerkbar wäre, ausdrückt, sondern daß sie nur ein Maß für die Wahrscheinlichkeit dafür ist, bei einem bestimmten Experiment an dem Elektron ein bestimmtes Resultat zu finden. Die Intensität der Wellenfunktion an einem Ort ist z. B. ein Maß für die Wahrscheinlichkeit dafür, daß das Elektron bei der Ortsmessung gerade an diesem Ort gefunden wird. Es gibt noch eine Fülle anderer Wahrscheinlichkeitsvoraussagen, die aus der Wellenfunktion abgeleitet werden können. Ich möchte mich auf diese eine beschränken. Es zeigt sich also, daß gegenüber dem isolierenden Beobachtungspunkt, der in der Tat ein Element der Diskontinuität von seiten des Menschen her in die Wirklichkeit hineinträgt, auf der anderen Seite in der Tat als Repräsentant der Wirklichkeit, die der Mensch beobachtet, etwas Kontinuierliches steht, nämlich die Wellenfunktion. Es hat sich aber auch gezeigt, daß dies Kontinuierliche nicht eine Aktualität ausdrückt, etwas, was an sich da wäre, unabhängig vom Menschen, sondern daß die einzige Interpretation, die wir der Wellenfunktion geben können, die ist, daß sie eine objektive Potentialität, eine objektive Möglichkeit bezeichnet. Sie gibt an, mit welcher, allerdings objektiv (nämlich durch Wiederholung der Versuche) feststellbaren Wahrscheinlichkeit ein bestimmter Ausfall des menschlichen Experiments zu erwarten ist. Der Satz, daß dem Wirklichen, das wir untersuchen, ein Kontinuum entspricht, bleibt richtig. Aber es ist nicht mehr das Kontinuum einer unbekannten Aktualität, sondern das einer objektiven Möglichkeit.

Nun ist der Begriff der Möglichkeit schon bei Leibniz eng verknüpft mit der Definition des Kontinuums überhaupt. Erinnern Sie sich an den Begriff des Grenzübergangs. Dort ist gesagt, wenn ich die unabhängige Größe einem bestimmten Grenzwert zustreben lasse (etwa die beiden Punkte auf der Kurve, in der die Sekante die Kurve schneidet, sich vereinigen lasse), so gehe die abhängige Größe (die Richtung der Sekante) ebenfalls in einen bestimmten Grenzwert über. Dies ist ein Konditionalsatz. Ich brauche die beiden Punkte nicht zusammenrücken zu lassen. Es ist nur etwas darüber ausgesagt, was geschieht, wenn ich dies tue. Es ist eine Potentialität ausgedrückt, und diese Potentialität scheint mir wesentlich zum Begriff des Grenzübergangs zu gehören. Ich habe das Gefühl, daß an dieser Stelle die heutigen Vorstellungen sich in gewisser Weise denen von Leibniz wieder mehr annäherten, als es in der Mitte der zweiten Hälfte des 19. Jahrhunderts der Fall war, als man versuchte, die Differentialrechnung auf einen Begriff vom Kontinuum zurückzuführen, der mit einer aktuellen Unendlichkeit von Punkten arbeitet. Darüber zum Schluß noch einige Worte.

Ich möchte noch eine Einschiebung über die Biologie machen. Die Mutation, der endliche Schritt, um den sich die Kinder von den Eltern unterscheiden, ist an sich nicht notwendigerweise als ein prinzipiell diskontinuierlicher Vorgang aufzufassen. Es gibt ja Übergänge, etwa den einer Saite, von einer Schwingung in die andere, die man kontinuierlich verstehen kann. Die Frage ist, ob der Übergang von einem Zustand zum andern, dessen materielle Grundlage in der Biologie als die Umlagerung eines Atoms in dem großen Molekül des Gens aufgefaßt werden kann, noch etwas ist, was man in Raum und Zeit als kontinuierlichen Vorgang beschreiben kann. Wenn diese Voraussetzung gewährleistet wäre, so wäre die Mutation nur einer der vielen Fälle, in denen ein kontinuierlicher Vorgang so im kleinen und so rasch erfolgt, daß für unsere Wahrnehmung ein Diskontinuum zu entstehen scheint. Wenn es aber wahr ist, daß diese chemische Umlagerung, die in der Mutation erfolgt, ein quantentheoretischer Elementarakt ist, dann steht sie allerdings unter demselben Gesetz der Unbeobachtbarkeit der Bahnen wie die Bewegung des Elektrons im Atom. Und dann wäre es doch wahr, daß die Diskontinuität des Atomaren hier bis in die biologischen Vorgänge hineinreicht. Man kann aber fragen: Was ist denn nun eigentlich jener Elementarakt, durch den hier das Diskontinuierliche nach der These, die ich gerade eben ausgesprochen habe, in die Biologie hineinkommt, seinem Wesen nach? Ist er nun doch ein objektiv diskontinuierliches Geschehen an sich, oder wo wäre hier das wahrnehmende Bewußtsein zu suchen, das die Diskontinuität setzt? Der Begriff des Elementaraktes in der Atomphysik ist philosophisch sehr schwierig; er liegt in einer eigentümlichen Mitte zwischen dem Subjektiven und dem Objektiven. Spreche ich von Experimenten, so rede ich eo ipso stets von der wenigstens intendierten Kenntnisnahme durch ein Subjekt. Spreche ich vom Organismus, so ist der physikalische Vorgang, welcher offenkundig macht, welcher von den beiden Zuständen eingetreten ist, eben das Wachstum des Organismus selbst. Und mit dem Recht, mit dem ich sage, daß der Organismus als ein makroskopischer, also ein unmittelbar sichtbarer Körper objektiv existiert, kann ich auch sagen, daß der diskontinuierliche Elementarakt durch das Wachstum des Organismus »aktuell« geworden ist.

Ich wage nicht, dieses Ineinander des subjektiven und objektiven Moments, das sich in solchen Fällen zeigt, hier noch näher begrifflich aufzulösen. Das würde in die schwierigsten Fragen der Deutung der heutigen Physik überhaupt hineinführen.

Nun noch ein paar Sätze über die Mathematik. Die Differentialrechnung ist im 19. Jahrhundert etwa in der klassischen Form von Weierstrass so begründet worden, daß der Begriff des Grenzübergangs stets gedacht wurde als ausgeführt über Mannigfaltigkeiten von Punkten oder von reellen Zahlen, die als etwas aktuell Unendliches aufgefaßt wurden. Man dachte, daß auf einer Strecke tatsächlich unendlich viele Punkte liegen, und daß es einen Sinn habe zu sagen, zwischen zwei Punkten auf einer Strecke liege stets noch ein Punkt. Man konnte dann zeigen, daß die Menge aller Punkte auf einer Strecke unendlich ist, und zwar von einer Mächtigkeit, die größer ist als die Mächtigkeit der natürlichen Zahlen; sie ist nicht mehr abzählbar. Nun hat diese Vorstellung zu den bekannten Paradoxien geführt, die in der Mengenlehre um 1900 herum aufgetreten sind, und es hat sich in der Gestalt des Intuitionismus eine andere Richtung entwickelt, die die Tendenz hatte, das Kontinuum eher als ein »Medium des freien Werdens« anzusprechen. Man soll nach dieser Auffassung nicht sagen, zwischen zwei Punkten liege immer noch ein Punkt, sondern man soll sagen: zwischen zwei Punkten, die schon markiert sind, kann man noch einen Punkt markieren. Der Intuitionismus hat die Tendenz, jede Aussage aus der Mathematik auszuschließen, die nicht konstruktiv ist, in der also nicht angegeben ist, in welcher Weise man eine Existenzbehauptung durch eine wirkliche Konstruktion realisieren kann. Für eine solche Auffassung ist das Kontinuum etwas Potentielles, wie es das vielleicht in einem gewissen Sinne für Leibniz war. Nun hat sich freilich gezeigt, daß auf der Basis des Intuitionismus die Mathematik, die wir in der Physik wirklich brauchen, die Differential- und Integralrechnung, nicht oder nur unter ungeheuren Mühen abgeleitet werden kann, und deshalb hat vor allem Hilbert das Programm wieder erweitert. Er versucht, solche Vorstellungen, wie die der aktuell unendlichen Punktmenge, doch zuzulassen. Er stellt aber die Bedingung, sie nur dann zuzulassen, wenn man beweisen kann, daß aus der Einführung dieser Begriffe in einer scharf axiomatisch definierten Form niemals ein Widerspruch folgen kann. Nach dieser Auffassung erscheint freilich die Mathematik zunächst fast wie ein bloßes Spiel mit Gedanken. Man kann dann dies oder auch jenes Axiomsystem wählen, und die Bedingung, an die man dabei gekettet ist, ist lediglich die, daß keine Widersprüche entstehen sollen. In dieser Situation, die manche Mathematiker und Philosophen irritiert hat, muß man fragen, ob es nicht doch irgend etwas Objektives gibt, woran dieses »Spiel« ausgerichtet ist. Für die Zahlentheorie wird man sich auf eine unmittelbare Intuition berufen können. Für die Mathematik des Kontinuums mag dies bis zu einem gewissen Grade – etwa so weit, wie der Intuitionisus selbst in ihr ging – auch gelten. Aber jedenfalls sind aktuell unendliche Punktmengen nichts intuitiv Gegebenes. Nun hat Hilbert selbst mit der Unentbehrlichkeit der Infinitesimalrechnung für die Physik argumentiert. Vielleicht ist in der Tat die äußere Wirklichkeit der Physik ein objektives Datum, an dem die Wahl zwischen verschiedenen logisch gleichmöglichen Theorien des Kontinuums orientiert werden könnte. Es entsteht die Frage, wie die Differentialrechnung aufgebaut werden müßte, damit sie genau das, was in der Physik als Beobachtung auftritt, wirklich ausdrückt, aber nicht überflüssige Begriffe dazu einführt, die logische Schwierigkeiten machen und sich doch der Beobachtbarkeit grundsätzlich entziehen. Wenn man nun bedenkt, daß in der heutigen Physik der Begriff einer kleinsten nicht unterschreitbaren Länge erwogen wird, so sieht man, daß jedenfalls die Möglichkeit besteht, auch die Differentialrechnung so zu verändern, daß in ihr die Grenzübergänge nicht beliebig weit durchgeführt werden können, sondern etwa nur bis zu dieser kleinsten Länge hin. Das, was ich jetzt sage, ist vorläufig hypothetisch; eine Mathematik, die in der Physik fruchtbar wäre und zugleich dieser Bedingung genügte, existiert bisher nicht. Ich wollte nur darauf hinweisen, daß auch die Differentialrechnung von dem Standpunkt aus, den die heutige Physik einnimmt, in gewissem Sinne als eine empirische Wissenschaft, als ein empirischer Zweig der Mathematik aufgefaßt werden könnte, und daß die rein potentielle Auffassung des Unendlichen und des Kontinuums hier vielleicht noch weiter helfen wird, als es die aktuelle Auffassung getan hat.

René Descartes – Isaac Newton – Gottfried Wilhelm Leibniz – Immanuel Kant

Diese Vorlesungen bewegen sich in Kreisen. Die Ausgangsfrage nach dem Wissenschaftsglauben führte uns zur Frage nach der geschichtlichen Herkunft dieses Glaubens. Für diese engere Frage habe ich Bentleys Predigten und Kants Theorie der Planetenentstehung als erstes Modell gewählt. Dies führte mich zur Frage der Beziehung zwischen Mythen und Wissenschaft, die mich veranlaßte, zum geschichtlichen Ausgangspunkt der Vorlesungen die früheren Zeiten der echten Mythen zu machen. Wir haben miteinander den Weg der geschichtlichen Entwicklung verfolgt, und wir werden in der jetzigen Vorlesung Bentley und Kant zum zweitenmal begegnen. So wird sich ein erster, größerer Kreis heute schließen. Aber ich werde über den Treffpunkt hinausgehen und in den folgenden Vorlesungen einen zweiten kleineren Kreis über die wissenschaftliche Kosmogonie unserer Zeit anschließen. Er wird uns zum gegenwärtigen Wissenschaftsglauben zurückführen und damit dem durchlaufenen Weg eine Gestalt geben, die mit der Doppelschleife der Ziffer 8 verglichen werden könnte.

Wenn eine wissenschaftliche Kosmogonie möglich werden sollte, so mußten zuvor Himmel und Erde einem gemeinsamen Naturgesetz unterworfen werden. Dies hat Newton geleistet. Aber wie es zu gehen pflegt, wurde die Frage zuerst durch eine voreilige Antwort zum vollen Bewußtsein der Gelehrtenrepublik gebracht. Wir sollten einen Blick auf diese Antwort werfen, die in dem System von René Descartes vorliegt.

Descartes bot eine Erklärung der Planetenbewegungen an in Gestalt seiner berühmten Wirbeltheorie. Die Planeten schwimmen in einem riesigen Wirbel sehr feiner Materie, der sich um die Sonne dreht. Sie werden von ihm mitgeführt wie Korkstücke von wirbelndem Wasser.

Diese Theorie hatte ihre Stärke darin, daß sie genau diejenigen

Fragen über das Planetensystem beantwortete, die Keplers Gesetze unbeantwortet lassen. Nach Keplers erstem Gesetz bewegen sich die Planeten in Ellipsen, in deren einem Brennpunkt die Sonne steht. Dabei bleiben zwei Fragen offen:

1. Eine Ellipse kann fast kreisförmig oder sehr langgestreckt sein oder irgendeine Gestalt zwischen diesen beiden Extremen haben. Die Planetenbahnen sind zwar nicht exakt kreisförmig, aber sie kommen der Kreisgestalt sehr nahe; ihre Exzentrizitäten sind sehr klein. Gibt es einen Grund hierfür?

2. Da die Ellipse eine ebene Kurve ist, definiert die Bahn jedes Planeten eine Ebene, in der die Sonne liegt. Keplers Gesetze würden nicht verbieten, daß die den verschiedenen Planeten zugeordneten Ebenen die verschiedensten Orientierungen im Raum hätten. Tatsächlich fallen sie alle nahezu in eine einzige Ebene zusammen. Alle Planeten bewegen sich fast in derselben Ebene und zudem in ihr auch noch im selben Umlaufsinn um die Sonne; oder, wie man auch sagen kann, sie laufen im selben Sinn um eine gemeinsame, durch die Sonne gehende Achse. Der Schnittkreis der gemeinsamen Ebene der Planetenbahnen mit der gedachten Himmelskugel ist uns als der Tierkreis bekannt. Warum bewegen sich die Planeten in einer so geordneten Weise?

In Descartes' Bild ist die Erklärung beider Fakten fast selbstverständlich. Der große um die Sonne laufende Wirbel hat eine einheitliche Rotationsachse; um diese Achse führt er alle Planeten. Die Kreisbahnen in einer gemeinsamen Ebene spiegeln also lediglich die regelmäßige Gestalt des sie führenden Wirbels. Da andererseits die Strömungsbewegung in einem Wirbel nie ganz gleichmäßig ist, sind die kleinen Abweichungen von der gemeinsamen Ebene und von der Kreisgestalt nicht überraschend.

Dieses Bild unterscheidet sich nicht allzusehr von dem Weltgemälde, das die griechischen Atomisten 2000 Jahre vor Descartes entworfen hatten. An die Stelle ihres festen sphärischen Himmels (der »Haut« im Zitat der vierten Vorlesung) ist die den Raum erfüllende feine Materie getreten, um die bekannten Abstände der Planeten von der Sonne unterbringen zu können; etwas Ähnliches wäre schon zur Anpassung der atomistischen Lehre an die spätere griechische Astronomie nötig gewesen. Ferner nimmt jetzt die Sonne anstelle der Erde den Mittelpunkt ein; Descartes ist (trotz diplomatisch vorsichtiger Formulierungen) Kopernikaner. Aber der Wirbel ist da, der Raum gilt von neuem als unendlich, und die Fixsterne werden als Sonnen, ähnlich unserer eigenen, verstanden, umkreist von ihren eigenen Wirbeln; so ist die alte atomistische Lehre von der unendlichen Anzahl von Systemen oder »Welten«, wie sie sagten, wieder aufgenommen. Nun läßt sich auch die atomistische Kosmogonie leicht wiederbeleben. Wirbel können erlahmen, neue Wirbel können entstehen, wie wir es in jedem strömenden Wasser sehen. So ist unser System einst aus einem neugebildeten Wirbel entstanden, und Descartes sucht diesen Vorgang in Einzelheiten zu beschreiben, die uns nicht mehr interessieren. Daß diese Prozesse unbegrenzt weiterlaufen können, das garantiert ein von Descartes ausdrücklich behauptetes Naturgesetz: die Quantität der Bewegung in der Welt ist konstant. Dieses Gesetz ist ein erster Anlauf zur Formulierung dessen, was wir das Gesetz der Erhaltung der Energie nennen; freilich hat Descartes, der die korrekten Gesetze der Mechanik, wie Huygens und Newton sie dann fanden, noch nicht besaß, das Gesetz in einer für uns nicht mehr annehmbaren Weise ausgesprochen.

So sind alle Materialien bereit für eine Welt von unendlicher Dauer, in der Kosmogonie nichts weiter bedeutet als die Entstehung einer geordneten Teilwelt wie unseres Planetensystems. Der christliche Schöpfungsbegriff scheint unnötig, wenn wir nicht sagen wollen, daß Gott, der jenseits der Zeitlichkeit steht, die unendliche Zeit mit der Welt erschaffen »hat«. Aber Descartes belehrt uns, daß Gott die Welt in der Zeit geschaffen hat, und daß er ihr damals gerade die Bewegungsquantität eingeschaffen hat, die wir heute noch in ihr finden. Er sagt sogar, er unterwerfe sich willig der kirchlichen Lehre, daß Gott Himmel und Erde und alle Arten von Pflanzen und Tieren samt dem Menschen in sechs Tagen geschaffen habe. Seine, Descartes' eigene Beschreibung einer andersartigen Kosmogonie solle nur zeigen, wie Gott die Welt auch hätte schaffen können, wenn er nicht vorgezogen hätte, sie so zu schaffen, wie es uns die Bibel erzählt. Hier erkennen wir leicht die Diplomatie eines Mannes, der entschlossen war, Galileis Schicksal nicht zu teilen. Die einzige Schwierigkeit für uns ist, die Grenze zwischen seinen wirklichen Ansichten und seiner Diplomatie zu erkennen. Ich glaube, daß er aufrichtig an Gott glaubte, denn er konnte den Begriff Gottes in seiner Philosophie nicht entbehren, und ich vermute, daß er die Kirche als eine notwendige und nützliche Einrichtung ansah, und daß er eben darum die Kirche nicht angreifen, sondern überzeugen wollte. Hingegen scheint er mir nicht ernstlich an Christus und an Glaube, Liebe und Hoffnung interessiert gewesen zu sein; er war, so scheint mir, eher ein Stoiker als ein Christ. Ob er in Wahrheit an eine unendliche Dauer des Universums glaubte oder nicht, wage ich nicht zu sagen.

Sicher war er aufrichtig in einem anderen Aspekt seines Systems, und dieser Aspekt ist in eigenartiger Weise neuzeitlich. Er glaubte alle seine Vorgänger darin übertroffen zu haben, daß er ein völlig konsistentes Gedankengebäude von mathematischer Stringenz und Durchsichtigkeit errichtet habe. Ich möchte den Grundriß dieses Gebäudes in ein paar Sätzen wenigstens ganz knapp andeuten. Dabei gehe ich von seiner fertigen Kosmologie aus und analysiere rückwärtsschreitend ihre Voraussetzungen.

Obwohl seine Kosmologie dem atomistischen Muster folgt, leugnet er die Existenz sowohl von Atomen wie von leerem Raum. Die Materie ist für ihn kontinuierlich ausgebreitet. Gerade daraus beansprucht er die Existenz der Wirbel zwingend herzuleiten. Soll sich nämlich die kontinuierliche Materie, die er so beschreibt, wie wir heute eine inkompressible Flüssigkeit beschreiben würden, überhaupt bewegen, so vollziehen sich die einzigen Strömungen, die sich nicht ins Unendliche erstrecken, in geschlossenen Kurven: sie sind Wirbel. Daß aber die Materie kontinuierlich sein muß, folgt ihm daraus, daß er jeden Unterschied zwischen Raum und Materie leugnet; nach seiner Ansicht sind Raum und Materie identisch. Dies wiederum folgt für ihn aus seiner Ansicht, daß man die Natur vollständig durch mathematische Begriffe beschreiben kann. Die einzige Disziplin der reinen Mathematik, die man auf ausgedehnte Dinge anwenden kann, ist die Geometrie. Also kann die Materie keine anderen Eigenschaften haben als die geometrischen; Materie ist Ausdehnung und sonst nichts. Daß die Natur durch Mathematik vollständig erkennbar ist, folgt seinerseits aus der Überzeugung, daß alle wahre Erkenntnis klar und deutlich ist; klar und deutlich aber ist zwar die Mathematik, jedoch nicht die Sinneswahrnehmung. Nur klare und deutliche Erkenntnis ist Erkenntnis, denn nur sie ist uns durch die Verläßlichkeit des allweisen und allgütigen Gottes garantiert, der uns geschaffen hat; einer scheinbaren Erkenntnis zuzustimmen, die nicht klar und deutlich ist, ist ein verfehlter Gebrauch unseres freien Willens. Die Existenz des vollkommensten und darum allweisen und allgütigen Wesens, d. h. Gottes, kann streng aus der Anwesenheit der Vorstellung dieses Wesens in meinem Bewußtsein bewiesen werden, und dieser Beweis ist notwendig, um den Zweifel zu überwinden, dem jede Meinung unterworfen werden kann mit der Ausnahme der Überzeugung von meiner eigenen Existenz, die sich mir durch den Zweifel selbst erweist.

Ich werde hier die Lücken dieser Beweiskette nicht im einzelnen aufsuchen. Sie sind durch die Kritik der drei nachfolgenden Jahrhunderte immer deutlicher hervorgetreten; in der dritten Vorlesung der zweiten Serie werde ich den Grundansatz noch einer genaueren kritischen Betrachtung unterziehen. Descartes' System wird immer wichtig bleiben als die symbolische Selbstdarstellung des neuzeitlichen Menschen, der mit keiner anderen Gewißheit beginnt als mit der seines Vermögens, in sinnvoller Weise »Ich« zu sagen, und der sich seiner Autonomie gegenüber allem Seienden zu vergewissern sucht. Descartes braucht noch den allmächtigen Gott für seinen Beweis, daß die Naturwissenschaft Vertrauen verdient; innerhalb der Naturwissenschaft braucht er Gott nicht mehr. Die Natur wird durch die Geometrie angemessen beschrieben.

Gehen wir nun freilich in die Einzelheiten, die uns hier interessieren, so versagt der titanische Versuch, die ganze Arbeit der neuzeitlichen Naturwissenschaft in einem Menschenleben zu tun, in kläglicher Weise. Descartes wollte die Wahrheit seines Systems mathematisch beweisen, und er war nicht einmal imstande, die eine mathematische Tatsache zu erklären, die man zu seiner Zeit über die Planeten wußte: Keplers Gesetze. Der Wirbel erklärt, warum die Planetenbahnen nahezu kreisförmig sind, aber er erklärt nicht, warum sie genau elliptisch sind. Newton konnte eben dies erklären, und deshalb verwarf er Descartes' Wirbel völlig. –

Ich werde hier nicht die Einzelheiten von Newtons Erklärung der Planetenbewegungen wiederholen. Im Umriß ist diese Erklärung allbekannt, und in mathematischer Strenge ist sie selbst für einen heutigen Physikstudenten nicht ganz einfach. Hingegen möchte ich die begriffliche Struktur der Newtonschen Physik erläutern, an die ich im Beginn der zweiten Vorlesungsreihe wieder anknüpfen werde.

Wollen wir irgendeine Bewegung von Körpern, wie z. B. der Planeten, erklären, so müssen wir nach Newton dreierlei wissen:

1. die allgemeinen Bewegungsgesetze
2. ein spezielles Kraftgesetz
3. die besonderen Anfangsbedingungen.

Die allgemeinen Bewegungsgesetze hat Newton am Anfang seiner Principia angegeben. Das erste Gesetz ist das Trägheitsgesetz. Es stellt fest, daß ein Körper, auf den keine Kraft wirkt, in seinem Zustand der Ruhe oder der geradlinigen gleichförmigen Bewegung verharrt. Das zweite Gesetz ist Newtons wichtigster eigener Beitrag: die Änderung der Bewegungsgröße ist proportional zur einwirkenden Kraft. Dieses Gesetz ist nicht ganz leicht zu interpretieren, aber ich lasse seine Probleme hier beiseite. In der heutigen mathematischen Sprache besagt es, daß die Kraft eine ihr proportionale Beschleunigung hervorbringt, wobei die Beschleunigung als die zweite Ableitung des Orts nach der Zeit definiert ist. Da das Trägheitsgesetz gezeigt hat, daß keine Kraft nötig ist für eine Änderung des Orts, ist es das natürlichste, anzunehmen, die Kraft verursacht eine Änderung der Geschwindigkeit, oder, wie Newton sagt, der Bewegungsgröße.

Offenbar wird uns dieses allgemeine Gesetz nur etwas nützen, wenn wir die Kraft kennen, die auf einen vorgegebenen Körper wirkt. Hier liegt Newtons zweiter großer Beitrag: das Gravitationsgesetz. Die Gravitation (Schwerkraft) ist nicht die einzige Kraft in der Natur, aber sie ist universal; sie wirkt, soweit wir wissen, zwischen jedem Paar von Körpern im Universum. Aus dem Gravitationsgesetz und unter Benutzung der allgemeinen Bewegungsgesetze konnte Newton Keplers Gesetze herleiten. Der Kern seiner Herleitung läßt sich in etwas populärer Weise so beschreiben: Wäre die Trägheit allein wirksam (d. h. gäbe es keine Schwerkraft), so würde der Planet gleichförmig auf einer geraden Linie immer weiterlaufen und so die Nähe der Sonne verlassen. Wäre die Schwerkraft allein wirksam (d. h. wenn der Planet anfänglich keine eigene Bewegung hätte), so würde der Planet in die Sonne fallen. Die tatsächliche Bahn des Planeten ist ein Kompromiß zwischen den beiden Wirkungen der Trägheit und der Schwere, wobei die Schwere den Planeten an die Sonne bindet, die Trägheit ihn davor bewahrt, in die Sonne zu fallen. Newton erklärte jedoch Keplers Gesetze nicht bloß, sondern er verbesserte sie auch. Keplers Gesetze würden in Strenge aus Newtons Mechanik folgen, wenn die Sonne nur einen einzigen Planeten hätte. Sind mehrere Planeten da, so wird die Bahn eines jeden von ihnen durch den Gravitationseinfluß der anderen Planeten gestört. Auch diese Störungen konnte Newton im Einklang mit den Beobachtungen mit jedem gewünschten Grad der Genauigkeit vorausberechnen.

Mit vollem Recht hat Newtons System die öffentliche Meinung der nachfolgenden Jahrhunderte als das größte Werk der Naturwissenschaft beeindruckt. Jetzt zum erstenmal hatte die Naturwissenschaft das erreicht, was den Griechen in der Mathematik gelungen war: sie hatte Aussagen, die sich in jeder Einzelheit als wahr erwiesen, aus ein paar klaren und einfachen Axiomen hergeleitet. Es kann nicht überraschen, daß man nun für zwei Jahrhunderte unter Naturerklärung die Zurückführung der beobachteten Erscheinungen auf die von Newton entdeckten Prinzipien verstand.

Aber strenggenommen hatte Newton nicht einmal die beobachteten Planetenbewegungen völlig auf seine eigenen Prinzipien zurückführen können, und er wußte das selbst sehr wohl. Newton folgte Kepler. Er war imstande, Keplers Gesetze zu erklären und zu verbessern, was Descartes nicht vermocht hatte. Aber andererseits konnte Newton keine Erklärung anbieten für diejenigen Tatsachen, die Descartes' Wirbel befriedigend erklärt hatte: die nahezu kreisförmige Gestalt der Bahnen und ihre einheitliche Orientierung in einer gemeinsamen Ebene. Wie ich vorhin sagte, braucht man in Newtons Mechanik drei Dinge, um eine individuelle Bewegung zu erklären, von denen das dritte die besonderen, für den betreffenden Fall geltenden Anfangsbedingungen sind. Mathematisch liegt das daran, daß Newtons Gesetze Differentialgleichungen nach der Zeit bedeuten. Die Kraft bestimmt nur die zeitliche Änderung der Bewegung. Daher wird die Bewegung in einem späteren Augenblick ebensowohl von der Bewegung in einem früheren Augenblick wie von der Kraft abhängen. Eine Planetenbahn liegt fest nur, wenn der Ort und die Geschwindigkeit des Planeten zu irgendeiner bestimmten Zeit vorgegeben sind.

So mußte man besondere Anfangswerte und -richtungen der Geschwindigkeiten der individuellen Planeten annehmen, um die hohe Regelmäßigkeit des Systems zu erklären, die für Descartes als völlig natürliche Konsequenz seiner Wirbeltheorie erschienen war. Hätte z. B. die Anfangsgeschwindigkeit eines Planeten senkrecht auf der Ebene gestanden, in der sich die anderen Planeten bewegen, so hätte er sich ständig in einer senkrecht auf dieser gemeinsamen Ebene stehenden Ebene bewegt. Oder wäre seine Anfangsgeschwindigkeit zu groß, zu klein oder nicht in der Tangente eines um die Sonne geschlagenen Kreises orientiert gewesen, so hätte sich der Planet auf einer mehr oder weniger exzentrischen Ellipse oder gar auf einer Parabel oder Hyperbel bewegen müssen. Newton konnte Beispiele für diese anderen Fälle angeben: die Kometen bewegen sich durch denselben Raum wie die Planeten, aber auf allen möglichen exzentrischen elliptischen und hyperbolischen Bahnen mit allen möglichen räumlichen Orientierungen. Dies war sogar sein zwingendstes Argument gegen Descartes: wie hätte es so verschiedenartige Bewegungen von Himmelskörpern durch denselben Raum geben können, wenn die Bewegung in diesem Raum von einem einzigen großen Wirbel zusammenhängender Materie geführt wäre? Wir können gewiß sein: es gibt kein zusammenhängendes Medium im Sonnensystem, das irgendeinen nennenswerten Einfluß auf die Bewegungen der Planeten und Kometen ausüben könnte.

Aber damit bleibt die Regelmäßigkeit des Systems unerklärt. Wir können nur sagen: es hat Gott gefallen, die Anfangsbewegungen der Planeten so einzurichten, daß sie diese höchst regelmäßigen kreisähnlichen koplanaren Bahnen verfolgen. Das hat Newton in der Tat gesagt. Und Bentley verwandelte in seinen Predigten diesen Gedanken in einen Gottesbeweis, den Gottesbeweis aus den Lücken der Naturwissenschaft. Die Naturwissenschaft erklärt Keplers Gesetze, sie erklärt aber nicht die Anfangsbedingungen. Die Anfangsbedingungen jedoch zeigen eine hohe Regelmäßigkeit. Also müssen wir auf den Gedanken eines intelligenten Schöpfers des Universums zurückgreifen, auf den Gedanken des Demiurgos. Gewiß sahen Newton und Bentley auch die Naturgesetze als von Gott verordnet an, nicht weniger als die Anfangsbedingungen. Aber die Gesetze überzeugten die Skeptiker nicht von ihrem eigenen göttlichen Ursprung; die Natur könnte doch ihre eigenen Gesetze haben, ohne einen Gott zu brauchen, der ihr diese Gesetze gegeben hätte. Aber wo keine Naturgesetze die Ordnung der Natur erklären, da muß doch schließlich Gott in seinen Werken selbst dem Skeptiker unzweifelhaft sichtbar werden.

Ich sagte in der ersten Vorlesung, daß die Religion mit dieser Wendung des Arguments ihren Prozeß schon verloren hat. Ich wies dort auf die historische Tatsache hin, daß sich die Lücken der Wissenschaft nach einiger Zeit zu schließen pflegen. Wir werden dieser Weiterentwicklung alsbald mehr im einzelnen folgen. Vorher möchte ich gerne die Sachlage in der Sprache beschreiben, die ich in der Vorlesung über das Christentum eingeführt habe. Der Begriff einer Natur, die ihren eigenen Gesetzen unabhängig von der etwaigen Existenz eines Gottes gehorcht, scheint genau die nachchristliche, säkularisierte Realität zu beschreiben, die ich dort nach der Natur und dem Christentum als drittes Element eingeführt habe. Hier dürfen wir uns nicht durch den nicht mehr heutigen Wortgebrauch verwirren lassen. Damals meinte ich mit dem Wort Natur die menschliche Natur, wie das Christentum sie verstand, d. h. die Welt natürlicher Triebe und traditioneller Lebensordnungen, die sich im Mythos selbst auslegen. Als ich dann von Galilei sprach, sagte ich, der Begriff des Naturgesetzes, der im griechischen Denken nur undeutlich vorhanden war, habe viel größere Überzeugungskraft durch den christlichen Schöpfungsbegriff gewonnen. So möchte ich ihn als ein Geschenk des Christentums an das neuzeitliche Denken bezeichnen. Jetzt sehen wir, wie dieses ererbte Geschenk gegen die Religion gewendet wird, der es zu verdanken ist. Und dieser Mord am eigenen Vorfahr mit der von ihm ererbten Waffe geschieht mit der fortschreitenden Zeit in immer naiverer Weise. Kepler war ein aufrichtiger Christ, der Gott in der mathematischen Ordnung der Welt anbetete. Auch Galilei und noch mehr Newton, der ein religiöserer Mensch war, waren überzeugte Christen, die Gottes Werk in der Schöpfung studierten. Aber während Galilei noch sein Recht verteidigen mußte, Gottes Größe auch im Buch der Natur zu lesen, mußte Newton schon seine Auffassung verteidigen, die Natur sei überhaupt ein von Gott geschriebenes Buch. Heutige Wissenschaftler können sich unter einer religiösen Deutung der Naturgesetze höchstens eine hinzugebrachte Privatmeinung des eigenen Denkens vorstellen, vermutlich mythischen Charakters, und ganz gewiß ohne jeden logisch zwingenden Zusammenhang mit dem Begriff des Naturgesetzes selbst. Kein guter Wille und kein religiöser Eifer kann diese Entwicklung rückgängig machen. Man kann die moderne säkularisierte Realität in der Tat in Begriffen beschreiben, die keinerlei Bezug auf Religion haben. Die Wissenschaft beweist die Existenz Gottes nicht. Das darf der nie vergessen, der die moderne Welt religiös verstehen will. Auf der anderen Seite wird es wichtig sein zu begreifen, daß der Baum, der diese nun reife Frucht der modernen Wissenschaft getragen hat, das Christentum war; daß es eine Spielart des christlichen Radikalismus war, die die Natur aus dem Haus der Götter in das Reich des Gesetzes verwandelt hat. –

Ich wende mich Kants Kosmogonie nur über einen Zwischenschritt hinweg zu. Newtons größter Zeitgenosse und, in mancher Hinsicht, Gegner war Leibniz; und in seiner philosophischen Denkweise folgt der junge Kant der Kosmogonie den Spuren von Leibniz. Den Unterschied zwischen Newton und Leibniz sieht man wohl am deutlichsten in den Briefen, die Leibniz und Samuel Clarke – der hier einfach als Sprachrohr Newtons gelten darf – miteinander gewechselt haben.

Leibniz greift hier Newtons Begriff des absoluten Raumes an. Dieser Begriff hat selbst eine lange Vorgeschichte. Wie ich in der vierten Vorlesung sagte, hatte die griechische Philosophie und Mathematik keinen Begriff von einer selbständigen Realität von der Art des Newtonschen Raumes. Platons chora gleicht noch eher der Materie als dem Raum späterer Denker, das kenon der Atomisten ist in gewisser Weise das Nichtseiende, und Aristoteles definiert den topos, den Ort eines Körpers, relativ zu den umgebenden Körpern, womit er bewußt das verwirrende Problem eines Raumes, der von den Körpern unabhängig existiert, ausschaltet. In einer endlichen Welt kann man jede Bewegung auf den festen Rahmen der Welt selbst beziehen. Aber der in der Neuzeit aufkommende Gedanke einer unendlichen Welt machte die Frage dringend: sind Ort und Bewegung nur Relationsbegriffe, welche Beziehungen zwischen Körpern beschreiben, oder gibt es so etwas wie den absoluten Ort und die absolute Bewegung eines Körpers? Solange diese Frage nicht beantwortet ist, hat das Trägheitsgesetz keinen bestimmten Sinn, denn wie sollen wir wissen, was wir uns unter einer geradlinigen und gleichförmigen Bewegung vorstellen, wenn wir das Bezugssystem nicht kennen, relativ zu dem die Bewegung gemeint ist? Newton beantwortete diese Frage durch seinen Gedanken, es gebe einen absoluten Raum und eine absolute Zeit, die zusammen eine absolute Bewegung und damit einen klaren Sinn des Begriffs der Trägheitsbewegung zu definieren gestatten. Unter physikalischem Aspekt werde ich auf diesen, später von Mach und Einstein kritisierten Gedanken in der zweiten Vorlesungsreihe zurückkommen.

Leibniz widersetzte sich dem absoluten Raum und der absoluten Zeit aus philosophischen Gründen. Was für ein Unterschied bestünde, so können wir seine Argumente zusammenziehen, zwischen unserer wirklichen Welt und einer Welt, die aus ihr hervorginge, wenn man alle Dinge z. B. um zehn Meilen verschöbe, ohne ihre relativen Lagen zu verändern; oder zwischen unserer wirklichen Welt und einer ihr in allen zeitlichen Relationen zwischen den Ereignissen völlig gleichartigen, die jedoch von Gott eine Stunde früher geschaffen wäre, als er sie wirklich geschaffen hat? Die beiden Welten wären ununterscheidbar. Also, so sagt Leibniz mit einem Argument, das den modernen Positivisten gefallen müßte, sind die beiden Welten dieselbe Welt. Also sind die Begriffe des absoluten Raumes und der absoluten Zeit Unsinn. Nun gilt Leibnizens Prinzip der Identität des Ununterscheidbaren nicht für Fälle, in denen wir nur praktisch nicht imstande sind, zwei Dinge zu unterscheiden. Er nennt nur solche Dinge identisch, die in Strenge identische Attribute haben. Clarke kann daher antworten, da ja Sir Isaac Newton die Existenz des absoluten Raumes und der absoluten Zeit bewiesen habe, besäßen die beiden Welten verschiedene Attribute: ihre verschiedenen Orte im absoluten Raum bzw. ihre verschiedenen Anfangszeiten in der absoluten Zeit. Leibniz erwidert, Gott hätte keinen hinreichenden Grund gehabt, die Welt eher hier als da, eher zu dieser als zu jener Zeit zu schaffen, und daher wäre das Prinzip vom zureichenden Grunde in der Schöpfung verletzt, wenn Newton mit seinem angeblichen Beweis recht hätte. Clarke sagt, es gebe einen hinreichenden Grund dafür, daß Gott die Welt hier und nicht da, zu dieser und nicht zu jener Zeit geschaffen habe: Gottes Willen. Leibniz meint, Clarke habe einen zu niedrigen Begriff von Gott, wenn er ihm Willkürhandlungen wie dem Menschen zuschreibe; Gottes Wille sei stets von Gottes Vernunft gelenkt. Clarke seinerseits meint, Leibniz habe einen zu niedrigen Begriff von Gott, wenn er mit seiner menschlichen Vernunft die Tiefen der Gründe göttlicher Entscheidungen ausloten wolle. Leibniz starb vor seiner letzten Antwort.

Leibniz argumentiert hier im Sinne seiner Theodizee. Gott hatte als Schöpfer die Wahl zwischen einer unendlichen Anzahl möglicher Welten. Er hat diese Welt geschaffen, weil sie die beste aller möglichen Welten war. Dies war der hinreichende Grund seiner Wahl. Sie ist die beste Welt wegen der in ihr waltenden Ordnung, und grundsätzlich müßte alles in ihr aus ihrer Optimalität, ihrer Eigenschaft, die beste mögliche Welt zu sein, verstanden werden können. Mathematische Naturgesetze drücken diese Ordnung in einer gewissen Stufe der Allgemeinheit aus, die Struktur des Planetensystems tut dasselbe in einem großen einzelnen Beispiel, aber dieselben Erwägungen müssen grundsätzlich beide erklären können. Dies ist der philosophische Hintergrund der Jugendjahre Kants. –

Was Kant in seiner kosmogonischen Theorie versuchte, war, die Vorzüge der Cartesischen Kosmologie mit denen der Newtonschen Mechanik zu verbinden. Newton hat bewiesen, daß es im Planetensystem, so wie wir es sehen, keinen die Bewegungen führenden Wirbel zusammenhängender Materie gibt. Descartes hingegen hat gezeigt, daß die Planeten eine Regelmäßigkeit der Bewegung zeigen, die man durch die Annahme eines solchen Wirbels erklären könnte. Newton konnte diese Regelmäßigkeit nicht erklären und sagte, Gott habe das System vor langer Zeit so geschaffen. Das soll nicht geleugnet werden, aber vielleicht können wir herausfinden, wie Gott es angefangen hat, das System so zu schaffen. Vielleicht hat er dazu den Cartesischen Wirbel benützt? Kant stellt sein Problem nicht in diesen Worten dar, aber ich glaube, daß er genau dies erreicht. Im Anfang des Sonnensystems existierte nach Kant ein großer rotierender Nebel. Die Schwerkraft ließ seine Hauptmasse in seiner Mitte kondensieren und so die Sonne bilden, und sie ließ kleinere Teile des Nebels in den Außenregionen kondensieren, wo aus ihnen die Planeten mit ihren Satelliten wurden. Über den Ursprung des anfänglichen Nebels hatte Kant ähnliche Ideen wie vor ihm die Atomisten und Descartes, nur wandte er jetzt Newtons Gesetze konsequent an. Er erkannte richtig, daß die Milchstraße eine große Scheibe ist, ein Sternsystem, zu dem auch unsere Sonne gehört, und er erläuterte die Entwicklung der Milchstraße, indem er dieselbe Überlegung wie zuvor auf höherer Stufe wiederholte. Er deutete einige elliptische Nebel (die, wie wir heute wissen, meist Spiralstruktur haben) korrekt als milchstraßenähnliche Systeme außerhalb unserer eigenen Milchstraße. Er endete seine Betrachtungen mit Spekulationen über einen Entwicklungsprozeß von Sternsystemen, der in unendlicher Zeit durch unendliche Räume fortschreitend immer neue Materie ergreift, und über mögliche Bewohner anderer Planeten und ihre Tugenden und Laster, womit er sich schließlich der Denkweise des 18. Jahrhunderts mit Charme einfügte.

Mathematisch ist Kants Theorie nicht präziser ausgearbeitet als die von Descartes. Vierzig Jahre später legte Laplace eine ähnliche Hypothese in einfacher, knapper Gestalt vor, aber wieder ohne Rechnungen zu versuchen, die in der Tat sehr schwierig gewesen wären. Erst damals wurde Kants Theorie der Vergessenheit entrissen, und durch das 19. Jahrhundert hindurch galt die Kant-Laplacesche Theorie als die mechanische Erklärung der Entstehung der Welt. Erst gegen Ende dieses Jahrhunderts waren die wissenschaftlichen Methoden weit genug entwickelt, um einen Versuch der quantitativen Behandlung des Problems zu gestatten. In der neunten Vorlesung werde ich ganz kurz auf Ansichten über die Planetenentstehung eingehen, zu denen diese Rechnungen geführt haben. Ich kann jetzt jedenfalls schon sagen, daß die Astrophysiker unserer Tage zu der Meinung gekommen sind, daß Kants Theorie im wesentlichen richtig war.

Kants Theologie, wie er sie in der Vorrede seines Buches *Allgemeine Naturgeschichte und Theorie des Himmels* ausspricht, geht noch auf leibnizschen Bahnen. Natürlich nimmt er nun, anders als Leibniz, Newtons Mechanik ohne Einschränkungen an. Aber er glaubt, Gott habe die Welt geschaffen, indem er die von ihm selbst verordneten Naturgesetze dazu benützte. Die Meinung, »blinde Notwendigkeit« könne die Ordnung, die wir im Sonnensystem sehen, nicht hervorgebracht haben, mißfällt ihm. Theologisch kann er anführen, die Notwendigkeit gemäß einem von Gott verfügten Gesetz sei nicht blind; der materielle Gegenstand – der Sternennebel etwa – mag selbst nicht wissen, wohin die Notwendigkeit ihn führt, aber Gott weiß es und will es so. Historisch kann man hinzufügen, daß der Begriff der blinden Notwendigkeit seinen Ursprung in einer unmathematischen Theorie der Natur hat, oder, bei Platon, ausdrücklich der Mathematik entgegengesetzt wird, während die Naturgesetze der neuzeitlichen Wissenschaft gerade mathematisch und insofern vernunftgemäße Gesetze sind. Ich glaube, Kant hat recht, wenn er gemäß dem christlichen Schöpfungsbegriff zu argumentieren glaubt.

Aber in Kants eigener Entwicklung war dies nicht die endgültige Stufe. In seiner späteren Philosophie führt er die mathematische Struktur der Naturwissenschaft nicht mehr auf das göttliche Schöpfungswerk zurück, sondern auf die Formen a priori unseres Anschauens und Denkens; ... »Der Verstand selbst schreibt der Natur die Gesetze vor« ... Wir verstehen nicht mehr die Ordnung der göttlichen Schöpfung, weil wir nach Gottes Bild gemacht sind, sondern weil gemäß der Natur unseres endlichen Erkenntnisvermögens diese Ordnung Bedingung der Möglichkeit von Erfahrung von Gegenständen überhaupt ist. Es gibt keinen theoretischen Gottesbeweis mehr, nicht in der reinen Metaphysik und auch weder aus den Lücken noch aus den Erfolgen der Naturwissenschaft; die Lücken werden sich mit dem Fortschritt der Wissenschaft schließen, und die Erfolge begreiflich zu machen, ist die Aufgabe der Kritik der reinen Vernunft. In diesem Sinne hat die Säkularisierung nunmehr das Licht der Vernunft selbst erreicht. Kant hörte darum nicht auf, nach Gott zu fragen, im Gegenteil, man kann diese Frage als die treibende Kraft seiner ganzen Philosophie verstehen. Aber das Gewicht der Frage verlegt sich ins moralische Feld. In der theoretischen Metaphysik ist der Gedanke Gottes nur als regulative Idee zugelassen, und als solche wirkt er, nicht mehr in der Physik, aber in der Biologie noch bis in die Naturwissenschaft hinein: wir müssen die wunderbare Zweckmäßigkeit der Lebewesen, die wir nicht hoffen können, jemals physikalisch zu erklären, methodisch so behandeln, als ob sie Werke einer zwecksetzenden göttlichen Vernunft wären. Damit schlägt Kant das Thema an, dem ich die nächste Vorlesungsstunde widmen will.

Die Herkunft der speziellen Naturgesetze, mit deren Hilfe er als junger Mann die Entstehung der Planeten erklärt hatte, hat Kant freilich bis in sein unvollendetes Nachlaßwerk hinein beschäftigt. Man wird nicht sagen können, daß er dieses Problem von seinem neuen Ansatz her gelöst habe. Ich komme auf Kants Theorie der Erfahrung in der zweiten Vorlesungsreihe zurück. Hier mußte ich sie nur nennen, um zu zeigen, daß des jungen Kant Rettung des christlichen Schöpfungsbegriffs gegen den umgedrehten Platonismus des Bentleyschen Arguments in sich selbst zweideutig war. In Wirklichkeit ist Kants Planetentheorie ein weiterer Schritt der Säkularisierung, was immer sie nach dem Wunsch ihres Urhebers auch hatte sein sollen.

Immanuel Kant

Diesen Vortrag halte ich, weil der, der ihn hätte halten müssen, es nicht mehr tun kann. Erlauben Sie mir darum, mit ein paar persönlichen Worten über meinen Schüler Peter Plaass zu beginnen.

Peter Plaass wurde im Februar 1934 in Leipzig geboren, als Sohn eines Schriftsetzers, der aus der Hamburger Gegend stammte. Ehe der Sohn ein halbes Jahr alt war, wurde sein Vater von der Gestapo ermordet. Die Mutter hat ihre Kinder durch die Notjahre vor dem Krieg, im Krieg und nach dem Krieg ernährt und erzogen. Peter Plaass studierte dann in Hamburg Physik und schloß mit dem Staatsexamen ab. Seit ich in Hamburg war, nahm er an meinem Seminar teil, erst über formale Logik, dann vier Semester lang über Kant. Als ich ihn im Philosophikum über den in diesem Examen so oft mißhandelten Descartes befragte, hatte ich plötzlich das Gefühl: dieser junge Mann im dunklen Anzug mir gegenüber, mit dem dunklen Haar und den hellen Augen, der kann ja denken, der weiß ja, was Philosophie ist. Im ersten Semester des Kant-Seminars fragte er mich nach einem möglichen Doktorthema. Wir begannen damals, die erste Hälfte der *Kritik der reinen Vernunft* zu behandeln; ich sagte, er könne sich ja einmal die *Metaphysischen Anfangsgründe der Naturwissenschaft* ansehen, ob da nicht doch auch für einen heutigen Physiker noch etwas zu holen sei. Zu meiner Schande gestehe ich, daß ich die Schrift damals zwar etwas rasch gelesen, aber nicht in ihrer systematischen Bedeutung erkannt hatte. Plaass nahm mit belebendem Feuer weiterhin an meinen Seminaren teil, aber von den Metaphysischen Anfangsgründen hörte ich fast drei Jahre lang nicht mehr viel, bis er mir eines Tages einen Zwischenentwurf und ein halbes Jahr später die fertige Dissertation auf den Tisch legte. Die Fakultät nahm sie auf Grund der Gutachten von Herrn Patzig und mir als opus eximium an. In meinem Gutachten sagte ich, der Verfasser verdanke seiner naturwissenschaftlichen Vorbildung die Naivität, zu meinen, ein Problem müsse auch eine Lösung haben, und seiner geisteswissenschaftlichen Schulung die Kunst, einen Text zu lesen – zwei Gaben, die sehr selten zusammenkommen*.

Zwei Monate nach dem Rigorosum legte Peter Plaass, der immer ein Bild gesunder Kraft gewesen war, sich zu Bett. Von dem Tage an, an dem ihm nach Wochen qualvoller Unsicherheit seine Frau seine Diagnose gesagt hatte, die ein Todesurteil war, ging es ihm seelisch und über Wochen selbst körperlich besser. Für ihn galt die Platonische Definition der Tapferkeit, daß sie das Bewahren der richtigen Meinung – hier darf ich sagen: des Wissens – darüber ist, was wir zu fürchten haben und was nicht. Wenige Tage vor seinem 31. Geburtstag, im Februar 1965, ist er gestorben.

In den mittleren vier von den sechs nun folgenden Abschnitten meines Vortrags will ich Ihnen die Hauptpunkte der Plaassischen Auslegung der *Metaphysischen Anfangsgründe der Naturwissenschaft* darstellen. Im ersten und letzten Abschnitt will ich versuchen, diese Auslegung auf meine eigene Verantwortung in den Rahmen der heutigen Probleme der Naturphilosophie einzufügen.

1
Ein Weg zu Kant

Bitte, erlauben Sie mir, in diesem ersten Abschnitt noch weiterhin recht persönlich zu sprechen. Meiner Meinung nach ist es für die Menschen, welche die Physik unserer Tage wirklich verstehen wollen, das heißt die sie nicht nur praktisch anwenden, sondern durchsichtig machen wollen, nützlich, ja in einer gewissen Phase der Arbeit unerläßlich, Kants Theorie der Naturwissenschaft durchzumeditieren. Diese Arbeit ist nicht abgeschlossen und wird nicht rasch abgeschlossen sein. Deshalb kann ich Ihnen die Nützlichkeit oder Notwendigkeit der Kant-Meditation nicht aus den Ergebnissen beweisen. Eben darum mag es erlaubt sein, daß ich Ihnen statt dessen die Erlebnisse andeutend schildere, die mich zu dieser Meinung gebracht haben.

* *Plaass*, P.: »Kants Theorie der Naturwissenschaft«. Göttingen 1965.

Wer heute theoretische Physik studiert, der lernt hochgezüchtete mathematische Techniken, mit deren Hilfe die Ergebnisse ebenso hochgezüchteter experimenteller Techniken vorausgesagt werden können. Inhaltlich lernt er als praktisch allumfassendes Gesetzesschema die Quantentheorie kennen in der Form, die wir der von J. v. Neumann gegebenen mathematischen Präsentation der Gedanken von Heisenberg, Born, Jordan, Dirac, Schrödinger und anderen verdanken. Dies ist eine Theorie der möglichen Zustände und Zustandsänderungen beliebiger Objekte. Vor uns steht, so lernt er weiter, das noch ungelöste Problem der Theorie der Elementarteilchen, d. h. der Theorie darüber, welche physikalischen Objekte es überhaupt gibt und geben kann. Fragt er, was der mathematische Apparat der Quantentheorie eigentlich über die Wirklichkeit aussage, so wird er auf die von Bohr und Heisenberg geschaffene sogenannte Kopenhagener Deutung der Quantentheorie verwiesen. Diese gilt einerseits bei vielen Leuten als positivistisch oder subjektivistisch (oder, wie Marxisten sagen, idealistisch), andererseits als teilweise dunkel. Diese Urteile gehen, wie ich meine, von falschen Alternativen aus; aber eben diese Alternativen werden selten klar angegeben. Im allgemeinen lernt der junge Physiker, diese Probleme auf sich beruhen zu lassen, d. h. vielleicht auch, sie den Fachleuten für Unklarheit, den Philosophen, zu überlassen.

Ich möchte die soeben geschilderte Situation kurz methodologisch analysieren. Sie ist meines Erachtens typisch für einen der Grundzüge im Verfahren der neuzeitlichen Wissenschaft. Dieses Verfahren beruht darauf, daß im Alltag – und fast jeder Tag von drei Jahrhunderten ist Alltag – gewisse Fragen nicht gestellt werden. In der Tat: wollten wir alle Fragen zugleich stellen, so würden wir keine einzige Frage beantworten, denn in Wahrheit hängen alle Fragen miteinander zusammen. Descartes aber war im Irrtum, als er meinte, er könne die grundsätzlichen Fragen, eben die nach den metaphysischen Anfangsgründen der Naturwissenschaft, ein für allemal lösen und damit das Signal des wissenschaftlichen Fortschritts auf Freie Fahrt stellen. Das Signal steht seit drei Jahrhunderten auf Freie Fahrt, aber nicht weil die Grundfragen gelöst wären, sondern weil wir gelernt haben, sie im Alltag unserer Arbeit auf sich beruhen zu lassen. Philosophie jedoch könnte man vielleicht definieren als den nicht ruhenden Willen, die Grundfragen zu stellen. Deshalb versteht die neuzeitliche Wissenschaft richtig, daß sie im Alltag durch die Philosophie nicht gefördert, sondern gestört wird.

Anders ist es freilich in den wenigen großen Schritten der Wissenschaft, wie in der Physik bei der Entstehung der klassischen Mechanik, der Relativitätstheorie, der Quantentheorie. Gleicht der Alltag der Wissenschaft der Besiedlung eines Kontinents, so entsprechen diese Schritte der Entdeckung von Kontinenten. Dazu müssen Grundfragen gestellt werden. Kolumbus verdankte den Mut, den Atlantik zu queren, nicht nur dem Abenteuergeist, sondern dem Wissen, daß die Erde rund ist. Wie die Reflexion auf die Kugelgestalt der Erde zur Umwandlung der Navigation aus einer handwerklichen Praxis in eine verstandene Technik, so verhält sich die Reflexion auf die Grundfragen, die Galilei, Einstein und Bohr leitete, zur Entstehung der mathematischen Techniken, die der heutige Student lernt. Für die Theorie der Elementarteilchen wird eine nicht minder tiefe philosophische Reflexion erforderlich sein.

Wer, wie ich, vor rund 35 Jahren Physik zu studieren begann, der hatte es leichter, diese Zusammenhänge zu sehen, als der heutige Student. Einsteins Relativitätstheorien und die Vollendung der Quantentheorie, zu der die Schule Bohrs das meiste getan hatte, waren noch neu. Was die Reflexion auf die Grundfragen erreicht hatte, lag frisch vor aller Augen, und wenn man nicht nur Physiker war, konnte man das Empfinden haben, zugleich Augenzeuge des philosophisch wichtigsten Ereignisses unseres Jahrhunderts geworden zu sein. Mein Lehrer Heisenberg brachte mich zu seinem Lehrer Bohr, damit ich dort lerne, was philosophisch in dieser neuen Physik geschehen sei. Bohr aber gehörte zu keiner philosophischen Schule. Ließ sich das, was wir alle von ihm lernten, in philosophischer Schulsprache ausdrücken?

Die nächstliegende Schulphilosophie für den jungen Physiker war damals der Positivismus des Wiener Kreises. Die ältere Philosophie schien diskreditiert dadurch, daß ihre Vertreter all das für a priori gewiß gehalten hatten, was aufzugeben die große Leistung der neueren Physik war: die euklidische Geometrie des physikalischen Raums, das deterministisch verstandene Kausalgesetz. Bei den Wienern stieß der Physiker wenigstens nicht auf Widerspruch. Sie beriefen sich selbst auf die heutige Wissenschaft. Wer bei Bohr lernte, sah aber bald, wie wenig diese Zustimmung zur Klärung der eigentlichen Probleme beitrug. Neulich erinnerte mich ein alter Freund an eine Äußerung Bohrs, nachdem er einer Gruppe positivistischer Philosophen über die neue Quantentheorie vorgetragen hatte. Er war über deren freundlich zustimmende Reaktion ganz unglücklich und sagte: »Wem nicht schwindlig wird, wenn er vom Planckschen Wirkungsquantum hört, der hat ja gar nicht verstanden, wovon die Rede ist.« Jene Philosophen gaben die Quantentheorie zu, weil sie als Erfahrung auftrat, und weil es ihre Weltanschauung ist, Erfahrung zuzugeben; Bohrs Problem aber war, wie denn so etwas eine Erfahrung sein könne.

Bohrs zentrales Problem war dieses: Wir machen alle Erfahrung in Raum und Zeit, und kein Experiment läßt einen Rückschluß aufs Meßobjekt zu, wenn der Meßapparat nicht kausal funktioniert. In der klassischen Physik sind Raum-Zeit-Beschreibung und Kausalforderung widerspruchsfrei zusammengefügt. Das Wirkungsquantum symbolisiert den Bruch dieser Einheit, ihr Zerfallen in komplementäre Bilder. Wenn der Philosoph etwas verstehen muß, so muß er also die Komplementarität verstehen.

Komplementarität, dieser Grundbegriff der Bohrschen Philosophie, ist nicht mein heutiges Thema*. Aber die Prämissen Bohrs genügen, um zu zeigen, was mich als jungen Physiker genötigt hat, über Kant nachzudenken. Raum-Zeit-Beschreibung, das sind Kants Formen der Anschauung. Kausalitätsforderung, das ist ein Kernsatz aus den Grundsätzen des reinen Verstandes. Die Kopenhagener Deutung der Quantentheorie geht von diesen Prämissen aus und kann ohne sie nicht verstanden werden; und sie ist die einzige heute konsequent durchgeführte, ich möchte glauben auch die einzige konsequent durchführbare Deutung. Also kann, so scheint es, niemand die Quantentheorie, das heißt die heutige Physik, wirklich, mit philosophischer Strenge, verstehen, der nicht zuvor Kants Theorie der Naturwissenschaft verstanden hat. Selbst wenn er dann Kant kritisieren wird, muß er zuvor das begriffen haben, wovon Kant redet.

Aus diesem Grunde habe ich, sobald der Unterricht in Philosophiegeschichte zu meinen bürgerlichen Pflichten gehörte, begonnen, Kant zu traktieren. Mein Respekt vor Kant ist dabei von

* Vgl. dazu jetzt *Meyer-Abich*, K. M. »Korrespondenz, Individualität und Komplementarität«. Wiesbaden 1965.

Semester zu Semester gewachsen. Zugleich mußte ich freilich lernen, daß die Struktur seiner Theorie der Naturwissenschaft bis heute nicht genau verstanden ist, zum mindesten bis zur Arbeit von Plaass nicht genau verstanden war. Dieser Arbeit wende ich mich daher jetzt zu.

2
Was sind metaphysische Anfangsgründe der Naturwissenschaft?

Im vorigen Abschnitt habe ich vom Standpunkt eines Physikers aus für das Kantstudium argumentiert. In den jetzt folgenden vier Abschnitten will ich mit Plaass als Kantinterpret zu Kantkennern sprechen. Ich muß dabei nicht nur die Philosophie Kants in ihren wesentlichen Zügen als bekannt voraussetzen; ich werde sie auch, um des knappen Ausdrucks willen, in meiner Diktion bis auf eine Unterbrechung stets als wahr unterstellen. Ich werde sozusagen versuchen, von Plaass angeleitet, im Namen Kants zu sprechen. Die Verantwortung für die Formulierung bleibt dabei bei mir. Den sehr gedrängten Gedankengang von Plaass kann ich nicht eigentlich abkürzend referieren, und nicht an jeder Stelle bin ich sicher, ob ich ihm gerecht werde; ich deute in einem kurzen einmaligen Durchgang an, was ich selbst, von Plaass belehrt, meine, von Kants Gedanken über die Grundlagen der Physik verstanden zu haben. Der äußere Leitfaden ist die Vorrede der *Metaphysischen Anfangsgründe der Naturwissenschaft*; die Arbeit von Plaass ist eine Auslegung dieser Vorrede.

Was sind metaphysische Anfangsgründe der Naturwissenschaft? Warum braucht Naturwissenschaft solche Anfangsgründe, und wie können wir sie ihr verschaffen?

In einem berühmten Passus der zweiten Vorrede zur *Kritik der reinen Vernunft* beruft Kant sich auf den sicheren Gang der Wissenschaft. In der Logik ist die Vernunft diesen Weg mit Aristoteles schon zu Ende gegangen. Dort wo die Vernunft »nicht bloß mit sich selbst, sondern auch mit Objekten zu schaffen hat« (B IX), ist es für sie »weit schwerer, den sicheren Weg der Wissenschaft einzuschlagen« (ebenda). Sofern in den »eigentlich und objektiv so genannten Wissenschaften« »Vernunft sein soll ... muß darin etwas a priori erkannt werden« (ebenda). In der

»Naturwissenschaft, so fern sie auf *empirische** Prinzipien gegründet ist«, ist das klassische Beispiel der Schritt Galileis, der »seine Kugeln die schiefe Fläche mit einer von ihm selbst gewählten Schwere herabrollen ... ließ«, (B XII). In diesen wenigen Zitaten ist schon unser Problem angedeutet. Kant nennt eine Lehre nicht Wissenschaft, wenn nicht Vernunft in ihr ist; der sichere Weg der Wissenschaft hat sicher zu sein nach den strengsten möglichen Maßstäben, sonst verdient er diesen Namen nicht. Wenn Vernunft in den Wissenschaften sein soll, muß in ihnen etwas a priori erkannt werden. Inwiefern (»so fern«) kann eben solche Wissenschaft auf empirische Prinzipien gegründet sein?

Eine erste Antwort auf diese Frage gibt der Vergleich der Vernunft mit einem Richter, der den Zeugen Natur befragt. »Die Vernunft muß mit ihren Prinzipien, nach denen allein übereinkommende Erscheinungen für Gesetze gelten können, in einer Hand, und mit dem Experiment, das sie nach jenen ausdachte, in der anderen, an die Natur gehen« (B XIII). Also wird der sichere Gang der empirischen Physik ermöglicht durch Prinzipien, nach denen allein übereinkommende Erscheinungen für Gesetze gelten können. Unser Problem reduziert sich auf die Frage, welche Prinzipien das sind und wie sie empirische Wissenschaft ermöglichen.

Die heute herrschende Methodologie der empirisch-rationalen Wissenschaft gibt eine Antwort auf diese Frage. Galilei entwarf die Naturgesetze als mathematische Hypothesen und unterwarf diese der Prüfung durchs Experiment. Die Prinzipien der Vernunft in der Wissenschaft sind mathematisch. Diesen Standpunkt scheint Kant in einem anderen oft zitierten seiner Sätze zu übernehmen, ja dogmatisch zu übertreiben: »Ich behaupte aber, daß in jeder besonderen Naturlehre nur so viel *eigentliche* Wissenschaft angetroffen werden könne, als darin *Mathematik* anzutreffen ist.« (M A. VIII-X)**. Dieser Satz ist für uns besonders relevant, denn er stammt aus der Vorrede der *Metaphysischen Anfangsgründe*. Dieser Satz aber ist, isoliert genommen, völlig mißverständlich. Er bedarf einer doppelten Erläuterung.

Die erste Erläuterung kann in die Gestalt der Abwehr eines Einwands gekleidet werden. Ich sagte, der Satz klinge wie die

* Hervorhebungen in Zitaten stammen durchweg von Kant.

** Ich zitiere die »Metaphysischen Anfangsgründe« mit M. A. und der Seitenzahl der Akademie-Ausgabe.

dogmatische Übertreibung eines Standpunkts, den wir uns in bescheidenerer Fassung gern zu eigen machen würden. Gewiß arbeitet die Wissenschaft mit Hypothese und Experiment; aber müssen die Hypothesen immer mathematisch sein? Ist Biologie mathematisch? Und soweit sie es nicht ist, ist sie darum keine Wissenschaft? Wir brauchen nicht zu fürchten, mit Kant in Konflikt zu kommen, wenn wir die im »fruchtbaren Bathos der Erfahrung« (*Prol.*, Anhang) angesiedelten Kenntnisse lieben und fördern; hätte er sonst so viel Mühe auf Physische Geographie, Astronomie, Biologie; Anthropologie gewendet? Aber hier geht es um den methodischen Anspruch der »eigentlichen« Wissenschaft; nicht umsonst hat Kant dieses entscheidende Wort gesperrt gedruckt. Weder Naturbeschreibung und Naturgeschichte noch auch bloße rationale Wissenschaft, die »systematisch ist« und bei der »die Verknüpfung der Erkenntnis in diesem System ein Zusammenhang von Gründen und Folgen ist« (*M. A.* V), ist »eigentlich so zu nennende« (*M. A.* VI) Wissenschaft, solange »diese Gründe und Prinzipien in ihr, wie z. B. in der Chemie, doch zuletzt bloß empirisch sind« *(M. A.)*. Streiten wir nicht mit Kant um den Namen Wissenschaft, sondern versuchen wir, zu begreifen, was er denn unter eigentlicher Wissenschaft versteht; denn nur auf diese bezog sich sein Satz über die Unentbehrlichkeit der Mathematik.

Damit treten wir in die zweite Erläuterung ein. Offenbar haben wir Kant völlig mißverstanden, wenn wir seinen Satz von der Notwendigkeit der Mathematik in der Wissenschaft auf die mathematische Gestalt der physikalischen Hypothesen bezogen. Daß gerade mathematisch formulierte Vermutungen in der Physik erfolgreich sind, kann höchstens ein sekundäres Faktum sein, das wir am Ende unserer Betrachtung verstehen werden; es gehört nicht zu den Anfangsgründen. Denn von mathematisch formulierten Hypothesen, auch wenn sie sich in der Erfahrung bewähren, gilt, daß sie »bloß Erfahrungsgesetze sind«, die »kein Bewußtsein ihrer Notwendigkeit bei sich« führen (*M. A.* VI). Der Titel *Metaphysische Anfangsgründe der Naturwissenschaft* steht, wie Heidegger hervorhebt, in bewußter Spannung zu dem Titel des genau hundert Jahre früher erschienenen Werks von Newton: *Philosophiae naturalis principia mathematica*. Die Rolle der Mathematik in der Naturwissenschaft wird erst begreiflich, wenn wir die Anfangsgründe der Naturwissenschaft verstanden haben, die nicht mathematisch sein können, sondern metaphysisch sein müssen.

An dieser Stelle – und das ist die angekündigte Unterbrechung des Kant-Referats – wird der Wissenschaftler unserer Tage in Versuchung sein, Kant nicht weiter zuzuhören. Ist dies nicht eben die Rückkehr in den dogmatischen Apriorismus, dessen Überwindung Vorbedingung aller fruchtbaren Naturforschung ist? Ich komme am Ende des Vortrags darauf zurück und mache hier nur eine knappe methodische Anmerkung. Jeder Physiker unserer Tage wird verstehen, daß selbst ein – im heutigen Sinn des Worts – axiomatischer Aufbau einer mathematischen Disziplin, der wir den Namen Mechanik oder Thermodynamik oder Quantentheorie geben, diese mathematische Disziplin noch nicht zur Physik macht. Den in den Axiomen benutzten Begriffen muß außerdem eine experimentelle Bedeutung gegeben werden, wir müssen wissen, wie man es macht, einen Ort, eine Geschwindigkeit, eine Temperatur, einen Eigenwert des Energieoperators zu messen. Von den Bedingungen, unter denen eine solche physikalische Sinngebung der mathematischen Begriffe möglich ist, handeln – modern ausgedrückt – die *Metaphysischen Anfangsgründe*. Wer aber die moderne Methodologie der empirischen Wissenschaften kennt, der weiß, daß diese Methodologie das Problem bisher nicht hat lösen können. Kant mag irren, aber seine Problemstellung ist gerade erst im Begriff, aktuell zu werden, denn bisher war sie dem Methodenbewußtsein der Physiker voraus. Kehren wir darum zu seiner eigenen Darstellung zurück.

»Alle Naturphilosophen, welche in ihrem Geschäfte mathematisch verfahren wollten, haben sich daher jederzeit (obschon sich selbst unbewußt) metaphysischer Prinzipien bedient und bedienen müssen, wenn sie sich gleich sonst wider allen Anspruch der Metaphysik auf ihre Wissenschaft feierlich verwahrten. Ohne Zweifel verstanden sie unter der letzteren den Wahn, sich Möglichkeiten nach Belieben auszudenken und mit Begriffen zu spielen, die sich in der Anschauung vielleicht gar nicht darstellen lassen ... Alle wahre Metaphysik ist aus dem Wesen des Denkungsvermögens selbst genommen, und keineswegs darum erdichtet, weil sie nicht von der Erfahrung entlehnt ist, sondern enthält die reinen Handlungen des Denkens, mithin Begriffe und Grundsätze a priori, welche das Mannigfaltige *empirischer Vorstellungen* allererst in die gesetzmäßige Verbindung bringt, dadurch es *empirische Erkenntnis*, d.i. Erfahrung werden kann.« (*M. A.* XII-XIII.)

Hiermit haben wir den Standort der *Kritik der reinen Vernunft* erreicht. Aber damit stellt sich uns eine andere Frage: Liegt die Theorie der Naturwissenschaft, soweit sie a priori zustandegebracht werden kann, nicht in der Kritik schon vor? Was unterscheidet die metaphysischen Anfangsgründe der Naturwissenschaft noch von den Grundsätzen des reinen Verstandes?

Wir können zunächst aus dem Architektonikkapitel der *Kr. d. r. V.* und der Vorrede der *M. A.* eine Reihe von Titeln zu Wissenschaften gewinnen, die den systematischen Ort der metaphysischen Anfangsgründe der Naturwissenschaft bezeichnet. Die Kritik selbst ist eine Propädeutik zur Metaphysik, die wesentliche Stücke der Metaphysik im Grundriß enthält. Metaphysik zerfällt in Metaphysik der Natur und Metaphysik der Sitten, erstere in Transzendentalphilosophie (Ontologie) und Physiologie der reinen Vernunft. Diese letztere umfaßt als hyperphysischen Teil die Kosmologie und Theologie, als physischen die rationale Psychologie und die rationale Physik. Die physica rationalis ist Metaphysik der äußeren Natur. Wie bedeutet zugleich die metaphysischen Anfangsgründe der Naturwissenschaft. Physik kann eigentliche Wissenschaft sein, weil sie einen reinen Teil besitzt, der außer der wesentlich endlichen, also auch vollendbaren Metaphysik der äußeren Natur noch den unvollendbaren Teil der reinen mathematischen Physik enthält. Um das vollendbare Stück geht es hier. Inwiefern dieses Stück über den Teil hinausgeht, der in der Analytik der Grundsätze ausgeführt ist, erläutern wir am besten an seinem zentralen Begriff, dem Begriff der Materie.

3
Der Begriff der Materie

Wir haben hier an die erste Analogie der Erfahrung anzuknüpfen. Dort sagt Kant: »Bei allem Wechsel der Erscheinungen beharrt die Substanz, und das Quantum derselben wird in der Natur weder vermehrt noch vermindert« (B 224). Diese Formulierung stammt aus der zweiten Auflage der *Kr. d. r. V.* Plaass hat darauf aufmerksam gemacht, an wie vielen Stellen die Änderungen, die von der ersten zur zweiten Auflage führen, auf die inzwischen in den *Metaphysischen Anfangsgründen* erreichte größere Klarheit der Theorie der Physik zurückgehen, insbesondere die weit stärkere Betonung des Raumes neben der in der ersten Auflage völlig dominierenden Zeit. Hier geht es um einen anderen, aber damit zusammenhängenden Punkt: erst die zweite Auflage nennt schon in der Formulierung der ersten Analogie nicht nur die Substanz als das Beharrliche, sondern auch das Quantum derselben. In meinem Beitrag zur Festschrift für Josef König* habe ich versucht, zu zeigen, wie nahe die Erste Analogie der Denkweise der neueren Physik kommt, für welche die Erhaltungssätze, besonders der Satz von der Erhaltung der Energie aus allgemeinen Invarianzprinzipien folgen. Mir lag vor allem daran, zu zeigen, daß Kants Grundsätze des reinen Verstandes, ähnlich wie die Invarianzprinzipien der heutigen Physik, nicht spezielle Gesetze einer bestimmten regionalen Disziplin, sondern Gesetze über alle überhaupt möglichen speziellen Naturgesetze sind. Während aber unsere Invarianzprinzipien selbst bisher, sei es nun zu Recht oder zu Unrecht, nur als empirisch bewährte mathematische Hypothesen auftreten, sind die Grundsätze des reinen Verstandes von Kant als Naturgesetze im Sinne eigentlicher Wissenschaft, d. h. als notwendig und apodiktisch gewiß gemeint. Sie können das sein, weil sie, wie Plaass darlegt, primär nicht Gesetze der Natur in materialer Bedeutung (des Inbegriffs aller Gegenstände unserer Sinne) sind, sondern Gesetze der Natur in formaler Bedeutung, d. h. des ersten inneren Prinzips alles dessen ..., was zum Dasein eines Dinges gehört« (*M. A.* III). Ein Ding also kann gar nicht da sein (d. h. in der Zeit erscheinen), ohne diesen Gesetzen zu genügen.

Als ich jenen Beitrag schrieb, lag die Arbeit von Plaass noch nicht vor, und ich hatte daher die Bedeutung der *M. A.* noch nicht erfaßt. (Plaass hat mir gegenüber damals im Gespräch meinen Aufsatz als einen Fortschritt über die bisherige Literatur hinaus gelobt, aber mit einer leisen Reserve, die ich nicht überhörte und die mich auf seinen eigenen Beitrag neugierig machte.) Ich muß heute meine damalige Auffassung in einem Punkt modifizieren und kann sie eben dadurch präzisieren. Ich habe damals Kant gerade für die sehr große Allgemeinheit seines Arguments gelobt, welche die Erhaltung eines Quantums der Substanz begründet,

* Vgl. IV, 3.

ohne sie an ein bestimmtes, zeit- oder gegenstandsgebundenes Modell dieses Quantums, z. B. ihre Interpretation als Materiemenge, zu binden. Meine Bewunderung für diese Argumentationsweise halte ich voll aufrecht. Aber ich hatte damals noch nicht das Gewicht der weitergehenden Argumente verstanden, die Kant veranlassen, unbeschadet der methodischen Präzision des Beweises der Ersten Analogie, dann doch in den *Metaphysischen Anfangsgründen* eben das Quantum der Materie als die legitime Darstellung der Substanz in der reinen Physik einzuführen. So hatte ich insbesondere übersehen, daß nach Kants Auffassung die Substanz nur so, d. h. insofern sie Materie ist, als Quantum verstanden werden kann. Am Verständnis der Substanz als Quantum aber hängt die Anwendbarkeit der Mathematik in der Naturwissenschaft und das heißt überhaupt die Möglichkeit eigentlicher Wissenschaft von der äußeren Natur. Eben am Fehlen eines Analogons hierzu im Bereich der inneren Anschauung scheitert der Gedanke einer rationalen Psychologie (Plaass weist in diesem Zusammenhang auf den Einfluß der *M. A.* auf die Neufassung des Paralogismenkapitels in der zweiten Auflage der *Kr. d. r. V.* hin).

Demnach ist der Begriff der Materie der Fundamentalbegriff der eigentlichen Naturwissenschaft. Also muß es möglich sein, eine Wissenschaft von der Materie in gewissen Grundzügen a priori zu entwerfen. Dies kann, wie Plaass hervorhebt, jedenfalls dann nicht möglich sein, wenn man, wie die meisten bisherigen Interpreten der *M. A.*, von einem vorweg akzeptierten Begriff des Körpers ausgeht. »Ein Körper, in physischer Bedeutung, ist eine Materie zwischen bestimmten Grenzen (die also eine Figur hat)« (*M. A.* 86). Dies ist viel mehr als der bloß geometrische Begriff des Körpers. Der Körper in physischer Bedeutung muß Dasein, also Sein, und zwar Dauer, in der Zeit haben. Daß es dergleichen gibt, wissen wir empirisch. Aber Kant ist sich dessen voll bewußt, daß er für dieses empirische Faktum keinen a priori gewissen Grund angeben kann. In der »Allgemeinen Anmerkung zur Dynamik« sucht er wenigstens die Gesichtspunkte zu ordnen, unter denen Untersuchungen über die Gründe der Möglichkeit von dauernden Körpern anzustellen wären: »wie also starre Körper möglich seien, das ist immer noch ein unaufgelöstes Problem, so leicht auch die gemeine Naturlehre damit fertig zu werden glaubt« (*M. A.* 94). Dies und das zugeordnete Problem der Möglichkeit flüssiger Körper verfolgt Kant bis ins *Opus Postumum*. Der heutige Physiker wird auch hier den Scharfsinn bewundern müssen, mit dem Kant einen damals naheliegenden Irrweg der Naturforschung, eben das Fundamentalsetzen des Körperbegriffs, vermied.

Kant definiert Materie vielmehr als »das Bewegliche im Raume« (*M. A. 1)*. »Beweglich« heißt hier übrigens, wie Plaass bemerkt, strenggenommen das, was wir heute »beschleunigbar« nennen würden. Denn geradlinig-gleichförmige Bewegung gegen den absoluten Raum ist für Kant, der hierin Machs und Einsteins Fragestellung vorwegnimmt, keine wirkliche, sondern nur eine mathematisch-mögliche Bestimmung von Materie. »Der absolute Raum ist also *an sich* nichts und gar kein Objekt« (*M. A.* 3). Kant beschreibt in den *M. A.* den absoluten Raum durchgehend mit den Merkmalen, die er selbst in der transzendentalen Dialektik den Ideen zuschreibt; eine Bemerkung, die für jede Interpretation der transzendentalen Ästhetik wichtig ist.

Kann es nun vom Beweglichen im Raume Erkenntnis a priori geben? Hier stoßen wir auf ein Kernproblem der Plaassischen Arbeit. Kant bezeichnet Bewegung und Materie wiederholt als empirische Begriffe. Z. B. Metaphysik der Natur »legt den empirischen Begriff einer Materie, oder eines denkenden Wesens, zum Grunde, und sucht den Umfang der Erkenntnis, deren die Vernunft über diese Gegenstände a priori fähig ist« (*M. A.* VIII). Oder: »So ist der Satz: ›eine jede Veränderung hat ihre Ursache‹, ein Satz a priori, allein nicht rein, weil Veränderung ein Begriff ist, der nur aus der Erfahrung gezogen werden kann« (B 3). Wie kann es Erkenntnis a priori von empirischen Begriffen geben?

4
Möglichkeit und objektive Realität

Das Herzstück der Plaassischen Arbeit, in dem diese Frage beantwortet wird, kann ich in der Kürze eines Vortrags schlechterdings nicht darstellen. Ich kann nur die Ergebnisse in knapper Zusammenfassung dogmatisch referieren.

Der Begriff »empirischer Begriff« ist mehrdeutig. »Katze« mag ein Beispiel eines empirischen Begriffs im gängigen Sinne sein, der durch Reflexion, Komparation und Abstraktion aus empirischen

Vorstellungen gewonnen ist (vgl. Jäsches *Logik*). In diesem Sinne ist »Materie« kein empirischer Begriff. »Materie«, d. h. »das Bewegliche im Raume«, ist ein Begriff a priori, insofern wir ihn a priori konstruieren können. Es bedarf dazu nur des Begriffs des Gegenstands und der Anschauungen von Raum und Zeit; auf die näheren Probleme dieser Konstruktion gehe ich nicht ein*. »Materie« ist aber insofern ein empirischer Begriff, als seine objektive Realität nur empirisch gezeigt werden kann. Wir wissen nur aus Erfahrung, daß es wirklich etwas gibt, das unter diesen Begriff fällt.

Um diese Unterscheidung im Sinne Kants zu verstehen, müssen wir analysieren, was objektive Realität heißt. Sie ist ein Prädikat eines Begriffs, und zwar dasselbe Prädikat, das auch seine reale Möglichkeit heißt. Also setzt ihr Verständnis das Verständnis des Kantschen Begriffs der Möglichkeit voraus. Plaass hat hier die Anregung der Untersuchung von Schneeberger** aufgenommen. Möglichkeit kann nicht eigentlich von einem Ding, sondern nur von einem Begriff prädiziert werden. Möglichkeit bedeutet das Zusammenstimmen mit Bedingungen, und je nach der Art der Bedingungen gibt es verschiedene Arten der Möglichkeit.

Logische Möglichkeit eines Begriffs besagt, »daß er sich nicht selbst widerspricht« (*Refl.* 5688). Die Bedingung, mit welcher der logisch mögliche Begriff zusammenstimmen muß, ist also der Satz vom Widerspruch.

Reale Möglichkeit eines Begriffs bedeutet, daß ein diesem Be-

* Vielleicht ist wenigstens die folgende Erläuterung am Platze. Kant gebraucht bei der Einführung des Gedankens dieser Konstruktion in der Vorrede der *M. A.* den sonst nirgends in seinem Werk vorkommenden Begriff »Metaphysische Konstruktion«. Dem ἅπαξ λεγόμενον entspricht nach Plaass der singuläre Charakter dieser Konstruktion, die außer für die zusammengehörigen Begriffe der Bewegung und der Materie für keinen Begriff möglich ist. Die *M. A.* stellen a priori dar, wie Materie ein Gegenstand vor dem äußeren Sinn sein kann. Damit wird vermittels des Begriffs der Bewegung die Sachheit (Realität) des Materiebegriffes a priori konstruiert. Soll Materie als das Bewegliche im Raum ein Gegenstand der Erfahrung heißen können, so ist sie notwendig den Bedingungen gemäß bestimmt, unter denen etwas überhaupt ein Gegenstand der Erfahrung sein kann. Dazu gehören die Bestimmungen, die in der allgemeinen Metaphysik als zum Begriff eines Gegenstandes überhaupt notwendig erwiesen sind. Dies sind die Kategorien; nach ihnen muß das Bewegliche, d. h. das, was als Gegenstand in Raum *und* Zeit erscheint, als Gegenstand der Erfahrung bestimmt sein.

** *Schneeberger*, G.: »Kants Konzeption der Modalbegriffe«. Basel 1952.

griff entsprechender Gegenstand in der Anschauung gegeben werden kann. Die Eigenschaft eines Begriffs von einem Dinge, daß die zu ihm gehörige reale Möglichkeit besteht, heißt die *objektive Realität des Begriffs*. Dem entspricht das erste »Postulat des empirischen Denkens überhaupt«: »Was mit den formalen Bedingungen der Erfahrung (der Anschauung und den Begriffen nach) übereinkommt, ist möglich« (A 218, B 265).

Daß Möglichkeit überhaupt und daß sie gerade und nur als Prädikat von Begriffen auftreten kann, hängt wesentlich mit der *Allgemeinheit* des Begriffs zusammen, d. h. damit, daß sich der Begriff nicht wie die Anschauung unmittelbar, sondern mittelbar auf den Gegenstand bezieht, »vermittels eines Merkmals, was mehreren Dingen gemein sein kann« (A 320, B 377). Deshalb kann unserem Denken ein Begriff ohne korrespondierenden Gegenstand gegeben sein, und dann fragt sich eben, ob ihm auch objektive Realität, also die Möglichkeit eines unter ihn fallenden daseienden Gegenstandes zukommt.

Wie können wir uns nun der objektiven Realität eines Begriffs vergewissern? Kant unterscheidet die zwei Fragen, *ob* und *wie* etwas möglich sei. Die Frage, *ob* ein einem gegebenen Begriff entsprechender Gegenstand möglich sei, kann empirisch durch die Wirklichkeit eines solchen Gegenstands beantwortet werden. Die so gesicherte objektive Realität überträgt sich automatisch auf alle umfassenderen Begriffe. Sehe ich eine Katze, so ist eine Katze wirklich; also sind Katzen möglich, also Tiere, also organische Körper, also Körper, also Bewegliches im Raum, d. h. Materie. Ganz anders steht es mit der für alle transzendentalen Untersuchungen entscheidenden Frage, *wie* etwas möglich ist. Sie beantworten, hieße die Bedingungen einsehen, und zwar vollständig einsehen, durch welche der betreffende Gegenstand möglich ist. Das kann nur a priori geschehen. Wollten wir einsehen, *wie* Katzen möglich sind, so müßten wir zuerst einsehen, wie Bewegliches im Raume möglich ist, dann, wie Körper möglich sind, dann wie organische Körper, wie Tiere, wie Katzen. Hier kommen immer mehr Bedingungen hinzu, und die Vollständigkeit aller Bedingungen einsehen, hieße die Wirklichkeit einsehen, d. h. einsehen, wie eben diese Katze draußen auf dem Dach möglich ist. Das aber ist dem Menschen unmöglich. Die metaphysischen Anfangsgründe begnügen sich, einsichtig zu machen, wie Bewegliches im Raume möglich ist.

Wollten wir die systematischen Probleme, die in den hier angedeuteten Gedanken stecken, weiterverfolgen, so würden wir in den Kern der Kantschen Lehre, in den Zusammenhang der Kategorien, der Einheit der Apperzeption und der transzendentalen Zeitbestimmung geführt. Heute müssen wir das auf sich beruhen lassen, um einen Ausblick auf die Durchführung der Kantschen reinen Physik zu werfen.

5
Die reine Physik

Die *Metaphysischen Anfangsgründe* sind gemäß den vier Kategorietiteln in vier Hauptstücke geteilt. Das vierte Hauptstück, die Phänomenologie, behandelt den Bezug der drei vorangehenden Hauptstücke auf das Erkenntnisvermögen gemäß den drei Kategorien der Modalität und beginnend mit der Erklärung: »Materie ist das Bewegliche, so fern es, als ein solches, ein Gegenstand der Erfahrung sein kann« (*M. A.* 138).

Folgen wir dieser Einteilung, so steht das erste, der Quantität zugeordnete Hauptstück, die Phoronomie, zugleich unter der Modalität der Möglichkeit. Die Phoronomie definiert die geradlinig-gleichförmige Bewegung als bloße Relativbewegung. Je nach dem gewählten relativen Raum – der heutige Physiker würde sagen: nach dem Bezugssystem – kann man dem Beweglichen im Raum eine beliebige geradlinig-gleichförmige Bewegung zuschreiben. Hier ist also noch nicht von Dasein, sondern nur von Möglichkeit, nämlich von bloßer Mathematik die Rede. Mit der Konstruktion des Begriffs der Geschwindigkeit wird das mathematische Werkzeug aller Physik auf der Basis der reinen Anschauungen von Raum und Zeit gewonnen. Weil alle weiteren Begriffe der reinen Physik unter Benutzung dieses Grundbegriffs* konstruiert werden müssen, *genau deshalb* kann in jeder besonderen Naturlehre nur soviel eigentliche Wissenschaft angetroffen werden, als darin Mathematik anzutreffen ist. Wir können unseren Be-

* Der zu konstruierende Begriff ist zunächst der der Bewegung. Seine mathematische Konstruktion gelingt, indem als erstes der Begriff der Geschwindigkeit konstruiert wird. Insofern ist dieser, wie im Text behauptet, Grundbegriff aller eigentlichen Wissenschaft.

griffen von Gegenständen nur soweit Anschauung verschaffen, als sie Begriffe von Gegenständen im Raume *und* in der Zeit, also nähere Bestimmungen des Begriffs des Beweglichen im Raume sind.

Das zweite Hauptstück, die Dynamik, die der Qualität entspricht, steht unter der Modalität der Wirklichkeit. Ihr ist eine Erklärung vorausgesetzt, welche beginnt: »Materie ist das Bewegliche, sofern es einen Raum erfüllt«. Raumerfüllung ist als Qualität Realität, und sie ist Dasein in der äußeren Anschauung, insofern als Modalität Wirklichkeit. Kant legt dar, wie Raumerfüllung zweierlei Kräfte notwendig voraussetzt: Repulsion und Attraktion. Diese Argumentation ist transzendental, d. h. sie gibt an, was sein muß, damit Materie sein kann. Das steht in scharfem Gegensatz zu der Meinung, man müsse zunächst die Notwendigkeit dieser Grundkräfte aus ihrem Wesen einsehen und daraus die Existenz der Materie deduzieren. Kant sagt: »Daß man die Möglichkeit der Grundkräfte begreiflich machen sollte, ist eine ganz unmögliche Forderung; denn sie heißen eben darum Grundkräfte, weil sie von keiner anderen abgeleitet, d. i. gar nicht begriffen werden können« (*M. A.* 61). M. a. W.: *daß* die Grundkräfte möglich sind, darüber belehrt uns die empirische Existenz der Materie, sofern wir nur eingesehen haben, daß Materie, als das, was einen Raum erfüllt, nur durch diese Grundkräfte möglich ist; *wie* die Grundkräfte möglich sind, dieser Frage vermögen wir nicht einmal so einen Sinn zu geben, daß wir uns noch eine mögliche Antwort auf sie denken können. Die »Allgemeine Anmerkung zur Dynamik« erörtert dann »die Momente, worauf ihre spezifische Verschiedenheit sich insgesamt a priori bringen (obgleich nicht ebenso ihrer Möglichkeit nach begreifen) lassen muß.«

Das dritte Hauptstück, die Mechanik, entspricht der Relation und steht unter der Modalität der Notwendigkeit. Die einleitende Erklärung lautet: »Materie ist das Bewegliche, so fern es, als ein solches, bewegende Kraft hat« (*M. A.* 106). Hier entsprechen den drei Kategorien der Relation drei Grundgesetze der Mechanik. Das erste verschärft die Substanzanalogie: »Bei allen Veränderungen der körperlichen Natur bleibt die Quantität der Materie im Ganzen dieselbe, unvermehrt und unvermindert« (*M. A.* 116). Diesem Satz ist die Erklärung der Quantität der Materie und der Satz vorangegangen, daß diese Quantität »nur durch die Quantität der Bewegung bei gegebener Geschwindigkeit geschätzt werden« kann (*M. A.* 108), also ein Ansatz einer echt mechanischen Meßbarkeitsdefinition derjenigen Größe, die wir heute Masse nennen. Das zweite Gesetz ist das Trägheitsgesetz, mit dem Prinzip der Kausalität dadurch verbunden, daß demnach jede »Veränderung der Materie« eine »äußere Ursache« hat. Hierin steckt, daß geradlinig-gleichförmige Bewegung keine »Veränderung der Materie« ist. Kant leitet also das Trägheitsgesetz, so wie wir es kennen, aus der vorausgesetzten Relativität der Bewegung her. Dieses Gesetz enthält offenbar im wesentlichen auch schon Newtons zweites Axiom, welches die Kraft durch die »Veränderung der Materie«, die wir Beschleunigung nennen, zu messen lehrt. Das dritte Gesetz ist das Gesetz der Gleichheit von Wirkung und Gegenwirkung, der Kategorie der Gemeinschaft (Wechselwirkung) zugehörig.

Plaass wirft am Ende seiner Arbeit die Frage auf, wie Kant sich nun wohl die Ermöglichung der empirischen Physik durch diesen ihren reinen Teil gedacht habe. Kant selbst gibt dafür nur wenige Winke. Plaass entwirft ein Modell dessen, was Kant konsequenterweise darüber hätte denken müssen, anhand des Gravitationsgesetzes. Daß eine allgemeine Attraktion aller Körper bestehen müsse, darf als Ergebnis der Dynamik gelten. Die dortigen Erwägungen Kants führen auch dazu, daß er mutmaßlich die Proportionalität der Kraft zu den Quantitäten der Materie in beiden Körpern und zum inversen Quadrat der Entfernung als a priori gewiß angesehen hätte. Damit bleibt noch der Proportionalitätsfaktor, die sog. Gravitationskonstante, als empirisch zu bestimmende Größe. Man sieht hierin, wie der Richter Vernunft dem Zeugen Natur die Frage vorlegt: nur wer die allgemeine mathematische Gestalt des gesuchten Gesetzes schon kennt, weiß überhaupt, was die Gravitationskonstante sein soll und wie daher das Ergebnis einer Schweremessung ausgesprochen werden muß. Jedoch wird man nicht erwarten dürfen, durch eine einzige Messung von zwei beliebigen Körpern die Gravitationskonstante zu bestimmen. Das Gravitationsgesetz teilt seine mathematische Form mit anderen Gesetzen, z. B. den Coulombschen Kraftgesetzen der Elektro- und Magnetostatik. Wären also die Probekörper zufällig elektrisch geladen, so würde das Meßresultat in Wahrheit eine Kombination von Gravitationskonstante und Elementarladung mit unbekannten Koeffizienten geben. Also ist eine a priori gemachte Übersicht über die möglichen Arten von Kräften, wie in der Allgemeinen Anmerkung zur Dynamik erwogen, nötig, um übersehen zu können, welche Art von Experimenten die Gravitationskonstante rein ergeben würde. Ob eine derartige Überlegung konsequent ausgeführt werden könnte, ist freilich kaum mehr zu übersehen.

6
Verhältnis zur heutigen Physik

Für die Zeit seiner Arbeit an der Interpretation der *Metaphysischen Anfangsgründe* hatte sich Plaass mit der ihm eigenen Entschlußkraft jede direkte Anwendung des Gefundenen auf aktuelle Probleme der Physik verboten, soweit sie über gelegentliche Erwägungen von Beispielen hinausging. Hätte er länger gelebt, so wäre er gewiß nicht bei der Kantinterpretation stehen geblieben. Ich will am Ende des Vortrags, nun ganz auf meine eigene Verantwortung, andeuten, wie groß oder gering mir die Aktualität der Kantschen Theorie erscheint.

Zunächst ist klar, daß wir bereit sein müssen, uns in jeder Einzelheit von der Kantschen Theorie zu distanzieren, ja, daß vorweg fraglich ist, ob wir ihr auch nur in einer einzigen Einzelheit wirklich folgen werden. Bei näherer Analyse erweist sich die Argumentation in den *Metaphysischen Anfangsgründen* an sehr vielen Stellen als brüchig. Einzelne geniale Gedanken, deren ich oben einige genannt habe, mögen wir bewundern, aber sie verpflichten uns nicht zur Gefolgschaft. Es ist kein Zufall, daß dieses Buch in der Geschichte der Physik völlig wirkungslos geblieben ist. Aber, so scheint mir, die Wirkungslosigkeit beruht nicht nur auf seinen Mängeln, sondern auch darauf, daß sein Grundgedanke der historischen Entwicklung der Physik um rund 200 Jahre voraus war. Es ist eine verzweifelte Lage für einen Autor, etwas zu wissen oder zu ahnen, was an den wissenschaftlichen Kenntnissen seiner Zeit nicht exemplifiziert werden kann; viele Irrtümer großer Denker sind Darstellungen richtiger Grundeinsichten am falschen Detail.

Der einzige Physiker unserer Tage, der, und zwar, soviel ich sehe, ohne Kantschen Einfluß, von ähnlichen Grundeinsichten ausgegangen ist wie Kant, war Niels Bohr. Bohr sprach immer wieder die uns junge Physiker verblüffende These aus, auch nach der

Quantentheorie müsse man jedes unmittelbare Phänomen, also jedes Meßergebnis, mit den Begriffen der klassischen Physik beschreiben. Derselbe Freund, den ich eingangs zitierte, hat mich neulich auch daran erinnert, daß er einmal beim nachmittäglichen Institutstee Bohr klarzumachen suchte, auf die Dauer würden wir doch gewiß unsere Begriffe und Anschauungen dem quantentheoretischen Formalismus anpassen, womit der Rekurs auf die klassische Beschreibung entbehrlich werden würde; Bohr hörte schweigend, mit geschlossenen Augen zu und antwortete am Ende nur: »Nun ja, man kann ja auch sagen, daß wir nicht hier sitzen und Tee trinken, sondern daß wir das alles nur träumen.«

Bohr wies mit solchen Bemerkungen auf das Grundfaktum hin, das Kant Anschauung nennt. Es ist verständlich, daß er uns trotzdem nicht genug tat. Warum muß denn Anschauung gerade mit den Begriffen der historisch entstandenen und überwundenen klassischen Physik beschrieben werden? Bohr war konsistent, das sahen wir sofort: Wenn die klassischen Begriffe unentbehrlich sind, dann ist die Entdeckung des Wirkungsquantums schwindelerregend und Komplementarität ein unentbehrlicher Begriff. Aber kann man nicht auch umgekehrt konsistent sein: wenn unser Anschauungsvermögen sich der historischen Entwicklung anpassen kann, so werden die klassischen Begriffe entbehrlich und es geht schließlich wieder ohne Komplementarität. Diesen Weg der Anpassung haben selbst einige Kantianer eingeschlagen, so auf sehr hohem Niveau Ernst Cassirer, der in seinen schönen Büchern über Relativitäts- und Quantentheorie nachzuweisen suchte, daß nicht der euklidische Raum Form jeder äußeren Anschauung, nicht die deterministische Kausalität die einzige denkbare Art von Gesetzmäßigkeit sei. Mich hat Cassirers Position aber schon damals nicht ganz befriedigt. Mir schien, der weise Kompromiß beraube uns der wertvolleren Früchte des durchgefochtenen Streits. Die ganz empirische Physik wird sich, so schien mir, mit dem streng durchgehaltenen Apriorismus gerade dann am Ende von selbst treffen, wenn beide ihrem Prinzip treu bleiben, oder, mit Schiller zu sprechen: »Feindschaft sei zwischen euch! Noch kommt das Bündnis zu frühe. Wenn ihr im Suchen euch trennt, wird erst die Wahrheit erkannt.« Das Bündnis war zu Kants Zeit zu früh, und es ist zu früh zwischen Kantianern und Physikern; in Bohr kündigt sich seine Möglichkeit an. Ich kann hier, am Ende meiner Ausführungen, nur in fast dogmatischem Vortrag ein Programm seiner Verwirklichung skizzieren.

Die Physik, der die historische Entwicklung jetzt offensichtlich zustrebt, unterscheidet sich von der Physik des 18. und 19. Jahrhunderts durch echte systematische Einheit. Die Quantenmechanik bewährt sich empirisch als die allgemeine, d. h. für beliebige Objekte gültige Mechanik, also als das, was die klassische Mechanik zu sein hoffte, aber im atomaren Bereich, wie man im Grunde schon aus Kants zweiter Antinomie hätte schließen können, nicht sein konnte. Die Theorie der Elementarteilchen wird, wenn sie vollendet sein wird, grundsätzlich zu deduzieren gestatten, was für physikalische Objekte es überhaupt geben kann. Wenn eine philosophische Theorie der Naturwissenschaft überhaupt möglich sein soll, so muß sie über die Gründe der Möglichkeit dieser systematischen Einheit der ganzen Physik Auskunft geben können. Ein geringeres Ziel des Ehrgeizes ist sinnlos. Denn nur das Einfache können wir zu verstehen hoffen, und in der Naturforschung liegt die Einfachheit, wenn es sie überhaupt gibt, im Gegenstand und nicht in der Methode. Wenn überhaupt etwas in der Physik philosophisch verstanden werden kann, dann das, was ihr Einheit gibt. Dabei brauchen wir unsere Physik nicht für das letzte Wort menschlicher Erkenntnis zu halten; es genügt, daß sie im Heisenbergschen Sinne eine abgeschlossene Theorie ist.

Ich erwarte, daß ein Aufbau der ganzen Physik aus *einem* Prinzip in der Tat gelingen wird, und meine eigenen noch unfertigen Arbeiten dienen diesem Ziel. Inhaltlich glaube ich, daß der zentrale Begriff eines solchen Aufbaus der Begriff der Zeit in der vollen Struktur ihrer Modi: Gegenwart, Vergangenheit, Zukunft sein muß. An sie lassen sich, so glaube ich, Logik, Zahl, Wahrscheinlichkeit und Kontinuum anknüpfen, und dann läßt sich die Physik aufbauen als die Theorie von Objekten in der Zeit oder, noch schärfer gesagt, von zeitüberbrückenden Alternativen. Dies mag nun glücken oder nicht, gewiß wird in der Quantentheorie der Elementarteilchen die eine Grenze wegfallen, die Kant so viel zu schaffen gemacht hat: die zwischen Grundgesetzen, welche er für a priori erkennbar hielt, und speziellen Gesetzen, die man nur durch Erfahrung lernen kann. Die Quantentheorie der Elementarteilchen wird nur sein, was ihr Name sagt, wenn sie grundsätzlich (obgleich angesichts der mathematischen Komplikationen nicht praktisch) jede empirische Gesetzmäßigkeit zu deduzieren gestattet. Aus ihr muß jede Linie des Eisenspektrums folgen, nur nicht das Kontingente, d. h. ob es in der uns zugänglichen Erfahrung gerade atomares Eisen gibt. Ich wiederhole: einer Theorie dieser Art strebt die Physik wirklich zu. Manche Physiker mögen an ihrer faktischen Vollendbarkeit zweifeln, aber keiner wird im Ernst leugnen, daß die Quantentheorie der Elementarteilchen dann und nur dann vollendet wäre, wenn sie genau diese Eigenschaft hätte. Diese Theorie wäre dann historisch durchaus auf empirischem Weg erwachsen, und andererseits wäre sie als vollendete offenbar aus wenigen Grundsätzen deduzierbar. Was ich mit Kant vermute, ist, daß diese Grundsätze, um Kants Sprachgebrauch zu wählen, nicht transzendent, aber auch nicht empirisch, sondern transzendental sein werden. D. h. sie werden weder metaphysische Hypothesen noch spezielle Erfahrungen formulieren, sondern nur die Bedingungen der Möglichkeit von Erfahrung überhaupt.

Erst in diesem Rahmen werden die Physiker dann wohl auch der Bohrschen Lehre von der Unentbehrlichkeit der klassischen Begriffe voll gerecht werden können. Raum-Zeit-Beschreibung heißt Anschauung, Kausalforderung ist das wichtigste Beispiel begrifflichen Urteilens, und beide finden zusammen, wie Kant sah und Bohr wußte, in der eindeutigen Beschreibung der Erfahrung als Erfahrung von Objekten; wie ich sagen möchte in entscheidbaren zeitüberbrückenden Alternativen. Diese Erfahrung hängt physikalisch an der Irreversibilität des Meßaktes, ohne welche es keine Dokumente der Vergangenheit, also keine Fakten in der Anschauung gäbe. Von der Quantentheorie aus beurteilt, ist die Beschreibung eines Vorgangs als irreversibel aber nur eine Näherung, welche die Interferenz der Wahrscheinlichkeiten aufhebt; eben in dieser Näherung gilt die klassische Physik. Bohr hat also in vollem Umfang recht. Es wäre eine sehr interessante Aufgabe, zu prüfen, wie weit Kants Argumente in den »Grundsätzen des reinen Verstandes« und den *Metaphysischen Anfangsgründen der Naturwissenschaft*, die ja eben die von uns klassisch genannte Physik begründen wollen, benützt werden könnten, um die von Bohr behauptete Notwendigkeit der klassischen Begriffe für die Objektivierung der Meßresultate direkt, ohne den Umweg über die Quantentheorie, zu begründen. Plaass hielt dies für möglich.

Bohr hat aber auch damit recht, daß komplementäre Bilder des Geschehens nötig sind, denn die klassische Physik ist eben nur eine Näherung. Eine fiktive, konsequent unklassische Quantentheorie könnte keine empirische Wissenschaft sein, denn ihr fehlt die Grundlage aller Erfahrung, die erfahrbaren Fakten. Komplementarität aber möchte ich als einen Reflexionsbegriff aus der Theorie der Struktur der Zeit behandeln. Sie ist ja mit dem quantentheoretischen Indeterminismus verbunden. D. h. die durchgängige Objektivierung des Geschehens scheitert an der Offenheit der Zukunft.

Johann Wolfgang Goethe

Willst du dich am Ganzen erquicken,
So mußt du das Ganze im Kleinsten erblicken.

Das Kleinste in der Sprache ist das Wort. In der Wissenschaft erscheint das Wort als Begriff. Wir wollen versuchen, etwas von dem Ganzen, das Goethes Naturwissenschaft ist, an einigen ihrer Begriffe abzulesen.

Was aber bedeutet uns Goethes Naturwissenschaft?

Sie ist uns zunächst ein Werk des Menschen, des Dichters Goethe. Wie sich das Wesen eines Menschen noch in jeder Falte seiner Hand eigentümlich ausspricht, so finden wir in jedem Begriff der Goetheschen Wissenschaft Goethe wieder.

Doch würde Goethe uns gescholten haben, wenn wir seine Wissenschaft nur als ein Mittel benutzt hätten, um ihn selbst kennenzulernen. Er suchte Erkenntnis, die an sich gelten sollte, über jeden Anteil an seiner Person und seinem dichterischen Werk hinaus. Er wollte seine Wissenschaft als unlösbares Glied in die Kette der objektiven Naturerkenntnis der Neuzeit einfügen.

Mit den Stellen, an denen ihm dies gelungen ist, wie der Untersuchung der subjektiven Farben, der Entdeckung des menschlichen Zwischenkieferknochens, dem Präludium der Abstammungslehre in seinem Begriff der Metamorphose, wollen wir uns hier nicht ausführlich beschäftigen. Der Ausgangspunkt unserer Betrachtung soll die Stelle des Mißlingens sein.

Wie so oft, verriet sich das Mißlingen durch Polemik. In seiner Kritik der herrschenden Farbenlehre hat Goethe den klaren Sinn der Worte und Versuche Newtons vierzig Jahre lang mißverstanden und hat sich durch so kluge und sachkundige Gesprächspartner wie Lichtenberg nicht belehren lassen.

Wie konnte ein so großer, so umfassender Geist so irren? Ich weiß nur eine Antwort: er irrte, weil er irren wollte. Er wollte irren, weil er eine entscheidende Wahrheit nur durch den Zorn zu verteidigen vermochte, dessen Ausdruck dieser Irrtum war.

Goethes Weise, zu sehen und zu denken, ist ein Ganzes. Sie

begegnete in der neuzeitlichen Naturwissenschaft einem – geschichtlich gesehen – umfassenderen Ganzen. Goethe war bereit, seine Wissenschaft diesem größeren Ganzen einzufügen, aber im Konflikt mit Newton zeigte sich, daß er sie nicht einfügen konnte und durfte, wenn er nicht das opfern wollte, was ihm das Entscheidende war.

Die Erfolglosigkeit der Polemik Goethes zeigt, daß seine Hoffnung, die Naturwissenschaft zu einem besseren Verständnis ihres eigenen Wesens zu bekehren, auf einer Illusion beruhte. Newton hat das Wesen der neuzeitlichen Wissenschaft besser verstanden als Goethe. Wir heutigen Physiker sind in unserem Fach Schüler Newtons und nicht Goethes. Aber wir wissen, daß diese Wissenschaft nicht absolute Wahrheit, sondern ein bestimmtes methodisches Verfahren ist. Wir sind genötigt, über Gefahr und Grenzen dieses Verfahrens nachzudenken. So haben wir Anlaß, gerade nach dem in Goethes Wissenschaft zu fragen, was anders ist als in der herrschenden Naturwissenschaft.

Wir wollen im folgenden die Reihe einiger der wichtigsten Begriffe der Wissenschaft Goethes ein einziges Mal durchlaufen. Damit kann sich zwar etwas von ihrem Zusammenhang zeigen, aber nur von einem Gesichtspunkt aus. Diesen Gesichtspunkt suchen wir vorweg in den folgenden Sätzen anzudeuten.

Als Naturwissenschaft der Neuzeit bezeichnen wir die Denkweise, die ihr methodisches Bewußtsein zu immer größerer Klarheit entwickelt hat in einer etwa durch die Namen Kopernikus, Kepler, Galilei, Newton bezeichneten Folge und die zwar nicht metaphysisch, wohl aber methodisch auch heute noch herrscht. Sie beschreiben wir weiter nicht, sondern setzen sie im Umriß als bekannt voraus. Wir beschreiben Goethes Wissenschaft, indem wir sie – ebenfalls als eine in sich zusammenhängende Denkweise – von ihr unterscheiden. Wir behaupten:

Goethe und die neuzeitliche Naturwissenschaft haben einen gemeinsamen Grund, der ihr Gespräch ermöglicht. Wir können ihn durch die Formel andeuten: Platon und die Sinne. Das Gespräch scheitert, wo beide auf diesem Grund verschiedene Gebäude errichten. Die platonische Idee wird in der Naturwissenschaft zum Allgemeinbegriff, bei Goethe zur Gestalt; die Teilhabe der Sinnenwelt an der Idee wird in der Naturwissenschaft zur Geltung von Gesetzen, bei Goethe zur Wirklichkeit des Symbols.

Natürlich tut ein so einfaches Schema beiden Seiten Gewalt an. Doch versuchen wir, es durchzuführen, um es vielleicht in einem späteren Schritt überwinden zu können.

Die Sinne

Den Sinnen hast du dann zu trauen,
Kein Falsches lassen sie dich schauen,
Wenn dein Verstand dich wach erhält.

Ist dies das Bekenntnis zur Empirie, das Goethe mit der neuzeitlichen Wissenschaft verbindet? Ja und nein. Das Gedicht fährt fort:

Mit frischem Blick bemerke freudig,
Und wandle sicher wie geschmeidig
Durch Auen reichbegabter Welt.

Für die neuzeitliche Wissenschaft genügt es, daß ein Forscher die sinnliche Erfahrung gemacht hat und jeder andere sie grundsätzlich wiederholen könnte. Nicht der Akt der Erfahrung ist das Entscheidende, sondern der Sachverhalt, über den er uns unterrichtet. Und der Sachverhalt selbst ist wichtig nicht als Einzelfall, sondern als Typus: »Erfahrung« wird der Sinneseindruck für die Wissenschaft gerade dadurch, daß er wiederholbar ist. Das Wiederholbare aber ist ersetzbar.

Die Sinneserfahrung, in der Goethes Wissenschaft wurzelt, ist seine eigene, ist unersetzlich. Nichts liegt ihm, wenn er seine Ergebnisse beschreibt, mehr am Herzen, als den Leser zum eigenen, unersetzbaren Sehen anzuleiten. Freilich weiß auch jeder gute Naturforscher, wie wichtig Sehen und Sehenlernen sind. Kein Gegensatz zwischen lebendigen Menschen darf unbedingt gesehen werden, wenn wir bei der Wahrheit bleiben wollen. Andererseits ist es Bedingung jeder echten Verständigung, daß die Unterschiede deutlich gesehen werden. Da für Goethe so viel darauf ankommt, die sinnliche Erfahrung selbst zu machen, sollten wir uns vergegenwärtigen, wie er selbst sinnlich erfahren hat und erfahren wollte. Davon spricht die soeben zitierte Strophe.

Das Flüssigste und das Trockenste in Goethes Wesen, die hinreißende Empfindung des Augenblicks und die Neigung zum Sammeln und Ordnen, sie streben eins zu werden in diesem sicheren und geschmeidigen Wandeln, diesem freudigen Bemerken, das den Schatz seiner sinnlichen Erfahrung von Tag zu Tag mehrt. Wie viele Steine hat er mit dem Geologenhammer selbst vom gewachsenen Fels losgeklopft! Wie viele Blumen und Bäume hat er auf Reisen betrachtet, zu Hause gezogen; wie viele Knochengerüste selbst angeschaut und betastet! Wie treten ihm bei jedem Blick in die Natur die Erscheinungen der Farbe von selbst entgegen und werden, sei es auch unter Kriegslärm oder im Liebesgedicht des *Divan*, genau bemerkt und beschrieben! Nicht nur die glücklichen Augen nahmen diese Fülle auf; wandernd, reitend, kletternd, schwimmend erfuhr sein Leib die Natur. Und wer könnte Goethe verstehen, der nicht wüßte, wie nahe alles Sinnliche der Liebe ist?

Unterscheiden und Verbinden

Dich im Unendlichen zu finden,
Mußt unterscheiden und dann verbinden;
Drum danket mein beflügelt Lied
Dem Manne, der Wolken unterschied.

Diese Strophe gilt dem englischen Meteorologen Howard. Sie spricht vom Unterscheiden und vom Verbinden. Das Unterscheiden kommt zuerst.

Die Fülle der sinnlichen Welt ist unerschöpflich, unabgrenzbar. Wie sollen wir uns in ihr finden? Wir müssen sie gliedern. Die Gliederung beginnt mit dem Rubrizieren und Klassifizieren, Tätigkeiten, deren Verdienst Goethe hoch zu schätzen wußte. Die richtig gemachte Rubrik ist nichts Willkürliches. Sie spiegelt etwas von der Ordnung des Wirklichen, und noch wo ihr ein Rest von Gewaltsamkeit anhaftet, ist sie der erste Schritt des Weges, den wir als endliche Wesen gehen müssen, wenn wir uns im Unendlichen finden sollen.

Auf das Unterscheiden aber muß das Verbinden folgen. Ja, das Unterscheiden ist selbst stets schon ein Verbinden. Will ich die Fülle der Wolkengestalten, der Minerale, der Pflanzen, der Tiere – eine Fülle, in der kein Individuum dem anderen gleich ist –, will ich diese Fülle einteilen, so muß ich Ähnliches verbinden, muß es vom Unähnlichen unterscheiden. Nur weil ich verbinden kann, kann ich unterscheiden.

Wie aber kann ich verbinden?

Gestalt und Gesetz

Die Ähnlichkeit dessen, was ich verbinde, liegt in der Gestalt. Goethes Naturwissenschaft ist zum größten Teile vergleichende Morphologie. Was aber bedeutet dieses Wort: Gestalt?

Jedes einzelne Wirkliche, das mir sinnlich begegnet, kann ich eine Gestalt nennen: diese eine Blume, die heute blüht und morgen welken wird, diesen einen Berg, der seit undenklichen Zeiten an seiner Stelle steht.

Wenn ich aber zwei Dinge vergleiche, indem ich sage, sie hätten dieselbe Gestalt – etwa die der Spirale oder die des Bergkristalls oder die des Menschen –, so meine ich mit Gestalt etwas anderes als das einzelne Ding. Was ist diese Gestalt, die das Vergleichen des Gestalteten ermöglicht?

Die Popularphilosophie der neuzeitlichen Naturwissenschaft würde auf diese Frage wohl antworten, eine »Gestalt an sich« gebe es nicht; Gestalt sei nicht selbst ein Ding, sondern der Name eines Sachverhalts, nämlich eben dessen, daß verschiedene Dinge unter gewissen Gesichtspunkten als ähnlich beurteilt werden können. Diese berechtigte Mahnung zur Aufmerksamkeit auf die Mehrdeutigkeit von Worten wie »es gibt« lenkt aber den Blick von dem eigentlichen Gegenstand der Naturwissenschaft ab. Alle Naturwissenschaft sucht eigentlich das zu ergründen, was macht, daß wir verschiedene Dinge mit Recht als ähnlich beurteilen.

Die herrschende Naturwissenschaft der Neuzeit drückt das so aus: der eigentliche Gegenstand der Forschung sei nicht der Einzelfall, sondern das Gesetz. Ähnliche Einzelgestalten entwickeln sich, weil stets das gleiche Gesetz gilt. Die Möglichkeit der Verschärfung von »ähnlich« zu »gleich« zeigt, daß für die Denkweise dieser Wissenschaft die Erkenntnis des Gesetzes tiefer dringt als die der Gestalt. In bezug auf die Gestalt sind verschiedene Dinge einander höchstens ähnlich, weil die verschiedenen Bedingungen des Anfangs und der Umwelt eine völlig gleichartige Entwicklung ausschließen. Ein Gesetz aber ist seinem Wesen nach stets dasselbe. Es kann ein für allemal als einzelner Satz ausgesprochen werden und ist darum in der Fülle seiner Anwendungen nicht nur immer von gleicher Art, sondern identisch dasselbe: es ist wesentlich Eines.

Nach dieser Auffassung kann vergleichende Morphologie keine Grundwissenschaft sein. Sie ist nur die Vorstufe der Erforschung genetischer Zusammenhänge, die in der Kausalanalyse nach allgemeinen Gesetzen gipfelt. Das Gesetz selbst hat sich freilich die Wissenschaft vom 17. bis zum 19. Jahrhundert anders zu erklären gesucht als heute. Damals wollte man es als Ausdruck mechanischer Notwendigkeit, etwa durch Druck und Stoß, selbst noch begreiflich machen. D. h. man wünschte bei der Aussage des Gesetzes selbst nicht haltzumachen, sondern sie aus einer für mehr oder weniger evident gehaltenen Vorstellung vom Wesen der Materie noch herzuleiten. Wir Heutigen haben darauf verzichtet und bekennen, über das Gesetz hinaus, das ja gleichsam eine allgemeine Regel der Gestalt alles Geschehens gibt, nichts zu wissen.

Doch müssen wir hier offenlassen, ob wir uns auf diesem Wege der neuesten Physik Goethe nähern werden. Zunächst müssen wir den Unterschied der Goetheschen Wissenschaft von aller bisherigen Physik begreifen. Für Goethe wurzelt nicht die Gestalt im Gesetz, sondern das Gesetz in der Gestalt.

Gestalt und Idee

Die *Italienische Reise* berichtet aus Palermo vom 17. April 1787: »Die vielen Pflanzen, die ich sonst nur in Kübeln und Töpfen, ja die größte Zeit des Jahres nur hinter Glasfenstern zu sehen gewohnt war, stehen hier froh und frisch unter freiem Himmel, und indem sie ihre Bestimmung vollkommen erfüllen, werden sie uns deutlicher. Im Angesicht so vielerlei neuen und erneuten Gebildes fiel mir die alte Grille wieder ein, ob ich nicht unter dieser Schar die Urpflanze entdecken könnte. Eine solche muß es denn doch geben! Woran würde ich sonst erkennen, daß dieses oder jenes Gebilde eine Pflanze sei, wenn sie nicht alle nach einem Muster gebildet wären?«

Was die Wissenschaft allenfalls bereit wäre unter einem der Titel »Gestalt der Pflanze«, »Begriff der Pflanze«, »Wesen der Pflanze« abstrakt zu denken, ist hier selbst als eine wirkliche Pflanze vorgestellt. In dieser Verwechslung zweier begrifflicher Ebenen, mag sie hier wohl noch naiv oder in späterer Zeit gelegentlich ironisch ausgesprochen sein, verbirgt sich die Ur-Intuition der Naturwissenschaft Goethes. Es ist kein Wunder, daß er es schwer hatte, über das, was er sah, selbst ins klare zu kommen, und daß er uns viel zu denken übriggelassen hat.

Als Goethe Schillern den Gedanken der Urpflanze darlegte, sagte dieser: »Das ist keine Erfahrung, das ist eine Idee.« Es scheint, als sei an dieser Antwort Goethes Naivität zerbrochen. Der Kantianer nötigte ihm hier eine scheinbar unentrinnbare Alternative auf, die als solche zu leugnen doch der ganze Sinn der Goetheschen Naturwissenschaft war.

Goethe mußte zugeben: die Urpflanze war kein Gegenstand wissenschaftlicher Empirie. Unter den Pflanzen, die der Botaniker vorweisen kann, befindet sie sich nicht. Selbst wenn sie noch einmal gefunden werden sollte, oder wenn sie im Sinne der Abstammungslehre in ferne geologische Vorzeit zu versetzen wäre, so wäre sie heute keine Erfahrung, sondern eine Hypothese.

Aber Schiller verstand Goethe besser, als ein Botaniker ihn wohl hätte verstehen können. Er nannte die Urpflanze nicht eine Hypothese, sondern eine Idee. Wir wollen dieses Wort so verstehen, wie Goethe es verstehen mußte, als er lernte, Schiller zuzustimmen. Wir müssen es dazu seinem ursprünglichen Sinn in der griechischen Sprache so nahe bringen wie möglich. Idee ist vom Sehen, ἰδεῖν abgeleitet und heißt etwas wie Bild, Gestalt, Anschauung. Goethe sah die Urpflanze wirklich. Es ist schon ein Ausweichen in einen Dualismus, wenn wir sagen, er habe sie mit dem inneren Auge gesehen. Lieber würde ich sagen, er sah sie mit dem denkenden Auge; er sah sie mit seinen leibhaften Augen, weil er denkend zu sehen vermochte. Sie war ihm in jeder einzelnen Pflanze so gegenwärtig, wie das, was den Kristall zum Kristall macht, in jedem seiner Bruchstücke gesehen werden kann oder wie – es sei bei dem Dichter der Vergleich erlaubt – dem Liebenden der geliebte Mensch in jeder Bewegung und in jedem Schriftzug ganz gegenwärtig ist. So spricht Goethe im *Divan* unter dem Bilde der Geliebten die Natur selbst an:

In tausend Formen magst du dich verstecken,
Doch, Allerliebste, gleich erkenn' ich dich.

Aber wir dürfen uns nicht zu rasch vom dichterischen Anklang forttragen lassen. Wenn Schiller von Idee sprach, so meinte er scheinbar ebendies, in Wahrheit aber etwas anderes. Ihm ist die Urpflanze eine ideale, ebendarum aber in der realen Welt nie adäquat verwirklichte Wahrheit. Daß in der empirischen Wirklichkeit nichts ihr genau Entsprechendes gegeben werden kann, macht gerade die Würde der Idee aus. Goethe aber mußte sich gegen diese Unterscheidung wehren, die das für ihn Einheitliche spaltete. Die Idee im Sinne der Kantschen Erkenntnislehre ist ein Entwurf der menschlichen Subjektivität, freilich ein notwendiger Entwurf, weil er erst alle Erkenntnis, weil er erst »eine Natur« im Sinne der Wissenschaft möglich macht. Hier konnte sich Schillers Pathos der menschlichen Freiheit entzünden. Goethe aber wollte in diesem Sinne gar nicht frei sein. Er wollte die Natur weder schaffen noch überwinden, sondern er fand sich als ihr Geschöpf und wollte sie verstehen und ihr gehorchen.

In diesen letzten Entscheidungen ist ein Mensch wohl an sein Wesen gebunden und darf nicht mehr, als es treu entfalten. Aber wir fragen in diesem Augenblick nicht, wie Goethes Wesen seine Naturwissenschaft bedingte, sondern wie es ihn eben dadurch befähigte, zu sehen, was fast kein anderer sah. Knüpfen wir dazu noch einmal an Schillers Antwort an!

Diese Antwort wäre noch treffender gewesen, wenn Schiller die Idee nicht im Kantischen, sondern im Platonischen Sinne verstanden hätte. Goethes Schluß: »Woran würde ich sonst erkennen, daß dieses oder jenes Gebilde eine Pflanze sei, wenn sie nicht alle nach einem Muster gebildet wären?« ist der Platonische Schluß. Was Goethe mit Platon verbindet und von Kant trennt, ist, was er selbst wohl das Objektive genannt hätte. Die Idee ist ihm nicht eine höchste regulative Vorstellung unseres Erkenntnisvermögens, sondern sie ist ihm das wirkliche Muster, nach dem die wirklichen Pflanzen wirklich gebildet sind.

Und doch scheint Goethe auch nicht am selben Ort zu stehen wie Platon. Wie oft versichert uns der Philosoph, das sinnlich wahrnehmbare, das dem Werden und Vergehen unterworfen ist, sei kein wahrhaft Seiendes, sondern habe bloß »irgendwie« Anteil am Sein der Idee, die nur der Geist erfaßt! Bleibt, von Platon her gesehen, Goethe nicht in der Sinnlichkeit seiner Natur befangen, nur ein Dichter, der die scheinenden Nachbilder mit den Urbildern verwechselt? Ist es nicht ein naives Mißverständnis des platonischen Mythos von der Erinnerung der Seele an die Urbilder, die sie in einem früheren Dasein gesehen hat, wenn Goethe das Urbild aller Pflanzen auf dem Boden Siziliens mit Augen zu schauen hofft?

Diese Spannung haben wir in der Formel angedeutet: Platon und die Sinne. Aber wenn Goethe nicht nur ein Platoniker ist, ist er darum ein schlechter Platoniker?

Platon hat uns mit der Ideenlehre ein Rätsel hinterlassen, das noch nicht aufgelöst ist. Die Traditionen der Logik, der Metaphysik und der mathematischen Naturwissenschaft nehmen in ihr ihren Ursprung. In der Logik wird die Idee zum Allgemeinbegriff, das an der Idee teilhabende Ding zum unter den Begriff fallenden Besonderen. Das Besondere kann, wenn es zur »Außenwelt« gehört, sinnlich erfahren, das Allgemeine kann »nur gedacht« werden. Aber ist das nicht eine einseitige Deutung der Idee, in der ihre Beziehung zum Sehen ganz verlorengeht? Ließe sich nicht eine entgegengesetzte, notfalls zunächst ebenso einseitige Deutung denken, in der Idee in ganz strengem Sinne das wäre, was man sehen kann? Hat vielleicht Goethe, der Künstler, der behauptete, er habe »nie über das Denken gedacht«, gerade das vom Sehen der Idee gewußt, was die Logik und die ihr folgenden Wissenschaften nicht wissen können?

Wo Goethe auf die Lehre vom Allgemeinbegriff stößt, wehrt er sich durch Paradoxien.

> Was ist das Allgemeine?
> Der einzelne Fall.
> Was ist das Besondere?
> Millionen Fälle.

Dies ist nicht nur die Binsenwahrheit, daß kein Fall dem anderen gleicht. Vielmehr soll hier angedeutet werden: Was die Logik als das Allgemeine versteht, nämlich das Wesen oder die Idee, steht in jedem einzelnen Fall sinnenfällig vor uns. Sehe ich eine Pflanze als Pflanze, so sehe ich damit die Pflanze.

Von diesem Blickpunkt aus wollen wir nun einige weitere Begriffe durchgehen.

Zusammenhang

Wir wenden uns noch einmal zum Unterscheiden und Verbinden zurück. Zwar ist die Welt der Gestalten unermeßlich, aber sie ist überall zusammenhängend. Das Verbinden des zuvor Unterschiedenen zeichnet nur die Linien des wirklichen Zusammenhanges nach. Trennen ist eine notwendige Operation, aber alle bloße Trennung ist künstlich. Das Diskrete, Abzählbare ist nur gedacht; Kontinuität ist ein Merkmal der Wirklichkeit.

Vergleichende Morphologie weist darum die Einheit des Wirklichen in der Kontinuität der Gestalten nach. Diesem Nachweis gehört Goethes ganze Liebe. Nach zeitgenössischer Lehre sollte der Mensch vom Affen durch das Fehlen des Zwischenkieferknochens im Oberkiefer grundsätzlich unterschieden sein. Welch unfruchtbare Tendenz, den Glauben an das eigentümlich Menschliche, diese Sache des lebendigen Geistes, durch einen angeblichen Bruch der Kontinuität des Physischen an einer noch so belanglosen Stelle vor dem eigenen materialistischen Unglauben zu sichern! Goethe brauchte man nicht zu sagen, inwiefern der Mensch kein Affe ist; ebendarum durfte sein Glaube an die Kontinuität in der Natur erwarten, daß jener Unterschied im Knochen nur sekundär sei. So sah er den menschlichen Schädel unbefangen an und entdeckte die feine Naht, die auch an ihm den Zwischenkiefer vom äußeren Oberkiefer trennt.

Metamorphose

Wenn die Idee im Einzelnen gegenwärtig ist, so hat sie teil am Wandel der Erscheinung:

> Und umzuschaffen das Geschaffne,
> Damit sich's nicht zum Starren waffne,
> Wirkt ewiges lebendiges Tun.

Der tiefe Sinn der eleatischen Unbeweglichkeit des wahrhaft Seienden wird festgehalten, indem er dialektisch überspielt wird von der Lehre des Wandels, die man dem Heraklit zuschreibt; so in der Fuge, welche die Gedichte *Eins und Alles* und *Vermächtnis* verbindet:

Das Ewige regt sich fort in allen:
Denn alles muß in Nichts zerfallen,
Wenn es im Sein beharren will.

Kein Wesen kann zu Nichts zerfallen!
Das Ew'ge regt sich fort in allen,
Am Sein erhalte dich beglückt!

Das Sein ist ewig; denn Gesetze
Bewahren die lebend'gen Schätze,
Aus welchen sich das All geschmückt.

Wir hören denselben Gedanken noch in einer dritten Form, wenn Suleika spricht:

Der Spiegel sagt mir, ich bin schön!
Ihr sagt: zu altern sei auch mein Geschick.
Vor Gott muß alles ewig stehn,
In mir liebt Ihn, für diesen Augenblick.

Unvergänglich ist das Wesen. Das Wesen ist gegenwärtig in jeder seiner Erscheinungen. Will die Erscheinung aber im Sein beharren, so hört sie auf, Erscheinung des Wesens zu sein; gerade dann zerfällt sie in nichts. Das Vergängliche ist nur ein Gleichnis, denn das Wesen, das in ihm gegenwärtig ist, ist unvergänglich. Aber nur in der Unzulänglichkeit des Vergänglichen ist uns das Wesen gegenwärtig; die Erfüllung unseres Seins ist, daß dieses Unzulängliche Ereignis wird.

So wird Gestalt nur Ereignis in der steten Umgestaltung. Vergleichende Morphologie muß zur Lehre von der Metamorphose werden. Dieser Wandel der Gestalt wird sinnvoll, wird gesetzmäßig, wird selbst eine zeitliche Gestalt durch die Kontinuität der Gestalten. *Gesetze bewahren die lebend'gen Schätze.* Gestaltwandel ist nicht einfach Werden und Vergehen. Er ist das Wandeln durch die Reihe verwandter Gestalten, das Auf- und Niedersteigen, das Entfalten und das Darleben. Eine Urpflanze, ein Urorgan, das Blatt kann sich in zahllosen Einzelgestalten darstellen, weil diese durch wirkliche Wandlung aus ihm hervorgegangen sind.

So begrüßte Goethe im Alter die Anfäge der biologischen Abstammungslehre. Darwins kausal-statistische Deutung der Entwicklung der Organismen freilich würde er wohl als Übertragung der Gesetze des Niedrigeren auf das Höhere abgewiesen haben; und er würde damit wohl in derselben Weise zugleich unrecht und recht gehabt haben wie in seiner Kritik an Newton.

Polarität und Steigerung

Auch Goethe fragte nach dem, was die Metamorphose in Gang bringt. Über den ihm zugeschriebenen Aufsatz *Die Natur* schreibt er im Alter:

»Die Erfüllung aber, die ihm fehlt, ist die Anschauung der zwei großen Triebräder aller Natur: der Begriff von Polarität und von Steigerung, jene der Materie, insofern wir sie materiell, diese ihr dagegen, insofern wir sie geistig denken, angehörig; jene ist in immerwährendem Anziehen und Abstoßen, diese in immerstrebendem Aufsteigen. Weil aber die Materie nie ohne Geist, der Geist nie ohne Materie existiert und wirksam sein kann, so vermag auch die Materie sich zu steigern, so wie sich's der Geist nicht nehmen läßt, anzuziehen und abzustoßen; wie derjenige nur allein zu denken vermag, der genugsam getrennt hat, um zu verbinden, genugsam verbunden hat, um wieder trennen zu mögen.«

Aus der Fülle gedanklicher Gestalten, die diese Sätze einschließen, greifen wir wenige heraus.

Polarität ist ein altes Schema menschlichen Begreifens. Geist und Materie – über die wir alsbald mehr sagen wollen – bilden selbst eine Polarität. Wenn Goethe der Materie die Polarität insbesondere zuordnet, denkt er an gleichartigere, oft spiegelbildliche Paare: positive und negative Elektrizität, Nord- und Süd-Magnetismus, aber auch weniger symmetrisch: männliches und weibliches Geschlecht, Licht und Dunkel, Einatmen und Ausatmen. Offenbar sind diese Paare nicht Erfindungen des Menschen, und so verbirgt sich in ihrem Dasein der Anfang des Rätsels, das uns Wesen und Wirklichkeit der Zahl aufgibt. Dies bleibt freilich bei Goethe verhüllt.

Scheint die Materie im endlosen Wechsel ihrer Atemzüge in sich zu kreisen, so kennt der Geist ein Streben. Er kennt eigentliche Zeit; er kennt den Unterschied von Zukunft und Vergangenheit. Ist es platonische Tradition, den Geist von der Sehnsucht nach der Schau des Übersinnlichen bewegt zu denken, so spricht

Goethe von Steigerung und umfaßt damit auch den Geist in der Natur. Was aber ist der Geist in der Natur, und was ist dann Steigerung?

Geist und Materie

Wir müssen nun auf die Verschränkung achten, die die angeführten Sätze ganz durchzieht: »*die Materie, insofern wir sie materiell ... insofern wir sie geistig denken ...*« Sind Geist und Materie also zwei Wirklichkeiten oder eine?

> Solche Frage zu erwidern,
> Fand ich wohl den rechten Sinn;
> Fühlst du nicht an meinen Liedern,
> Daß ich eins und doppelt bin?

Diese Verse sollen Mariannes Anteil an der Dichtung des *Divan* verraten und verbergen, und stehen doch auch hier am rechten Ort. Suleika ist zugleich die Natur. Materie ist nichts anderes als Natur, sofern diese im Unterschied zum Geist gedacht wird. Und das Verhältnis des Geistes zur Materie ist von jeher im Gleichnis des Verhältnisses des Mannes zur Frau dargestellt worden.

Also erhalten wir auf unsere Frage keine Antwort oder nur eine ironische? Wenn Trennen und Verbinden in einem Satz ausgesprochen werden sollen, so kann die Äußerung wohl nur paradox sein. Vielleicht darf man Goethes Spiel erläuternd so weiterspielen:

Polarität und Steigerung sind beide bewegte Zweiheit. Wenn Polarität der Materie eigentümlich ist, und wenn Geist und Materie selbst eine Polarität sind, so geht der Geist aus der Materie hervor. Wenn aber Steigerung die Weise der geistigen Bewegung ist, so ist dieser Hervorgang selbst eine Steigerung der Materie. Steigerung nun ist nicht Selbstentfremdung, sondern Eigentlichwerden, Annäherung an das Wesen. Die Annäherung an das Wesen geschieht durch Unterscheidung vom Vergänglichen – »*uns zu verewigen sind wir ja da*«. Was auf der niedrigeren Stufe unmittelbar wirklich oder wahr erschien, wird auf der höheren zum Gleichnis.

Mit ähnlichen Gedanken spielte die Philosophie der jüngeren

Zeitgenossen Goethes. In Schelling spürte er eine verwandte Bewegung; von ihrem Erstarren in Hegels konstruktiver Ernsthaftigkeit hat er sich behutsam und nicht ohne leisen Spott ferngehalten. In der Tat durfte er alle Begriffe, in denen die neuzeitliche Metaphysik und Naturwissenschaft das Verhältnis von Geist und Materie dachten, nur dichterisch andeutend, nur als Gleichnisse verwenden.

Descartes denkt Geist und Materie als res cogitans und res extensa. Die Materie ist für ihn ausgedehnt und weiter nichts, weil die geometrische Qualität der Ausdehnung ihm die einzige mathematisch durchschaubare Eigenschaft der Körper zu sein scheint und weil sein Begriff von Wahrheit nur mathematische Gewißheit als Erkenntnis zuläßt. So ist die Materie durch ihre Denkbarkeit, der Geist durch sein Denken definiert; Geist und Materie sind Subjekt und Objekt par excellence. Sie sind aber, indem sie als getrennte Substanzen gedacht sind, gleichzeitig der Beziehung beraubt, durch welche die Polarität von Subjekt und Objekt erst, im Vorgang des Trennens und Verbindens, ihren rechten Sinn erhielte.

Es gibt Zeiten, die die Folgen eines Ansatzes bis zum Ende erproben und ihn so, wenn es gut geht, schließlich dem Menschen handgerecht machen und ebendadurch relativieren müssen. So hat sich kaum ein neuzeitlicher Denker vom Cartesischen Schema freimachen können; gerade diejenigen, die es bekämpften, erwiesen sich als daran gebunden. Die Naturwissenschaft aber, die in der Folge oft die Seite des Subjekts ganz vergaß, ließ damit die Gespaltenheit ihres Denkens nur an eine gefährlichere Stelle – ins Unbewußte – gleiten; so daß dann die Wiederentdeckung des Geistes oft schon als eine Überwindung des »Materialismus« galt, obwohl sie nur die Ursache des Materialismus, die Spaltung der Wirklichkeit, wiederherstellte. Für Goethe aber war, so selbstverständlich wie die Idee in der einzelnen Gestalt, der Geist in der Materie gegenwärtig. So steht er fremd und unter dieser Fremdheit leidend und in der Fremdheit und im Leiden fruchtbar in seiner Zeit.

Wahrheit

»Was fruchtbar ist, allein ist wahr.«

Dies ist einer der etwas gewagten, etwas zornigen Sätze Goethes. Uns geht hier nicht an, wie dieser Gedanke in den letzten beiden Jahrhunderten der Neuzeit mißbraucht werden konnte, und auch nicht, ob Goethe an diesem Mißbrauch unschuldig war. Was heißt der Satz in unserem Zusammenhang?

In der Logik ist »wahr« ein Prädikat, das Urteilen zukommt. Goethe aber kann sehr wohl von einem wahren Menschen reden. Diese Wahrheit ist etwas anderes als Wahrhaftigkeit; es gibt, etwa in gewissen Konfessionen, eine unwahre Wahrhaftigkeit. Für *wahr* könnte man bei Goethe oft »natürlich« setzen. Das, was er das *Gesunde* oder das *Tüchtige* nennt, schwingt in seinem Begriff des *Wahren* oft genug mit. Wahrheit ist die Gegenwart des Wesens in der Erscheinung.

Was aber hat das mit Erkenntnis und was hat es mit Fruchtbarkeit zu tun?

Goethe selbst erläutert sich seine Einsicht mit dem alten Begriff der Entsprechung. Nur das »sonnenhafte Auge« kann die Sonne »erblicken«. Und das Auge ist nicht zufällig dem Lichte verwandt. »Das Auge hat sein Dasein dem Licht zu danken. Aus gleichgültigen tierischen Hülfsorganen ruft sich das Licht ein Organ hervor, das seinesgleichen werde, und so bildet sich das Auge am Lichte fürs Licht, damit das innere Licht dem äußeren entgegentrete.«

Weil und soweit also das Wesen, das im Ganzen waltet, auch in mir als einem Teil dieses Ganzen gegenwärtig ist, kann ich, der Teil, das Ganze teilweise erkennen. Wenn aber mein Urteil, meine Gesinnung, meine Handlung und Haltung in diesem Sinne *wahr* sind, so sind sie notwendig auch *fruchtbar*. Denn aus einem Einzelnen, in dem das Wesen eines Ganzen gegenwärtig ist, kann die Fülle dieses Ganzen andeutend abgelesen und wirklich entfaltet werden. So kann Fruchtbarkeit zu einem Prädikat und einer Erprobung der Wahrheit werden.

Die logische Urteilswahrheit ist in diesem Begriff von Wahrheit als Sonderfall enthalten: auch in einem gesprochenen Satz kann das Wesen zur Erscheinung kommen. Daß diese eine Art der Wahrheit historisch ausgezeichnet wurde, hängt wohl mit der Möglichkeit der Unwahrheit, also mit dem Mißtrauen zusammen. Daß es Unwahrheit gibt, daß das Wesen auch nicht erscheinen kann, sei es als Verborgenheit, Irrtum oder Lüge, das ist gleich geheimnisvoll wie, daß es Wahrheit gibt, und gleich bekannt. Logik gibt es, weil es nicht nur wahre, sondern auch falsche Sätze gibt, und Wahrheit konnte mit dem Zutreffen von Urteil gleichgesetzt werden, weil Urteile die hantierbarste, die prüfbarste Wahrheit bieten.

Hier müßten wir weiterfragen, wenn wir das Wesen der neuzeitlichen Wissenschaft untersuchen wollten. Das würde weit über den Rahmen hinausführen, der diesem Essay gezogen ist. Doch genügt das Gesagte wohl, um zu sehen, warum Goethe sich dieser Wissenschaft nicht einfügen konnte. Was ich als Wahrheit gelten lassen kann, hängt davon ab, wo ich vertrauen kann. Vertrauenkönnen ist Sache nicht einer Meinung oder eines Entschlusses, sondern einer Weise, Mensch zu sein. Mißtrauen kann vor Irrtum schützen, aber auch Erkenntnisquellen versiegeln. Was wir hier versuchen anzuschauen, ist das, was man zu sehen bekommt, wenn man da vertrauen kann, wo Goethe vertraute.

Phänomen

Die Sprache setzt zuweilen vor ein Wort die Silbe »Ur«. In der wissenschaftlichen Sprache ist der Begriff der Ursache üblich geworden. Eine Sache ist ein isoliertes Objekt, und das Denken in Ursachen festigt die Sphäre der Objekte in sich.

Goethe hat den Begriff des »Urphänomens« geprägt. Phänomen heißt etwas, was erscheint, was sich zeigt. Etwas zeigt sich jemandem: Objekt und Subjekt sind schon verbunden, wenn ein Phänomen sich ereignet. Die Cartesische Spaltung verweist alle Phänomene in den zweiten Rang, den des nur Subjektiven: das Phänomen ist die Wirkung oder das Korrelat des objektiven Vorgangs im Bewußtsein des Subjekts. Ein Urphänomen aber soll etwas Letztes, nicht mehr Ableitbares sein. Schon das Wort zeigt, daß Goethes Gedanke im Cartesischen Schema nicht gedacht werden kann.

Im Grunde gehört der Begriff des Urphänomens zur Disziplin des Sehens und zur Schule des Goetheschen Vertrauens. Wir sollen das Geschenk annehmen und die Urphänomene »*in ihrer un-*

erforschlichen Herrlichkeit« stehen lassen. Nach einer nicht erscheinenden, etwa gar mechanischen Wirklichkeit hinter ihnen zu fragen, wäre mißtrauische Neugier. Wenn aber dieses Nichtweiter-Fragen einmal doch als eine Resignation, freilich »*an den Grenzen der Menschheit*«, erscheint, so heißt es ein andermal, wenigstens im Gespräch, das der Kanzler von Müller boshaft und klug aufzeichnet: »Hokuspokus Goethens mit dem trüben Glas, worauf eine Schlange. Das ist ein Urphänomen, das muß man nicht weiter erklären wollen. Gott selbst weiß nicht mehr davon als ich.« (7.6.1820) So ist immer von den Philosophen das adäquate Erfassen der Idee beschrieben worden. Das Urphänomen ist schließlich wiederum die erscheinende Idee.

Symbol

Wenn die Idee erscheinen kann, so kann ein einzelnes Erscheinendes für die Idee eintreten. Verwandtes kann Verwandtes stellvertretend darstellen. Was auf der niedrigeren Stufe unmittelbar dasteht, wird auf der höheren zum Gleichnis. In Wahrheit nimmt schon die unmittelbare sinnliche Erfahrung die Idee wahr, denn diese ist es ja, die erscheint; doch weiß die sinnliche Erfahrung das nicht ausdrücklich und braucht es nicht ausdrücklich zu wissen. Darum heißt es im *Märchen*: »Welches ist das wichtigste Geheimnis?« »Das offenbare.«

Mit solchen Gedanken steht Goethe in der tausendjährigen neuplatonischen Überlieferung. Wie wir von Goethe, dem Menschen, sprachen, um zu verstehen, was für ihn die Sinne bedeuten, so müssen wir zu ihm, dem Dichter, zurückkehren, wenn wir erfahren wollen, was für ihn ein Symbol ist.

Jeder Mensch versteht menschliche Gebärden. In der Gebärde ist genau das, was wir soeben sagten, tägliche Gegenwart: ein einfacher sinnlich wahrnehmbarer Vorgang ist zugleich Träger einer Bedeutung; ja diese Bedeutung ist sein Wesen, denn ohne sie fände er gar nicht statt. In, mit und unter dem sinnlich Wahrnehmbaren nehmen wir das wahr, was als das Unsinnliche gilt. In der Gebärde spricht die Seele; die Gebärde ist erscheinende Seele. Die Seele kann sich freilich in der Gebärde auch verhüllen. Aber dieses Verhüllen ist nur deshalb Verhüllen, weil dieselbe Gebärde auch Erscheinen, auch Zeigen sein könnte, so wie das Urteil des

Logikers nur deshalb die Möglichkeit hat, falsch zu sein, weil es wahr sein kann. Ein Klotz hat nichts zu verhüllen, weil er nichts zu zeigen hat. Der Leib des Mitmenschen ist lebendiges Gegenüber, nicht »res extensa«.

Dem Künstler ist die Gebärde das Lebenselement. Von der Gebärde aber führt für Goethe ein gerader Weg zum Natursymbol. Ihm ist nicht nur der Mensch, ihm sind Tier, Pflanze und Stein lebendiges Gegenüber. Wie in der Liebe jede Handlung des Leibes zur Sprache der Liebe wird, so spricht im Ausbruch seiner ersten großen Gedichte die Liebe zum Menschen am unmittelbarsten in dem, was scheinbar dem Menschen am fernsten ist: in der Gebärde der Natur.

Schon stund im Nebelkleid die Eiche
Wie ein getürmter Riese da,
Wo Finsternis aus dem Gesträuche
Mit hundert schwarzen Augen sah.

Die Finsternis sieht – wer hat diesen Blick der Nacht nicht schon gespürt?

Aber ist die Gebärde der Natur nicht bloß ein Kunstmittel der dichterischen Phantasie? Versteht der Dichter hier nicht aus der Bewegung seiner eigenen Seele heraus etwas, wo an sich gar nichts zu verstehen ist?

Der Mensch des rationalen Zeitalters muß so fragen. Nur sollte er langsam sein mit der Antwort. Der Dichter schlägt hier an einen alten Felsen. Der Quell, den er noch einmal, in Freiheit und wie spielend erschließt, hat in der großen Gebundenheit der mythischen Zeit die Menschheit getränkt. Damals war der Unterschied des Inneren und des Äußeren noch nicht ausgesprochen. Gebärde und Seele, Zeichen und Sinn waren noch, anders als wir es uns vorstellen können, eins. Damals wäre die Frage, ob und wie die Idee sichtbar werden könne, unmöglich gewesen, denn man hätte das Gegenteil nicht denken können.

Das reflektierende Denken mußte Sinn und Zeichen unterscheiden. Alles Sprechen und Verstehen aber beruht darauf, daß im Zeichen der Sinn unmittelbar aufgefaßt wird. Das Denken hat die Sprache frei und beweglich gemacht; seine Reflexion aber ist stets in Gefahr, zu dem Mißtrauen zu werden, das nicht mehr hören kann, was ein einfaches Wort sagt. Die Dichtung ist, wenn wir diesen Begriff Goethes hier verwenden dürfen, eine gesteigerte Sprache. Was die Sprache einfach sagt, wird in ihr zur geformten Gebärde, zum gewußten Symbol. Eben damit wird das Gesagte aus der Selbstvergessenheit des alltäglichen Ausdrucks erweckt und als das, was es ist, wiederbelebt. Die Dichtung lebt in der Spannung, den Sinn im Zeichen unmittelbarer zu ergreifen, indem sie das Zeichen vom Sinn deutlicher unterscheidet. Deshalb ist sie ein Spiel, wo die tägliche Sprache Ernst ist, aber dieses Spiel ist ein Ernst, den der Ernst der täglichen Sprache nicht erreicht. Die Unterscheidung von Zeichen und Sinn gibt ihr diese Beweglichkeit, die sie in der Welt des beweglichen Denkens befähigt, Schätze des Mythos zu bewahren; sie macht aber auch, daß sie, wie alle Kunst, nicht Sakrament sein kann, nicht an die Stelle der Religion treten darf.

Was haben wir gesehen? Goethes Naturwissenschaft hat eine dichterische Voraussetzung. Die Frage nach der Wirklichkeit des Symbols hängt zusammen mit der Frage nach der Wahrheit der Dichtung. Man muß der Dichtung in so strengem Sinne eine Wahrheit zusprechen wie der Wissenschaft, aber diese Wahrheiten sind verschieden. Nach ihrem Zusammenhang in der Wahrheit selbst können wir an dieser Stelle nicht mehr fragen. Wir wenden uns noch einmal ihrem Zusammenhang bei Goethe zu, der zugleich Dichter und Naturforscher war. Wir wagen, Stufen auf seinem Weg zu unterscheiden.

In Goethes Jugendwerken sind Sinn und Zeichen eins wie nur je in der großen Dichtung. Diese Gewalt der unvermittelten Wahrheit hat er nie wieder erreicht. In den reifen Mannesjahren, im Lebensgespräch mit Schiller, in der kaum erträglichen Bewußtwerdearbeit treten Sinn und Zeichen auseinander und werden zugleich zusammengehalten durch einen Stilbegriff. Weil sie zugleich echt und künstlich war, konnte Goethes und Schillers Klassik ein Bildungsideal werden. Ein Stück dieser inneren Arbeit ist die beginnende Naturwissenschaft: was in der Jugend gefühlt wurde, soll nun gesehen und gedacht werden. Im Alter ist die Bedeutung als Bedeutung erkannt; Zeichen und Sinn sind selbstverständlich unterschieden, und ebendarum gibt es zwischen ihnen die freiste Wechselwirkung, das vielfältigste Spiel. Nun wird auch die wissenschaftlich verstandene Natur Zeichen eines Sinnes, der mehr als Wissenschaft ist. Im *Divan* bedeutet Suleika Marianne, die Geliebte bedeutet die Natur, die Farbe die Liebe, die Trennung

tungsbereichs des Satzes gefaßt sein wird. Es ist aber interessant nachzuforschen, welche Eigenschaften des Satzes ihn allen bisherigen Krisen entzogen haben, und wenigstens einige Betrachtungen über seine mutmaßliche Bedeutung für die Zukunft daran anzuknüpfen.

Das Hauptaugenmerk der vorliegenden Betrachtung ist daher auf die »konstruktive« Bedeutung des Satzes gerichtet, d. h. auf die Rolle, die er beim Aufbau der Gedankensysteme der Physik gespielt hat und seinem Wesen nach spielen kann. Diese Fragestellung liegt in der Mitte zwischen der philosophischen und praktischen Fragestellung. Die beiden letzteren Fragen fordern aber angesichts der Physik der Gegenwart ebenfalls ihr Recht und sollen daher wenigstens berührt werden. Doch soll die Erörterung der philosophischen Bedeutung des Energiesatzes nur kurz gefaßt werden und lediglich den Punkt berühren, der durch die neueste Physik in etwas veränderte Beleuchtung rückt: die Beziehung der beiden Mayerschen Prinzipien der Energieerhaltung und der Auslösung zum Kausalprinzip. Ebenfalls in Kürze wird die praktische Seite des Satzes behandelt werden: Wir wollen uns wenigstens einen Überblick und ein paar Einzelbeispiele beschaffen für die große Zahl von Fällen, in denen die Anwendung des Energiesatzes zur Aufstellung von Energiebilanzen oder zu ähnlichen Zwecken ein entscheidendes Hilfsmittel der heutigen physikalischen Forschung ist.

1
Die kontruktive Bedeutung des Energiesatzes

1. Klassische Physik. Der Energiesatz ist die Verallgemeinerung eines Satzes aus der Mechanik. Sein erstes wichtiges Anwendungsfeld ist die Wärmelehre; davon legt seine Bezeichnung als »erster Hauptsatz der Thermodynamik« Zeugnis ab. Schließlich hat er eine wesentliche Rolle gespielt beim Aufbau der einzigen Theorie der klassischen Physik, die nicht auf Mechanik hat zurückgeführt werden können: der Elektrodynamik. Die folgende Betrachtung gliedert sich daher nach diesen drei Theorien. Von der Optik braucht nicht ausführlich geredet zu werden, da sie durch die elektromagnetische Lichttheorie auf die Elektrodynamik zurückgeführt ist.

Mechanik. Der historische Ausgangspunkt für die Aufstellung des Energiesatzes der Mechanik ist eine an Huygens anknüpfende Betrachtung von Leibniz über die in einem bewegten Körper erhaltene Kraft. Es ist für das Folgende wesentlich, daß wir uns ihren Inhalt ins Gedächtnis rufen.

Descartes hatte behauptet, die Kraft, die in einem bewegten Körper enthalten ist, sei gegeben durch das Produkt aus seiner Masse und seiner Geschwindigkeit ($m \cdot v$). Leibniz widersprach dieser Ansicht, indem er speziell Körper ins Auge faßte, die ihre Geschwindigkeit durch freien Fall erlangt haben. Er betrachtete zwei verschiedene Körper, die man auf verschiedene Höhe gehoben und dann fallen gelassen hat, die daher auch mit verschiedener Geschwindigkeit auf dem Erdboden ankommen. Er setzte nun voraus, die beiden Körper hätten beim Ankommen auf dem Erdboden dann dieselbe Kraft, wenn es gleich viel Arbeit gekostet hatte, die beiden Körper auf ihre jeweilige Ausgangshöhe zu heben. Habe z. B. der erste Körper eine doppelt so große Auftreffgeschwindigkeit wie der zweite, so würde man nach Descartes vermuten, dafür müsse der zweite Körper doppelt so schwer sein wie der erste, um dieselbe Kraft zu enthalten. Leibniz aber behauptet, er müsse zu diesem Zweck viermal so schwer sein wie der erste (d. h. die Kraft sie zum Quadrat der Geschwindigkeit proportional: $m \cdot v^2$). Zur Begründung verwendet er das Galileische Fallgesetz, nach dem man einen Körper zur Erlangung doppelter Auftreffgeschwindigkeit nicht auf die doppelte, sondern auf die vierfache Höhe heben muß. Nun muß man aber sicher dieselbe Arbeit aufwenden, um ein Pfund viermal nacheinander je um einen Fuß, im ganzen also um vier Fuß zu heben, wie um vier Pfund einmal um einen Fuß zu heben. Man wird also in der Tat dieselbe Arbeit aufwenden müssen, wenn man den zweiten Körper viermal so schwer wählt wie den ersten.

An diesen Gedankengang hat sich der lange Streit über das »wahre« Maß der einem Körper innerwohnenden Kraft angeschlossen. Dieser Streit ist für uns Heutige nur noch schwer verständlich, weil es dabei schließlich nur noch um eine Bezeichnungsfrage ging. Denn in der Tat ist sowohl die von Descartes wie die von Leibniz betrachtete Größe in der Mechanik wichtig, und es steht beim Aufbau des Systems der Mechanik in unserem Belieben, welche der beiden Größen wir als »Kraft« bezeichnen wollen. Die heutige Physik bezeichnet keine der beiden Größen als

Kraft, sondern die von Descartes eingeführte Größe als Impuls, die von Leibniz eingeführte als Energie. Doch bedeutet es eine wichtige begriffliche Arbeit, die einmal geleistet werden mußte, zu erkennen, daß man sich diese Freiheit der Bezeichnung nehmen durfte. Denn wir haben die Freiheit, einen bestimmten Begriff mit einem beliebigen Namen zu bezeichnen, ja keineswegs für alle Begriffe einer Theorie, sondern nur für diejenigen, die durch eine Definition ausdrücklich auf andere, schon als bekannt vorausgesetzte Begriffe zurückgeführt werden. Um überhaupt verständlich zu sein, muß eine Theorie stets einen Schatz von Begriffen, die für den gerade vorliegenden Zweck als hinreichend klar gelten können, aus der Umgangssprache entnehmen und kann mit ihrer Hilfe eine relativ kleine Zahl von Begriffen genau definieren. Zu diesen aus der Umgangssprache heraus sich anbietenden Begriffen gehörte beim Aufbau der Theorie der Mechanik der Begriff »Kraft«, und es zeigte sich erst durch Diskussionen der genannten Art, daß dieser Begriff nicht hinreichend klar war.

Die Betrachtungsweise von Leibniz ist deshalb folgenreich gewesen, weil er schon in seiner Definition stillschweigend voraussetzte, die »Kraft« müsse bei den verschiedenen Phasen des betrachteten Vorgangs erhalten bleiben, und so gerade auf diejenige Größe geführt wurde, die später den Ausgangspunkt für den allgemeinen Satz von der »Erhaltung der Energie« bilden sollte. Dieser Gedanke der Erhaltung steckt in der Voraussetzung, die Kraft sie dann gleich groß, wenn gleiche Arbeit zu ihrer Erzeugung aufgewandt werden mußte. Dabei wird die Kraft gar nicht sofort wahrnehmbar; sie steckt zunächst gleichsam verborgen in dem unter Arbeitsaufwand gehobenen Körper. Heute nennt man die »lebendige Kraft«, die in der Geschwindigkeit des bewegten Körpers steckt, seine kinetische Energie und seine (vor dem Fall) durch Arbeitsaufwand zustandegekommene Fähigkeit, kinetische Energie zu erlangen, seine potentielle Energie. Indem der Körper fällt, verwandelt sich seine potentielle Energie in kinetische; prallt er elastisch zurück und steigt wieder zur Anfangshöhe auf, so verwandelt sich kinetische Energie in potentielle. Die allgemeine Mechanik beweist, daß unter bestimmten Bedingungen für die wirkenden Kräfte (z. B. Fehlen von Reibung) die Summe der kinetischen und der potentiellen Energie konstant ist.

In dieser Begriffsbildung steckt bereits das Grundprinzip des allgemeinen Energiesatzes: Obwohl die Erfahrung uns einen ständigen Wandel der Erscheinungen zeigt, gibt es etwas, was durch alle Veränderungen hindurch unverändert bleibt. Dieser Gedanke kommt einem tief eingewurzelten Bedürfnis unseres Denkens entgegen. Man ist bereit gewesen, einen so abstrakten Begriff wie den der potentiellen Energie, die sich schon in ihrem Namen als bloße »Möglichkeit« verrät, einzuführen um dafür die zeitliche Konstanz der Gesamtenergie einzutauschen. Nicht selbstverständlich ist aber, daß »die Natur uns den Gefallen tut«, d. h. daß man überhaupt eine durch die beobachtbaren Eigenschaften des Gegenstandes (in unserem Beispiel durch die Höhe des gehobenen Körpers) eindeutig bestimmte Größe finden kann, welche die kinetische Energie jederzeit zu einer Konstanten ergänzt. In der Tat ist dies ja auch nicht mehr möglich. Wenn man die Reibung berücksichtigt: durch die Reibung geht einem Körper Energie ohne mechanisch faßbare Kompensation verloren. An dieser Stelle setzte Julius Robert Mayer ein.

Der allgemeine Energiesatz. Wir brauchen hier die Leistung Mayers und seiner Nachfolger nicht historisch zu schildern; es genügt, sie begrifflich zu charakterisieren.

Durch die Überzeugung, daß sich in der Wärme, dem Licht, der chemischen Affinität, der Elektrizität, dem Magnetismus ebenso viele Formen von Energie verbergen, gelang es, dem Erhaltungssatz universelle Gültigkeit zu verschaffen. Man konnte nun die Energie durch die Wandlung ihrer Formen hindurch verfolgen; so fand sich die durch Reibung verlorene kinetische Energie als Wärme wieder usw. Diese Anschauungsweise wurde dadurch zu einer fundierten Theorie, daß es gelang, auf Grund der Erfahrung für jedes der genannten Erscheinungsgebiete ein quantitatives Gesetz anzugeben, das gestattete, aus den beobachteten Bestimmungsstücken eines Zustands die in ihm enthaltene Energie wirklich auszurechnen. Dabei schloß man sich naturgemäß an die Mechanik an. Man maß etwa die durch irgendeinen Prozeß geleistete Arbeit durch die Höhe, in die er ein gegebenes Gewicht heben konnte. Die Berechnung der Energie eines physikalischen Gebildes lief dann darauf hinaus, die Arbeit auszurechnen, die dieses Gebilde bei einer vorgegebenen Veränderung seines Zustands leisten konnte, oder die aufgewandt werden mußte, um eine solche Veränderung hervorzubringen. In der Angabe dieses »Arbeitsäquivalents« jeder beliebigen Zustandsänderung bzw. in der Forderung, daß ein derartiges Äquivalent auch für alle noch nicht theoretisch erfaßten Vorgänge existieren müsse, lag daher der eigentlich physikalische Gehalt des Energiesatzes. Daß man auch nach anfänglicher Verkennung die Priorität Mayers anerkannte, lag doch wohl weniger an seinen allgemeinen Betrachtungen über die Naturkräfte, als daran, daß er als erster einen durch einen richtigen Gedankengang aus der Erfahrung gewonnenen Wert für das Arbeitsäquivalent der Wärme angegeben hatte.

Der Inhalt des Energiesatzes kann nun in der Form ausgedrückt werden: Das Arbeitsäquivalent einer Zustandsänderung hängt nur vom Anfangs- und Endzustand ab, aber nicht von der Art, wie der eine in den andern übergeführt wird. Es handelt sich nur um den im ganzen abgegebenen Energiebetrag und nicht um den Weg, auf dem er abgegeben wird. Man erkennt den Zusammenhang mit dem durch viele Erfahrungen wahrscheinlich gemachten Satz von der Unmöglichkeit des Perpetuum mobile, d. h. einer periodisch wirkenden Maschine, die ständig, ohne sonstige Änderung des Zustandes der Maschine oder ihrer Umgebung, Arbeit leistet. Denn hinge die Energieabgabe beim Übergang von einem Zustand eines Systems in einen andern von der Art ab, in der der Übergang bewerkstelligt wird, so könnte man zur Energieabgabe den freigebigeren und zur Rückführung des Systems in den ursprünglichen Zustand den sparsameren Weg wählen und hätte damit im ganzen freigegebene Energie übrig behalten, ohne daß sich der Endzustand des Systems vom Anfangszustand unterschiede; wiederholte man den Prozeß regelmäßig, so hätte man die gewünschte Maschine.

Diese Betrachtung enthüllt, was für eine ungeheuere Kühnheit der Extrapolation von einigen bekannten Erfahrungen auf alle noch nicht bekannten Erfahrungen in einem Satze von der Art des Energiesatzes steckt. Denn würde in der ganzen Welt auch nur ein einziges Perpetuum mobile aufgefunden, so wäre der Energiesatz falsch. Diese Kühnheit teilt der Energiesatz allerdings mit allen allgemeinen Naturgesetzen, welche eine Regel angeben, nach der *alle* Erscheinungen einer bestimmten Art verlaufen sollen. Es ist immer von neuem erstaunlich, zu bedenken, daß sich unter den in einem Jahrhundert intensivster physikalischer Forschung gewonnenen Erfahrungen, die alle zur Zeit der Aufstellung des Satzes noch unbekannt waren, nicht *ein* glaubwürdiges Beispiel einer Durchbrechung des Gesetzes gefunden hat.

Immerhin kann man die Frage stellen, was sich denn in der

Physik ändern würde, wenn heute ein Perpetuum mobile entdeckt würde. Unsere Überzeugung von der allgemeinen Gesetzmäßigkeit der Natur würde dadurch wohl nicht wankend werden. Wir würden vielmehr erwarten, daß dieses Perpetuum mobile zum Arbeiten ganz bestimmter physikalischer Bestimmungen bedürfe, und würden versuchen, diese Bedingungen empirisch zu ermitteln und schließlich auf Grund der neuen Erfahrungen ein neues allgemeines Gesetz zu formulieren, das etwa den Inhalt hätte: Der Energiesatz gilt dann und nur dann, wenn die und die Bedingungen erfüllt sind. Damit wäre der Energiesatz auf gewisse Geltungsgrenzen beschränkt, und man könnte vielleicht hoffen, ihn schließlich als einen Spezialfall eines noch allgemeineren Gesetzes zu erkennen. Doch lohnt es vorderhand nicht, diese Spekulation weiter zu verfolgen; lohnender wäre es, ein Gefühl für die Gründe der durchgängigen Bewährung gerade dieses Satzes zu gewinnen.

Auf eine Eigentümlichkeit des allgemeinen Energiesatzes sei noch hingewiesen. Das Arbeitsäquivalent einer Zustandsänderung gibt nur die Differenz der Energieinhalte zweier Zustände an. Dagegen bleibt der absolute Wert der Energie, der gesamte Energieinhalt eines Körpers unbestimmt. Man erkennt dies schon an der potentiellen Energie des freien Falls: Offenbar wäre es willkürlich, einem Körper, gerade wenn er auf der Erdoberfläche liegt, die potentielle Energie null zuzuerteilen, da diese Definition z. B. von der Höhe über dem Meer abhinge oder der Körper auch in ein Bohrloch fallen und so negative potentielle Energie annehmen könnte. Solange man nicht den absolut energieärmsten Zustand kennt, in den ein Körper übergehen kann, ist daher die Energie nur bis auf eine additive Konstante bestimmt. Hierin unterscheidet sich der Satz von der Erhaltung der Energie wesentlich von dem Satz von der Erhaltung der Masse, mit dem er schon früh in Parallele gesetzt wurde. Der Unterschied ist erst durch die Vereinigung beider Sätze in der Relativitätstheorie aufgehoben worden.

Anwendung auf Wärme und Elektrizität. Die historische Bedeutung des Energiesatzes für die *Wärmelehre* ist doppelter Natur. Er entschied erstens über die Unrichtigkeit der sogenannten materiellen Wärmetheorie, welche die Wärme als einen besonderen Stoff auffaßte, und er bot zweitens das Fundament für den Aufbau einer geschlossenen mathematischen Theorie der Wärmeerscheinungen. Obwohl letztere ein besonders schönes Beispiel für die »konstruktive« Verwendung des Satzes ist, beschränken wir uns hier auf einige Bemerkungen zum ersten Punkt.

Die materielle Wärmetheorie hielt die Wärme für eine Art Materie, welche weder entstehen noch vergehen könne. Schon die Beobachtung der unbegrenzten Wärmeproduktion durch Reibung widersprach dieser Annahme, und mit der Anerkennung der Wärme als einer Energieform unter anderen war der Bruch mit der alten Theorie vollzogen. Die neue Lehre nannte man im allgemeinen die »mechanische Wärmetheorie«. Damit war zunächst noch nicht die Ansicht bezeichnet, daß Wärme in Wirklichkeit eine Form der Bewegung sei, sondern nur, daß sie in mechanische Arbeit übergeführt werden könne. Mayer selbst faßte die Wärme nicht als Bewegung, sondern als eine selbständige Energieform auf. Er sagte, so wenig man aus der Überführbarkeit der potentiellen Energie in Bewegung folgere, die potentielle Energie sei in Wirklichkeit Bewegung, ebensowenig könne man aus der Überführbarkeit der Wärme in Bewegung folgern, die Wärme sei selbst eine Art der Bewegung.

Trotzdem hat gerade der Energiesatz am meisten zur Ausbreitung derjenigen »mechanischen Naturauffassung« beigetragen, die der Meinung war, alle Phänomene der beobachtbaren Natur würden durch rein mechanische Wirkungen der kleinsten Teile der Materie (und des hypothetischen Äthers) hervorgebracht; ja eine physikalische Theorie stelle noch keine wirkliche Erklärung der von ihr behandelten Erscheinungen dar, solange sie diese Erscheinungen nicht auf Mechanik zurückgeführt habe. Durch diese Ansicht wird nämlich der allgemeine Energiesatz als besonderes Naturgesetz entbehrlich. Denn wenn man annimmt, daß alle zwischen den kleinsten Teilchen auftretenden Kräfte durch eine nur von ihrer gegenseitigen Lage abhängigen Energie bestimmt sind (daß es also im kleinen keine Reibung gibt), so gilt vermittels der mechanischen Grundgesetze automatisch der Energiesatz. Die empirisch allgemeine Gültigkeit des Energiesatzes ist dann nur ein Hinweis auf die Geltung dieser verborgenen Mechanik und eine Aufforderung, die in der Erfahrung auftretenden Energiearten auf mechanische Energieformen der kleinsten Teilchen zurückzuführen. So gilt dann z. B. die Wärme als kinetische Energie, die chemische Energie als eine bestimmte potentielle Energie der Atome. Man hat nach dem Vorgange von Helmholtz diesen Gedankengang geradezu als Begründung des allgemeinen Energiesatzes verwendet.

Eine Fülle von Erfahrungen hat schließlich in der Tat bewiesen, daß Wärme als ungeordnete Bewegung der Atome aufgefaßt werden muß. Die auf dem Energiesatz basierende Thermodynamik ist dadurch auf eine statistische Mechanik der Atome gegründet worden. Um so wichtiger ist daher vom grundsätzlichen Standpunkt aus, daß der Energiesatz auch in der Elektrodynamik gilt, welche nicht hat auf Mechanik zurückgeführt werden können.

Die Anwendung des Energiesatzes beim Aufbau einer begrifflich geschlossenen *Elektrodynamik* soll hier wiederum nur erwähnt werden. So gestattet der Energiesatz mit einigen einfachen Zusatzannahmen, die mathematische Form des Induktionsgesetzes abzuleiten. Welches aber ist die grundsätzliche Lage der Elektrodynamik gegenüber dem Energiesatz?

Da man jedenfalls zunächst über die Art, in der allenfalls die elektrischen und magnetischen Vorgänge auf Mechanik reduziert werden könnten, nichts wußte, mußte man die Elektrodynamik an Hand der einzelnen Erfahrungen als »phänomenologische Theorie« entwickeln. Dabei hat sich gezeigt, daß man sie als eine »Feldtheorie« aufbauen muß. D. h. die elektromagnetischen Vorgänge wirken nicht unmittelbar in die Ferne, sondern sie erfüllen den ganzen Raum, und jede Wirkung wird nur von einem Punkt auf seinen Nachbarpunkt und so fort übertragen. Daher muß auch die elektromagnetische Energie im Raume ausgebreitet sein, und sie muß in eindeutiger Weise durch die Größen bestimmt sein, durch die man den Zustand des elektromagnetischen Feldes bestimmt, also durch die beiden Vektoren der elektrischen und der magnetischen »Feldstärke«. In welcher mathematischen Form hängt sie nun von diesen Feldgrößen ab? Dafür können Erfahrungen über die Arbeitsleistung des Feldes einen Hinweis geben. Man kann aber aus der Bedingung, daß der Energiesatz gelten soll, von vornherein einige Schlüsse ziehen. Denn die Energie muß offenbar eine solche Funktion der Feldgrößen sein, daß sie sich – solange keine Energiezufuhr oder -abfuhr stattfindet – bei beliebigen Änderungen des Feldes nicht ändert. Setzt man die Gesetze, denen die Veränderung der Feldgrößen folgt (die Maxwellschen Feldgleichungen), schon als bekannt voraus, so kann man durch diese Bedingung die Zahl der möglichen Funktionen bereits außerordentlich einschränken. Man kann sogar keineswegs auf

Grund jeder beliebigen Feldgleichung, die man sich ausdenken könnte, eine Funktion konstruieren, die die geforderte Eigenschaft hat. Der Energiesatz stellt daher eine einschneidende einschränkende Bedingung für die Möglichkeit der Aufstellung neuer Theorien dar: Man darf nur solche Gleichungen in Betracht ziehen, für die es möglich ist, eine Energiefunktion zu definieren.

Praktisch muß man, da die Energie des Feldes durch den Raum ausgedehnt ist, den Begriff der räumlichen Dichte der Energie einführen. Die Energie kann durch den Raum strömen. So strömt von einem Radiosender ständig Energie in die Umgebung ab; und nur wenn vom Sender ausgegangene Energie den Empfänger trifft, vermag dieser die Sendung wahrzunehmen. Der Energiesatz besagt dann, daß das Integral der Energiedichte über einen Raum, dem Energie weder zugeführt noch entzogen wird, konstant ist. Betrachtet man ein Raumgebiet, durch dessen Grenzen Energie strömt, so muß die zeitliche Änderung des Integrals über die Energiedichte im Innern des Gebiets gleich dem Integral der Energieströmung durch die Oberfläche sein. Die Energie wird also genau wie strömende Materie in der Hydrodynamik behandelt.

Dies alles gilt unabhängig davon, ob man der Elektrodynamik ein mechanisches Modell unterlegen kann oder nicht. Nun sind alle Versuche eines derartigen Modells ganz unbefriedigend ausgefallen, und schließlich hat Einstein aus dem Michelson-Experiment geschlossen, daß der vermutete Äther, dessen Mechanik hinter der Elektrodynamik stecken sollte, nicht einmal die Feststellung einer ihm objektiv zukommenden Geschwindigkeit (bzw. eines Koordinatensystems, indem er ruht) zuläßt. Man hat daher schließlich darauf verzichtet, weiter nach einem mechanischen Modell der Elektrodynamik zu suchen. Ja, es hat sogar der Gedanke Boden gewonnen, umgekehrt die Mechanik auf eine Feldtheorie nach der Art der Elektrodynamik zu gründen. Damit zeigt sich zum erstenmal zweifelsfrei die Unabhängigkeit des Energiesatzes von der mechanischen Naturauffassung. Als selbständiges Prinzip tritt er in die moderne Entwicklung der theoretischen Physik ein.

2. Neuere Physik. Kennzeichnend für die theoretische Physik seit 1900 ist das Ernstmachen mit dem soeben angedeuteten Programm. Schritt für Schritt dem Druck neuer Erfahrungen nachgebend, verzichtet man immer vollständiger darauf, die Gültigkeit der klassischen Mechanik oder einer ihr nachgebildeten Theorie für die ganze Natur vorauszusetzen. Man sucht vielmehr eine eigenständige Theorie der von der klassischen Mechanik nicht erfaßten Erscheinungen zu entwickeln und umgekehrt die klassische Mechanik als einen »Grenzfall« der neuen Theorie, d. h. als das Ergebnis ihrer Anwendung auf einen bestimmten, eingeschränkten Fragenkreis zu begreifen.

Die neue Basis konnte nun freilich nicht gleichsam durch einen Sprung eingenommen werden. Sie steht vielmehr aus methodischen Gründen in einem unauflöslichen Zusammenhang mit der klassischen Physik und ist nur auf dem Wege über die klassische Physik erreichbar. Denn die klassische Physik umfaßt bereits den Bereich der uns leicht zugänglichen Erfahrungen. Alle neueren Theorien fußen auf Experimenten, die nur mit äußerst verfeinerter Versuchstechnik ausgeführt werden konnten. Die Wirkungsweise der Apparate, die bei diesen Experimenten verwendet werden, muß nun natürlich aufs genaueste theoretisch bekannt sein, wenn aus den Versuchsergebnissen ein eindeutiger Schluß gezogen werden soll. Diese Theorie der Meßapparate aber muß offenbar der klassischen Physik entnommen werden. Denn erstens soll ja erst die vollzogene Deutung des Experiments die Basis einer neuen Theorie liefern; diese kann daher für die erste Deutung noch nicht zur Verfügung stehen. Zweitens aber wird auch nach Aufstellung der neuen Theorie der größte Teil der Vorgänge im Meßapparat der klassischen Physik richtig beschrieben sein, da der Apparat ja selbst nicht – so wie die mit seiner Hilfe untersuchten Effekte – der unmittelbaren Wahrnehmung entzogen, sondern lediglich ein besonders zubereiteter Gegenstand unserer täglichen Erfahrungswelt ist und damit dem Geltungsbereich der klassischen Physik angehört. Als Beispiel genüge der Hinweis auf das Mikroskop, das selbst ein handfester sichtbarer Gegenstand ist, das uns aber das Bild von Gegenständen vermittelt, die jenseits der Sichtbarkeitsgrenze liegen.

So bahnen wir uns schrittweise einen Weg vom Bekannten zum Unbekannten und beschreiben daher jedes neuentdeckte Objekt notgedrungen zunächst – versuchsweise – mit der schon bekannten Physik, um uns dann durch die Erfahrung gegebenenfalls eines Besseren belehren zu lassen. Daher ist der Entwicklungsgang der modernen Physik die Geschichte eines schrittweise immer radikaler werdenden Verzichts auf einzelne zentrale Thesen der klassischen Physik unter bewußter Konservierung des jeweils unangetasteten Restes. In dieser Entwicklung könne bis zur Gegenwart drei Hauptphasen unterschieden werden: die Relativitätstheorie, die Quantentheorie und die heute erst im Werden befindliche Theorie der Elementarteilchen. Die beiden ersten Theorien haben den Begriff der Energie wesentlich vertieft und damit die Bedeutung des Energiesatzes erweitert. Es ist anzunehmen, daß auch die dritte Theorie eine entscheidende Rolle spielen wird. Wir wenden uns nun den einzelnen Theorien zu.

Relativitätstheorie. Wir behandeln nur die spezielle Relativitätstheorie. Die allgemeine Relativitätstheorie stellt zwar eine wichtige begriffliche Möglichkeit dar. Die mit ihr eingeleitete Entwicklung kann aber wohl noch nicht als abgeschlossen gelten, und im jetzigen Augenblick ist die Anzahl möglicher empirischer Prüfungen der Theorie noch recht gering. Die Frage des Energiesatzes würde in ihr schwerlich losgelöst von allgemeinen kosmologischen Betrachtungen darzustellen sein, auf die wir hier verzichten wollen.

Für unsere Fragestellung ist der wichtigste Satz der Relativitätstheorie der Satz von der Trägheit der Energie. Er läßt die beiden Fundamentalsätze von der Erhaltung der Masse und der Erhaltung der Energie in einen einzigen Satz verschmelzen.

Daß die Materie weder entstehen noch vergehen könne, ist ein uralter Glaubenssatz der meisten Naturwissenschaftler und der mehr »materialistisch« eingestellten Philosophen. Nachdem die Mechanik den Begriff der Masse in seiner doppelten Bedeutung als träge Masse – gemessen durch den Widerstand der Materie gegen eine Änderung ihrer Trägheitsbewegung – und als schwere Masse – gemessen durch das Gewicht der Materie – präzisiert hatte, nahm der genannte Glaubenssatz die Form eines Erhaltungssatzes für die Masse an. Empirisch nachgeprüft und damit wissenschaftlich folgenreich wurde der Satz zuerst durch die Einführung der Wägung in die Chemie (Lavoisier). Er hat sich seitdem in der Erfahrung immer bestätigt. Die Einführung des Erhaltungssatzes der Energie geschah von vornherein in Analogie zu ihm. Energie und Masse, »Kraft und Stoff« erschienen nun als die beiden eigentlichen Realitäten der physischen Welt.

Nun sagte die Relativitätstheorie voraus und ist darin durch eine Fülle von Erfahrungen bestätigt worden, daß mit jedem Energiebetrag ein proportionaler Betrag Masse verknüpft ist: die Energie selbst ist träge und wägbar. Ein materielles Teilchen (etwa ein

Elektron), das nahezu mit Lichtgeschwindigkeit fliegt, setzt jeder weiteren Beschleunigung einen mit der schon erreichten Geschwindigkeit wachsenden Trägheitswiderstand entgegen: seine Masse ist um einen Betrag gestiegen, der von seiner kinetischen Energie herrührt. Führt man einige vorher getrennte Bestandteile von Atomkernen (Protonen und Neutronen) zur Bildung eines Atomkerns zusammen, so wird dabei ein Energiebetrag frei, der um so größer ist, je stabiler die Bindung der Bausteine im Kern ist. Im selben Maß, wie die Energie entweicht, nimmt die Masse des Kerns ab; er zeigt einen »Massendefekt«, verglichen mit der Summe der Massen seiner Bestandteile. Die Energie möge in Form elektromagnetischer Strahlung entweichen: das Strahlungsfeld transportiert dann eine seiner »Energiedichte« proportionale »Massendichte«, die wir heute in gewissen Fällen sogar wieder materialisieren« (nämlich zur Erzeugung von Elektronenpaaren verwenden) können.

Hiermit ist uns das frühere vermißte absolute Maß der Energie gegeben. Denn wenn jede Energie Masse hat, so kann ein Körper jedenfalls nicht mehr Energie abgeben als seiner gesamten Masse entspricht (jedenfalls sofern man nicht mit der Möglichkeit des Auftretens negativer Massen zu rechnen braucht). Eine andere Frage ist, ob ein Körper seine gesamte Masse in Form von Energie abgeben kann, womit er wohl zugleich seine eigene materielle Existenz aufgeben würde. Für eine bestimmte Sorte von Materie, die Elektronen, ist die Frage heute experimentell bejahend entschieden. Für die Atomkerne, die den Hauptbeitrag zur Masse der Materie liefern, liegen noch keine derartigen Erfahrungen vor.

Jedenfalls kann der Satz von der Erhaltung der Energie heute nur aufrechterhalten werden, wenn man auch die wägbare Masse, die keine unmittelbaren energetischen Wirkungen zeigt, die sogenannte »Ruhmasse« der Körper, als eine Energieform ansieht und in die Energiebilanz aufnimmt. Selbstverständlich könnte man auch sagen, der Satz von der Erhaltung der Masse könne nur aufrechterhalten werden, wenn man auch die Energie als eine Form der Masse (oder als einen »Träger« von Masse) auffaßt. Die beiden Prinzipien sind eben vollkommen in eins verschmolzen.

Unsere Beachtung verdient ferner die Verschmelzung der Energie mit dem Impuls zum »Energie-Impuls-Vierervektor«. Als Vektor bezeichnet man eine Größe, die zugleich eine Richtung im Raum angibt; so z. B. die Geschwindigkeit eines Körpers, die ja erst bestimmt ist, wenn sowohl ihr Betrag wie ihre Richtung bekannt ist. Der Impuls eines Körpers, als das Produkt aus seiner Masse und seiner Geschwindigkeit, hat dieselbe Richtung wie die Geschwindigkeit, ist also auch ein Vektor. Die Energie hingegen ist schon durch die Angabe ihres numerischen Wertes charakterisiert; sie hat keine räumliche Richtung. Eine derartige Größe nennt man im Gegensatz zu einem Vektor einen »Skalar« (alle »Skalare« kann man auf einer »Skala« anordnen, während zwei dem Betrag nach gleiche Vektoren noch in der Richtung unterschieden sein können). Ein Vektor ist erst durch die Angabe von drei Zahlen charakterisiert. Man kann z. B. willkürlich irgendein dreidimensionales rechtwinkliges Koordinatensystem festlegen und den Vektor kennzeichnen durch die drei Projektionen der im Raum festliegenden Strecke, durch die man ihn darstellen kann, auf die drei Koordinatenachsen. Diese Projektionen heißen die Komponenten des Vektors. Die Komponenten sind aber selbst eigentlich keine physikalischen Realitäten, denn derselbe Vektor hat, wenn man ein anderes Koordinatensystem zugrundelegt, natürlich andere Komponenten. Doch genügt es, die Komponenten in irgendeinem Koordinatensystem zu kennen, da man dann die Komponenten in jedem anderen Koordinatensystem berechnen kann.

Die spezielle Relativitätstheorie vergleicht nun den Ausdruck der physikalischen Realitäten in Koordinatensystemen, die nicht nur durch verschiedene Lage der Achsen gegeneinander ausgezeichnet sind, sondern die sich mit verschiedener Geschwindigkeit bewegen. Die physikalischen Eigenschaften, die man einem Körper zuschreibt, hängen von dem Koordinatensystem ab, in dem man ihn betrachtet. Mißt man z. B. die Geschwindigkeit eines Eisenbahnzugs von der ruhenden Erde aus, so hat sie, und damit auch der Impuls und die kinetische Energie des Zuges, einen bestimmten Betrag. Mißt man die Geschwindigkeit hingegen bezogen auf ein Koordinatensystem, das sich mit dem Zug in gleicher Geschwindigkeit mitbewegt, so hat sie natürlich den Wert null; bezogen auf dieses Koordinatensystem muß man auch dem Impuls und der Energie den Wert null geben. Umgekehrt hat der Zug, von einem außerirdischen Koordinatensystem, etwa der Sonne, aus betrachtet, Anteil an der sehr großen Geschwindigkeit der Erde in ihrer Bahn und damit sind auch sein Impuls und seine

Energie als außerordentlich groß anzusehen. D. h. Energie und Impuls sind eigentlich Relationsbegriffe. In der klassischen Physik hätte man freilich nach dem »wahren Impuls« und der »wahren Energie« fragen können, welche sich aus der auf ein »absolut ruhendes Koordinatensystem« bezogenen »wahren Geschwindigkeit« ergeben. Doch ist ein derartiges absolut ruhendes Koordinatensystem physikalisch nie festzustellen gewesen, und die Relativitätstheorie behauptet die grundsätzliche Relativität der geradlinig gleichförmigen Bewegungen, d. h. die grundsätzliche Gleichberechtigung aller gegeneinander geradlinig und gleichförmig bewegten Koordinatensysteme.

Formal findet dies seinen Ausdruck, indem die drei Komponenten des Impulses mit der Energie zusammengefaßt werden als die vier Komponenten eines sogenannten »Vierervektors« (die hierbei symbolisch eingeführte vierte Dimension ist die Zeit). D. h. man betrachtet Impuls und Energie als Ausdruck einer bestimmten, für den jeweiligen Körper charakteristischen Realität; gleichsam seiner dynamischen Potenz. Dieser Ausdruck aber ist ein anderer in jedem Koordinatensystem, und wir begnügen uns damit, daß wir Impuls und Energie für jedes Koordinatensystem kennen. Nach der »wahren Energie« eines Körpers zu fragen, ist so sinnlos, wie wenn man die »wahren Komponenten« eines Vektors wissen wollte. In jedem Koordinatensystem gilt der Satz von der Erhaltung der Energie; nur ändert sich der numerische Wert, den wir der Energie beilegen, wenn man ein neues Koordinatensystem, also einen neuen Standpunkt, wählt.

Charakteristisch ist nun für die Relativitätstheorie, daß die Energie gerade mit dem Impuls zusammengefaßt wird, für den ja ebenfalls ein Erhaltungssatz gilt. Energie und Impuls stehen, als Ausdruck der dynamischen Eigenschaften eines Körpers, seinem Ort zu einer bestimmten Zeit als dem Ausdruck seiner geometrisch-kinematischen Eigenschaften gegenüber, und es existiert ein einheitlicher dynamischer Erhaltungssatz, den man kurz als Energie-Impuls-Satz bezeichnen mag.

Natürlich hängt mit der Energie auch die Masse eines Körpers vom Koordinatensystem ab. Es gibt aber eine für einen Körper charakteristische Masse: das ist derjenige Wert einer Masse, den man in dem Koordinatensystem mißt, von dem aus gesehen der Körper sich in Ruhe befindet. In diesem Koordinatensystem hat mit seiner Geschwindigkeit auch sein Impuls und seine kinetische

Energie den Wert null. Die dann noch vorhandene Masse nennt man die Ruhmasse des Körpers und die ihr zugeordnete Energie die Ruhenergie.

Quantentheorie. Auch die Quantentheorie beginnt damit, die Energie mit einer anderen physikalischen Größe in einen unerwarteten engen Zusammenhang zu bringen, nämlich mit der Frequenz eines Schwingungsvorgangs. Planck betrachtete bei der Aufstellung der Quantenhypothese die Lichtstrahlung, die von einem schwingenden Körper (etwa einem Atom) ausgeht. Er nahm an, dabei werde die Schwingungsenergie nicht kontinuierlich auf das Strahlungsfeld übertragen, sondern in einzelnen Energiequanten, deren Größe E proportional der Frequenz ν des Schwingungsvorgangs ist, also der Anzahl von Schwingungen je Sekunde: $E = h \cdot \nu$. Der aus den Experimenten bestimmbare Proportionalitätsfaktor h ist das Plancksche Wirkungsquantum.

Diese Annahme war durch die Erfahrung nahegelegt und hat sich seitdem glänzend bewährt. Sie war aber von der klassischen Physik aus vollkommen unverständlich. Heute wissen wir, daß sie der Ausfluß einer Grundtatsache alles atomaren Geschehens ist: des Dualismus von Wellen- und Teilchenbild. Jeder materielle Körper (also z. B. ein Atom oder ein Elektron) kann unter gewissen Umständen als kontinuierlich durch den Raum ausgebreitete Welle in Erscheinung treten und jeder Wellenvorgang (z. B. Licht) als Wirkung einzelner lokalisierter Teilchen. Es hängt von der Art des angestellten Experiments ab, unter welchem der beiden Bilder sich ein physikalisches Objekt unserer Wahrnehmung darstellt. Wir haben uns hier an die oben erwähnte Sonderstellung der klassischen Physik als Zugangsweg auch zu allen neu erschlossenen Bereichen zu erinnern. »Teilchen« und »Welle« sind zwei anschauliche Bilder, die dem Begriffsschatz der klassischen Physik entstammen. Man könnte denken, der Dualismus würde sich vermeiden lassen, wenn man beide Bilder aufgäbe und durch eine dritte, der klassischen Physik völlig fremde Begriffsbildung ersetzte. Nun sind aber die beiden Bilder die schlichte Beschreibung dessen, was man in den Experimenten sieht; ihr klassischer Charakter ist schon dadurch bedingt, daß wir nicht anders als auf dem Weg über den klassisch beschreibbaren Bereich der Natur eine sinnliche Wahrnehmung von Wirkungen der Atome empfangen können. Selbst wenn wir jenen dritten Begriff besäßen, würden wir die aus ihm zu ziehenden Folgerungen für den Vergleich mit der Erfahrung doch stets in die Sprache der klassischen Physik übersetzen müssen.

Der Dualismus bedingt nun, daß man bei der Charakterisierung des Zustands eines Objekts nebeneinander zwei ganz verschiedene Gruppen von Begriffen verwendet. Im Teilchenbild reden wir von dem Ort, dem Impuls, der Energie eines Teilchens, im Wellenbild von der Wellenlänge, der Frequenz, der Ausbreitungsgeschwindigkeit einer Welle. Sind Bestimmungsstücke eines Zustands nach dem einen Bild gegeben, so taucht die Frage auf, ob damit schon etwas über die Bestimmungsstücke im andern Bild gesagt ist. Dies ist nun in der Tat der Fall. Die Plancksche Gleichung ist der Ausdruck dieser Beziehung zwischen den beiden Bildern. Ein Gebilde, das im Teilchenbild eine bestimmte Energie hat, hat im Wellenbild eine zu dieser Energie proportionale Frequenz. Eine zweite fundamentale Beziehung, die von De Broglie entdeckt wurde, kommt hinzu: Der Impuls p eines Teilchens ist mit der Wellenzahl k der zugeordneten Welle (d. h. der Anzahl von Wellenlängen je Zentimeter) verknüpft nach der Gleichung $p = h \cdot k$.

Diese Beziehungen spielen in der Quantentheorie die Rolle von Axiomen, die zwar durch die Erfahrung nahegelegt sind, aber nicht mehr aus anderen Grundgesetzen abgeleitet werden können. Immerhin gestattet aber der Energiesatz in der Fassung, die ihm die Relativitätstheorie gegeben hat, abzuleiten, daß die Beziehung zwischen Wellen- und Teilchenbild, wenn sie überhaupt in der Form derart einfacher Gleichungen geschrieben werden kann, gerade die Planck-De Brogliesche Form haben muß. Denn noch ehe man weiß, welche Größen des Wellenbildes der Energie und dem Impuls eines Teilchens entsprechen, ist es sicher, daß diese Größen des Wellenbildes erstens mit der Zeit sich nicht ändern dürfen (Erhaltungssatz) und daß zweitens ihre Abhängigkeit vom Koordinatensystem dieselbe sein muß wie die von Energie und Impuls (Existenz eines Vierervektors). Betrachte ich nun einen gleichmäßig im Raum fortschreitenden Wellenzug, so sind die beiden Größen, welche sich bei dieser Bewegung nicht ändern, gerade seine Frequenz und seine Wellenlänge; und man kann zeigen, daß die Frequenz und die Anzahl von Wellenlängen je Zentimeter, gemessen in der Fortschreitungsrichtung, gerade einen Vierervektor bilden. Diese Überlegung bildet ein Musterbeispiel für die konstruktive Verwendung des Energiesatzes.

Trotz dieser seiner fundamentalen Rolle hat der Energiesatz bei der Entstehung der heutigen Fassung der Quantentheorie einmal eine Krise durchgemacht. Es ist lehrreich, Ursachen und Auflösung dieser Krise zu betrachten. Sie entsprang aus der Erkenntnis, daß die Beziehung zwischen Welle und Teilchen teilweise statistischer Natur sein muß. Fragen wir einmal, welche Größe des Wellenbildes dem Ort entspricht, an dem das zugeordnete Teilchen sich befindet. Der Wellenzug befindet sich nicht nur an einem Ort, sondern an vielen Orten zugleich. Trotzdem kann ich aber durch eine geeignete Meßanordnung (ein Mikroskop, einen Szintillationsschirm) den Ort des Teilchens innerhalb des von der Welle erfüllten Gebiets genau messen. Der Ort, den ich dabei finde, ist nicht etwa durch die Form der Welle determiniert, sondern er schwankt auch bei genau gleichen Vorbedingungen von Fall zu Fall. Es zeigt sich, daß die Intensität der Wellenerregung an einem Ort die Wahrscheinlichkeit bestimmt, gerade an diesem Ort ein Teilchen vorzufinden; mehr als diese Wahrscheinlichkeit folgt aus dem Wellenbild nicht.

Nun ist aber die Energie eine Eigenschaft der Teilchen; wo wir ein Teilchen finden, finden wir einen beträchtlichen Energiebetrag auf einen sehr kleinen Raum konzentriert. Wenn nun Teilchen in nicht streng vorhersagbarer Weise irgendwo im Raum vorgefunden werden können, so verlieren wir damit die Übersicht über das Strömen der Energie. Kann dabei der Energieerhaltungssatz gewahrt bleiben?

Bohr, Kramers und Slater haben 1924 in der Tat versuchsweise eine Theorie vorgeschlagen, nach welcher der Energiesatz im Einzelfall nicht gelten sollte. Diese Theorie beruht auf zwei Annahmen: 1. die Intensität der Welle gibt die Wahrscheinlichkeit der Anwesenheit eines Teilchens an; 2. durch das Auftreffen eines Teilchens an einem Ort ändert sich die Form der zugeordneten Welle an den anderen Orten nicht. Betrachten wir nun etwa einen Wellenzug, der dadurch entsteht, daß ein Atom ein einziges Lichtquant der Energie $h \cdot \nu$ aussendet. Wir zerlegen nun den Raum, in dem die Welle sich befindet, in zwei gleiche Teile und suchen zuerst im einen und dann im anderen Teil nach dem Lichtquant. Für jeden der beiden Teile ist die Wahrscheinlichkeit, in ihm ein Lichtquant anzutreffen, nach der 1. Annahme gleich $^1/_2$. Nach der 2. Annahme wird nun aber die Form der Wellenfunktion im zweiten Raumteil durch den Ausfall der Messung im ersten Raumteil gar nicht beeinflußt, d. h. einerlei, ob man im ersten Teil ein Lichtquant gefunden hat oder nicht, bleibt die Wahrscheinlichkeit, im zweiten Teil ein Lichtquant zu finden, immer noch $^1/_2$. Es sind also vier gleich wahrscheinliche Ausgänge des Gesamtexperiments möglich: In keinem der beiden Raumteile findet sich ein Lichtquant, oder nur im ersten oder nur im zweiten oder in beiden Teilen je eines. Da nun die Frequenz ν der Welle und damit die Energie $h \cdot \nu$ des Lichtquants festgelegt ist, erweist sich der Energieinhalt der ganzen Welle im ersten Falle als null, im zweiten und dritten Falle als $h \cdot \nu$, im vierten als $2 \cdot h\nu$. Somit ist nur im zweiten und dritten Fall die im Feld vorgefundene Energie gleich der hineingesteckten; im ersten ist sie verschwunden, im vierten verdoppelt. Im statistischen Mittel also würde der Energiesatz noch gelten, im Einzelfall aber nicht.

Wir erwähnen diese Theorie, weil sie zeigt, wie naheliegend angesichts der statistischen Natur der Atomphänomene ein Verzicht auf die strenge Gültigkeit des Energiesatzes war. Lediglich neue Erfahrungen (Versuche von Bothe und Geiger und von Compton und Simon) haben gegen diese Theorie entschieden. Sie haben gezeigt, daß auch im Einzelprozeß der Energiesatz gilt. Damit mußte eine der beiden Voraussetzungen der Theorie fallengelassen werden; und da die erste Vorbedingung dafür ist, daß Wellen- und Teilchenbild überhaupt vereinbart werden können, mußte man auf die zweite verzichten. In unserem Beispiel heißt das: Man weiß von vornherein, daß das Wellenfeld genau ein Lichtquant der Energie $h \cdot \nu$ enthält. Findet man das Lichtquant im ersten Raumteil, so ist es sicher nicht im zweiten. Die Wahrscheinlichkeit, es im zweiten Raumteil zu finden, wird daher mit dem Augenblick, in dem man das Lichtquant im ersten Raumteil gefunden hat, momentan von $^1/_2$ auf null herabgesetzt, d. h. die Intensität der Lichtwelle im zweiten Raumteil nimmt momentan von einem endlichen Wert auf null ab. Findet man umgekehrt, daß das Lichtquant nicht im ersten Raumteil ist, so nimmt damit die Wahrscheinlichkeit, es im zweiten Raumteil zu finden, momentan von $^1/_2$ auf 1 zu; die Intensität der Welle im zweiten Raumteil verdoppelt sich. In dieser sprunghaften Änderung der Wellenfunktionen durch den Beobachtungsakt (der sog. »Reduktion der Wellenpakete«) äußert sich die Tatsache, daß die Wellen in der Quantenmechanik nicht an sich seiende physikalische Realitäten, sondern Ausdruck einer durch Messung erworbenen Kenntnis des experimentierenden Menschen sind und daher durch Erwerbung einer neuen Kenntnis in der Tat momentan geändert werden können. Der Grenzübergang zu den an sich seienden Wellenfeldern der klassischen Physik geschieht durch Vermehrung der Anzahl der Lichtquanten im Wellenzug; denn wenn die Welle viele Lichtquanten enthält, so ändert die Feststellung, daß ein einzelnes Lichtquart im ersten Raumteil angetroffen wurde, fast nichts an der Intensität im zweiten Raumteil.

Aber auch die charakteristischen Eigenschaften der Teilchen – und damit die Energie – sind nun nicht an sich seiende Gegebenheiten, sondern Ausdruck einer durch Messung erworbenen Kenntnis. Betrachten wir etwa ein Teilchen, dessen Ort in einem bestimmten Augenblick sehr genau gemessen worden ist. Damit ist die Wahrscheinlichkeit, es an irgendeinem anderen als dem beobachteten Ort vorzufinden, gleich null. Im Wellenbild haben wir es also durch ein »Wellenpaket« darzustellen, dessen Intensität überall außer an der beobachteten Stelle gleich null ist. Ein derartiges Wellenpaket hat nun aber gar keine definierte Frequenz und Wellenlänge. Das bedeutet aber, daß ihm auch kein definierter Wert von Energie und Impuls entsprechen kann. Während also der vorher betrachtete ausgedehnte Wellenzug von bestimmter Frequenz und Wellenlänge nur statistische Voraussagen über den Ort des Teilchens zuließ, können wir nun umgekehrt keine bestimmte Voraussage über den Impuls und die Energie machen, welche man an dem Teilchen bei einer Messung finden würde; für jeden möglichen Ausfall des Experiments läßt sich wiederum nur eine Wahrscheinlichkeit angeben (sie ist gegeben durch den Anteil der betreffenden Frequenz bzw. Wellenlänge an einer Fourier-Analyse des Wellenpakets).

Die quantitative Formulierung dieses Zusammenhangs in der Heisenbergschen Unbestimmtheitsrelation besagt, daß genaue Impulskenntnis zu einer genauen Ortskenntnis im ausschließenden Verhältnis steht und genaue Energiekenntnis zur genauen Festlegung eines Zeitpunkts. Wir erläutern dies am Fall der Energiemessung näher. Der Energie des Teilchens entspricht die Frequenz einer Welle. Um aber einer Welle überhaupt eine definierte Frequenz zuschreiben zu können, muß man sie so lange schwingen lassen, daß inzwischen mehrere Wellenberge und -täler vorüberstreichen; denn andernfalls handelt es sich gar nicht um eine periodische Welle, sondern um einen einmaligen Stoß, dem keine

»Frequenz« zukommt. Also ergibt sich schon aus der Planckschen Beziehung, daß auch die Energie eines Teilchens nicht für einen sehr kurzen Zeitmoment, sondern nur für eine gewisse Zeitspanne definiert ist. Mißt man die Energie in einer kürzeren Zeitspanne, so erhält man einen unbestimmten Wert. Dies hat praktische Konsequenzen. Z. B. können nach der Quantenmechanik im Einklang mit der Erfahrung Teilchen ein Hindernis, zu dessen Überwindung ihre Energie nach der klassischen Physik nicht ausreicht, gleichwohl mit einer gewissen Wahrscheinlichkeit durchqueren (»Tunneleffekt«). Das Hindernis muß dazu nur so schmal sein, daß die kurze Zeit, während der das Teilchen sich auf dem Hindernis befindet, gar nicht ausreicht, um die Energie, die das Teilchen in diesem Zustand hat, genau zu definieren. Dann besteht eine gewisse Wahrscheinlichkeit dafür, daß das Teilchen bei einer Messung in dieser Zeitspanne eine höhere Energie zeigt als vor und hinter dem Hindernis und daher ohne Widerspruch zum Energiesatz das Hindernis überqueren kann. Der springende Punkt dieser Überlegung ist also, daß man zwar vor und nach dem Hindernis genug Zeit hat, um die Energie des Teilchens beliebig genau zu definieren, nicht aber während des Durchquerens des Hindernisses selbst; und dementsprechend nimmt die Wahrscheinlichkeit für das Durchqueren des Hindernisses ab, je breiter das Hindernis, je genauer festlegbar also die Energie des Teilchens während des Durchquerens ist.

Das Beispiel zeigt, daß der Energiesatz in der Quantenmechanik zwar nie falsch, aber in gewissen Fällen gleichsam suspendiert wird. Man darf seine Gültigkeit stets dann, aber auch nur dann voraussetzen, wenn experimentelle Bedingungen vorliegen, welche wenigstens grundsätzlich gestatten, seine Gültigkeit nachzuprüfen. Der Vergleich mit der älteren Vermutung von Bohr, Kramers und Slater zeigt, daß diese Einschränkung nicht nur eine Folge unserer beschränkten Kenntnis der Natur ist, sondern daß sie die notwendige logische Voraussetzung für den Einbau des Dualismus von Wellen und Teilchen in das System der klassischen Physik ist. Wollten wir die charakteristischen Größen eines der Bilder als an sich seiende Eigenschaften der Natur auffassen, so müßten wir zulassen, daß Sätze wie der Energiesatz bei der empirischen Nachprüfung wirklich versagen.

Theorie der Elementarteilchen. Die Quantentheorie erklärt nicht die charakteristischen Eigenschaften der verschiedenen Sorten von

Elementarteilchen, die wir heute kennen. Es ist daher sicher, daß sie noch durch eine neue, bisher unbekannte Theorie ergänzt werden muß. Die Erfahrung bietet uns schon einige Anhaltspunkte für die Eigenschaften dieser neuen Theorie. Da an Hand der Erfahrung auch die Frage, ob in der neuen Theorie der Energiesatz noch gelten werde, diskutiert worden ist, gehen wir auf diese Überlegungen kurz ein.

Gewisse Atomkerne senden – beim sog. β-Zerfall – Elektronen aus und wandeln sich dabei in Kerne einer anderen Sorte um. Die Energie des Ausgangskernes und die des Endkerns ist jeweils genau festgelegt. Nach dem Energiesatz hätte man daher zu erwarten, daß alle von einem Ausgangskern einer bestimmten Sorte ausgehenden Elektronen dieselbe Energie hätten, nämlich eben die Energiedifferenz von Anfangs- und Endkern; denn eine andere beobachtbare Energieabgabe außer der Emission des Elektrons findet bei dem Vorgang nicht statt. Tatsächlich haben diese Elektronen aber sehr verschiedene Energien, die lediglich alle zwischen dem Wert null und einem gewissen Maximalwert liegen. Bohr hat daher die Möglichkeit in Betracht gezogen, daß bei diesem Vorgang der Energiesatz verletzt werde. Eine nähere experimentelle Untersuchung des Vorgangs hat allerdings sehr wahrscheinlich gemacht, daß eine andere, von Pauli aufgestellte Vermutung richtig ist: daß nämlich gleichzeitig mit dem Elektron jeweils ein ungeladenes Teilchen (ein sog. »Neutrino«) ausgesandt wird, das sich nur infolge einer sehr geringen Wechselwirkung mit der Materie bisher jeder direkten Beobachtung entzogen hat. Man hat nämlich gefunden, daß die Energiedifferenz zwischen Ausgangs- und Endkern gerade gleich der maximalen Energie ist, die ein emittiertes Elektron haben kann. Es liegt nun sehr nahe, anzunehmen, daß in jedem Fall gerade dieser Energiebetrag ausgesandt, aber auf die beiden Teilchen in einem von Fall zu Fall wechselnden Verhältnis verteilt wird; dann wird man Elektronen verschiedener Energie beobachten, die aber stets zwischen null und jenem Maximalwert liegt.

Die Erfahrung scheint also wiederum zugunsten des Energiesatzes entschieden zu haben. Besonders interessant ist aber ein rein theoretisches Argument von Landau für diesen Ausgang der Frage, das Bohr selbst zitiert hat. Nehmen wir einmal an, bei der Emission des Elektrons verschwinde am Ort des Kerns ein gewisser Energiebetrag spurlos. Damit verschwindet zugleich eine gewisse Masse. Also wird sich auch die Gravitationswirkung des Kerns auf seine Umgebung vermindern. Da sich nach der speziellen Relativitätstheorie keine Wirkung schneller ausbreitet als mit Lichtgeschwindigkeit, muß auch die Änderung des Gravitationsfeldes, die durch diese Massenänderung bedingt ist, als Welle mit (höchstens) Lichtgeschwindigkeit nach außen laufen. Versucht man nun nach irgendeiner Differentialgleichung für das Gravitationsfeld (z. B. derjenigen der allgemeinen Relativitätstheorie) diesen Wellenvorgang zu beschreiben, so zeigt sich stets, daß er Masse transportiert: In der Welle strömt ebensoviel Masse nach außen, wie im Innern verschwunden ist. Somit hat die Wellengleichung die Annahme eines Energieverlustes automatisch korrigiert. Wenn irgendwo Energie unkompensiert verschwindet, muß sie in der Form einer Gravitationswelle wieder auftreten; vielleicht ist das Neutrino das der Gravitationswelle zugeordnete Teilchen. Selbstverständlich wäre es möglich, auch die Gravitationstheorie so abzuändern, daß sie diesen Massentransport nicht enthielte. Es sollte nur gezeigt werden, wie tief die Annahme des Energiesatzes in der Struktur der heutigen Theorien verankert ist, so daß es unmöglich ist, ihn zu streichen, ohne zugleich das ganze Gerüst der Theorie umzugestalten.

Viel mehr ist über die Rolle des Energiesatzes in der kommenden Physik heute noch nicht zu sagen.

2
Energiesatz und Kausalität

J. R. Mayer betrachtete den Energiesatz als die physikalisch genaue Fassung des alten Satzes »causa aequat effectum« und setzte ihn damit in enge Beziehung zum Prinzip der Kausalität. Er kam dazu durch die Erklärung der Energie (oder der »Kraft« in seiner Bezeichnungsweise) als Ursache der Bewegung von Materie. Doch umfaßt offenbar der Energiebegriff nicht die Gesamtheit möglicher Ursachen materieller Veränderungen. Die bemerkenswerte weitere Gruppe von Phänomenen, in denen Ursache und Wirkung nicht in einem zahlenmäßig festgelegten Verhältnis zueinander stehen, sondern auf die eher die Redensart »kleine Ursachen, große Wirkungen« anzuwenden ist, faßte er unter dem Begriff der Auslösung zusammen.

Wir prüfen in Kürze drei Fragen: Welche Rolle spielt die von Mayer behauptete Beziehung zwischen Energiesatz und Kausalprinzip im Aufbau der Physik? Wird durch die sog. Krise des Kausalprinzips in der modernen Atomphysik auch der Energiesatz betroffen? Welche Bedeutung hat der Begriff der Auslösung für die Physik?

1. *Causa aequat effectum.* Man kann nicht behaupten, der Energiesatz sei eine logische Folge des Prinzips der Kausalität. Dazu ist das Prinzip der Kausalität zu wenig präzisiert und der Energiesatz zu speziell. Eher könnte man den Energiesatz als die genauere Formulierung eines Teiles des allgemeinen Kausalprinzips bezeichnen, und zwar als eine Formulierung, die erst auf Grund der Erfahrung möglich geworden ist.

Gewöhnlich versteht man unter dem Kausalprinzip in der Physik nur die Behauptung, daß zwischen den Zuständen desselben Gebildes zu verschiedenen Zeiten ein eindeutiger funktionaler Zusammenhang bestehe: »Ist der Zustand eines abgeschlossenen Systems in einem Zeitpunkt vollständig bekannt, so ist damit grundsätzlich auch sein Zustand in jedem anderen Zeitpunkt bestimmt.« Dieses Prinzip ist offenbar logisch unabhängig vom Energiesatz. Es kann richtig sein, auch wenn die Energie nicht erhalten bleibt (z. B. in der reinen Mechanik bei Reibungskräften), und es könnte falsch werden, obwohl die Energie erhalten bliebe (z. B. wird es in der Quantenmechanik wenigstens in seiner Anwendbarkeit eingeschränkt). Doch umfaßt dieses Prinzip, das wir kurz als das Prinzip des Determinismus bezeichnen können, nicht die Gesamtheit der Vorstellungen, die wir mit dem Begriffspaar »Ursache und Wirkung« verbinden. Man erkennt dies schon an der Asymmetrie der beiden Begriffe. Während nach dem Determinismus die Vergangenheit ebenso durch die Zukunft determiniert ist wie die Zukunft durch die Vergangenheit, sagen wir, daß eine Ursache eine Wirkung hervorbringe, aber nicht umgekehrt. Zum selben Vorstellungskomplex gehört es, daß wir, wenigstens im täglichen Leben, nicht einfach einen Zustand als die Ursache eines anderen Zustandes ansehen, sondern uns unter einer Ursache irgendeine an sich daseiende Kraft vorstellen, welche die Fähigkeit besitzt, etwas zu »bewirken«. Diese Seite des Ursachbegriffs ist es offenbar, welche Mayer durch seine Deutung der »Erhaltung der Kraft« wiedergeben wollte.

Die moderne Physik ist dieser Denkweise so entfremdet, daß

viele ihrer prominenten Vertreter den Determinismus überhaupt als die einzige prüfbare und sinnvolle Formulierung des Kausalprinzips ansehen. Es ist daher vielleicht notwendig, hier eine kurze Rechtfertigung des anderen Sprachgebrauchs vorzunehmen. Der Unterschied von Ursache und Wirkung, der sich bei einem determiniert ablaufenden Vorgang auf den Unterschied von früher und später reduziert, hat einen sehr viel prägnanteren Sinn bei jeder Wechselwirkung des Menschen mit seiner Umwelt. Der Mensch kann durch willkürliche Handlungen die Zukunft beeinflussen, aber nicht die Vergangenheit. Da wir keine kausale Beschreibung menschlicher Willensakte besitzen, beginnt mit jeder derartigen Handlung für uns eine einseitig in die Zukunft laufende Kausalkette. Unsere Willensakte treten nur als Ursachen und nicht als Wirkungen in unserer Beschreibung der Wirklichkeit auf. Jedes Experiment ist ein derartiger Akt; gerade die Freiheit, die experimentellen Bedingungen nach Belieben zu wählen und die vorausgesagten Wirkungen zu prüfen, macht den Wert des Experiments für die kausale Analyse der Natur aus. Daher kann man die Gesetze der Physik im allgemeinen in die Form bringen: »Wenn der Zustand A realisiert wird, tritt der Zustand B als seine Folge ein.« Auch die Analyse der nicht von uns hervorgebrachten Naturphänomene geschieht nach diesem Schema: Wir betrachten den von selbst in der Natur eingetretenen Zustand als Ursache, aus welcher wir nach dem konditionalen Schema des allgemeinen Gesetzes die Wirkung berechnen. Der Unterschied ist nur, daß man bei einem unbeeinflußten Naturgeschehen den Anfangspunkt legen kann, wo man will. Daß dies aber noch nicht identisch ist mit dem vollen Determinismus, wird deutlich in der Quantenmechanik, die nur unter Berücksichtigung der konditionalen Form der Naturgesetze überhaupt gedeutet werden kann.

Die Unterscheidung von Ursache und Wirkung ist also in der Naturbeschreibung sinnvoll, weil wir in der Naturwissenschaft, wenn auch meist unausdrücklich, den Unterschied von Vergangenheit und Zukunft benützen, den man vielleicht in die Worte kleiden könnte, daß die Vergangenheit faktisch, die Zukunft hingegen ein Feld der Möglichkeiten ist. Die tatsächliche Darstellung der Naturerscheinungen setzt nie den vollen Determinismus, sondern stets die Möglichkeit der Variation der Bedingungen, sei es praktisch oder wenigstens in der Form ihrer Denkschemata, voraus. Falsch war nur die noch im »mechanischen Weltbild« ausgesprochen oder unausgesprochen stehende Voraussetzung, wir könnten a priori einsehen, welche Wirkung eine gegebene Ursache haben müsse (die besondere »Begreiflichkeit« von Wirkung durch Druck und Stoß, durch Zentralkräfte, durch Nahewirkung oder ähnliches). Die inhaltliche Erfüllung des Schemas von Ursache und Wirkung ebenso wie die etwaigen Grenzen seiner Anwendbarkeit lernen wir erst aus der Erfahrung.

In welchem Sinne kann nun der Energiesatz eine Erfüllung dieses Schemas darstellen? In Mayers Sinne schlägt er gleichsam die Brücke zwischen den Begriffen der Kausalität und der Substanz. »Ursache« bedeutet etymologisch eine bestimmte »Sache«; »causa« hat sich zu »chose« verdinglicht. In der Tat ist es für den Menschen wichtig, diejenige Sache, dasjenige Objekt zu kennen, das man in der Hand haben muß, um bestimmte Wirkungen ausüben zu können. Ein derartiges »Objekt« ist nun zweifellos die Energie. So konnte man die beiden Erhaltungssätze von Materie und Energie in der Tat auch als Erhaltungssätze der Dinge und der Ursachen empfinden.

Doch sind damit einerseits die bloß auslösenden Ursachen weggefallen. Und andererseits hat die moderne Vereinigung der beiden Erhaltungssätze den Energiesatz der Kausalitätskategorie noch ferner und der Substanzkategorie noch näher gerückt. Soweit diese alten Kategorien auf die heutige Forschungslage überhaupt noch angewandt werden können, wird man heute im Energiesatz nicht mehr die Erfüllung des Schemas der Kausalität, sondern der Substanz erblicken. Doch zeigt sein Werdegang, daß eben der Sinn dieser Kategorien selbst sich mit jedem Fortschritt der Wissenschaft verschiebt.

2. *Verhältnis zur quantenmechanischen Analyse des Kausalproblems.* Durch das Obige ist eigentlich die zweite Frage schon beantwortet. Da der Energiesatz mit dem Determinismus nichts und mit der allgemein gefaßten Kausalität weniger als mit der Substanz zu tun hat, wird er durch die Quantenmechanik, welche nur den Determinismus revidiert, nicht betroffen. Wir haben ja auch schon gesehen, wie umgekehrt eben durch die empirische Gültigkeit des Energiesatzes der entscheidende gedankliche Fortschritt der Quantenmechanik, ihre Kritik des Dingbegriffs, erzwungen wurde. Dabei sei hier nur der logische Zusammenhang mit wenigen Worten gekennzeichnet.

Die Quantenmechanik behält das Prinzip des Determinismus

in seiner Fassung als Konditionalsatz bei. Wenn ein Zustand A bekannt ist, läßt sich auch aus ihr der vorangegangene oder nachfolgende Zustand B desselben Gebildes berechnen, und zwar nach den Gesetzen der klassischen Physik. Sie schränkt aber die Möglichkeit der Erfüllung der mit »wenn« eingeleiteten Bedingung ein (man kann stets nur eines von zwei zueinander »komplementären« Bestimmungsstücken eines Zustandes kennen) und entzieht damit dem Prinzip einen Teil seines Anwendungsbereiches. Damit fällt die aus dem Determinismusprinzip früher gezogene Folgerung weg, alle Vorgänge seien an sich determiniert, und es sei nur Sache unserer Erkenntnis, die Art der Determination zu ermitteln. Hingegen bleibt jeder einzelne Vorgang weiterhin determinierbar, wenn man nämlich die experimentellen Voraussetzungen für die Ermittlung der ihn determinierenden Faktoren schafft; nur wird damit die gleichzeitige Determination des jeweils »komplementären« Vorgangs unmöglich gemacht.

Das Objekt der quantenmechanischen Kritik ist also gar nicht der Begriff des Kausalnexus, sondern der des »Dinges oder Vorganges an sich«. Man könnte daher eher von einer Kritik der Substanzkategorie reden. Doch zeigt die Gültigkeit des Energiesatzes, daß auch diese Ausdrucksweise mindestens zweideutig ist. Besser wird man sagen: Die Quantenmechanik erkennt den Relationscharakter der Kategorien. Substanz, Kausalität usw. bezeichnen nicht Realitäten an sich, sondern von Menschen erkannte Realitäten. Die Grenze ihrer Anwendung ist also dort erreicht, wo die Bedingungen nicht mehr existieren, welche die Herstellung einer erkennbaren Realität ermöglichen. So darf man ja, wie weiter oben gezeigt wurde, die Gültigkeit auch des Energiesatzes nur dann voraussetzen, wenn die experimentellen Bedingungen eine Energiemessung wenigstens grundsätzlich zulassen.

3. *Auslösung.* Die Energieverhältnisse allein bestimmen den Ablauf des Geschehens nicht. Ob z. B. das Gewicht einer Uhr sinkt und damit seine potentielle Energie auf dem Umweg über die kinetische Energie des Uhrwerks in Wärme umwandelt, hängt davon ab, ob das Pendel angestoßen ist oder nicht. Der kleine Energiebetrag des Pendelanstoßes wirkt »auslösend«. So verstanden, ist jede Detailanalyse eines physikalischen Vorgangs ein Studium auslösender und »dirigierender« Wirkungen.

Im spezifischen Sinn auslösend sind die Wirkungen aller Meßapparate der modernen Physik. Sie alle sollen ja Vorgänge, die unserem Sinnen nicht mehr unmittelbar wahrnehmbar sind, in einer kontrollierbaren Weise zum Hervorbringen sinnlich wahrnehmbarer Wirkungen veranlassen. Man denke nur an das Mikroskop, das Fernrohr, den Spitzenzähler, den Lautsprecher und so fort.

Im theoretischen Bereich sei nur auf ein Auslösungsproblem von größter Bedeutung hingewiesen: die Physik und Chemie der Vorgänge im lebenden Organismus. Schon das Wachstum eines Organismus aus einer Eizelle und noch mehr das Studium der Genmutationen beweist, daß die determinierenden Faktoren für das Lebensgeschehen auf kleinstem Raum zusammengedrängt, ja teilweise von atomarer Größenordnung sind.

3
Die Energiebereiche der Physik

Die Anwendung des Energiesatzes beginnt mit der Aufstellung der Arbeitsäquivalente. Man muß die Energiebeträge der verschiedenen Energieformen ineinander umrechnen können. Der Physiker verwendet dabei als fundamentales Energiemaß das Erg, das ist das Doppelte der kinetischen Energie eines Gramms Materie, das sich mit der Geschwindigkeit 1 cm/s bewegt. Das ist eine sehr kleine Maßeinheit. Ein Geschoß der Masse 10 kg und der Geschwindigkeit 1000 m/s hat $5 \cdot 10^{13}$ erg.

Die Gravitationsenergie bestimmt sich nach der Gleichung $1\,\text{mkg} = 0{,}98 \cdot 10^{8}$ erg; d. h. mit rund 10^{8} erg kann man 1 kg 1 m hoch heben.

Im mechanischen Maß ausgedrückt sehr groß ist die Wärmeenergie. Es ist $1\,\text{cal} = 4{,}19 \cdot 10^{7}\,\text{erg} = 0{,}427\,\text{mkg}$; d. h. mit der Energie, die man braucht, um eine Menge Wasser um 1° zu erwärmen, kann man dieselbe Menge Wasser 427 m hochheben. Nach der kinetischen Theorie der Wärme ist dies begreiflich. Die Wärme ist eine verborgene ungeordnete Bewegung der Materie, und zwar fliegen z. B. die Moleküle der Luft bei normaler Temperatur mit etwa 400 m/s, d. h. die meisten sichtbaren Bewegungen sind geringfügig, verglichen mit der verborgenen Wärmebewegung.

Noch größer sind die chemischen Energien. Die Verbrennung von 18 g Knallgas zu Wasser liefert 68 000 cal. Atomtheoretisch gesprochen heißt das, daß die potentiellen Energien der Atome groß sind verglichen mit ihren mittleren kinetischen Energien. Das ist einleuchtend, da eine in kinetische Energie umgesetzte potentielle Energie von Atomen sich alsbald als Wärme über sehr viele Atome verteilt.

Die chemischen Energien waren bis vor kurzem die größten, die wir willkürlich technisch verwerten konnten. In doppelter Hinsicht gibt es aber in der Natur Energien, welche die chemischen weit übersteigen; sie zeigen sich als große Energiekonzentrationen in der Atomphysik und als große Energiemengen in der Astrophysik.

Das Energiemaß der Atomphysik ist das Elektronenvolt (eV). Es ist die Energie, die ein Elektron erhält, wenn es eine Spannung von 1 Volt durchläuft. Bei der oben genannten Knallgasreaktion werden auf ein gebildetes Wasserstoffmolekül fast drei Elektronenvolt frei. Ein Elektronenvolt ist $1{,}6 \cdot 10^{-12}$ erg. Dieses Energiemaß ist also sehr klein, da es die Energie, gerechnet auf ein einzelnes Atom, ausdrückt. Da 18 g Wasser $6 \cdot 10^{23}$ Wassermoleküle enthalten, ist ihre gesamte Energieerzeugung gleichwohl sehr groß.

Alle chemischen Reaktionen beruhen auf Umlagerungen in der Hülle des Atoms; dabei werden Energien von der oben angegebenen bis herab zu kleinen Bruchteilen eines Elektronenvolts je Atom frei. Sehr viel größer sind die Energieumsätze bei Umlagerungen im Atomkern. Sie betragen etwa 1 bis 160 Millionen Elektronenvolt je Atom. Diese Reaktionen sind die Energiequelle der Atombombe.

Noch sehr viel größere Energiekonzentrationen finden sich in der kosmischen Ultrastrahlung. Diese Strahlung besteht aus einzelnen, sehr rasch bewegten Teilchen, die aus einem noch unbekannten Ursprung stammend den Weltraum durchqueren und gleichmäßig von allen Seiten die Erde treffen. Die durchschnittliche kinetische Energie eines derartigen Teilchens ist etwa 10 Milliarden (10^{10}) Elektronenvolt. Doch existieren in der Ultrastrahlung Teilchen mit 10^{14}, ja vielleicht 10^{16} eV.

Die größten bekannten Energiemengen enthalten die Sterne. Die kinetische Energie der Erde auf ihrer Bahn um die Sonne ist $2{,}7 \cdot 10^{40}$ erg. Die Sonne strahlt im Jahr 10^{11} erg aus. Diese Strahlung hat sie nach Ausweis der geologischen Daten seit wenigstens zwei Milliarden Jahren aufrechterhalten. Es gibt Sterne, die das Tausendfache dieser Menge im Jahre ausstrahlen.

Die ungeheure Ausstrahlung der Sonne ist durch den Energiesatz zu einem physikalischen Problem geworden. Denn der Energiesatz fordert, daß diese Energie vorher in der Sonne enthalten war oder in sie laufend hineingebracht wird; er stellt damit die Frage nach dem Mechanismus dieser Energielieferung. Mit dieser Frage begann die eigentliche Physik der Sonne. Mayer selbst hat die Frage aufgeworfen und durch die Annahme beantwortet, es handle sich bei der ausgestrahlten Energie um die umgewandelte potentielle Gravitationsenergie der Meteoriten, die dauernd in die Sonne stürzen. Es erwies sich aber, daß diese Energie nicht ausreicht. Über verschiedene andere Hypothesen gelangte man schließlich zu der heutigen, theoretisch und empirisch gut gestützten Ansicht, daß es sich um Energie der Atomkerne handelt, die in der Mittelpunktsregion der Sonne Umwandlungen durchmachen. Die Sonne wäre also eine von der Natur selbst aufgestellte große Maschine zur Auswertung der Atomkernenergie. Diese Energiequelle reicht für mehr als das Zehnfache des von der Erfahrung verlangten Mindestalters der Sonne aus.

Albert Einstein

Stellen wir uns vor, es werde in einigen Jahrtausenden noch Menschen geben, die sich für die dann lange vergangenen Phasen menschlicher Geschichte interessieren, und fragen wir, welcher Name unseres Jahrhunderts die beste Chance habe, ihnen noch bekannt zu sein. Gewiß hat uns Zeitgenossen die Politik am meisten geschüttelt. Aber ihre Krisen und deren Träger werden dereinst überschattet sein von den Krisen und, wenn Gnade uns beisteht, Lösungen, die jetzt auf uns zukommen. Sollen Lösungen gefunden werden, so werden der Zukunft unsere radikalen Politiker zu inhuman, unsere humanen Politiker nicht radikal genug scheinen; vielleicht wird von den Großen unseres Jahrhunderts nur Gandhi vor ihrem Urteil bestehen. An die Kunst unserer Zeit wird man sich vielleicht als an einen Seismographen unserer Erdbeben erinnern. Die Erdbeben werden ausgelöst durch den technischen Fortschritt, und dieser ist ermöglicht durch die Wissenschaft. Die Wissenschaft ist jedoch am größten und auch letztlich am wirksamsten, wo sie nicht technische Weltveränderung, sondern Wahrheit sucht. Der berühmteste Wissenschaftler unseres Jahrhunderts aber ist Einstein.

Würden auch wir Wissenschaftler unter uns ihn so als unseren Repräsentanten anerkennen? Betrachten wir seinen außerordentlichen Ruhm als verdient? Als Physiker hat er eine Chance, denn die Naturwissenschaft ist unter den Wissenschaften der erste Träger des neuen Weltbildes, und die Physik ist die Grunddisziplin der Naturwissenschaft. Die Physik hat im Anfang unseres Jahrhunderts zwei revolutionäre Schritte getan: die Relativitätstheorie und die Quantentheorie. Die eine der beiden Theorien ist Einsteins Werk, an der anderen war er in ihrer ersten Phase neben Planck und Bohr gleichrangig beteiligt. Einstein ist vielleicht auch deshalb der würdige Repräsentant unserer Zunft, weil er im Grunde dieser Zunft nie ganz angehört hat. Auf seine Umwelt wirkte er als naives Genie. Dabei war eben seine Naivität, die Natürlichkeit seiner Fragen, der Kern seiner Genialität. Er stellte jede Frage direkt; gewiß nicht in Verachtung des Wissens der Vernunft, aber nie aus dem gängigen Schema der Fragen der Vernunft heraus. Antworten konnten auch andere; er war ein Meister des Fragens. Und ein gleichsam unbewußter Meister: er konnte nicht anders als direkt fragen.

Wir feiern nun Einsteins hundertsten Geburtstag. Wie sollen wir ihn den Zeitgenossen darstellen? Was hielt er selbst für darstellenswert? Die neueste und wohl beste Biographie (B. Hoffmann und H. Dukas: »Einstein, Schöpfer und Rebell«. Fischer Taschenbuch. 1978) erzählt: »Nachdem er bei einem gesellschaftlichen Ereignis zum Mittelpunkt der allgemeinen Aufmerksamkeit gemacht worden war, stellte er betrübt fest: ›Alles, was ich als junger Mensch vom Leben wünschte und erwartete, war, ruhig in einer Ecke zu sitzen und meine Arbeit zu tun, ohne von den Menschen beachtet zu werden. Und jetzt schaut bloß, was aus mir geworden ist.‹« Als Siebenundsechzigjähriger hatte er sich überreden lassen, eine kurze Autobiographie zu schreiben, die er – »mit Galgenhumor«, sagt der Biograph – seinen Nekrolog nannte. Die Sprache dieser Geschichte seines eigenen Lebens ist direkt, human, oft humorvoll, aber wovon berichtet sie?

Sie beginnt mit dem Eindruck, den dem Vier- oder Fünfjährigen ein magnetischer Kompaß gemacht hat – das Wunder einer unsichtbaren Kraft. Und indem er die Reihe der Fragen schildert, die sich ihm als Schüler, Student, Forscher eröffneten, beginnt der alte Mann gleichsam mit sich als dem jungen Entdecker der Fragen zu diskutieren; noch die Selbstbiographie wird ihm ein Stück Wahrheitssuche. Er unterbricht sich: »›Soll dies ein Nekrolog sein?‹ mag der erstaune Leser fragen. Im wesentlichen ja, möchte ich antworten. Denn das Wesentliche im Leben eines Menschen von meiner Art liegt in dem, was er denkt und wie er denkt, nicht in dem, was er tut oder erleidet. Also kann der Nekrolog sich in der Hauptsache auf Mitteilung von Gedanken beschränken, die in meinem Streben eine erhebliche Rolle spielten.«

Uns freilich gehen nicht nur diese Gedanken an, sondern zugleich der Mensch, der solche Gedanken denken konnte. Daher sei zunächst an seine wichtigsten Lebensdaten erinnert.

Am 14. März 1879 wurde Albert Einstein in Ulm geboren,

Sproß einer seit langem in Süddeutschland ansässigen jüdischen Familie. Der Vater, ein liberaler, nicht allzu erfolgreicher Geschäftsmann, übersiedelt nach München, später nach Mailand. Der Sohn besucht in München das Gymnasium ohne Abschluß; der hochbegabte Schüler wollte selber suchen und fand sich in dem Lern- und Autoritätssystem nicht zurecht. Freie Monate als Fünfzehnjähriger in Mailand, dann findet er gute Ratgeber in der Schweiz. Abitur an der Kantonsschule in Aarau, Studium an der Eidgenössischen Technischen Hochschule in Zürich. Der junge Diplomingenieur, der akademischen Autoritätswelt so unassimilierbar wie einst der schulischen, muß sich zwei Jahre mit Gelegenheitsarbeiten durchschlagen, dann finden verständige Freunde ihm eine Stelle am Eidgenössischen Amt für geistiges Eigentum (Patentamt), die ihn ernährt und ihm die Freizeit zur Arbeit läßt. Nun ist er auf seinem Weg. Heirat, ein philosophischer Freundeskreis. 1905 eine Explosion von Genie. Vier Publikationen über verschiedene Themen, deren jede, wie man heute sagt, nobelpreiswürdig ist: die spezielle Relativitätstheorie, die Lichtquantenhypothese, die Bestätigung des molekularen Aufbaus der Materie durch die »Brownsche Bewegung«, die quantentheoretische Erklärung der spezifischen Wärme fester Körper.

Die Lebensphase äußerer Mißerfolge geht zu Ende. Der junge Forscher wird in Fachkreisen bekannt, berühmt. Professur in Zürich 1909, in Prag 1911, Akademiemitgliedschaft in Berlin, eine Forschungssinekure, 1914. Die Jahre sind erfüllt von intensiver wissenschaftlicher Arbeit, an der Klärung des begrifflichen Gehalts der Quantentheorie und, mit wachsender Konzentration, an der Fortführung der Relativitätstheorie. 1915 der Durchbruch zur allgemeinen Relativitätstheorie. Die von dieser Theorie vorhergesagte Ablenkung des Lichtstrahls eines Sterns im Schwerefeld der Sonne wird 1919 von Eddington durch Beobachtung bei einer Sonnenfinsternis bestätigt. Dies bringt mit einem Schlag den Weltruhm, die rauschhaft-verständnislose Publikumserregung, die sein Leben seitdem bedrängt. Einstein lebt nun bis 1933 in Berlin, eine private Existenz im Lichte der Öffentlichkeit, nach Scheidung der ersten Ehe mit seiner Cousine Elsa Einstein verheiratet, in ständig lebendigem Kontakt mit den Physikern der ganzen Welt, geigend, auf dem Wannsee segelnd, ein fruchtbares, erfülltes, von den vorausgeworfenen Schatten einer schrecklichen Zukunft schon berührtes Leben.

Einsteins Herz schlug für die Schwachen, die Unbeliebten, die Unterdrückten. Krieg empfand er als absurd; er war ein elementarer Pazifist, ein Pazifist des Herzens und des unbeirrten Urteils, des gesunden Verstandes. An den nationalistischen Torheiten deutscher Professoren im Ersten Weltkrieg nahm er nicht den geringsten Anteil. Als Deutschland 1919 in der Welt verfemt war, erwarb er die einst aufgegebene deutsche Staatsbürgerschaft (neben der erworbenen schweizerischen) zurück, lehnte Rufe ins Ausland ab, hoffte auf die republikanische Entwicklung der Deutschen. In diesem Augenblick erkannte und übernahm er auch seine Schicksalsgemeinschaft mit den Juden. In der Krisenatmosphäre der zwanziger Jahre wurde die älteren Physikern und traditionellen Philosophen unverständliche Relativitätstheorie im Publikum mit dem Relativismus der Werte zusammengebracht (»Alles ist relativ«). Der angstvolle Protest hiergegen schloß eine unheilige, bald eine randalierende Allianz mit dem Antisemitismus. Einstein, der sich der jüdischen Glaubensgemeinschaft wie jedem Autoritätssystem ferngehalten hatte, bekannte sich nun willig als Jude, als sozialistischer Zionist; mit Weizmann reiste er für den Zionismus durch Amerika.

Von Hitlers Machtergreifung auf einer Auslandsreise überrascht, kehrte er nicht nach Deutschland zurück. Er trat aus der Preußischen Akademie aus, ehe diese Zeit fand, ihn auszustoßen. Die Heimat seiner letzten zwanzig Lebensjahre fand er im Institute for Advanced Study on Princeton, USA. Wissenschaftlich waren die letzten drei Lebensjahrzehnte für ihn schmerzlich; bei ungemindertem Ruhm eine Zeit scheinbar vergeblicher Arbeit, vergeblichen Widerstands gegen eine neue, ihm konträre Denkweise in der Physik. Menschlich war es ein glückliches Geborgensein in der Fremde – und wo wäre er kein Fremder gewesen?

Caritas und Politik forderten ihn immer wieder, man brauchte seinen Namen, und er folgte der Forderung, wo immer er es verantworten und leisten konnte. Auch den Pazifismus trieb er nicht dogmatisch. Den Krieg gegen Hitler sah er zum Schutz der Freiheit als notwendig an. Er unterschrieb 1939 den von Szilard formulierten Brief an Roosevelt, der zum Bau der Atombombe riet. Heimisch geworden in der vollendeten Liberalität des akademischen Amerika, kritisierte er in späteren Jahren schmerzlich und erfolglos das politische Amerika, als es den jeder Großmacht vorgeschriebenen Weg zum Imperialismus ging. Friedensbemühungen im kalten Krieg unterstützte er nach Kräften. Kurz vor seinem Tode unterschrieb er das von Bertrand Russell initiierte Manifest, das die Pugwash-Bewegung, eine der wichtigsten Formen inoffizieller Diplomatie der Wissenschaftler, einleitete. Die ihm nach Weizmanns Tod angetragene Staatspräsidentschaft von Israel lehnte er, bewegt und schmerzlos, ab. Sein Leben in den letzten Jahren charakterisiert er in einem Brief so: »Mit der Arbeit ist es nicht mehr viel, das heißt, ich bringe nicht mehr viel fertig und muß mich damit begnügen, die alte Exzellenz und den jüdischen Heiligen zu spielen (hauptsächlich letzteren) ...« Dazu noch ein Satz aus derselben Zeit: »Es ist eine merkwürdige Sache mit dem Altwerden. Indem man die intime Verwachsenheit mit dem Hier und dem Jetzt allmählich verliert und sich mehr oder weniger allein in die Unendlichkeit hineingestellt empfindet, nicht mehr hoffend oder fürchtend, sondern nur mehr schauend ...« Ein alter Mann, wird man sagen dürfen, ist kein anderer als er war, nur mehr er selbst. Am 18. April 1955 ist er gestorben.

Das war der Mann. Was waren die Gedanken, die das Wesentliche seines Lebens ausmachten?

Die theoretische Physik ist die Wissenschaft von den allgemeingültigen Naturgesetzen. Diese Gesetze sind einfach. Deshalb kann ihre Erkenntnis nicht in langsamer Wissensanhäufung zustande kommen, so nötig diese zur Vorbereitung und zur Bestätigung ist. Einfache Naturgesetze werden inmitten einer – oft nur von wenigen wahrgenommenen – Krise in einem revolutionären Schritt, einer plötzlichen Kristallisation gefunden. Der Weg, den uns diese Folge von Revolutionen führt, ist vorweg unbekannt und nur im Rückblick verständlich. Will man den bisherigen Weg der neuzeitlichen Physik durch zwei große Krisen kennzeichnen, so muß man zuerst die Entstehung der klassischen Mechanik im 17. Jahrhundert nennen, gipfelnd in Newton, und dann die Relativierung der klassischen Mechanik im ersten Drittel des 20. Jahrhunderts, eingeleitet durch Einstein. Für Einstein war in der Tat Newton der große Gesprächspartner.

Die aristotelische Physik beschrieb die Welt in der Vielgestalt, in der wir sie wirklich erfahren; ihr integrierendes Prinzip war der Gedanke eines sinnvollen Ganzen, eine immanente Teleologie (die Lehre vom Zweck und von der Zweckmäßigkeit). Die klassische Mechanik beruht auf der nicht wieder rückgängig zu machenden Entdeckung, daß es mathematisch formulierbare strenge

Naturgesetze gibt. So analysierte sie die Phänomene mathematisch. Sie drang in die Einfachheit »hinter« den Phänomenen vor und machte eben dadurch die Phänomene vorhersagbar und manipulierbar. Ihr integrierendes Prinzip wurde nun der Vergleich einer Ereignisfolge mit dem Funktionieren einer Maschine, im »mechanischen Weltbild« der Vergleich der Welt selbst mit einer großen Maschine. Die Begriffe, die sie dazu brauchte, wurden in der Newtonschen Mechanik kodifiziert. Es sind im wesentlichen vier: Körper, Kraft, Raum, Zeit. Im absoluten Raum bewegen sich, das heißt ändern ihren Ort im Verlaufe der absoluten Zeit, die raumerfüllenden Körper unter dem Einfluß der auf sie einwirkenden Kräfte. Man hoffte, schließlich auch die Kräfte noch »mechanisch erklären«, das heißt auf Druck und Stoß, also auf die Raumerfüllung der Körper zurückführen zu können. Eine materialistische Metaphysik erschien jedoch nicht als notwendige Konsequenz der klassischen Mechanik. Descartes behauptete zwei Substanzen: die ausgedehnte Materie und den denkenden Geist; Gott könne als der Ingenieur der Weltmaschine aufgefaßt werden.

Die Krise unseres Jahrhunderts hat die klassische Mechanik relativiert, das »mechanische Weltbild« zerstört. Die Entdeckung mathematisch einfacher Naturgesetze wurde festgehalten, ja sehr viel weiter in ein Feld größerer begrifflicher Einfachheit und darum höherer Abstraktion vorangetrieben. Dabei erwiesen sich Newtons Grundbegriffe Körper, Kraft, Raum, Zeit, jedenfalls so, wie er sie konzipiert hatte, als Vordergrundaspekte. Kritische Gedanken zu diesen Begriffen hatte es in der Philosophie längst gegeben, so bei Leibniz, Kant, Mach. Einstein war der erste Physiker, der mit empirischer Relevanz, durchs Experiment überprüfbar, bewußt und erfolgreich an diese Grundbegriffe rührte.

Der erste Schritt war die spezielle Relativitätstheorie. »Relativität« bedeutete in diesem Namen die Relativität der Bewegung. Schon Leibniz und Mach hatten gegen Newton auf den Gedanken des Aristoteles zurückgegriffen, daß der Ort eines Körpers nichts Absolutes, sondern eine Relation zu benachbarten Körpern sei, daß man also einen absoluten Raum (und entsprechend eine absolute Zeit) nicht zu postulieren brauche. Schon in der klassischen Mechanik galt de facto ein Relativitätsprinzip für die Geschwindigkeit, mit der sich ein Körper bewegt. Nach dem

Trägheitsgesetz behält ein Körper seinen Zustand der Ruhe oder geradlinig gleichförmigen Bewegung ohne Einwirkung äußerer Kraft bei. Daraus folgt, daß es durch keine Messung von Kraftwirkungen zwischen Körpern möglich ist, festzustellen, welcher von ihnen ruht, welcher gleichförmig bewegt ist; nur die Relativgeschwindigkeit ist feststellbar. In der Elektrodynamik (die seit Maxwell die Optik mitumfaßte) hatte man gehofft, ein im Mittel absolut ruhendes Medium, den Äther, konstatieren zu können, dessen Schwingungen uns als Lichtwellen sichtbar werden. Michelson entdeckte 1887, daß die Bewegung eines Körpers relativ zum Äther empirisch nicht festgestellt werden kann. Einstein erkannte, daß demnach das Relativitätsprinzip universell, auch für die Elektrodynamik, postuliert werden konnte. Mathematisch war dies schon in den kurz vor der seinen veröffentlichten Arbeiten von Lorentz und Poincaré enthalten. Bei ihm aber erschien es nicht mehr wie ein kompliziertes Resultat, sondern wie ein Prinzip höherer Einfachheit. Er mußte dazu auch eine »Relativität der Gleichzeitigkeit« zulassen. Zwei voneinander entfernte Ereignisse, die von einem Körper (»Bezugssystem«) aus betrachtet gleichzeitig sind, werden für einen relativ dazu bewegten Körper ungleichzeitig sein. In Newtons absolutem Raum und absoluter Zeit ist dergleichen nicht denkbar. Einstein entdeckt die Befreiung des Denkens durch den Verzicht auf diese erfundenen Absolutheiten.

»Lieber Leser« – so redete Einstein gern in seinen populären Schriften sein Publikum an. In seinem Tone also sei es gesagt: Lieber Leser, verzeih die Zumutung des ohne physikalische Vorbildung Unverständlichen! Willst du lieber nur die Dramatik der Biographie eines großen Mannes anschauen oder wenigstens eine Ahnung davon gewinnen, warum er groß war?

Die spezielle Relativitätstheorie hatte Einstein wie eine reife Frucht gepflückt. Die Weiterführung zur allgemeinen Relativitätstheorie ist seine eigenste Leistung. Unter allen bekannten großen Theorien der Physik ist sie die einzige, bei der man zweifeln kann, ob sie bis heute überhaupt gefunden worden wäre, wenn derjenige nicht gelebt hätte, der sie in der Tat gefunden hat. Formell intendierte Einstein sie als die Ausdehnung des Relativitätsprinzips über die geradlinig gleichförmigen Bewegungen hinaus auf alle Bewegungen. Tatsächlich führte sie ihn zu Gedanken, die weder seine Zeitgenossen vermutet hatten noch er selbst, als er den Weg einschlug. »Derjenige kommt am weitesten, der nicht weiß, wohin er geht«, sagte einst Oliver Cromwell. Einstein kritisierte Newtons Raum und Zeit als eine »Mietskaserne«, in welcher die Körper ein- und ausziehen; mit Leibniz und Mach wollte er den Raum auf Relationen zwischen Körpern reduzieren. Tatsächlich kam es umgekehrt. Einstein sah sich genötigt, den von dem Mathematiker Riemann schon 1854 konzipierten Gedanken eines gekrümmten Raumes, und zwar mit von Ort zu Ort veränderlicher Krümmung, zu übernehmen. Einstein verknüpfte, was nach klassischer Philosophie scharf zu trennen gewesen wäre, Raum und Gravitation, Geometrie und Erfahrung. Die von Newton zuerst postulierte universelle Schwerkraft wurde ihm zum Maß der lokalen Raumkrümmung, also zu einer geometrischen Größe. Der Raum wird aus einer starren Mietskaserne nicht zu einer bloßen Relation, sondern zu einer physischen Realität mit innerer Dynamik, mit variablen Eigenschaften. Und Einsteins Fernziel wurde es nun, umgekehrt die Körper nur noch als singuläre Stellen im Raum-Zeit-Kontinuum zu erklären. Die Einheit der Natur sollte sich als Einheit des metrischen Feldes des Raum-Zeit-Kontinuums erweisen.

Hier begann die Tragik der letzten Lebensjahre Einsteins. Er mußte eine einheitliche Feldtheorie suchen, welche alle damals bekannten Felder, also neben der Gravitation auch das elektromagnetische Feld, umfaßte. Er scheiterte, vordergründig betrachtet, an den mathematischen Schwierigkeiten des Problems einer sogenannten nicht linearen Feldgleichung. Wir können heute sehen, daß der Grund des Scheiterns tiefer lag. Zunächst kennen wir heute empirisch sehr viel mehr Felder als die zwei, die Einstein zu vereinigen suchte. Insbesondere aber fassen wir die Felder quantentheoretisch auf, als Wahrscheinlichkeitsfelder für das Auftreten von Teilchen. Für uns ist die Quantentheorie die fundamentale Theorie, der auch der Feldbegriff entspringt. Heisenberg, der etwa dreißig Jahre nach Einsteins Ansatz, auch er als eine nicht zum sichtbaren Erfolg führende Altersarbeit, den Gedanken der allgemeinen Feldtheorie aufnahm, konzipierte diese mit Selbstverständlichkeit als eine Quantentheorie der Felder. Einstein aber wollte von einer so fundamentalen Rolle der Quantentheorie nichts wissen. Dies war eine philosophische Entscheidung.

Einstein hatte zur frühen Phase der Quantentheorie Wesentliches beigetragen. Ihren Siegeszug in der Gestalt, die sie um 1925 annahm, machte er nicht mehr mit. Als ich vor nun fünfzig Jahren, 1929, Physik zu studieren begann, war nicht mehr der fünfzigjährige Einstein, sondern der um sieben Jahre jüngere Bohr der geistige Führer der jungen Generation. Die beiden Männer waren persönliche Freunde geworden, als Wissenschaftler war es ihr Schicksal, sich zu Gegnern, zu Antipoden zu entwickeln. Einstein war genialer, vielseitiger, einfacher, Bohr aber war wohl der noch tiefere Denker.

Was war der Kern des Konflikts? Die Stelle, an der sich der Konflikt entzündete, war die Aufopferung des klassischen Determinismus, die grundsätzliche Reduktion der physikalischen Prognosen auf Wahrscheinlichkeiten. »Gott würfelt nicht«, sagte Einstein, worauf Bohr replizierte: »Es ist nicht die Frage, ob Gott würfelt, sondern was wir meinen, wenn wir sagen, Gott würfele nicht.« Eigentlich ging es um den Begriff der physikalischen Realität. Einstein verstand die Realität als etwas im Sinne der klassischen Physik Objektives, das »unabhängig vom Wahrgenommenwerden gedacht wird«. Bohr hatte den kantischen Gedanken der Subjektivitätsphilosophie vollzogen, daß all Wissenschaft unser Wissen, ein Wissen der Menschen ist. Bohrs Denken kreiste um die Frage, unter welchen Bedingungen wir das Wahrgenommene durch ein »objektives«, »unzweideutiges«, Modell des Geschehens beschreiben können. Die Quantentheorie war ihm eine Bestätigung der Grenzen dieser Möglichkeiten. Eben darum schien sie ihm den Weg zur Überwindung des unverständlichen cartesischen Dualismus von Geist und Materie zu bahnen. Bohr dachte nicht in substantiellen Dualismen, sondern in komplementären Beschreibungsweisen. Einstein konnte diese Denkweise nur als »positivistisch« verstehen, und es war ihm unmöglich, ihr zu folgen. Einsteins bis an sein Lebensende festgehaltener Widerstand markierte wenigstens die ungelösten Probleme der philosophischen Deutung der Quantentheorie.

Einsteins Haltung in diesem Konflikt war metaphysisch bestimmt, und er wußte das. Er liebte es, wie im Beispiel des Würfelns, im Gespräch ein philosophisches Argument unter scheinbar spielerischer Verwendung des Namens Gottes vorzubringen. So, als von der Schwierigkeit der Erkenntnis der Naturgesetze die Rede war: »Raffiniert ist der Herrgott, aber boshaft ist er nicht.« Wenn man ihn stellte, antwortete er direkt: »Ich glaube an Spinozas Gott, der sich in der gesetzlichen Harmonie des Seienden offenbart, nicht an einen Gott, der sich mit den Schicksalen und

Handlungen der Menschen abgibt.« Er stand damit freilich de facto, wie Spinoza selbst, außerhalb seiner jüdischen religiösen Tradition, aber innerhalb der von den Griechen herkommenden europäischen Metaphysik. Waren die Denkmittel griechisch, so war aber die besondere Art des moralischen Ernstes, in dem Spinoza wie Einstein diese Denkmittel gebrauchten, zutiefst jüdisch.

Diese kontemplative Metaphysik sprach, so können wir am Ende unserer Betrachtung sehen, wohl den Kern seines Wesens, seine Urerfahrung aus. Hierin wurzelt auch seine Distanz zu den Menschen. »Mit meinem leidenschaftlichen Sinn für soziale Gerechtigkeit und soziale Verpflichtung stand stets in einem eigentümlichen Gegensatz ein ausgesprochener Mangel an unmittelbarem Anschlußbedürfnis an Menschen und an menschliche Gemeinschaften. Ich bin ein richtiger ›Einspänner‹, der dem Staat, der Heimat, dem Freundeskreis, ja selbst der engeren Familie nie mit ganzem Herzen angehört hat, sondern all diesen Bindungen gegenüber ein nie sich legendes Gefühl der Fremdheit und des Bedürfnisses nach Einsamkeit empfunden hat, ein Gefühl, das sich mit dem Lebensalter noch steigert.« Und später an Hermann Broch als Dank für dessen »Vergil«: »Ich bin fasziniert von Ihrem Vergil und wehre mich beständig gegen ihn. Es zeigt mir das Buch deutlich, vor was ich geflohen bin, als ich mich mit Haut und Haar der Wissenschaft verschrieb: Flucht vom Ich und vom Wir in das Es.«

Es war wohl ebendiese Distanz zur Gesellschaft, welche Einstein ermöglicht hat, in seinem politischen Denken der naiven Direktheit seines Urteils treu zu bleiben. Eben damit ist er aber den großen politischen Aufgaben der Zukunft tiefer verbunden als viele von uns, welche den politischen Vorurteilen der Gegenwart die Konzession gemacht haben, scheinbar oder wirklich an sie zu glauben, um in ihrer Mitte konkret wirken zu können.

Er dachte zeitlos. Vier Wochen vor seinem eigenen Tode schrieb er den Hinterbliebenen seines Jugendfreundes Besso: »Nun ist er mir auch im Abschied von dieser sonderbaren Welt ein wenig vorausgegangen. Dies bedeutet nichts. Für uns gläubige Physiker hat die Scheidung zwischen Vergangenheit, Gegenwart und Zukunft nur die Bedeutung einer wenn auch hartnäckigen Illusion.«

Nachtrag

Ich drucke hier noch den Schluß eines anderen Artikels über Einstein ab, den ich ebenfalls anläßlich seines 100. Geburtstags geschrieben habe. Er variiert nur einige der politischen Themen des obigen Aufsatzes, aber in einer – wie mir beim Wiederlesen scheint – pointierteren und um so viel aufrichtigeren Art.*

Biographisch ist ein Blick auf seine vier nationalen Zugehörigkeiten notwendig, die deutsche, schweizerische, amerikanische, jüdische. Schon als Schüler ertrug er die in Deutschland traditionelle autoritäre Denk- und Handlungsweise nicht. Viel glücklicher war er, trotz vieler Not junger Jahre, in der währschaften Liberalität der Schweiz. Er war aber nach dem ersten Weltkrieg bereit, den ihm zugefallenen Ruhm in den Dienst der Verständigung seiner deutschen Heimat mit ihren Kriegsgegnern zu stellen. Es war stets das Miterleben mit den Leidenden, das seine Loyalitäten bestimmte. Er wurde den Deutschen solidarisch, als sie 1919 unter der Feindschaft der Welt litten. Er wurde den Juden solidarisch, als er den steigenden Antisemitismus erlebte. Nicht durch die persönlichen Angriffe auf ihn, so sehr ihn diese schmerzten, sondern durch die Unmenschlichkeit des Empfindens gegen die Juden, welche die spätere Unmenschlichkeit des Handelns zur Folge hatte, hat Deutschland ihn von sich gestoßen; und hier, Deutschland gegenüber, hat er nie verziehen. Das akademische Amerika bot ihm die letzte, stille Heimat, in vollendeter Liberalität. Das politische Amerika hat er, als es den jeder Großmacht vorgeschriebenen Weg zum Imperialismus ging, schmerzlich und erfolglos kritisiert; er war in ihm so fremd wie überall in der Welt der Mächte.

In seinen politischen Überzeugungen war er schon früh Pazifist – die einzige natürliche Haltung für einen Menschen seiner Unabhängigkeit von der Gesellschaft. Sein Pazifismus war aber keine fixierte Doktrin; er war naiv-direktes rationales Urteil über die Folgen der Machtkonkurrenz. So konnte er auch die Pazifisten schockieren, als er den bewaffneten Widerstand gegen Hitler als notwendig bezeichnete. Den von Szilard verfaßten Brief an

* In P. C. *Aichelburg* und R.U. *Sexl* (Hrsg.), »Albert Einstein. Sein Einfluß auf Physik, Philosophie und Politik«. Braunschweig, Vierweg 1979.

Roosevelt, den er unterschrieb, und der die Entwicklung der Atombombe einleitete, haben ihm viele Menschen verübelt, und wie hätte er selbst über die Folgen glücklich sein können? Es war sein Schicksal, daß man ihn in vielen Dingen um Hilfe bat, die er nicht immer genau durchschauen konnte. Aber an den entscheidenden Stellen war er selbst es, der direkt reagierte und entschied, nicht die, die ihn in Anspruch nahmen. Er sah die engagierte Vernunft in Szilards Argument – soll Hitler allein diese Waffe haben? – und er fügte sich einem historischen Prozeß ein. Sein Leiden an der Politik war das, was eigentlich seine politische Stimme glaubwürdig machte. Kurz vor seinem Tode unterschrieb er das von Bertrand Russell initiierte Manifest, das die Pugwash-Bewegung einleitete. Politisch gesehen wurde diese Bewegung zu einem nicht ganz unwichtigen Instrument inoffizieller Diplomatie, einem Gesprächsforum, in dem Wissenschaftler, vom offiziellen politischen Auftrag entlastet, einiges vordiskutierten, was nachher die Politiker übernehmen konnten. Moralisch war die Bewegung wichtiger, wenn auch im direkten Zusammenhang wirkungsloser. Sie war eine der Stellen, an denen Wahrheiten hörbar wurden, die im Machtkonflikt unterdrückt werden müssen. Denn im Machtkampf kann man die Wahrheit nicht sagen, und doch wird in letzter Instanz der geschichtliche Machtkampf durch die Wahrheit entschieden – auch wo die Wahrheit und somit der Ausgang tragisch ist.

Niels Bohr

1985 feiern die Physiker Niels Bohrs hundertsten Geburtstag.

Soll man genau einen Physiker dieser hundert Jahre nennen, so ist es Einstein.* Er war, so darf man sagen, der Genius des Jahrhunderts, von elementarer schöpferischer Kraft. Die Relativitätstheorie ist sein Werk, die Quantentheorie ist durch ihn auf den Weg gekommen. Alle Jüngeren stehen im Bann seiner Einsichten. Soll man einen zweiten nennen, so ist es Bohr. Er war der fragende Meister der Atomtheorie. Er drang in Bereiche vor, denen Einstein sich verschloß. Die Vollendung der Quantentheorie ist das Werk seiner Schule.

Die beiden Männer waren Freunde. Einsteins Sekretärin Helene Dukas sagte: »Sie haben sich heiß und innig geliebt.«** Als alter Mann schrieb Einstein über Bohrs frühe Arbeiten zur Quantentheorie des Atombaus: »Das ist höchste Musikalität auf dem Gebiete des Gedankens.«*** Aber in der Deutung der Quantentheorie trennten sich ihre Wege. Man wird sagen müssen, daß Bohr das lebenslange Streitgespräch der Freunde gewonnen hat.

Bohr als Person

Niels Henrik David Bohr wurde am 7. Oktober 1885 in Kopenhagen geboren. Sein Vater Christian Bohr, Sohn eines Gymnasialdirektors auf der Insel Bornholm, war selbst Professor der Phy-

* Dazu: »Einstein«, in: *Wahrnehmung der Neuzeit* (1983), S. 121-133.

** A. *Pais*, »Subtle is the Lord. The Science and the Life of Albert Einstein«, Oxford 1982, S. 416.

*** A. *Einstein*, »Autobiographisches«, in: P. A. *Schilpp* (Hrsg.), »Albert Einstein: Philosopher – Scientist«. The Library of Living Philosophers, Vol. VII, Evanston, Ill., 1949, S. 46.

siologie an der Universität Kopenhagen, Angehöriger eines geistig regsamen wissenschaftlichen Freundeskreises. Die Mutter, Ellen Adler, war die Tochter eines erfolgreichen Bankiers jüdischer Abstammung, eines Mannes von politischem Interesse und großer planvoller Wohltätigkeit. Niels Bohrs jüngerer Bruder Harald wurde ein angesehener Mathematiker. Margarethe Nørlund, mit der sich Bohr am 1. August 1912 verheiratete und die bis zu diesem Winter, verehrt und geliebt, im Kreise ihrer Familie lebte, entstammte ebenfalls der Welt der Kopenhagener Akademiker.

Niels Bohr studierte Physik an der Kopenhagener Universität. Während des Studiums las er die damals neueste theoretische Physik, so die Arbeiten von Planck und Einstein. Das Gespräch mit seines Vaters Freund, dem Philosophen Høffding, half ihm bei tiefem Nachdenken über die Bedingungen menschlicher Erkenntnis. 1911 wurde er zum Doktor promoviert mit einer Arbeit über die Elektronentheorie der Metalle. Bald danach ging er als Gast zuerst zu J. J. Thomson nach Cambridge, dann zu Ernest Rutherford nach Manchester. Die Begegnung mit Rutherford entschied über seinen wissenschaftlichen Lebensweg. Rutherford hatte soeben, aufgrund der Stoßversuche von Geiger und Marsden, das Kernmodell des Atoms aufgestellt. Bohr erkannte, daß das Modell nach der Mechanik und Elektrodynamik, die wir heute klassisch nennen, nicht stabil sein konnte. Er sah die fundamentale Natur dieser Unmöglichkeit klar genug, um den entscheidenden Schritt zu wagen: Nicht das Modell, sondern die Grundgesetze der klassischen Physik mußten abgeändert werden. Bohr führte Plancks Quantenhypothese in die Atomphysik ein. 1913 gelang ihm das quantentheoretische Modell des Wasserstoffatoms, welches das Balmer-Spektrum und die allgemeine Geltung des Rydberg-Ritzschen Kombinationsprinzips erklärte.

In den nun folgenden zwölf Jahren, bis 1925, lag die Spitze der atomtheoretischen Forschung bei Bohr. Von vergleichbarem Rang waren damals in der Physik nur die fortschreitende Erschließung des Atomkerns durch Rutherford und seine Schule und Einsteins einsamer Weg zur allgemeinen Relativitätstheorie. Zum wichtigsten Partner Bohrs in der theoretischen Physik wurde für einige Zeit Sommerfeld, aus dessen Münchener Schule Heisenberg und Pauli hervorgingen. Der bedeutendste sichtbare Erfolg Bohrs in dieser Zeit war seine Theorie des periodischen Systems der Elemente. Seine wichtigste theoretische Leistung war die nichtrastende Arbeit an der Aufklärung der Struktur der Quantentheorie. Das Wirkungsvollste war jedoch, daß Bohr eine Schule schuf, die vielleicht in der Geschichte der Physik nicht ihresgleichen hat.

Das große Vorbild Bohrs war Rutherford. Der bullige, mächtige, optimistische, gütige Neuseeländer wurde der Lehrer und sehr bald der Freund des schüchternen, menschenfreundlichen, tief denkenden und grenzenlos zähen Dänen. Rutherfords experimentelles Institut stand den besten jungen Forschern der ganzen Welt offen. Rutherfords eigene Intensität, seine Fähigkeit, zu wollen und zuzuhören, schuf die Atmosphäre der völlig freien und nie verzettelten Diskussion, in der sich die neuen Ideen herausarbeiteten. Dasselbe wollte Bohr für die Theorie schaffen, und es ist ihm gelungen. Sein Institut in Kopenhagen wurde 1921 eingeweiht. In ihm wurde in den nächsten zehn Jahren die endgültige Gestalt der Quantentheorie aufgeklärt.

Bohrs Ruhm und Einfluß in seinem Heimatlande war groß. Aber das bedeutete zugleich eine ständig wachsende Arbeitslast. Schon die Gründung und Leitung des Instituts war eine fortdauernde organisatorische Leistung des scheinbar so ungewandten Mannes. Vielfache Verpflichtungen der Regierungsberatung und in Ehrenämtern kamen dazu. 1933 wurde die Fürsorge für deutsche Emigranten eine dringende Aufgabe. Permanente Positionen konnte Dänemark ihnen kaum bieten. Aber viele der bedeutendsten emigrierenden Physiker fanden kraft Bohrs umsichtiger Güte und seiner organisatorischen und finanziellen Hilfe zeitweilige Unterkunft, Arbeit und menschliche Wärme. Als einen für alle nenne ich James Franck.

1940 wurde Dänemark von deutschen Truppen besetzt. Bohr blieb in der Leitung seines Instituts. Als 1943 auf Grund rechtzeitiger Warnung durch eine hohe deutsche Stelle die von der Deportation Bedrohten in Booten über den Öresund nach Schweden flohen, war unter ihnen auch Bohr. Über England kam er nach Amerika. Von Schülern und Freunden mit offenen Armen aufgenommen, befand er sich alsbald in der Mitte des Manhattan Project, des Baus der Atombombe. Ein paar Jahre lang wendete er einen großen Teil seiner Kraft an den Versuch, die politischen Folgen der Bombe in die Schaffung einer internationalen Friedensordnung überzuleiten. Gespräche mit Roosevelt und mit Churchill und ein offener Brief an die Vereinten Nationen von 1950 blieben wirkungslos. Es scheint mir richtig, daß ich auf diesen Fragenkreis im heutigen Vortrag nicht eingehe. Er ist zu gewichtig, um kurz im zweiten Rang behandelt zu werden. Und was ich heute vorführen möchte, sind Bohrs noch immer nicht ausgeschöpfte Gedanken zu den Grundlagen der Physik. In ihnen liegt seine welthistorische Wirkung.

Bohr kehrte 1945 nach Dänemark zurück. Er starb am 18. November 1962. Auch in diesen siebzehn Jahren war er in alter Unermüdlichkeit tätig. Er nahm führenden Anteil an der Wiederherstellung der internationalen wissenschaftlichen Zusammenarbeit; an der Gründung von Institutionen wie CERN in Genf.

Die Kopenhagener Tagung 1963 zum fünfzigsten Jahrestag seiner Theorie des Wasserstoffatoms wurde zugleich zu einer Erinnerungstagung an Niels Bohr.

Man kann einen Menschen durch Bilder und Anekdoten wohl besser charakterisieren als durch Begriffe. Ich möchte vor allem davon ein wenig erzählen, was ich selbst mit ihm erlebt habe. Man wird mir vielleicht verzeihen, wenn ich dabei einige Stücke aus einem vor ein paar Jahren veröffentlichten Erinnerungsaufsatz wörtlich übernehme.

Ich habe Bohr im Januar 1932 kennengelernt. Heisenberg fuhr damals mit mir von gemeinsamen norwegischen Weihnachtsferien bei meiner Familie über Kopenhagen nach Leipzig zurück. Die Pause zwischen den Zügen in Kopenhagen nützte er zu einem Gespräch mit Bohr, zu dem er mich mitnahm. Drei Stunden sprachen die beiden über die Philosophie der Quantentheorie. Ich saß schweigend dabei: es war die wohl gedanklich wichtigste Begegnung meines Lebens. Nachher notierte ich in mein Tagebuch: »Ich habe zum ersten Mal einen Physiker gesehen. Er leidet am Denken.«

Bohr war damals 46 Jahre alt, für mich Neunzehnjährigen ein alter Mann. Er war von mittlerer Größe, die Haltung leicht gebeugt. Der Kopf, oft betrachtend und wie schüchtern ein wenig schief geneigt, schien aus zwei verschiedenen Hälften zu bestehen. Die schmale, hohe Stirn unter schon ergrauenden, etwas schütteren Haaren, die er beim Nachdenken raufte, durchfurcht: die ungeheure Intensität des Denkens. Die etwas füllige untere Hälfte des Gesichts, wulstige Lippen, etwas hängende Backen: ein freundlicher dänischer Bürger. Ein oft scheues Lächeln, das das Gesicht durchblitzte, einte beide Hälften. Die Augen, tief unter den buschigen Brauen, schienen gleichzeitig genau auf die Dinge zu blicken und durch die Dinge hindurch in eine uns anderen unergründliche Ferne; den Mitmenschen blickten sie scheu und zugleich gütig an, wie ich es sonst nie gesehen habe.

Ein Wort über die Hände. Heisenberg, der schmächtige blonde junge Mann, hatte die sehnigen künstlerischen Hände des Pianisten, fähig, Akkorde zu greifen. Bohr hatte die etwas fleischigen, breiten, starken, sicheren Hände eines Holzschnitzers. Er konnte Dinge anfassen. Als junger Physiker experimentierte er und blies sich seine Glasröhren selbst. Als Gast auf Heisenbergs Skihütte gewann er ein Wettschnitzen von Windrädern; das seine war das einfachste und das einzige, das tadellos lief.

Den zähen Sportsmann sah man ihm kaum an. Dabei waren um 1909 die Brüder Bohr, freilich noch mehr Harald als Niels, in Dänemark so berühmt wie in Deutschland um 1975 Franz Beckenbauer. Harald war Läufer in der Fußball-Nationalmannschaft, die olympisches Silber gewann. Niels war Torwart; es heißt, er sei nur knapp nicht gut genug gewesen, um als solcher in der Olympiamannschaft, zu spielen. Bohr liebte das Segeln auf der Ostsee. Er lief Ski, und selbst in den ihm fremden Alpen war er dazu mehrere Jahre nacheinander Heisenbergs Gast.

Mich faszinierte seine »Philosophie des Alltags«. Als Heisenberg und ich ihn, von der hochgelegenen Skihütte kommend, auf dem Bahnhof von Oberaudorf abholten und dann in der Spur wieder aufstiegen, die wir beim Abfahren durch den metertiefen Neuschnee gelegt hatten, sagte er: »Wie gut ist es, daß ihr vorher heruntergefahren seid, und wie ungewöhnlich! Denn gewöhnlich ist doch ein Berg etwas, bei dem man von unten anfangen muß.« Auf der Hütte philosophierte er lange über den fundamentalen Unterschied zwischen Instinkt und Intelligenz, welch letztere er mit der Sprache zusammenbrachte. »Ein menschlicher Säugling ist ein Tier, das sprechen lernen kann.« Auf die Frage: »Haben wir Menschen nicht auch Instinkt?« sagte er: »Ja, überall, wo wir es nicht merken.«

Zwei Anekdoten zur Erläuterung. Bohr und Heisenberg machten einmal auf ihrer ersten gemeinsamen Fußwanderung durch Seeland einen Wettkampf im Zielwerfen mit Steinen. Zuletzt warf Heisenberg im Unsinn noch einen Stein in der ungefähren

Richtung eines sehr fernen Telegraphenmastes und traf den Mast. Bohr sagte: »Wenn du ihn hättest treffen wollen, so hättest du ihn nicht getroffen.« Casimir erzählt, daß Bohr mit seinen jüngeren ausländischen Gästen gern einmal zur Entspannung in einen Western-Film ging. Einer kritisierte den moralistischen Unrealismus, daß am Ende immer der Böse verliert, weil der Gute schneller schießt. Bohr sagte: »Der Böse muß doch eine Hemmschwelle von einer Viertelsekunde überwinden. Der Gute hat ein gutes Gewissen und schießt, wenn es nötig wird, sofort.« Eine experimentelle Probe wurde beschlossen. Man kaufte zwei Kinderspielgewehre. Bohr und z. b. Gamow saßen einander gegenüber. Bohr mußte natürlich den Guten spielen und durfte erst anlegen, wenn er den Gegner anlegen sah. Man probierte es mehrmals, und jedesmal hat Bohr den anderen erschossen.

Über Bohr als Lehrer gibt es Hunderte von Anekdoten. Seine alten Schüler benützen heute noch viele seiner Redensarten wie ein freimaurerisches Erkennungszeichen. Man spottete ein wenig über ihn, weil man ihn oft nicht verstand, fast grenzenlos bewunderte und grenzenlos liebte.

Wenn Bohr spricht, vergißt er, so sagte man, die Regeln der Akustik, Grammatik und Logik. Leise, stammelnd, in Wiederholungen sagt er, was alle schon wissen, und wenn er die wirklich wichtigen Dinge sagt, hält er auch noch die Hände vor den Mund. Wenn aber dann ein anderer – Heisenberg, Dirac, Pauli etwa – ein Referat hielt, unterbrach ihn Bohr mit Fragen, eingehüllt in das Zuckerbrot seiner hilflos freundlichen Redensarten: »Das ist ja sehr, sehr interessant ... Wir sind ja viel mehr einig, als Sie denken ... Ich meine ... nicht um zu kritisieren, nur um zu lernen ... muß ich sagen, muß ich sagen ...« Bei ganz dummen Menschen sagte er resigniert nur noch: »Oh, sehr, sehr!« Und dann wurde erbarmungslos alles klar. Als ich ein Referat von Williams auf Bohrs Wunsch erweitert und aufgeschrieben hatte, gab ich Bohr die Arbeit zur Beurteilung. Wir redeten dann drei Stunden darüber. Bohr begann sehr müde, fast zerstreut, und ich konnte zunächst alle seine Fragen beantworten. In der letzten Stunde aber war ich in die Enge getrieben, und Bohr sagte triumphierend und ohne jede Bosheit: »Nun verstehe ich. Nun verstehe ich die Pointe. Die Pointe ist, daß alles ganz genau umgekehrt ist, als Sie gesagt haben. Das ist die Pointe!«

Durch solche Erlebnisse lernt man Physik. Ich fand damals,

keine der in Kopenhagen entstehenden Arbeiten sollte einen Verfassernamen tragen, sondern nur »Universitetes Institut for teoretisk Fysik, København«.

Was habe ich von Bohr gelernt? Darüber möchte ich jetzt sprechen.

Bohr in der Geschichte der Quantentheorie

1900 -1912. Die Quantentheorie vor Bohr

Lasciate ogni speranza
voi che non entrate

Planck ist durch das Hauptportal in die Quantentheorie eingetreten: durch die Erkenntnis der Unmöglichkeit einer fundamentalen klassischen Physik. Dies ist zugestandenermaßen zunächst meine subjektive Interpretation, die aber, wie ich hoffe, im Sinne Bohrs weitergedacht ist. Planck selbst, der Konservative, konnte es nicht so sehen. Es handelte sich zunächst um die Unmöglichkeit einer einzigen, scheinbar sehr speziellen klassischen Theorie: der Thermodynamik des Maxwellschen Strahlungsfeldes in Wechselwirkung mit einem materiellen Wärmeaustauscher (dem »Kohlestäubchen«). Aber diese Theorie war die einzige, die hinreichend präzisiert war, um die Methoden der statistischen Mechanik zuverlässig auf sie anzuwenden. Ihr Problem erwies sich nach und nach als paradigmatisch für das Problem der gesamten klassischen Physik.

Das Problem hatte eine Vorgeschichte. Boltzmann hatte den Atomismus u. a. mit dem Argument begründet, daß ein dynamisches Kontinuum wegen seiner unendlich vielen Freiheitsgrade kein thermodynamisches Gleichgewicht haben kann. Dann mußte man aber die Anwendung der Kontinuumsdynamik auf das Innere der Atome verbieten. Daß der Atomismus scheitert, wenn man normale Physik auf das Innere der Atome anwendet, war schon den Philosophen von Platon und Aristoteles über Leibniz bis Kant klar. In gesegneter Naivität verstanden die Chemiker und Physiker des 19. Jahrhunderts dieses Problem nicht und beschrieben mit einem inkonsistenten Modell Millionen empirischer Fakten korrekt.

Einstein verfaßte im Frühjahr 1905 in wenigen Wochen zuerst seine erste Arbeit über Quantentheorie, dann die über spezielle

Relativitätstheorie. Seinem Freund C. Habicht schrieb er gleichzeitig zur Arbeit über Relativitätstheorie nur: »Ihr kinematischer Teil wird dich interessieren.« Die Arbeit über Quantentheorie aber nannte er in diesem Brief »sehr revolutionär« (in: A. Pais, l. c., S. 30). Das Revolutionäre war die präzise Analyse der Unausweichlichkeit der Planckschen Konsequenz. In seiner späten Selbstbiographie (*Autobiographisches*, l. c., S. 44) schreibt er: »All meine Versuche, das theoretische Fundament der Physik diesen Erkenntnissen anzupassen, scheiterten aber völlig. Es war wie wenn einem der Boden unter den Füßen weggezogen worden wäre, ohne daß sich irgendwo fester Grund zeigte, auf dem man hätte bauen können.« Hieran schließt das eingangs zitierte Lob für Bohrs »Musikalität« an, die auf solch schwankendem Fundament die Gesetze der Atomhüllen auffinden konnte.

So war in Einsteins Denken schon 1905 der Fechtboden für den späteren Kampf mit Bohr vorbereitet, zunächst quasi als Konflikt Einsteins mit seinen eigenen Entdeckungen in der Quantentheorie. Die Relativitätstheorie hingegen empfand Einstein nur als die konsequente Fortbildung der wohlgegründeten klassischen Physik.

1913-1925. Bohr und Bohrs Schule

Die Geschichte der Quantentheorie ist heute in vielen Darstellungen gut dokumentiert. Für das Verständnis Bohrs verweise ich speziell auf das Buch von K. M. Meyer-Abich: *Korrespondenz, Individualität und Komplementarität* (Wiesbaden 1965) und auf das erste Kapitel des Buchs von E. Scheibe: *The Logical Analysis of Quantum Mechanics* (New York-Oxford 1973).

Wenn Bohr die Unmöglichkeit des Rutherfordschen Atommodells gemäß der klassischen Physik nachwies, so zog er im Grunde bloß für dieses Modell dieselbe Folgerung, die Einstein anhand der Planckschen Arbeit für die klassische Elektrodynamik gezogen hatte. Es war daher völlig konsequent, daß er Plancks Quantenbedingungen auf das Wasserstoffatom anwandte. Daß der Hybrid klassischer Bahnen mit nichtklassischen Quantenbedingungen im Coulomb-Feld zufällig quantitativ das richtige Spektrum ergab, war ein Glücksfall. Daß seine Aufgabe sei, das Revolutionäre der Quantentheorie nicht zu vertuschen, sondern auszuarbeiten, wußte Bohr jedoch von Anfang an.

Die ersten zehn Jahre der Bohrschen Theorie waren ein Siegeszug in dem Felde, das durch Sommerfelds Buchtitel *Atombau und Spektrallinien* bezeichnet ist. Uns geht im jetzigen Zusammenhang an, wie Bohr im Fortschritt dieser Arbeit die Fundamente der Quantentheorie tieferzulegen suchte. Der erste wichtige Schritt war das Korrespondenzprinzip. Sommerfeld sah in ihm den »Zauberstab«, der die verschlossenen Türen öffnete. Er bezeichnete damit sehr deutlich den leisen Schauder des mathematisch-ästhetischen Pragmatikers gegenüber dem ihm nicht voll begreiflichen Erfolg eines philosophisch fundierten Gedankens. In der Tat geht das Korrespondenzprinzip hervor aus einer Reflexion auf das Verhältnis einer älteren, sehr erfolgreichen Theorie – hier der klassischen Elektrodynamik – zu einer erst zu schaffenden Theorie, die sie ablösen soll. Dieses Verhältnis hat später Heisenberg verallgemeinert in seiner Beschreibung der Geschichte der theoretischen Physik als Abfolge »abgeschlossener Theorien« – einem Brocken, an dem die Wissenschaftstheorie heute noch knabbert.

Die fruchtbare Krise auf Bohrs Weg geschah 1923-25. Bohr hatte bis dahin – wie die meisten Physiker – nie an Lichtquanten als echte Teilchen glauben können. Er soll einmal gesagt haben: »Wenn Einstein mir ein Funktelegramm schickt, er habe jetzt den endgültigen Beweis für die Lichtquanten gefunden, so beweist die bloße Tatsache, daß das Telegramm ankommt, daß die Theorie der elektromagnetischen Wellen richtig ist und somit Einstein unrecht hat.« 1923 bewies der Compton-Effekt die von der Lichtquantenhypothese vorausgesagte Impulsbilanz bei der Streuung von Licht an Elektronen. 1924 versuchten Bohr, Kramers und Slater, diesem Ergebnis ohne Lichtquanten durch eine statistische Deutung des Strahlungsfeldes Rechnung zu tragen. Die Strahlung sollte lediglich als »virtuelles Feld« die Wechselwirkung zwischen den Teilchen vermitteln; die Intensität des Feldes sollte der Wahrscheinlichkeit der Emissions- und Absorptionsprozesse proportional sein. Die Ausbreitung der Strahlung sollte jederzeit in Strenge den klassischen Maxwellschen Gleichungen genügen. Also konnte es keine »Reduktion des Wellenpakets« bei der Absorption oder Streuung von Licht geben. Eben daraus folgte die Verletzung der Erhaltungssätze im Einzelprozeß. Diese Konsequenz wurde dann durch die Versuche von Bothe und Geiger sowie von Compton und Simon 1925 widerlegt. Ihre Widerlegung gab den wohl wichtigsten Anstoß zur korrekten Fassung der Quantentheorie. Als Heisenberg im Juni 1925 auf Helgoland die Quantenmechanik entwarf, war die entscheidende Rechnung der Nachweis der Energieerhaltung im individuellen Prozeß.

Bohr hat nach dem Versuch von Bothe und Geiger, aber noch vor der Aufstellung der Quantenmechanik, die Belehrung, die er empfangen hatte, in den Begriff der Individualität der atomaren Prozesse gefaßt. Von den drei Grundbegriffen Bohrs, die Meyer-Abich in seinem Buchtitel aufgezählt hat: Korrespondenz, Individualität, Komplementarität, ist Individualität der zentrale. Korrespondenz und Komplementarität sind eher epistemologische Begriffe. Korrespondenz bezeichnet das Verhältnis zwischen der klassischen und der neueren Theorie, Komplementarität das Verhältnis der klassischen Begriffe zueinander, wenn sie in der neuen Theorie verwendet werden. Individualität hingegen ist ein realistischer Begriff. Er sagt aus, wie die atomaren Prozesse wirklich verlaufen, nämlich unteilbar. Bohr hat die Vokabel in ihrem ursprünglichen lateinischen Sinn verwendet. In-dividualität bezeichnet das indivisibile, das Un-teilbare. Das Unteilbare beim Compton-Effekt ist zunächst das Lichtquant, das Bohr nun anerkennen muß. Aber die Kapitulation gegen Einstein ist nicht komplett. Das eigentlich Unteilbare ist der Prozeß der Erzeugung, Ausbreitung und Absorption des Lichts. Es wird nicht das Licht durch den klassischen Begriff des Teilchens erklärt, denn Bohrs Argument, daß die Ausbreitung des Lichts der Feldgleichung genügt, bleibt erhalten. Vielmehr wir die Nötigung, für das Licht die beiden Begriffe von Teilchen und Feld zu gebrauchen, zum Anlaß einer Kritik an beiden Begriffen.

Die Vollendung der Quantenmechanik ermöglichte die Klärung dieses Problems.

1926-1935. Bohr, Heisenberg und Einstein: die Deutungsdebatte

Die Konfrontation begann zwischen Heisenberg und Schrödinger, gleichsam zwischen den Feldherren der beiden Könige. Heisenberg versuchte die Revolution zu vollenden, indem er klassische Modelle des Atoms ganz vermied. Schrödinger hoffte die Revolution rückgängig zu machen, indem er auch die Materie als Feld beschrieb. Schrödingers mathematische Methoden wurden alsbald zum Rüstzeug aller Quantentheoretiker, zumal nachdem die Äquivalenz mit der von Heisenberg, Born und Jordan formulierten Matrizenmechanik nachgewiesen war. Aber Schrödinger mußte anerkennen, daß seine Wellen die Teilchenphänomene nicht erklärten; daß er nicht eine einheitliche Kontinuumstheorie geschaffen, sondern den Dualismus von Teilchen und Welle auf die Materie übertragen hatte. Born übertrug nun auch die statistische Deutung der Wellen, die Einstein schon früh für das Maxwell-Feld unter dem scherzhaften Namen des »Gespensterfeldes« erwogen hatte und die für Bohr, Kramers und Slater zentral gewesen war, auf die Schrödingersche Wellenfunktion. Damit war das Problem der Deutung der neuen Quantenmechanik zwar nicht gelöst, aber klar gestellt.

Die Deutung, die später die »Kopenhagener Deutung« genannt wurde, entstand im Winter 1926/27 in einem freundschaftlichen Ringen zwischen Heisenberg und Bohr. Die beiden Freunde hatten verschiedene Ausgangspunkte. Heisenberg hat mir später einmal gesagt: »Von Sommerfeld hab ich den Optimismus gelernt, von den Göttingern die Mathematik, von Bohr die Physik.« Seine Quantenmechanik wäre ohne den Optimismus und die Mathematik nie entstanden. Es war zusätzlicher philosophischer Optimismus des Dreiundzwanzigjährigen gewesen, die Theorie auf mathematische Beziehungen zwischen prinzipiell beobachtbaren Größen einschränken zu wollen. Einstein belehrte ihn im Gespräch: »Erst die Theorie entscheidet, was beobachtet werden kann.« Heisenbergs Anwendung dieser Erkenntnis war die Unbestimmtheitsrelation. Ausgangspunkt ist der Glaubenssatz aller Physiker: »Was beobachtet werden kann, existiert.« Die Unbestimmtheitsrelation besagt dann *nicht* die logisch falsche Kontraposition: »Was nicht beobachtet werden kann, existiert nicht«, sondern die richtige Kontraposition: »Was nicht existiert, kann nicht beobachtet werden«. In der mathematisch ausgearbeiteten Quantenmechanik existiert kein Zustand, der zugleich Eigenzustand von Ort und Impuls wäre. *Wenn* die Quantenmechanik richtig ist, muß es also prinzipiell unmöglich sein, Ort und Impuls zugleich zu messen. Das weist das Gedankenexperiment nach.

Bohr hingegen ging nie von einer mathematischen Struktur aus, sondern von der Analyse der Art, wie wir Erfahrung in Begriffen beschreiben. Er hatte lernen müssen, daß der Begriff des Teilchens auch zur Beschreibung des als Welle bekannten Lichts, der Begriff des Wellenfeldes auch zur Beschreibung der als Teilchen bekannten Materie notwendig war. Beide Begriffe, Teilchen und Feld, galten für beide Gegenstände, für Licht und Materie. Bohr folgerte, daß beide Begriffe die wahre Natur beider Gegenstände nur unvollkommen ausdrücken; die Wirklichkeit ist die Individualität der atomaren Prozesse. Hier tritt der Begriff der Komplementarität auf. Die beiden Begriffe Teilchen und Feld sind komplementär: sie schließen, streng auf dasselbe Objekt angewandt, einander aus und sind doch zur vollständigen Beschreibung des empirischen Verhaltens des Objekts beide nötig.

Noch tiefer geht wahrscheinlich die Erwägung, daß die Individualität der Prozesse jeden der beiden Begriffe ausschließt, wenn er als strenge Beschreibung der Erfahrung gemeint wäre; die Einführung des jeweils anderen Begriffs ist dann nur eine Veranschaulichung der Weise, wie die Individualität den zuerst betrachteten Begriff ausschließt. Ich kann mich für diese Erwägung nicht wörtlich auf einen Text von Bohr beziehen, hoffe aber in seinem Sinne zu argumentieren. Das Raum-Zeit-Kontinuum ist, wie jedes Kontinuum, gedanklich teilbar. Jedes Volumen läßt sich gedanklich in kleinere Volumina zerlegen, jede Zeitspanne in kleinere Zeitspannen. Felder und Teilchenbahnen sind im Raum-Zeit-Kontinuum definiert. Also kann ein echt unteilbarer Prozeß nicht als Bewegung eines Feldes oder eines Teilchens oder überhaupt im Raum-Zeit-Kontinuum beschrieben werden. »Echt unteilbar« heißt nicht, daß ein Prozeß vorliege, der der Teilung einen unüberwindlichen Widerstand entgegensetzt. Es heißt vielmehr, daß die physische Teilung, wenn sie erzwungen wird, den Prozeß zerstört. Die Bewegung in einem stationären Zustand, z. B. im Grundzustand des Wasserstoffatoms, ist ein Beispiel für einen (in diesem Fall stationären) unteilbaren Prozeß. Eben darum kann man diese Bewegung nicht als Teilchenbahn beschreiben; und eben darum ist das Atom stabil. Wer mit einem Gammastrahlmikroskop erfahren will, wo innerhalb des Atoms sich das Elektron gerade befindet, wird es mit der Genauigkeit der Lichtwellenlänge an einem Ort finden, aber er wird das Atom zerstört haben.

Bohr erzählt*, wie neugierig er im Herbst 1927 auf Einsteins Reaktion war. Bohr und Heisenberg glaubten, sie hätten in Ein-

* N. *Bohr,* »Discussion with Einstein on Epistemological Problems in Atomic Physics«, in: P. A. *Schilpp* (Hrsg.), »Albert Einstein: Philosopher – Scientist«. The Library of Living Philosophers, Vol. VII, Evanston, Ill., 1949, S. 212.

steins Weise, die Abhängigkeit der Begriffe von ihrer experimentellen Definition zu analysieren, einen weiteren Schritt vorwärts getan. Sie waren tief enttäuscht darüber, daß er ihre Deutung ablehnte. Die mathematische Struktur der Theorie akzeptierte er; ihren großen empirischen Erfolg erkannte er neidlos an. Heisenberg hat mir erzählt, daß Einstein ihm 1925 in einem kurzen, handgeschriebenen Brief zu seiner Theorie gratulierte und um eine mündliche Diskussion ihrer Grundlagen bat, mit der Unterschrift: »In aufrichtiger Bewunderung Ihr A. Einstein«. Was Einstein nicht akzeptieren konnte, war, daß die Theorie in ihrer Kopenhagener Deutung nur unvollständiges menschliches Wissen, nicht aber eine vom Wissen unabhängige Realität der Natur beschrieb. Seine eigene Analyse davon, wie die Definition der Längen und Zeiten von Maßstäben und Uhren abhängt, empfand er als etwas völlig anderes, denn auch Maßstäbe und Uhren sind reale Naturobjekte. Das Kriterium der Unvollständigkeit der Quantentheorie war für Einstein ihr bloß statistischer Charakter.

Was immer die fortdauernden Deutungsdifferenzen zwischen Bohr und Heisenberg in wahrscheinlich wichtigen Nuancen besagten, gegenüber Einsteins Reaktion waren beide völlig einig. Auf dem Solvay-Kongreß 1927 begann der Titanenkampf zwischen Einstein und Bohr. Bohr hat ihn später in seinem großartigen Aufsatz von 1949 im Detail geschildert (*Discussion with Einstein ...*, l. c.). Einstein dachte sich immer kompliziertere Gedankenexperimente aus, welche zeigen sollten, daß man die Unbestimmtheitsrelation unterschreiten kann. Bohr widerlegte sie alle. Der Gipfel war, auf dem Solvay-Kongreß 1930, Einsteins Gedankenexperiment mit einem lichtemittierenden Kasten im Schwerefeld, dessen Wägung vor und nach der Emission die Energie des Lichts präzise bestimmen sollte, während eine Uhr im Kasten den Zeitpunkt der Emission präzise festlegte. Von jenem Kongreß gibt es eine Photographie von Einstein und Bohr auf der Straße. Mit breitkrempigem Hut geht Einstein heiter und selbstsicher voran. Einen halben Schritt links hinter ihm geht Bohr, einen schmalen korrekten Hut auf dem schmalen Kopf, und redet mit sorgenvollem Gesicht auf den Freund ein. Aber nach einer schlaflosen Nacht hatte Bohr Einstein mit dessen eigenen Waffen geschlagen. Die unbestimmte Höhe der Uhr über dem Boden während der Wägung macht den Gang der Uhr im Gravitationsfeld eben um das erforderliche Maß ungenau.

Einstein akzeptierte nach dieser Niederlage die Widerspruchsfreiheit der Quantentheorie im Rahmen ihrer Kopenhagener Deutung. Er hielt aber fest am Vorwurf ihrer Unvollständigkeit. Das Gedankenexperiment von Einstein, Podolsky und Rosen 1935 (dessen 50jähriges Jubiläum 1985 in einem besonderen Kongreß gefeiert wird*) zeigte drastisch, wie ein individueller Prozeß im Sinne Bohrs unvereinbar ist mit Einsteins Vorstellung einer raumzeitlichen Realität. Die Diskussion dieses Gedankenexperiments im heutigen Vortrag würde – leider – zu weit führen. In seiner Antwort an die drei Autoren präzisierte Bohr seinen Begriff des Phänomens. Dieser Begriff bezeichnet das Ganze einer empirischen Situation. Nicht eine bloße Sinnesempfindung ist ein Phänomen, auch noch nicht ein bloßer Zeigerstand auf einer Skala, sondern z. B. ein Zimmer, in dem Apparate stehen, die der Institutsmechaniker gebaut hat und auf denen der Experimentator die Stromstärke einer Entladung abliest. Bohr konnte zeigen, daß im Rahmen dieser Beschreibungsweise das Resultat von Einstein, Podolsky und Rosen nicht paradox ist.

Es ist die Tragödie einer geistigen Freundschaft, wenn jeder das, was ihm selbstverständlich geworden ist, dem Verständnis des anderen nicht mehr vermitteln kann. Einstein insistierte, daß Realität unabhängig von unserer Wahrnehmung bestehen muß; darum konnte ihn Bohrs Phänomenbegriff nicht trösten. Für Bohr hingegen war es selbstverständlich, in der Wissenschaft nur von dem zu reden, was wir wissen können. Sein Phänomenbegriff hat die realen Bedingungen des Wissens in sich aufgenommen: leibhaft lebende, miteinander kommunizierende Menschen, die mit anschaulich verständlichen, selbstgebauten Apparaten umgehen.

Zur Kommunikation gehört die Sprache. »Wir hängen in der Sprache«, pflegte Bohr zu Aage Petersen, dem Mitarbeiter seiner späten Jahre, zu sagen. Die Komplementarität der Begriffe hat etwas zu tun mit der Begrenztheit unserer Ausdrucksmittel. Unsere Naturbeschreibung ist nach Bohr insbesondere dadurch begrenzt, daß wir Experimente stets in Begriffen der klassischen Physik beschreiben müssen. Uns Jüngere hat es erstaunt, daß Bohr der historisch entstandenen und historisch überwundenen klassi-

* Das »Symposium on the Foundation of Modern Physiscs: 50 Years of the Einstein-Podolsky-Rosen-Gedankenexperiment« fand vom 16. bis 20. Juni 1985 in Joensuu (Finnland) statt.

schen Physik hier eine so singuläre Rolle zuschrieb. Er erklärte aber: Zu einem Experiment gehört die Raum-Zeit-Beschreibung, denn sonst könnten wir es nicht herstellen und wahrnehmen; und es gehört dazu strikte Kausalität, denn sonst könnten wir aus dem Meßresultat nicht eindeutig auf den Zustand des Meßobjekts schließen. Raum-Zeit-Beschreibung und Kausalität sind aber nur in der klassischen Physik vereinbar; in der Quantentheorie sind sie komplementär. Ich lasse das hier undiskutiert stehen und bemerke nur, daß ich den Kern des Problems in der Irreversibilität des Meßprozesses suche.

Eingangs habe ich, in vorsichtiger Form, gesagt, Bohr habe das lebenslange Streitgespräch der Freunde gewonnen. Im Felde der Erfahrung kam es zu einem bis heute fortdauernden Siegeszug der Quantentheorie. Die seit den frühen fünfziger Jahren aufflammenden Versuche, die Quantentheorie zu ergänzen durch die Annahme verborgener, womöglich lokaler Parameter, waren nicht das, was Einstein anstrebte. Er selbst suchte die Lösung in einer nichtlinearen einheitlichen Feldtheorie. In seinen letzten Lebensjahren erwog er, daß die Grundlage dieser Theorie nicht mehr differentialgeometrisch, sondern rein algebraisch zu formulieren wäre. Der sichtbare Erfolg blieb ihm versagt. Die Unmöglichkeit des Erfolgs ist freilich nicht bewiesen.

Aber auch Bohr war nicht einfach ein Sieger. Die Quantentheorie entwickelte sich zwar im Einklang mit seinen Ergebnissen, aber nicht durchweg in seinem Geiste.

1932-heute. Die Quantentheorie nach Bohr

Als Anfang der Quantentheorie nach Bohr erlaube ich mir das Jahr 1932 anzusetzen, in dem J. v. Neumanns Buch *Mathematische Grundlagen der Quantenmechanik* erschien. Man könnte es vielleicht als das Jahr der Machtübernahme der Mathematik in der Quantentheorie bezeichnen. Bohr liebte Neumanns Darstellung überhaupt nicht. Die Mathematik faßte er nur als einen Teil der Sprache auf, und zwar als einen »rein symbolischen«. Eine Observable war für ihn nicht ein selbstadjungierter Operator im Hilbertraum, sondern eine Größe, für die eine Meßapparatur in Begriffen der klassischen Physik beschrieben werden kann.

Mit dieser Denkweise aber vereinsamte Bohr langsam, mitten in seinem unangefochtenen Ruhm und seiner fortdauernden kommunikativen Tätigkeit. Bohrs Schreibstil ist von einer unter Physikern beispiellosen Sorgfalt. In langen, verschlungenen Sätzen sucht er jedes Sachproblem direkt anzusprechen und zugleich den Zusammenhang und das Gleichgewicht des Ganzen zu wahren. Jedes einzelne Wort ist nach langer Erwägung und vielfachen Änderungen genau gewählt. Aber ebendies überforderte die Leser; er galt als unverständlich. Neumanns Buch hingegen wirkte wie die Kodifikation auf ein Rechtssystem: nun war das Wissen nicht nur den Eingeweihten, sondern allen zugänglich. Daß sich durch Kodifikation auch der Inhalt der Normen ändert, merken nur die Eingeweihten.

Der Erfolg der Kodifikation war beispiellos. Bohr und Heisenberg hatten anfangs die für die Atomhülle entwickelte Quantenmechanik nur für eine Stufe auf einer langen Treppe gehalten; sie hatten für kleine Längen und hohe Energien wiederum eine radikal neue Theorie erwartet. Nichts dieser Art geschah. Die Quantentheorie im Hilbertraum ist bis heute unangetastet. Auch die relativistische Teilchenphysik wird in ihrem Rahmen diskutiert. Die Skepsis angesichts ungelöster mathematischer und empirischer Probleme betrifft, je längere Zeit seit der Entstehung der Theorie verstrichen ist, um so mehr nur die speziellen Ansätze, aber nicht den begrifflichen Rahmen.

Ich erlaube mir ein Wort über meine subjektive Auffassung der heutigen Problemlage. Es ist sinnvoll, nach dem Grund des Erfolgs der abstrakten Quantentheorie zu fragen. Ich möchte sie als eine durch ein einziges Postulat erweiterte allgemeine Theorie des Wahrscheinlichkeitsbegriffs auffassen. Einsteins Frage nach einer Theorie jenseits der uns bekannten Quantentheorie bleibt dabei sinnvoll. In genauer Umkehrung der Einsteinschen Hoffnung würde ich aber annehmen, daß diese Theorie nicht durch eine Reduktion der Quantentheorie auf das Raum-Zeit-Kontinuum, sondern durch eine Herleitung des Raum-Zeit-Kontinuums als klassischer Grenzfall einer reinen Quantentheorie zu gewinnen wäre. Dies sind subjektive Vermutungen, die, wenn sie richtig wären, ein von Bohr nicht betretenes Feld erschließen würden. Aber auch sie bleiben der Strenge der Bohrschen Analyse mehr verpflichtet als jedem der raschen und eben darum wechselnden formalen Ansätze.

Ich möchte damit etwas sagen, was viele heutige Physiker nicht mehr wissen. Die historische Rolle Bohrs ist nicht nur die abgeschlossene, das Atommodell und eine Deutung der Quantenmechanik geschaffen und eine der größten Schulen gegründet zu haben. Sie ist auch die unabgeschlossene, eine Weise des Fragens gelehrt zu haben, ohne die der nächste große Schritt der physikalischen Theorie unmöglich sein wird. Diese Weise des Fragens wollte ich in meinem Vortrag darstellen.

Bohr als Philosoph

Das ist ein Thema für einen eigenen Vortrag. Ich beschränke mich auf ein paar Hinweise.

Der Philosoph, in dessen Gefolge Einstein sich fühlte, war Spinoza. Bohr erzählt, daß er 1937 einen heiteren Wettstreit mit Einstein ausfocht, auf wessen Seite sich heute Spinoza schlagen würde. Ich möchte bestimmt glauben: auf die Seite Einsteins. Spinoza steht in der ontologischen Tradition der abendländischen Metaphysik, die als Grundlage affirmative Aussagen über das Seiende sucht. Bohr hingegen gehört wohl in das Gefolge Kants, der mit der Frage begann: was können wir wissen? Es gibt in der Tat kantische Elemente auch im Detail der Gedanken Bohrs. Wenn er die klassische Physik durch die Vereinbarkeit von Raum-Zeit-Beschreibung und Kausalität charakterisiert, so erinnert das an die Weise, wie Kant unser Wissen von der Natur auf das Zusammenspiel der Anschauungsformen Raum und Zeit und der Grundsätze des reinen Verstandes begründet, unter welchen das Kausalgesetz eine ausgezeichnete Rolle spielt. Daß es eine Wissenschaft geben kann, in der diese Prinzipien nicht vereinbar, sondern komplementär sind, geht freilich über Kant hinaus.

Die Philosophen, die ich Bohr am häufigsten habe nennen hören, sind jedoch Sokrates und William James. Bohrs Verwandtschaft mit Sokrates springt ins Auge. Den Einfluß der Begriffsanalyse von James auf Bohrs Komplementaritätsbegriff hat Meyer-Abich dargestellt. Schließlich ist eine tiefe Geistesverwandtschaft mit seinem Landsmann Kierkegaard unverkennbar.

Zur zeitgenössischen Philosophie hatte Bohr ein durchgehend distanziertes Verhältnis, mochte sie nun empiristisch-positivistisch, realistisch oder aprioristisch sein. Seine Skepsis gegen alle drei Richtungen hatte denselben Grund: Sie glaubten ein unerschütterliches Fundament des Wissens angeben zu können, sei es die angeblich unmittelbare sinnliche Erfahrung, sei es das Wissen von Gegenständen im Raum wie in der klassischen Physik, sei es das Wissen a priori wie in der Mathematik. Bohrs sokratischer Instinkt reagierte auf alle diese Versuche mit tiefer Skepsis und Ironie. Sein später Grundbegriff des Phänomens enthält freilich die vertretbaren Gedanken aller drei Schulen. Phänomene in Bohrs Sinn sind sinnliche Wahrnehmungen an realen Gegenständen, die wir vorweg begrifflich interpretieren.

Eine systematische Darstellung seiner Philosophie hat Bohr nicht geschrieben. Er war der tiefste philosophische Denker unter den Physikern seiner Zeit; ein Fachphilosoph war er nicht. Ich kann mir nicht vorstellen, wie er sich die philosophische Fachbildung hätte erwerben können. Er war dazu gleichsam ein zu leidenschaftlich philosophischer Kopf; er begann mit dem Buch zu diskutieren, ehe er es zu Ende gelesen hatte. Es lag ihm nicht, was den Geisteswissenschaftler ausmacht, fremde Gedanken in ihrem Zusammenhang zu interpretieren; ihm ging es zu direkt und sofort um die Wahrheit selbst. Wenn er aber vor der Wahrheit stand, so stand er vor einem unaussprechbaren Abgrund.

Diesen Abgrund freizuhalten vor dem leichtfertigen Zugriff logischer Konsequenzen, war wohl der tiefste Zweck seines Begriffs der Komplementarität. Es war kein primär physikalischer Begriff. Die Denkweise war ihm von jeher vertraut. Die große Entdeckung von 1927 war für ihn, daß es sogar in den Grundlagen der Physik Situationen gibt, die nur komplementär zu beschreiben sind. Er wandte den Begriff später in vielfachen Zusammenhängen an: auf das Verhältnis des direkten Gebrauchs eines Worts zur Analyse seines Sinns, auf das Verhältnis der direkten Beschreibung von Lebensvorgängen zu ihrer physikalischen Erklärung, auf das Verhältnis von Gerechtigkeit und Liebe. Sein Einwand gegen positive Religiosität war, daß sie durch Formales den Abgrund des Denkens der letzten Dinge zu verdecken schien, den die Sprechweise der alttestamentlichen Psalmen und der chinesischen Weisheit offenhielt.

So war er. Wer war ihm gleich?

Paul Adrien Maurice Dirac

Paul Adrien Maurice Dirac ist im Oktober 1984, 82jährig, in seinem Alterswohnsitz in Florida gestorben. Eine kurze Agenturmeldung berichtete von seinem Tod. In der Woche, in der uns alle zu Recht der Tod der großen Indira Gandhi und des Märtyrers Popieluszko bewegte – wer hat die Notiz von Diracs Tod wahrgenommen? Aber ohnehin: wer hätte heute gewußt, was für ein Mann es war, der unser, dem Katarakt zuströmendes Leben verlassen hat?

Dirac gehörte zu jenen Gelehrten, deren Ruhm unter den Fachleuten viel größer ist als im Publikum – ein bescheidener, sehr nobler Typ. Sollte ich die vier größten theoretischen Physiker unseres Jahrhunderts aufzählen, so würde ich Einstein, Bohr, Heisenberg, Dirac nennen. Als ich im Mai 1928, selbst noch Schüler, den damals 26jährigen Werner Heisenberg besuchte, der in den drei vorangegangenen Jahren die Quantenmechanik und die Unbestimmtheitsrelation entdeckt hatte, sagte er mir, nur halb im Scherz: »Ich glaub', ich muß mit der Physik aufhören. Da ist so ein junger Engländer gekommen, Dirac heißt er, der ist so gescheit – mit dem um die Wette zu arbeiten, ist aussichtslos.«

Heisenbergs Äußerung bezog sich auf die relativistische Wellengleichung des Elektrons, die Dirac soeben gefunden hatte. Diese Gleichung bot an einem Beispiel – eben dem einzelnen Elektron – den ersten mathematisch sauberen Beweis dafür, daß die Forderungen der speziellen Relativitätstheorie und der Quantentheorie miteinander logisch vereinbar sind. Sie erklärte zugleich den kurz zuvor aus empirischen Gründen vermuteten sogenannten »Spin« des Elektrons als notwendige Konsequenz dieser Vereinbarkeit.

Indem ich versuche, diese berühmteste Entdeckung Diracs zu beschreiben, gerate ich in das Problem, ihn dem Nichtfachmann verständlich zu machen. Anders als Einstein, Bohr und Heisenberg hat er nicht versucht, seine Gedanken durch allgemeinverständliche Schriften zu erläutern, und er vermied, der mathematisch präzise Denker, die Vagheiten der philosophischen Deutung. Ehe ich ein kurzes Resümee der Inhalte seines Werks gebe, sollte ich versuchen, den Stil seiner Person und seiner Arbeit zu schildern.

Er war ein etwas über Mittelmaß gewachsener, schmächtiger, leiser Mann. Eine breite, gerade Stirn, in präzisem Winkel von ihr abgesetzt eine gerade Nase, kluge, etwas träumende Augen, ein gerades Kinn, über dem Mund ein kleines, englisches Schnurrbärtchen. Er war schweigsam. Fragte man ihn, so dachte er eine Weile nach und gab mit freundlicher, ruhiger Stimme die kürzeste mögliche genaue Antwort. Dann schwieg er wieder.

Ähnlich war der Stil seiner Arbeit. Er formulierte gelegentlich als methodisches Prinzip: »Man muß die Schwierigkeiten trennen und eine nach der anderen behandeln.« Dies war der Gegensatz zum Bohrschen Typus des Denkens, in dem alles mit allem zusammenhing. Dirac, der Bohr sehr bewunderte, fragte einmal Heisenberg: »Glauben Sie nicht, daß Bohr ein guter Dichter geworden wäre?« Auf die erstaunte Frage: »Warum?« antwortete Dirac: »Weil es in der Dichtung nützlich ist, die Worte ungenau zu gebrauchen.« Diracs eigene Gabe war eine gezügelt-schöpferische mathematische Phantasie. Er dachte über jedes Problem so lange nach, bis er die einfachste mögliche Formulierung gefunden hatte. Seine Gleichungen waren knapp, in ästhetischer Vollkommenheit übersichtlich geschrieben. Eine seiner einfachen mathematischen Erfindungen, die »Delta-Funktion«, wurde alsbald zum Handwerkszeug aller mathematischen Physiker, während die professionellen Mathematiker, der berühmte J. v. Neumann an der Spitze, versicherten, diese Funktion habe selbstwidersprechende Eigenschaften und sei daher eigentlich nicht zulässig. Ein Jahrzehnt später fand der französische Mathematiker Laurent Schwartz diejenige Verallgemeinerung des Funktionsbegriffs, welche die Delta-Funktion voll rechtfertigte.

Über Diracs, des freundlich-kritischen Einzelgängers Ausdrucksweise kursierten zahllose Anekdoten im Kollegenkreis. Als ich ihn persönlich kennenlernte, 1932, trug er auf einer Tagung bei Bohr, in Kopenhagen, einen neuen theoretischen Ansatz in der Quantenfeldtheorie vor. Eine mehr als einstündige Diskussion schloß sich an, vorzüglich darüber, was Dirac eigentlich gemeint habe. Dirac saß schweigend dabei. Befragt, antwortete er: »Should I repeat?« Heisenberg ging an die Tafel, schrieb zwei Sätze und fragte Dirac, welchen von beiden er habe behaupten wollen. Dirac stand schweigend auf, schrieb unter den einen »Yes«, unter den anderen »No« und setzte sich wieder. Die Diskussion ging weiter. Nach einer Viertelstunde stand Dirac auf, wischte das »Yes« aus und schrieb auch an seine Stelle »No«. Er war überzeugt, daß es nur *einen* präzisen Ausdruck eines Gedankens gibt und daß er diesen schon ausgesprochen hatte. Bei einer anderen Tagung wurden die Fragen nach einem Vortrag Diracs von einem Zuhörer eröffnet, indem er sagte, er habe eine bestimmte Passage in dem Vortrag nicht verstanden. Dirac schwieg. Der Vorsitzende sagte: »Prof. Dirac, would you care to answer the question?« Dirac: »There was no question. It was a statement.«

Einmal schrieb Dirac im Vortrag an die drei Meter hohe Rolltafel eine Formel und kündigte an, diese durch eine Rechnung zu beweisen. Er schrieb Formelzeile um Formelzeile säuberlich an und kurbelte dabei die Tafel nach oben, bis die Formel auf der Rückseite verschwand, und weiter. Als die Rechnung zu Ende war, erschien beim Kurbeln die durch sie bewiesene anfängliche Formel im genau richtigen Zeilenabstand von unten wieder auf der Tafel.

Beim gemeinsamen Teetrinken nahm Pauli einmal so viele Zuckerstücke in seine Tasse, daß die herumsitzenden Kollegen heiter protestierten. Man fragte schließlich den schweigenden Dirac nach seiner Meinung. Er dachte nach und sagte dann: »I think, one piece of sugar is enough for professor Pauli.« Das Thema wechselte, aber nach zwei Minuten sagte Dirac: »I think, one piece of sugar ist enough for anybody.« Das Gespräch floß weiter, aber Dirac kam ans Ende seines Gedankengangs und sagte: »I think, the pieces of sugar are made in such a way that one is enough.«

Was aber hat der Mann, der in diesem Stil dachte, zutage gefördert?

Er kam in die theoretische Physik, als Heisenberg gerade die Quantenmechanik gefunden hatte. Dirac gab eine formale Darstellung der Theorie von vollendeter Eleganz, die er später in einem berühmten Lehrbuch niedergelegt hat und die klassisch geblieben ist. Er wandte die Theorie als erster nicht nur auf Teilchen, sondern auch auf das elektromagnetische Feld an. Seine oben erwähnte Wellengleichung des Elektrons war ein mathematischer Geniestreich. Die Gleichung ergab aber, entgegen der bekannten Erfahrung, daß das Elektron auch Zustände negativer Energie haben kann. 1930 veröffentlichte Dirac seine »Löchertheorie«: alle Zustände negativer Energie sind besetzt, und nur die unbesetzten Zustände, »Löcher«, wie Gasblasen in einem See, treten als Teilchen entgegengesetzter Ladung in unsere Erfahrung ein. Niemand mochte das glauben; Fermi »verurteilte« Dirac in einer heiteren Seminar-Gerichtssitzung für diese Absurdität »zur Bastonade«. Aber 1933 wurde das Positron experimentell entdeckt, das genau die von Dirac vorausgesagten Eigenschaften hatte.

In den fünfzig Jahren, die seitdem verflossen sind, ist Dirac keine so sensationelle Entdeckung mehr gelungen. Neue Kontinente sind selten. Aber wer heute in der theoretischen Physik arbeitet, wird immer wieder am Anfang einer wichtigen Gedankenreihe auf eine Abhandlung von Dirac stoßen. Es sei mir erlaubt, drei Beispiele aus meiner eigenen Erfahrung zu nennen. R. P. Feynman hat 1948 eine inzwischen ebenfalls klassische Formulierung der Quantenmechanik angegeben, aus welcher das Grundgesetz der älteren Mechanik, das sog. Hamiltonsche Prinzip, in durchsichtiger Weise folgt; der Gedanke stammt aus einer Arbeit Diracs von 1937. Ebenfalls 1937 schlug Dirac vor, das Verhältnis der charakteristischen Konstanten atomarer Kräfte zu derjenigen der Schwerkraft proportional dem jeweiligen Alter des Universums zu setzen; die Hypothese war höchst anregend, auch wenn sich heute die Waagschale zu ihren Ungunsten zu neigen scheint. 1936 stelle Dirac Wellengleichungen gemäß der speziellen Relativitätstheorie im »konformen Raum« dar; die Methode wurde das Instrument von Arbeiten von L. Castell seit 1967, auf die sich meine Hypothese von »Uralternativen« mathematisch stützt.

Wollen wir, entgegen Diracs eigener Zurückhaltung, philosophisch zu sagen suchen, was sein Werk bedeutet, so werden wir in eine ganz andere Richtung gewiesen, als es die inzwischen abgedroschenen Deutungsdebatten zur neueren Physik nahelegen. Das Geheimnis ist die hohe mathematische Rationalität der Naturgesetze. Wir können diese Rationalität bis heute nicht in philosophischer Sprache angemessen charakterisieren. Ästhetische Kategorien drängen sich unausweichlich auf, wenn wir überhaupt von ihr sprechen wollen. Dirac war im Sinne dieser Ästhetik ein großer Künstler. Er hielt sich aber spontan an Goethes, ihm unbekannten Spruch: »Bilde, Künstler, rede nicht!« Die Kunst sagt nicht, was Kunst ist; sie führt es vor. Deshalb war Dirac schweigsam.

Niels Bohr und Werner Heisenberg. Eine Erinnerung aus dem Jahr 1932

Um das Neujahr 1932 besuchte Werner Heisenberg für etwa zehn Tage unsere Familie in Oslo. Mein Vater war seit dem Frühsommer 1931 dort deutscher Gesandter. Ich studierte in Leipzig, besuchte aber meine Eltern schon im August 1931 und wieder in der Weihnachtszeit. Auf uns, die wir in der Zeit der Wirtschaftskrise, der Arbeitslosigkeit, der politischen Agonie der Weimarer Republik aus Deutschland nach Norwegen kamen, wirkte das Land wie eine Insel der Seligen, auch wenn seine Bewohner, eigenbrötlerische Urenkel der Wikinger und ihrer Skalden, Landsleute von Björnson, Ibsen und Hamsun, nicht immer wußten, daß sie im Paradies lebten. Als ich im strahlenden Sommer im Nachtzug von Göteborg an einem Werktag-Vormittag am Oslo-Fjord entlang nach Norden der Hauptstadt entgegenfuhr, sah ich alle Ufer voller badender Menschen, unter ihnen viele junge Männer. In Oslo angekommen bekam ich die Erklärung: seit einigen Wochen sei Streik, aber man brauche sich nicht zu beunruhigen, denn mit dem Ende der Badesaison werde auch der Streik sein natürliches Ende nehmen. In Berlin marschierten unterdessen SA und Rotfront abwechselnd durch die Straßen und lieferten sich Schlachten.

Im Winter war Norwegen so schön wie im Sommer. Heisenberg ging mit meinen Geschwistern und mir zu einem mehrtägigen Schi-Aufenthalt ins Mittelgebirge, etwa zwei Bahnstunden nördlich von Oslo. Man wohnte bei den Bauern in einem einsamen Bauernhof – es gibt keine Dörfer, nur einzelne Höfe, weit auseinanderliegend, zu »Kirchspielen« zusammengefaßt. Etwa um 8 Uhr begann die Morgendämmerung, etwa um 10 überquerte die Sonne den Horizont und schlich über den Baumwipfeln im Süden entlang, um 2 Uhr ging sie unter, und um 4 Uhr erlosch die Dämmerung. In den hellen Stunden fuhr man auf endlosen Loipen durch den tiefen, kalten Pulverschnee im Wald, und immer wieder öffnete sich der Blick auf die bläulich schimmernden fernen Waldhöhen. An den Abenden saß man im Gespräch in der warmen Küche, die Bäuerin hatte kräftige Speisen und immer ein heißes Getränk für uns.

Etwa am 7. Januar fuhr Heisenberg mit mir nach Leipzig zurück. In Kopenhagen unterbrach er die Fahrt für einen halben Tag, um Niels Bohr zu besuchen. Er rief zuvor an, ob er einen Studenten mitbringen dürfe, was natürlich und freundlich genehmigt wurde. Es war meine erste Begegnung mit Bohr, fast so folgenreich wie die Begegnung mit Heisenberg fünf Jahre früher, auch in Kopenhagen. Wir saßen in Bohrs Dienstzimmer im Institut. Bohr hatte den Wunsch, mit Heisenberg über die philosophischen Probleme der Quantentheorie zu reden. Etwa drei Stunden sprachen sie miteinander; ich saß schweigend dabei. Nachher notierte ich in mein Tagebuch: »Ich habe zum erstenmal einen Physiker gesehen. Er leidet am Denken.«

Bohr war 45 Jahre alt, Heisenberg 30, ich 19. Für mich war Bohr ein alter Mann. Er war von mittlerer Größe, vielleicht zwei Zentimeter kleiner als ich, die Haltung leicht gebeugt; den zähen Sportsmann sah man ihm nicht an. Der Kopf, oft betrachtend und wie schüchtern ein wenig schief geneigt, schien aus zwei verschiedenen Hälften zu bestehen. Die schmale, hohe Stirn unter schon ergrauenden, etwas schütteren Haaren, die er beim Nachdenken raufte, durchfurcht: die ungeheure Intensität des Denkens. Die etwas füllige untere Hälfte des Gesichts, wulstige Lippen, etwas hängende Backen, ein freundlicher dänischer Bürger. Ein oft scheues Lächeln, das das Gesicht durchblitzte, einte beide Hälften. Wie waren die Augen? Dazu muß ich eine Geschichte erzählen. Ein Jahr später kehrte ich mit Bohr vom Schi-Aufenthalt bei Heisenberg zurück. Er und ich verabschiedeten uns voneinander auf dem Münchener Bahnhof, obwohl wir denselben Zug nach Berlin bestiegen: er im Schlafwagen, vorn im Zug, in der Absicht, in Berlin ein Taxi zum Stettiner Bahnhof zu nehmen, ich hinten in der dritten Klasse sitzend, in der zu schlafen ich gut gelernt hatte. In Berlin mußte ich den ganzen Bahnsteig entlanggehen und sah an der Sperre meine Mutter in vertrautem Gespräch mit Bohr stehen – zu meinem Staunen, denn sie kannten einander bis dahin nicht. Nachher erklärte sie mir: »Ich habe nur nach dir Ausschau gehalten. Aber da kam ein Mann, dessen Augen ich ansehen *mußte*. Mir fielen Bilder von Bohr ein, ich sprach ihn an, und er war es.« Die Augen, tief unter den buschigen Brauen, schienen gleichzeitig genau auf die Dinge zu blicken und durch die Dinge hindurch in eine uns anderen unergründliche Ferne; den Mitmenschen blickten sie zugleich scheu und gütig an, wie ich es sonst nie gesehen habe. Ein Wort über die Hände. Heisenberg, der schmächtige blonde junge Mann, hatte die sehnigen künstlerischen Hände des Pianisten, fähig, Akkorde zu greifen. Bohr hatte die etwas fleischigen, breiten, starken, sicheren Hände eines Holzschnitzers.

»Ich habe zum erstenmal einen Physiker gesehen« – das war natürlich eine Aggression gegen Heisenberg. Ich lebte mit ihm in einer Spannung, wie sie nur in großer persönlicher Nähe entstehen kann. Als er mir in Berlin im April 1927 im Taxi die Unbestimmtheitsrelation erzählte – »ich glaub', ich hab' das Kausalgesetz widerlegt« – da war entschieden, daß ich Physik studieren würde, um das zu verstehen. Nun war er mein Lehrer und älterer Freund. In allem Technischen der theoretischen Physik war er mir hoffnungslos überlegen; fing er an zu rechnen, so hörte ich auf und wartete das Resultat ab. Aber ich fand, er stelle sich den philosophischen Problemen der Physik nicht, um derentwillen er mich doch in dieses Fach verführt hatte, weder den erkenntnistheoretisch-ontologischen noch den ethischen der intellektuellen Spaltung des Lebens in – um seine Worte zu gebrauchen – »die Dinge, die etwas bedeuten, und die Dinge, über die man sich einigen kann«. Musik z. B. bedeutet etwas, über Mathematik z. B. kann man sich einigen; aber beide sind einander doch so nah. Ich bin sicher, daß er mich gern hatte, gerade weil ich diese Forderung an ihn stellte. Aber er verhielt sich zu ihr pädagogisch-defensiv. Pädagogisch: »Physik ist ein ehrliches Handwerk; erst wenn du das gelernt hast, darfst du darüber philosophieren.« Damit hatte er, pädagogisch gesehen, recht. Ihm verdanke ich, daß ein passabler Physiker aus mir geworden ist, und ohne das wäre mein philosophisches wie mein ethisch-politisches Engagement bodenlos geblieben. Defensiv konnte er aber auch sagen: »Laß mich machen, was ich kann. Das andere kannst du ja dann machen.« Ich empfand, daß er hier eine ihm natürliche Bescheidenheit benütze, um sich vor einer jeden angehenden Aufgabe zu drücken. Drängte ich sehr, so konnte er auch sagen: »Man kann einmal in den Abgrund schauen; im Abgrund leben kann man nicht.« Das war unwidersprechlich. Ich wußte damals nicht, daß ich ihn überforderte, und er wußte wohl nicht, wo er mich überforderte.

In dieser Lage war die Begegnung mit Bohr eine Erlösung für mich. Hier war ein anerkannter, ein großer Physiker, der sich nicht, wie alle anderen Physiker, die ich kennengelernt hatte, um das Leiden an der eigenen Erkenntnis drückte. Sie alle waren stolz, etwas beweisen zu können. Daß sie das, was sie bewiesen hatten, nicht verstanden, daß sie nicht wußten, was es bedeutete, das merkten sie entweder nicht, oder sie erfanden eine Erkenntnistheorie, deren psychologischer Zweck war, es nicht merken zu müssen, oder sie zerspalteten das eine Leben in zwei Hälften, und in der anderen Hälfte machten sie z. B. Musik. Bohr wußte es. Sein Begriff der Komplementarität war erfunden, um davon reden zu können. So wenn er von dem ausschließenden Verhältnis zwischen der Analyse eines Begriffs und seinem unmittelbaren Gebrauch sprach. Er verglich das Denken mit einer Riemannschen Fläche, die man dem Nichtmathematiker durch eine Wendeltreppe veranschaulichen kann: man geht um den singulären Punkt (die Achse der Wendeltreppe) herum und ist wieder über demselben Punkt der Fläche und doch auf einer anderen Stufe. Dies war ihm nicht eine leicht aussprechbare abstrakte Theorie; es war zugleich ein existenzielles Leiden. Sein so oft geschildertes, so oft freundlich ironisiertes stammelndes Reden, um so unverständlicher, je wichtiger es wurde, entsprang diesem Leiden. Er appellierte, fast aussichtslos und immer wieder unermüdet optimistisch, an das Verständnis des Gesprächspartners. So leitete er später einmal ein philosophisches Gespräch mit mir dadurch ein, daß er an die Tafel ging und daran das eine Wort schrieb: »Denken«. Dann wendete er sich zu mir und sagte: »Ich wollte ja nur sagen, daß ich hier etwas ganz anderes hingeschrieben habe, als wenn ich ein anderes Wort dahin geschrieben hätte.«

Was er an jenem Tag mit Heisenberg gesprochen hat, weiß ich nicht mehr; ich spüre noch den Geruch davon. Wir reisten dann ab. In mir ging in jenen ersten sechs Monaten des Jahres 1932, begreiflich bei einem Neunzehnjährigen, in anderen als den hier geschilderten Zusammenhängen, emotional alles drunter und drüber. Aber aus dem Auf und Ab der Wellen tauchte immer wieder wie eine Leuchtboje die eine Frage auf: »Was hat Bohr gemeint? Was hat Bohr gemeint? Was muß ich verstehen, um sagen zu können, was er gemeint hat und warum er recht hat?« Auf endlosen einsamen Spazierwegen plagte ich mich damit ab. Mit jugendlichem Allwissens-Ehrgeiz glaubte ich, jetzt, nachdem ich Bohr kennengelernt hatte, jetzt oder nie müsse ich den Durchbruch zu »meiner« Philosophie finden.

Wohl um den 12. März war ich mit Heisenberg auf seiner Schihütte am Südabhang des Großen Traithen. Man fuhr nachmittags mit der Bahn von München nach Bayrischzell und ging noch, mit Rucksack und Schiern beladen, anderthalb Stunden zur Übernachtung beim Zipflwirt (»wo Schneewind durch die Wipfel zirrt«).

Am nächsten Morgen stieg man dann durchs Nesseltal und über das Unterberger Joch auf zur Steilen-Alm. Dort hatte Heisenbergs Pfadfindergruppe eine verfallene Almhütte wiederhergerichtet und dafür vom Bauern das Recht erhandelt, sie im Winter als Schihütte zu benutzen. In diesem Jahr waren wir dort zu zweit. Im darauffolgenden Jahr waren Niels Bohr und sein Sohn Christian sowie Felix Bloch dabei. Heisenberg hat später in seinem Buch »Der Teil und das Ganze« im Kapitel 11 »Diskussionen über die Sprache (1933)« dieses Zusammensein unübertrefflich beschrieben. Es war für mich die erste Gelegenheit, Bohrs »Philosophie des Alltags« kennenzulernen. Die oft erzählte Geschichte vom Gläserwaschen habe ich so in Erinnerung: Bohr betrachtete voller Stolz sein Werk und sagte: »Daß man mit schmutzigem Wasser und einem schmutzigen Tuch schmutzige Gläser sauber machen kann – wenn man das einem Philosophen sagen würde, er würde es nicht glauben.« Unsere Abfahrtszeiten vom Traithengipfel habe ich, so meine ich, genau in Erinnerung: Heisenberg brauchte 8 Minuten, Bloch 12, ich 18 und Bohr 45 Minuten. Auf dänischem Laub lernt man eben das alpine Schifahren nicht. Aber er gab nie nach, er war zäh. Und das von ihm geschnitzte Windrad war das einzige, das in vollkommenem Gleichgewicht lief.

Aber 1933 war ich über Bohrs Philosophie schon beruhigt. Ich sammelte gleichsam schon Anekdoten, um sie zu illustrieren. Jetzt, ein Jahr früher, trieb sie mich bis zur Verzweiflung um. Von Bayrischzell fuhr ich nach Freiburg zu Georg Picht. Er, künstlerisch geprägt, ein Jahr jünger als ich und umgetrieben wie ich, mutete mir die volle Philosophie zu, offen für alle Wirklichkeit wie Platon und Nietzsche. Ihm gegenüber verteidigte ich die Wahrheit des Satzes vom Widerspruch, während ich zugleich in tiefsten Zweifeln darüber steckte, *warum* er wahr sei.

Das Leipziger Semester begann. In den Pfingstferien pflegte Heisenberg vor dem Heuschnupfen in pollenarme Gegenden zu fliehen. Wohl fünfmal hat er mich dazu mitgenommen, 1930 nach Helgoland, 1933-35 (wenn ich mich an die Jahre recht erinnere) nach Sylt. Diesmal, 1932, gingen wir in den Thüringerwald, in das hochgelegene Dorf Brotterode über Gotha. Hier gab es junges Buchenlaub, dessen Grün in der Sonne zart leuchtete wie Aquarellfarben, die noch nicht getrocknet sind. Es gab lange Nachtwanderungen und am Morgen weite, etwas melancholische Blicke über die Höhenzüge des Rennwegs. Der Bayer Heisenberg zitierte aus Hugo Wolfs »Biterolf«:

Kampfmüd und sonnverbrannt
Fern an der Heiden Strand,
Waldgrünes Thüringland,
Denk' ich an dich.

»Waldgrünes Thüringland«, wiederholte er, »das ist schön gesagt, das ist wahr. So ist Deutschland.«

Außerdem waren wir beide in Brotterode sehr fleißig. Im Januar 1932 hatte Chadwick das Neutron entdeckt. Das brachte eine kleine Revolution in Heisenbergs Erwartungen an die Weiterentwicklung der physikalischen Theorie hervor. Bohrs fundamentale Erkenntnis 1912 war gewesen, daß die Erklärung der Stabilität der Atome nicht bloß ein neues Modell des Atoms erforderte, sondern neue Grundgesetze der Physik. Heisenberg hatte 1925, dreiundzwanzigjährig, diesen Gesetzen unter dem Namen Quantenmechanik ihre bis heute endgültige Gestalt gegeben. In der Ebene wissenschaftstheoretischer Reflexion war das für ihn das Modellbeispiel des Gedankens geworden, daß die fundamentale theoretische Physik nicht in gleichmäßiger Wissensakkumulation fortschreitet, sondern in einer Folge jeweils abgeschlossener Theorien. Weder Bohr noch er hielten damals die Quantenmechanik für die letzte Fundamentaltheorie; sie erwarteten baldige Fortschritte über diese Stufe hinaus. Heisenberg konnte nie den Gedanken ertragen, seine Jugendarbeit sei die letzte große Inspiration seines Lebens gewesen. Bohr und Heisenberg erwarteten damals, das Problem, wie Elektronen im Atomkern sein können, werde eine neue Fundamentaltheorie jenseits der Quantenmechanik zu seiner Lösung erfordern. Man kannte als mögliche Bausteine des Kerns nur Proton und Elektron; es schien aber quantenmechanisch unmöglich, die leichten Elektronen im Kern festzuhalten. Anhand der kontinuierlichen β-Spektren spekulierte Bohr über eine mögliche Verletzung des Energiesatzes bei der Elektronenemission aus dem Kern; dieses Problem wurde schließlich durch Paulis Gedanken eines weiteren Teilchens, des Neutrinos, konservativ gelöst. Chadwicks Entdeckung nun brachte Heisenberg auf den Gedanken, der Kern bestehe nur aus Protonen und Neutronen; die Elektronen würden gleichsam bei ihrer Emission erst erzeugt. Protonen und Neutronen im Kern konnten der Quantenmechanik genügen. So war die Stabilität des Atomkerns gerade andersherum erklärt als zwanzig Jahre zuvor durch Bohr die Stabilität der Atomhülle: nicht durch neue Fundamentalgesetze, sondern, bequemer, durch ein neues Modell. Eine kleine Enttäuschung einer voreiligen Hoffnung auf eine neue große Revolution. Aber mit seinem unermüdlichen handwerklichen Ehrgeiz arbeitete Heisenberg das Modell nun aus. Heute fällt mir zu, in der Ausgabe von Heisenbergs Werken den Kommentar zu seinen kernphysikalischen Arbeiten zu schreiben, deren erste in Brotterode entstanden ist.

Ich hatte zunächst ein sehr viel uninteressanteres Thema. Ich quälte mich mit einer etwas langweiligen, aber nicht ganz leichten Doktorarbeit ab, einer Kletterei, die ich ohne Heisenbergs bergführerhaftes Ziehen und Schieben nicht zur Zeit zu Ende gebracht hätte. Aber zugleich ging mir die Philosophie im Kopf herum. Eines Morgens schrieb ich einen Zettel voll mit einer Folge von Sätzen, die ich wie eine direkte Inspiration empfand. Der erste Satz, der das Tor aufschloß, lautete: »Bewußtsein ist ein unbewußter Akt.« Über die Natur dieser Inspiration wurde ich erst dreißig Jahre später belehrt. Klaus Meyer-Abich schrieb um 1962 bei mir in Hamburg seine Dissertation über Bohr. Als ich ihm diesen Satz erzählte, sagte er: »Der Satz steht bei William James. Und Bohr hat im Winter 1931/32 ständig William James gelesen.« Also hatte sich der Satz von Januar bis Mai durch mich hindurchgewühlt, bis er mir mein Tor aufschloß.

Jener Zettel scheint nicht mehr zu existieren. Etwa 1934 habe ich einen nicht veröffentlichten langen Aufsatz »Über den Begriff der Erkenntnis« geschrieben, in dessen Mitte ich den Inhalt des Zettels aufnahm, den Anfang wörtlich, die Fortsetzung geglättet und erweitert. Ich möchte hier einige Passagen daraus abschreiben.

»Bewußtsein ist ein unbewußter Akt. Das Kind wird sich der Dinge bewußt. Der Knabe wird sich seines Bewußtseins bewußt. Der Mann ist sich dessen bewußt, daß er sich seines Bewußtseins bewußt geworden ist. Aber stets ist das letzte Bewußtwerden wieder ein unbewußter Akt wie Gehen, Essen, ja Atmen. Will ich wissen, was ich eben jetzt denke, so kann ich es nicht mehr denken und stürze die Wendeltreppe des unendlichen Regresses hinab.

Ohne unmittelbar verständliche Sätze gäbe es keine Erkenntnis. Unmittelbar verständliche Sätze sind aber gleichsam unbewußte Akte. Ihre Worte gelten unreduziert, sie sind undefiniert. Man kann sie definieren, bewußtmachen, aber nur mit Hilfe anderer, undefinierter, unbewußter. Man kann den elementaren Akt des Bewußtmachens nicht anders bezeichnen als durch Worte wie: Fixieren, Aufweisen unbewußter Tatbestände. Auch die Aufgabe der Wissenschaft ist nicht das Beweisen, sondern das Aufweisen. Ein Beweis durch Deduktion ist die Aufweisung einer besonderen Art des Zuammenhangs zwischen bereist Fixiertem; ein Erfahrungsbeweis ist die Aufweisung schlechthin.

Bewußtmachen ist ein Akt der Fixierung. Vorstellbar nennen wir das, was fixiert ist; der Weg zu ihm durch das Chaos des Unbewußten ist durch die Fixierung gesichert, und so können wir es wiederfinden und vor uns stellen, uns vor-stellen. ... Der Rest, das Unbewältigte, ist freilich Existenzgrund des Lebens und immanente Rechtfertigung der Erkenntnis.

Wir haben stets nur das Allgemeine; das Besondere ist nur das jeweils spezialisierteste Allgemeine ... Bei allen Hypothesen über den Zielpunkt an Erkenntnis muß man bedenken, daß man über die Sprache doch wieder nur *sprechen* kann. ...

Der »genommene« Abschluß gehört freilich wesentlich zur Erkenntnis. Er garantiert ihren inneren Zusammenhang und damit erst die Möglichkeit, das einmal Aufgewiesene auch festzuhalten. Erst der Zusammenhang macht die Erkenntnis zur Erkenntnis.

Alles bewußtmachende Fixieren geschieht durch einen Akt der Symbolisierung. ... Die Gesamtheit der innerlich verbundenen Symbolisierungsakte, deren wir jeweils fähig sind, heißt Bewußtsein. ... Je mehr ein Symbol isoliert ist, desto mehr geht das Phänomen, dem es entspricht, aus dem Bewußten ins bloß Geahnte über. Man sieht hier, daß der Begriff »bewußt« relativ ist. ...

Erkenntnis ist Bewußtseinserweiterung. Es gibt zwei Arten der Erkenntnis: Fixieren mit Hilfe des vorliegenden Symbolmaterials (... sammelnde Erkenntnis, Wachstum), und Fixieren mit Hilfe neuer Symbole, die dem vorhanden Komplex angegliedert werden können (schöpferische Erkenntnis, Geburt). –«

Es ist evident, wie diese Sätze James, Bohr und Heisenberg spiegeln, ohne mit einem von ihnen identifizierbar zu sein.

Ich sah Bohr zum erstenmal wieder im September 1932. Er hielt damals in jedem Herbst, unter dem seidenblauen Kopenhagener Septemberhimmel, eine wissenschaftliche Konferenz in seinem Institut ab; von 1932 bis 1938 habe ich an den Konferenzen teilgenommen. Sie waren die wissenschaftlich fruchtbarsten und im Verlauf humansten Tagungen, die ich je erlebt habe. Jedes Jahr lud Bohr vier oder sechs seiner vertrautesten Freunde und Schüler zur Konferenz ein und forderte jeden auf, einen oder zwei Mitarbeiter eigener Wahl mitzubringen. Jeweils am Abend vor Konferenzbeginn lud Bohr dann den kleinen Kreis der Vertrauten in seine Wohnung ein und fragte: »Worüber wollen wir nun in den nächsten Tagen reden?« Also gab es keine präparierten Manuskripte, es gab die höchste Stufe der jeweiligen Aktualität, und da die Konferenz in den guten frühen Jahren etwa doppelt so viele Stunden wie Teilnehmer zählte, gab es Zeit, jedes lohnende Problem auszudiskutieren.

In der Konferenz von 1932 hielt Bohr ein Grundsatzreferat über die aktuellen Schwierigkeiten der Atomtheorie. Ich erinnere mich des Inhalts nicht, wohl aber der Frustration der Teilnehmer über die nun doch schon lange bekannte Unverständlichkeit seines Redens. Mit leidendem Gesicht, schräggehaltenem Kopf stammelte er unvollständige Sätze – nicht einmal die Sprache, die er benutzte, blieb konstant; sie schwankte zwischen deutsch, englisch und dänisch – und wenn es ganz wichtig wurde, murmelte er, die Hände vors Gesicht gepreßt. Wir bösen Buben sagten, er kenne nur drei mathematische Symbole: $\gg$, $\ll$, $\approx$, in Worten: »viel größer als«, »viel kleiner als«, »ungefähr gleich«. An jenem Tag hatte er eine Weile in der rechten Hand die Kreide, in der linken den Schwamm. Er schrieb Formeln mit der Rechten und wischte sie mit der Linken alsbald wieder aus. Plötzlich ertönte aus dem Auditorium die energische Stimme seines alten Freundes Paul Ehrenfest: »Bohr!« Erschrocken wandte Bohr sich ihm zu. »Bohr! Gib den Schwamm her!« Mit gequältem Lächeln überreichte ihm

Bohr den Schwamm, und Ehrenfest hielt ihn während des Rests des Vortrags fest auf seinen Knien.

Aber wenn dann ein anderer – Heisenberg, Dirac, Pauli etwa – ein Referat hielt, unterbrach ihn Bohr mit Fragen, eingehüllt in das Zuckerbrot seiner hilflos freundlichen Redensarten: »Das ist ja sehr sehr interessant!« »Ich meine, nicht um zu kritisieren, nur um zu lernen, muß* ich fragen: ...« »Wir sind ja viel mehr einig, als Sie denken.« (Bei ganz dummen Menschen sagte er resigniert nur noch »Oh, sehr, sehr«. Und dann wurde im Lauf mehrerer Stunden erbarmungslos alles klar.

Ich möchte hier eine von mir oft mündlich erzählte etwas spätere Erinnerung noch einmal einflechten. Nach der Konferenz vom September 1933 blieb ich mehrere Monate in Kopenhagen. Ich wohnte bei Fróken Thalbitzer in Hellerup, einer reizenden und energischen alten Dame, die mir bald nachher, als ich ihr schriftlich zum 81. Geburtstag gratuliert hatte, antwortete, sie fühle sich als seien in ihrem Alter die beiden Ziffern vertauscht. Auf der Konferenz hatte der Engländer Williams eine Methode zur genäherten Berechnung von Streuquerschnitten bei hohen Energien vorgetragen. Es gab eine lange Diskussion mit Verbesserung der Williamsschen Methode, an der mehrere Leute teilnahmen, darunter auch Landau aus Rußland und ich. Alle anderen reisten ab, und Bohr forderte mich auf, das Ergebnis der Diskussion in einer eigenen Arbeit zusammenzuschreiben. (Er schrieb deshalb auch an den im mündlichen Gespräch unerschöpflich aggressiven Landau, der nach sechs Wochen mit einem Brief von einem Satz antwortete; Bohr zeigte mir den Brief und sagte: »Landau scheint nicht soviel zu schreiben wie er spricht.«) Ich schrieb die Arbeit im Lauf einiger Wochen auf und gab sie in Bohrs Sekretariat ab, Bohr selbst war wenig zu sehen. Er war sehr angestrengt, oft außer Haus, wohl schon mit viel Regierungsberatung und mit der unermüdlichen Fürsorge für deutsche Emigranten.

Nach vierzehn Tagen bekam ich einen Gesprächstermin bei ihm. Er kam verspätet, sah unendlich müde aus, zog die Arbeit heraus und sagte »Oh, sehr sehr ... das ist ja eine sehr schöne Arbeit geworden ... ja, nun** ist alles klar ... Ich hoffe, daß Sie sie

* Danizismus: »maa jeg spórge?« = »darf ich fragen?«

** Danizismus: »nu« heißt »jetzt«.

bald veröffentlichen ...« Ich dachte: »Der arme Mann! Er hat sicher gar keine Zeit gehabt, die Arbeit zu lesen.« Er fuhr fort: »Nur um zu lernen: Was bedeutet eigentlich die Formel auf Seite 17?« Ich erklärte es. Er: »Ja, das verstehe ich. Dann muß aber doch die Fußnote auf Seite 14 folgendes bedeuten.« Ich: »Ja, das habe ich gemeint.« »Aber dann ...« und so ging es weiter, und er hatte alles gelesen. Eine Stunde verfloß, er wurde immer frischer, und ich kam einmal in eine Schwierigkeit der Erklärung. Nach zwei Stunden war er strahlend frisch, ganz bei der Sache, in vollem, naivem Eifer, und ich spürte meine Müdigkeit und daß ich in die Enge getrieben wurde. In der dritten Stunde aber sagte er triumphierend und zugleich ohne jeden bösen Willen: »Nun verstehe ich! Nun verstehe ich die Pointe. Die Pointe ist, daß alles ganz genau umgekehrt ist, als Sie gesagt haben. Das ist die Pointe!« Und, mit gebührender Einschränkung des »alles«, war es wohl so. Wenn man solche Erfahrungen mit seinem Lehrer ein paarmal gemacht hat, hat man etwas gelernt, was anders nicht zu lernen ist.

1932 war das hundertste Todesjahr Goethes. Die Konferenz endete mit einer im wesentlichen von Max Delbrück inszenierten Faust-Parodie, angewandt auf die aktuelle theoretische Physik. Es gab neben der klassischen eine quantentheoretische Walpurgisnacht und, da die Entdeckung des Neutrons zu feiern war, war es am Schluß das Ewig-Neutrale, das uns hinanzog. Der Beginn aber war der Prolog im Himmel. Die drei Erzengel traten auf in der Maske der drei streitbaren Astrophysiker Eddington, Jeans und Milne. Eddington begann:

Die Sonne strahlt bekannterweise
in polytroper Sphären Glanz,
und ihre vorgeschrieb'ne Reise
bestätigt meine Formeln ganz.

Nach Absolvierung ihrer Kontroverse aber sagten die Drei unisono:

Ihr Anblick gibt uns allen Stärke,
da keiner sie ergründen mag.
Die unbegreiflich hohen Werke
sind herrlich wie am ersten Tag.

Nun wurde das Tuch herabgezogen, das Gott den Herrn wie ein noch unenthülltes Denkmal verdeckt hatte. Oben auf dem Experimentiertisch des Hörsaals saß er auf einem hohen Schemel, einen Zylinder auf dem Kopf; der Schauspieler war Felix Bloch, und die unverkennbare Maske war die von Niels Bohr. Mephisto aber, als Schauspieler Léon Rosenfeld, mit der nicht minder unverkennbaren Maske von Wolfgang Pauli, sprang auf den Experimentiertisch, setzte sich vor die Füße des Herrn und begann:

Da du, o Herr, dich einmal wieder nahst
und fragst, wie alles sich bei uns befinde,
und du mich sonst gewöhnlich gerne sahst,
siehst du mich

– (mit einer ausladenden Geste zum Auditorium) –
auch unter dem Gesinde.

Ich wiederhole hier nicht den Text. Aber so war es. Unser Lachen über Bohr war der Ausweg daraus, daß wir ihn oft nicht verstanden, fast grenzenlos bewunderten, und grenzenlos liebten.

Werner Heisenberg

Heisenberg sagte einmal über seine Lehrer: »Von Sommerfeld habe ich den Optimismus gelernt, von den Göttingern die Mathematik, von Bohr die Physik.« Jedes der drei Wörter Optimismus, Mathematik, Physik steht hier einerseits für eine Forschungsmethode, andererseits für eine Auffassung der Natur. Diese sechs Elemente sind in Heisenbergs Begriff der Physik enthalten. Sie bezeichnen die Ingredienzien dieses Begriffs, aber noch nicht seine abschließende Symmetrie.

Das Gemeinsame in Sommerfelds und Heisenbergs *Optimismus* ist, daß für beide die Physik eine Kunst war; Kunst im doppelten Sinn der Handwerklichkeit und der Schönheit. Handwerker und Künstler haben eine Reihe persönlicher Eigenschaften nötig. Sie müssen imstande sein, über ihre Arbeiten nicht bloß zu reden und zu denken, sondern sie auszuführen. Sie brauchen Begabung, Schulung, Willen, Fleiß, Begeisterung, Hartnäckigkeit.

Sommerfeld wandte mit besonderem Geschick ziemlich einfache mathematische Techniken auf mannigfache empirische Probleme an. Wir nannten damals seine Bücher – so das berühmte *Atombau und Spektrallinien* – seine Kochbücher. In Heisenbergs Arbeiten, bis hinein in seine späteren Theorien, finden wir seine Sommerfeldsche Gewandtheit in komplexer Integration, seinen Erfindungsreichtum für Näherungsmethoden. Kramers sagte einmal über Heisenberg: »Er hat die einzigartige Gabe, Näherungsmethoden zu erfinden und sie auf den einzigen Fall anzuwenden, in dem sie konvergieren.« Und in den späteren Diskussionen zwischen »Puritanern« und »Propheten«, d. h. Anhängern der axiomatischen Feldtheorie und Anhängern des Heisenbergschen Versuchs einer einheitlichen Feldtheorie, beschrieb Mitter ihre entgegengesetzten Methoden durch den Vergleich mit Jägern, die im Wald einen Hasen jagen wollen. Der Puritaner umgibt den ganzen Wald mit einem Stacheldrahtzaun und engt dann den

Draht, sorgfältig jeden Baum passierend, ein, in der Hoffnung, den Hasen am Ende im letzten Quadratmeter innerhalb des Zauns zu finden. Der Prophet – also Heisenberg – nimmt sein Gewehr, geht in den Wald und denkt: wenn ich den Hasen sehe, werde ich ihn mit meinem Schrot schon treffen.

Hinter dem Optimismus des Handwerkers oder Jägers stand der tiefwurzelnde Glaube des Künstlers an die mathematische Schönheit der Grundgesetze der Natur. In der frühen Quantentheorie der Atomhülle war Sommerfeld fasziniert von der pythagoreischen Harmonie ganzer Zahlen. Bohrs Korrespondenzprinzip nannte Sommerfeld einen Zauberstab. Heisenbergs größte Entdeckung, die Quantenmechanik, enthüllte das einfache, allumfassende mathematische Gesetz hinter diesen geheimnisvollen Konsonanzen. Die überwältigend durchsichtige Einfachheit eines wahren Naturgesetzes, der einmalige Weg zwischen scheinbaren Paradoxien hindurch, den ein solches Gesetz eröffnete – das war wohl Heisenbergs tiefste persönliche Erfahrung von der Physik. Aus dieser Erfahrung leitete er seine Verwendung der Einfachheit als Kriterium für die Wahrheit einer Hypothese her. Eine einfache fundamentale Hypothese mag zwar immer noch nicht die richtige sein, aber eine komplizierte fundamentale Hypothese ist todsicher falsch, oder sie ist, günstigenfalls, eine ungeschickte Art, eine noch nicht verstandene Wahrheit auszudrücken.

Heisenberg sprach über dieses Kriterium ganz ausdrücklich. Zum Beispiel beschreibt er in seinem Buch *Der Teil und das Ganze* (München 1969, S. 141 f.) ein Gespräch von 1929 mit dem amerikanischen Experimentalphysiker Barton, der in dem Dialog eine pragmatische Auffassung der Physik vertritt. In diesem Gespräch zeigt sich Heisenberg zunächst überrascht, daß sich die Amerikaner, anders als die Europäer, von Anfang an nicht gegen die nichtklassischen Züge der neuen Quantentheorie zur Wehr gesetzt haben. Barton antwortet, ein Ingenieur würde sich doch auch nicht dagegen wehren, eine Formel, die sich zur Beschreibung der Erfahrungsdaten als zu einfach erwiesen hat, durch eine verfeinerte, also kompliziertere Formel zu ersetzen. Warum also sollten wir uns gegen einen neuen Formalismus der Atomphysik wehren, wenn er erfolgreich ist? Aber Barton macht seinem Partner Heisenberg mit dieser entgegenkommenden Haltung kein Vergnügen. Heisenberg findet diesen Grund, die Quantenmechanik zu akzeptieren, noch schlimmer als die Gründe großer Physiker wie Einstein oder traditioneller Philosophen, diese Theorie zu verwerfen. Diese Gegner haben wenigstens die Bedingungen verstanden, denen eine Theorie genügen muß, um fundamental zu sein. Die klassischen Theorien der Physik sind »abgeschlossene Theorien«, an denen man keine kleinen Verbesserungen mehr anbringen kann. Eine abgeschlossene Theorie läßt eine einfache axiomatische Formulierung zu, und eine kleine Verbesserung hieße, die Einfachheit des axiomatischen Rahmens zu zerstören. Deshalb geschieht der Fortschritt in der theoretischen Physik in diskontinuierlichen Schritten, deren jeder von einer einfachen Theorie zu einer anderen noch einfacheren Theorie führt, die ihre Vorgängerin als einen Grenzfall enthält oder impliziert. Der Gedanke eines kontinuierlichen Fortschritts in den Grundlagen dieser Wissenschaft würde ihr »jede Kraft, oder sagen wir, jede Härte nehmen, und ich wüßte nicht, in welchem Sinne man dann noch von einer exakten Wissenschaft sprechen könnte«. (S. 138)

Vielleicht darf ich hinzufügen, daß ich Heisenberg in seinen letzten Lebensjahren empfohlen habe, Thomas Kuhns Buch *Die Struktur wissenschaftlicher Revolutionen* zu lesen, das den Gedanken des diskontinuierlichen Fortschritts in der Wissenschaft bei den Historikern und Philosophen der Naturwissenschaft populär gemacht hat. Ich fand, Kuhn beschreibe dieselbe Struktur wie Heisenberg mit mehr historischem Detail. Aber Heisenberg sagte mir in einem der letzten Gespräche, die ich mit ihm hatte: »Ich habe jetzt Kuhns Buch gelesen. Aber ich bin enttäuscht. Historisch hat er schon recht. Aber er verpatzt die Pointe. Was er Paradigmen nennt, sind in Wirklichkeit abgeschlossene Theorien. Sie müssen einander diskontinuierlich folgen, weil sie einfach sind. Das wirkliche philosophische Problem ist: warum kann es einfache Theorien geben, die wahr sind? An diesem Problem geht Kuhn vorbei. Aber das ist der Schlüssel zur Geschichte der Naturwissenschaft. Man hat nichts von der Möglichkeit der Wissenschaft verstanden, solange man das nicht verstanden hat.« Ich konnte Heisenberg in diesem Punkt nur zustimmen. Die heutige Wissenschaftstheorie hat nicht bloß die Frage nicht beantworten können, warum oder wie eine fundamentale Wissenschaft möglich ist; sie hat nicht einmal gesehen, worin das Problem besteht. Popper ist der Eingangstür zu dem Problem nahegekommen, Kuhn hat eine hervorragende historische Phänomenologie gegeben. Aber nur in Heisenbergs Bemerkungen steckt der Schlüssel zum Eingangstor. Ich behaupte nicht, daß Heisenberg das Problem gelöst habe. Er ist, sozusagen, nicht ein Philosoph im strengen Sinne, sondern ein Augenzeuge. Er versteht, was Physik ist, denn er hat selbst Physik gemacht. Ich habe diese Bemerkungen unter dem Titel des Optimismus eingeführt, um ihre Natur als persönliche Erfahrung hervorzuheben. Heisenberg wußte, was er gesehen hatte, auch wenn wir einige seiner Begriffe nicht anzunehmen brauchen. Kolumbus kam von seiner Reise heim und sagte, er sei in Indien gewesen. Darin irrte er sich, aber in zwei anderen Punkten hatte er recht: erstens gab es das Land wirklich, das er entdeckt hatte, und zweitens mußte man, wenn man seinen Weg weiterverfolgte, wirklich in Indien ankommen.

Soviel vom Optimismus.

Mathematik, wie Heisenberg sie in Göttingen kennenlernte, war nicht bloß eine Kunst; sie war eine Wissenschaft. Als er im Juni 1925 von Helgoland heimkam, erzählte er Born seine neue Darstellung mechanischer Größen durch quadratische Schemata komplexer Faktoren mit nichtkommutativer Multiplikation. Ein paar Tage später sagte ihm Born: »Ihre algebraischen Größen kennen die Mathematiker gut. Sie nennen sie Matrizen.«

Heisenberg akzeptierte auch die Mathematik als Wissenschaft – im Unterschied zur Mathematik als Kunst –, weil sie eine Schulung des Denkens, ein unentbehrliches Werkzeug und ein Hinweis auf Strukturen war, die noch jenseits unseres intuitiven Verständnisses liegen. Aber sie blieb seinem Herzen ein wenig fern. Er verwendete das Werkzeug manchmal mit großartiger Sorglosigkeit. Die Ambivalenz seiner Beziehung zur strengen und systematischen Mathematik wäre eine philosophische Studie wert. Als ich ihn kennenlernte – es war in Kopenhagen, er war 25 Jahre alt und ich 14 –, zeigte er mir Bohrs Institut, auch dessen Bibliothek. Ich war beeindruckt und etwas verstört von dem Haufen Mathematik, den ich als theoretischer Physiker würde lernen müssen. Er sagte: »Das brauchst du aber. Freilich, die Natur rechnet nicht. Aber wir müssen rechnen, wenn wir sie verstehen wollen.« Er sagte gern: »Die Mathematik ist klüger als wir.« Er meinte, sie enthält und enthüllt bei richtigem Gebrauch Strukturen, die zu erfassen unser Anschauungsvermögen noch zu schwach war. Aber Heisenbergs eigene Stärke als Forscher lag in einer Gabe, die ich intellektuelle Anschauung nennen würde. Er war nie mit einem Ergebnis zufrieden, das nur durch Rechnung gefunden war; er traute dem Ergebnis, wenn es ihm auch intuitiv deutlich geworden war. Ich erinnere mich aus meinen Studentenjahren an einen Vergleich zwischen Born und Heisenberg, den einer der jungen Theoretiker zog: Wenn Born und Heisenberg durch ein physikalisches Problem auf ein Integral geführt werden, sagt Born: »Wir wollen es ausrechnen und sehen, was es bedeutet«; Heisenberg aber sagt: »Sehen wir, was es bedeutet, dann werden wir sehen, wie wir es ausrechnen können.«

In solchen Anekdoten tritt die Mathematik nur als Werkzeug auf oder, wie Heisenberg gern sagte, als Formalismus. Aber die Mathematik ist ja eine eigenständige Wissenschaft. Diese Wissenschaft bewunderte Heisenberg fast mit einem etwas mystischen Schauer. Wenn er das erklären wollte, fiel er oft in die ästhetische Sprechweise zurück. Er verglich die Zahlentheorie mit Bachs *Kunst der Fuge*. Ein ähnliches Empfinden flößte ihm die Theorie der analytischen Funktionen ein. Er meinte ein tiefes Geheimnis der Wirklichkeit hinter der Tatsache zu spüren, daß gewisse Sätze über ganze Zahlen nur mit Hilfe kontinuierlicher Funktionen haben bewiesen werden können. Was ist das Geheimnis des Kontinuums? Er scheute sich nicht, herrschende Ansichten über solche Probleme schlicht zu verwerfen. Als ich bei ihm in Leipzig Physik studierte, fragte er mich einmal, was ich gerade in der Mathematik treibe. Er sah offenkundig, daß ich mathematische Schulung nötig hatte. Ich antwortete: »Ich lerne Mengenlehre.« Er: »Das sollst du nicht lernen.« Ich: »Aber die Mengenlehre ist doch die Grundlage, und sie interessiert mich philosophisch.« Er erwiderte: »Nein, sie ist lauter Unsinn. Glaube den Mathematikern nicht, wenn sie dir weismachen wollen, es gebe so etwas wie eine aktual unendliche Punktmenge. Könnte man so etwas beobachten?«

Die Philosophie, die er hinter solchen Äußerungen verbarg, war nicht naiv; eher war sie für seine eigene Fähigkeit, sie ausdrücklich zu machen, zu tief. Er erzählte mir einmal über eine Gastvorlesung Brouwers in Göttingen auf dem Höhepunkt seines bitteren Streits mit Hilbert über Intuitionismus und Formalismus. Nach der Vorlesung verlangte ein Zuhörer eine Diskussion. Aber Hilbert sagte: »Wer nach so einer Vorlesung etwas anderes tut als heimzugehen und mehrere Wochen nachzudenken, ehe er ein Wort dazu sagt, der hat nichts von der Vorlesung verstanden.« Heisenbergs implizite Ansicht war wahrscheinlich, daß sowohl die Mathematik wie die Physik von der letzten Realität und also, mit verschiedenen Mitteln, von derselben Realität handeln. Gewiß kann man sich unendliche Punktmengen ausdenken, und man kann vielleicht sogar das Glück haben, zu beweisen, daß das keinen Widerspruch impliziert, aber trotzdem sind diese Punktmengen eine Erfindung und keine Entdeckung. Man mag, umgekehrt, zuerst Newtons Gesetze entdecken und sie zweihundert Jahre später auf ein Gebiet genäherter Anwendbarkeit einschränken; aber sie bleiben eine Entdeckung und nicht eine bloße Erfindung. Die Zahlentheorie, die Theorie der analytischen Funktionen, wohl auch die Theorie der Lie-Gruppen, scheint Heisenberg als Entdeckungen empfunden zu haben. Aber er beanspruchte für sich niemals Sachverstand in der Philosophie der Mathematik. Man mußte ihn gut kennen, um seine bescheidenen Ansichten hierüber überhaupt zu erfahren. Aber diese Ansichten werfen, so scheint mir, ein Licht auf seine Art, die Wirklichkeit zu sehen.

Alles bisher Gesagte handelte von Optimismus und Mathematik, noch nicht von der *Physik*. Heisenberg war bereit, von anderen zu lernen. Er hatte mehrere Lehrer und kritische Freunde; unter letzteren war Pauli der überragende. Aber nur einen Menschen auf der Welt erkannte er als seinen Meister an: Niels Bohr. Der Sinn des Wortes »Physik« war für ihn durch Bohrs Haltung zur Wirklichkeit definiert. Was ist Physik in dem Sinne, den Bohr in Heisenbergs Augen verkörperte?

Lassen Sie mich wieder zuerst ein Wort über den Menschen sagen. Der Schwerpunkt von Bohrs Denken lag näher beim materiellen Experimentieren und ferner von der Mathematik als derjenige Heisenbergs. Bohr liebte das Handwerk, die Skulptur, die Malerei, Heisenberg war ein Musiker. Bohrs Hände waren die Hände eines Tischlers, Heisenbergs die eines Pianisten. Bohrs Gedankenarbeit in der Physik war die unermüdliche Suche nach dem Sinn in der Wirklichkeit, den ein Wort, ein Satz, eine Theorie haben mochte. Bohrs Philosophie der Mathematik war ganz anders als diejenige Heisenbergs. Für Bohr war die Mathematik einfach ein Teil der Sprache. Alle die stolzen mathematischen Physiker, die Bohr begegneten, mußten lernen, daß eine mathematische Formel überhaupt noch keine Physik ist, solange man nicht sagen kann, was ihre Symbole bedeuten sollen; und zwar, es in einer Sprache sagen, die der Sprache des Alltags nahe genug ist, um der Werkstatt des Instituts zu erklären, wie ein Instrument zu bauen ist, das die durch das Symbol bezeichnete Größe mißt.

Bohrs unermeßlicher Einfluß auf die Physik ist nicht hinreichend beschrieben durch die Wirkung seiner Ideen, vom Wasserstoffmodell über Korrespondenz und Komplementarität bis hin zum Modell des Atomkerns als »compound nucleus«. Ebensowenig wird dieser Einfluß ausreichend erklärt durch Bohrs tiefe und immer unvollendete Philosophie. Wohl sein stärkster Einfluß auf die Physik lag in der tiefen Verwandlung des Bewußtseins so vieler erstklassiger Physiker, die er zwang, zu sagen, was sie mit ihren mathematischen Theorien gemeint hatten. Im Blick auf die Forschungsmethode ist es dies, was Heisenberg meinte, wenn er sagte, von Bohr habe er die Physik gelernt.

In die philosophische Diskussion über den Sinn dieser Art, Physik zu treiben, mag uns ein Vergleich von Bohrs und Heisenbergs gemeinsamer Leistung, der Kopenhagener Deutung der Quantentheorie, mit gängigen philosophischen Ansichten einführen. Wie verhält sich die Kopenhagener Deutung zum Positivismus, zum wissenschaftlichen Realismus, zum Kantianertum? Sie erscheint mir von allen dreien klar verschieden.

Viele Leute, so Einstein und neuere philosophische Realisten, haben die Kopenhagener Philosophie für Positivismus gehalten. In der historischen Realität hat aber Bohr sich die Positivisten eher vom Leib gehalten, und Heisenbergs eigene Philosophie mündete in einer im Lauf seines Lebens immer schärfer werdenden Verwerfung des Positivismus. Aber hier dürfen wir uns nicht auf eine Beschreibung von Personen beschränken. In seinen späteren Schriften hat Heisenberg ganz klar ausgesprochen, worin sich die logische Struktur des Unbestimmtheitsprinzips von der üblichen Struktur positivistischer Argumente unterscheidet. Es trifft zu, daß Heisenbergs Ausgangspunkt 1925 ein Machsches Postulat war: die Physik sollte bloß die Verknüpfung zwischen beobachtbaren Größen beschreiben. Aber in *Der Teil und das Ganze* (S. 91-100) erzählt Heisenberg, wie Einstein ihm in einem langen Gespräch 1926 die erkenntnistheoretische Schwäche dieses Ausgangspunkts klarmachte. »Erst die Theorie entscheidet darüber, was man beobachten kann«, sagte Einstein (S. 92). Heisenberg hatte das begriffen, ehe er die Unbestimmtheitsrelation fand. Diese Relation gibt gerade an, was man dann als beobachtbar und als nicht beobachtbar ansehen muß, wenn man die Quantenmechanik als richtig unterstellt. Die logische Folgerung läuft hier in genau entgegengesetzter Richtung, als man es populär darzustellen pflegt. Die Folgerung lautet *nicht*: »Ort und Impuls können nicht zugleich beobachtet werden, also existieren sie nicht zugleich.« Dies wäre keine logisch gültige Folgerung; es wäre schlichter Unsinn. Die Folgerung lautet vielmehr: »In der Quantenmechanik gibt es keine Zustände, in denen Ort und Impuls zugleich existieren, also muß es unmöglich sein, sie im Einklang mit den Gesetzen der Quantenmechanik gleichzeitig zu messen.« Das scheinbare Paradox, daß, was gemäß der Theorie nicht existiert, gleichwohl nach unseren klassischen Begriffen beobachtbar sein müßte, wird durch den Beweis eliminiert, daß die klassischen Begriffe in der Quantentheorie genau dort unanwendbar werden, so ihre Verwendung diesen Widerspruch zur Folge hätte.

Dieses Argument ist nun freilich so wenig wie ein positivistisches Argument mit der Lehre vereinbar, die man meist den wissenschaftlichen Realismus (scientific realism) nennt. Die Schule, die sich selbst als realistisch bezeichnet, scheint zu meinen, daß wir die wichtigsten Attribute der Wirklichkeit kennen, schon ehe wir die wissenschaftlichen Theorien besitzen, und daß man diese Theorien im Lichte solchen apriorischen Wissens beurteilen sollte. Dies ist gewiß nicht Heisenbergs Ansicht. Nach seiner Überzeugung haben wir gelernt – »von der Natur gelernt«, wie er gern sagte –, daß die Wirklichkeit ganz anders ist, als wir gedacht haben. Dann bleibt natürlich die philosophische Aufgabe, ausdrücklich zu sagen, welche Struktur der Wirklichkeit von der Quantentheorie impliziert wird. Das Argument ist andererseits auch kein positivistisches Argument. Unter dem Einstein-Heisenbergschen Gesichtspunkt macht der Positivismus genau denselben Fehler wie der Realismus, nur anhand eines anderen Begriffs. Der Realist bildet sich ein, a priori zu wissen, was »Realität« bedeutet; der Positivist bildet sich ein, a priori zu wissen, was »Erfahrung« bedeutet. Beide irren sich; erst die Theorie lehrt uns, was beobachtbar ist, weil es wirklich ist. Tiefer als diese beiden Philosophien geht Kants Gedanke, gewisse Elemente der Theorie seien als Bedingungen der Möglichkeit von Erfahrung zu deuten. Dieser Gedanke spiegelt sich in Bohrs berühmter These, daß Beobachtungen in klassischen Begriffen beschrieben werden müssen. Aber der traditionelle Kantianer würde folgern, nichtklassische Theorien über beobachtbare Größen müßten unmöglich sein, während Heisenberg schließen würde, daß gewisse Ereignisse nicht als Teile einer prüfbaren Beobachtung benützt werden können.

Vielleicht darf ich das Ergebnis dieses Vergleichs der Erkenntnistheorien in den Satz zusammenziehen, daß Heisenbergs Ansicht noch weniger aprioristisch ist als sogar der traditionelle Empirismus. Dieser Wechsel der Erkenntnistheorie läßt sich mit einem Wechsel der Ontologie verknüpfen, den die Quantentheorie erzwingt. Die Rolle des Beobachters bei der Definition des Zustandes eines physikalischen Systems hat zur Folge, daß man die traditionelle scharfe Entgegenstellung des Beobachters und des Beobachteten, des Subjekts und des Objekts, schwerlich aufrechterhalten kann. Heisenberg hat oft so gesprochen, freilich immer in einer gleichsam tastenden Weise. Die Philosophie, die nötig wäre, diese Dinge klar zu sagen, ist noch nicht entwickelt. Eins steht aber fest: alle drei soeben genannten traditionellen Erkenntnistheorien setzen eine scharfe Unterscheidung von Subjekt und Objekt voraus. Das wenigstens meinen sie a priori zu wissen. Ihre Apriori-Beschreibung, sei es des Subjekts, sei es des Objekts, verliert aber die Grundlage, wenn diese Unterscheidung selbst zweifelhaft wird. Wiederum ist Kants Philosophie die einzige der drei, die wenigstens ein Bewußtsein dieses Problems hat. Aber ich werde mich hier auf sie nicht einlassen.

Die Verwerfung dieser traditionellen Philosophien läßt uns mit einer erkenntnistheoretischen Frage zurück. Wenn wirklich erst die Theorie entscheidet, was beobachtet werden kann, wie können wir wissen, welche Theorie die richtige ist? Niemand hat je den ungeheuren empirischen Erfolg der Quantenmechanik bezweifelt. Aber wie sollen wir beschreiben, was es bedeutet, eine solche Theorie sei empirisch erfolgreich, wenn wir Beobachtungen nicht definieren dürfen, ehe wir die Theorie besitzen? Heisenbergs Begriff einer Abfolge abgeschlossener Theorien in der Entwicklung der Wissenschaft gibt einen Wink zur Antwort. Vor der Quantenmechanik beschrieben wir Beobachtungen in der Theorie, die ihr voranging, d. h. in der klassischen Mechanik. Seit es die Quantenmechanik gibt, haben wir die klassische Beschreibung nur dort zu korrigieren, wo sie mit der Quantentheorie nicht übereinstimmt; ebendies tut die Unbestimmtheitsrelation.

Aber das ist nur ein Teil der Antwort. Folgen wir Heisenberg, so müssen wir ehrgeiziger sein. Warum waren gerade diese Theorien – klassische Mechanik, Thermodynamik, Relativitätstheorie,

Quantentheorie – so erfolgreich? Heisenberg benutzte die Einfachheit als ein Kriterium für eine Theorie. Verstehen wir und können wir sagen, in welchem Sinne ebendiese Theorien einfach sind? »Mathematische Einfachheit« erscheint noch als ein etwas impressionistischer Ausdruck. In seinen späteren Jahren folgte Heisenberg einer speziellen Linie und deutete die Einfachheit als Symmetrie, die Symmetrie aber als Invarianz unter gewissen Lie-Gruppen. Der philosophische Rahmen, in dem er diese Linie sah, war der Platonismus, oder genauer die Philosophie Platons. In Platons *Timaios* fand er eine Vorform der heutigen Bedeutung der Symmetrien in der mathematischen Physik. In Platons ganzer Philosophie fand er dieselbe Verbindung der mathematischen Wissenschaft, der künstlerischen Schönheit und der zentralen Ordnung der Wirklichkeit, die ihn als Erfahrung durch sein wissenschaftliches Leben geleitet hatte. Und wieder drückte er diese Verbindung nicht wie ein professioneller Philosoph, sondern wie ein Augenzeuge aus.

In unserer gegenwärtigen Tagung werden wir Heisenbergs Versuch einer einheitlichen Feldtheorie in die Diskussionen einschließen. Ich habe sie in meinen Notizen für die Podiumsdiskussion mit D. Finkelsteins und den Starnberger Ansätzen verglichen. Ich beende die jetzige Vorlesung, indem ich zu sagen versuche, wie Heisenbergs letzte Theorie aus seinem hier erläuterten Begriff der Physik hervorgeht.

Niemand wird leugnen, daß eine Theorie der Elementarteilchen ein Desiderat ist. Heisenberg hat dies von jeher gesehen, seit die Anzahl sogenannter Elementarteilchen zu wachsen begann, oder schon zuvor. Als ich um 1930 bei ihm in Leipzig studierte, dachte er schon über mögliche Erklärungen für reine Zahlen nach, wie Sommerfelds Feinstrukturkonstante oder das Massenverhältnis von Proton und Elektron. Gemäß seiner erkenntnistheoretischen Ansicht mußte man eine neue abgeschlossene Theorie, eben über Elementarteilchen, jenseits der allgemeinen Quantentheorie erwarten. Anfangs vermutete Heisenberg, diese werde die Quantentheorie ähnlich auf ein Feld genäherter Anwendbarkeit einschränken, wie die Quantentheorie dies mit der klassischen Mechanik getan hatte. Zu diesem Ansatz gehörten seine Spekulationen über eine kleinste Länge und auch die Einführung der S-Matrix. Inzwischen gibt es jedoch starke Gründe, zu erwarten, die Elementarteilchentheorie werde eine ganz gewöhnliche

Quantentheorie sein, die nur die Liste möglicher physikalischer Objekte durch ein paar Zusatzaxiome einschränkt. Heisenbergs endgültiger Vorschlag, den er seit 1958 verfolgt, aber nicht mehr wesentlich geändert hat, entspricht diesem Modell. Sein einziges nichtkonventionelles Element ist die formale Verwendung einer indefiniten Metrik im Hilbertraum, die aber in der endgültigen Beschreibung realer Teilchen nicht mehr hervortritt. Ich darf hier die Randbemerkung machen, daß diese unglaubliche historische Stabilität der Quantentheorie selbst ein interessantes Problem darstellt. Können wir ihre »Einfachheit«, um Heisenbergs Wort zu gebrauchen, noch weiter erklären? Diese Bemerkung lasse ich hier aber zur Seite stehen, da weder Heisenberg versucht hat, diese Frage noch zu beantworten, noch auch das Problem ein Gegenstand der jetzigen Konferenz ist.

Die Grundannahme von Heisenbergs letzter Theorie besagt, daß das zusätzliche Axiom, das die Elementarteilchen und alles aus ihnen Zusammensetzbare festlegt, eben die Forderung der Invarianz unter einer Symmetriegruppe ist. Es hat viel Diskussion darüber gegeben, ob er diese Gruppe dann richtig ausgewählt hat. In meinen Podiumsnotizen schlage ich vor, diese Frage beiseite zu lassen, solange die grundlegenden Probleme jeder denkbaren Elementarteilchentheorie nicht gelöst sind. Als Fundamentaltheorie verstanden, ist Heisenbergs Theorie radikaler als die meisten heutigen Auffassungen zur Teilchenphysik. Diese – z. B. die Quark-Theorien – nehmen erstens an, daß es Elementarteilchen gibt, und dann zweitens, daß deren mögliche Zustände durch gewisse Symmetriegruppen bestimmt sind. Heisenberg aber nimmt nicht mehr als die Existenz eines einzigen Feldoperators an, der die fundamentale Gruppe darstellt. Die Existenz der Teilchen muß dann aus der Theorie folgen. In diesem Sinne versucht seine Theorie eine abgeschlossene Theorie gemäß seiner Erkenntnistheorie zu sein. Sie erinnert uns an die Tatsache, daß die Existenz von Teilchen keineswegs eine logische Konsequenz der allgemeinen Quantentheorie ist. In der Quantenmechanik setzt man die Teilchen als empirisches Faktum voraus, aber ihre Existenz folgt nicht aus den allgemeinen Axiomen. Der Fortschritt zu neuen abgeschlossenen Theorien erlaubt meist, die Zusammengehörigkeit begrifflicher Elemente herzuleiten, die in früheren theoretischen Stufen als logisch unabhängig erschienen. So hat die allgemeine Relativitätstheorie Geometrie und Gravitation und die Quantentheorie

Physik und Chemie zu einer Einheit zusammengeschlossen. Die neue Feldtheorie soll nicht bloß alle Elementarteilchen aus *einem* Feld herleiten; sie strebt auch die Erklärung dafür an, warum alle empirisch erfolgreichen Quantentheorien bisher Quantentheorien von Teilchen gewesen sind. Natürlich beweist sich, wie man sagt, der Koch erst, wenn man den Pudding ißt. Ich habe hier nur zeigen wollen, daß Heisenbergs einheitliche Feldtheorie eine natürliche Folge aus seinem Begriff der Physik ist. Aber sie ist eine hypothetische Folge; dieselbe Philosophie würde noch etwas verschiedenere Annahmen zulassen. Aber viele der Schwierigkeiten, auf die sie in diesen letzten zwei Jahrzehnten gestoßen ist, halte ich für Schwierigkeiten, die in jeder Fundamentaltheorie von Teilchen auftreten müssen. Mehr phänomenologische Theorien heben diese Schwierigkeiten nicht auf, sondern schieben nur die Beschäftigung mit ihnen hinaus. Persönlich meine ich, daß sich der Prophet auch in seiner letzten Jagd als ein guter Jäger bewährt hat. Aber diese Frage gehört in unsere Tagung und nicht mehr in diese Vorlesung zu Ehren eines großen Mannes, der mein Lehrer und mein Freund war.

Heisenberg als Physiker und Philosoph

Liebe Elisabeth Heisenberg, meine Damen und Herren!

Nachdem Sie nunmehr gehört haben, wie der Sohn den Vater erlebt hat, möchte ich als Schüler des Lehrers nicht allzuviel auch noch über das Persönliche sagen, obwohl ich einiges doch sehr gerne hinzufügen würde. In erster Linie will ich über einige andere Bereiche seiner Tätigkeit und seines Lebens sprechen. Lassen Sie mich eine Formulierung, die ich vor Jahren einmal gebraucht habe, wörtlich zitieren. Man hat sie auf die Rückseite eines Bandes der Ausgabe seiner Werke gedruckt. Damals habe ich gesagt: »Er war in erster Linie spontaner Mensch, dem nächst genialer Wissenschaftler, dann ein Künstler nahe der produktiven Gabe, und erst in vierter Linie, aus Pflichtgefühl, homo politicus«.

Im folgenden möchte ich jedenfalls gerne eine grundsätzliche Frage ständig mitführen: Was haben die großen Gaben, die Heisenberg mitbekommen hat – niemand von uns hat sich ja selbst gemacht, jeder fand sich so vor – als Aufgabe für ihn bestimmt, und in welchem Umfang hat er diese Aufgabe, auch nach seinem eigenen Gefühl, erfüllen können. Ich beginne mit ein paar persönlichen Erinnerungen, einfach darüber, wie ich ihn kennengelernt habe. Dann berichte ich über seine Wissenschaft, die Physik – wenn ich drei theoretische Physiker unseres Jahrhunderts nennen müßte, dann Einstein, Bohr und Heisenberg. Schließlich komme ich zur Philosophie bei Heisenberg; sie ist ja eines der Themen, die für unsere Tagung ganz ausdrücklich gesetzt sind, und sie hat besonders mit der künstlerischen Seite seines Wesens zu tun. Ich ende mit Bemerkungen über die – zum Teil bittere – Pflicht, im politischen Bereich mit politischen Konsequenzen zu handeln.

Schon manchmal habe ich erzählt, wie ich Heisenberg kennenlernte. Ich war vierzehn Jahre alt, mein Vater war an der deutschen Gesandtschaft in Kopenhagen tätig. Ich wußte, daß ich

Astronom werden wollte, las in einer populärastronomischen Zeitschrift 1926 einen Aufsatz über moderne Fortschritte in der Atomphysik und machte mir meine Gedanken darüber. Diese Gedanken waren unter anderem die folgenden: Das Atom ist ein kleines Planetensystem, habe ich gelernt. Wenn es ein kleines Planetensystem ist, dann sind also die Elektronen die Planeten; da wir selbst nun alle auf einem großen Planeten leben, leben vermutlich auf diesen kleinen Planeten wiederum ganz kleine Menschen. Deren Leib besteht wieder aus ganz kleinen Atomen, und diese Atome sind natürlich auch kleine Planetensysteme, und so geht das unbegrenzt weiter. Vielleicht ist auch unser großes Planetensystem mit der Sonne in der Mitte nur ein Atom in der Nase eines Riesen oder so etwas. Dies alles schien mir lustig und offensichtlich falsch. Ist es aber falsch, dann muß es einen Grund geben, warum es nicht so sein kann: Er besteht wohl darin, daß in den Atomen Naturgesetze gelten, die nicht die aus unserem Planetensystem bekannten sind, welche aber im Großen um uns herum die Gesetze, die wir dort kennen, zur Folge haben. So etwa waren die Überlegungen, die der Aufsatz in jener Zeitschrift angeregt hatte.

Eines Tages sagte nun meine Mutter: »Gestern bin ich von einem Musikabend bei Freunden von uns nach Hause gekommen. Da habe ich einen sehr interessanten, ganz jungen Mann kennengelernt, der sehr gut Klavier spielte. Ich habe mich mit ihm sehr freundschaftlich über die Jugendbewegung gestritten. Er ist deutscher Physiker, der bei diesem berühmten Physiker Bohr hier in Kopenhagen arbeitet.« Dann fragte ich: »Wie heißt er denn?« »Heisenberg.« »Ja, den Namen weiß ich schon, den mußt du sofort einladen.«

Er kam zu uns – wie ich aus dem Tagebuch meiner Mutter später erfahren habe – am 3. Februar 1927, und im Lauf eines Abends hat er mich überzeugt, ohne über dieses Thema mit mir zu reden, daß ich Physik studieren müßte. Denn diese beantwortete ganz genau die Frage, die ich gestellt hatte, daß es offenbar andere Gesetze in den Atomen gibt. Zu dieser Zeit entwarf Heisenberg gerade die Unbestimmtheitsrelation; aber die Überlegungen waren noch nicht abgeschlossen, und er stritt sich darüber mit Bohr. Er brachte sie erst zu Ende, als Bohr zum Skilaufen nach Norwegen gefahren war. In diese Lage bin ich zufällig hineingekommen. Dann lud er mich in das Institut ein, wo er auch wohnte, und prüfte, ob ich Recht hatte, wenn ich behauptete, ich hätte angefangen, Differentialrechnung aus einem Lehrbuch zu lernen. Was ich dann leistete, war nicht sehr gut, aber er hat es akzeptiert. Er zeigte mir die Bibliothek, und als ich beunruhigt war, daß man so viel Mathematik lernen müsse für die Physik, sagte er: »Die Natur rechnet nicht, aber wir müssen rechnen, wenn wir sie verstehen wollen.« Und, wenn Sie im Auge haben, daß hier über Physik und Philosophie geredet werden soll, dann finden Sie in solchen Äußerungen ja schon eine ganze Menge Philosophie vor. Wie kann das zugehen, daß wir die Natur verstehen, wenn wir etwas tun, das sie selber gar nicht tut? Das ist merkwürdig.

Kurz nachher zogen wir nach Berlin um, und im April schrieb er mir eine Postkarte: »Ich komme durch Berlin auf dem Weg nach München. Kannst Du mich auf dem Stettiner Bahnhof vielleicht abholen?« Also fuhr ich mit ihm im Taxi vom Stettiner zum Anhalter Bahnhof durch Berlin, und dabei hat er mir gesagt: »Du, ich glaube, ich habe das Kausalgesetz widerlegt.« Er erzählte mir von der Unbestimmtheitsrelation, die ich natürlich technisch nicht verstand. Aber ich merkte mir: Das ist die Stelle in der Welt, an der das passiert, was mir wichtig ist. So wurde ich dann natürlich Physiker.

Ich erzähle weiter in der Form persönlichen Erlebnisses. Ein Jahr später hatte ich verstanden, daß mein Interesse an der Astronomie gewesen war, das Ganze verstehen zu wollen. Das Ganze aber ist nun eben nicht nur die Sterne und der Kosmos; dazu gehören ebensosehr die Atome, auch der Mensch mit seiner Seele und mit seiner Geschichte, und es ist auch das, wovon die Religion uns lehrt. Wie kann ich das alles zusammendenken? Ich hatte gelernt, dafür gibt es einen Namen: Philosophie.

Also schrieb ich Heisenberg einmal, ich würde doch eigentlich vielleicht statt Physik lieber Philosophie studieren. Er schrieb höchst typisch zurück: »Das mußt Du nicht tun! Es gibt schon so viel ›schöne‹ Philosophie, aber ›gute‹ Physik können wir immer noch brauchen.« Damals haben mich diese Adjektive natürlich ein bißchen irritiert. Aber ich lege sie jetzt sofort so aus, wie ich später verstanden habe, daß er sie gemeint hatte. Physik ist ein redliches Handwerk: Da kann man sich einigen, ob das Werkstück gut geworden ist oder schlecht. Das nannte er »gut«. Und »gute Physik« können wir immer noch brauchen. Über Philosophie hat er mir später gesagt:

»Wenn Du Dir zutraust, Philosophie zu machen, dann mache es nur. Aber mach' Dir klar, in unserem Jahrhundert kannst Du nur gute Philosophie machen, wenn Du dasjenige verstanden hast, was das wichtigste philosophische Ereignis dieses Jahrhunderts ist, und das ist die moderne Physik. Und die kannst Du nur verstehen, wenn Du in ihr tätig gewesen bist, und zwar lang. Und Du kannst in ihr nur tätig sein, wenn Du früh anfängst. Also fang' gefälligst mit der Physik an. Und bei Plato kannst Du nachlesen, die Idee des Guten versteht man sowieso erst, wenn man Fünfzig ist, und die Idee des Guten ist der Kern der ganzen Philosophie. Also, da hast Du lang, lang Zeit.«

Das war der beste Rat, den ich je bekommen habe. Er hatte vollkommen recht.

Gelegentlich habe ich die Behauptung gehört oder gelesen, Heisenberg habe eigentlich in seinen jungen Jahren sich gar nicht sehr für Philosophie interessiert, sei in gewisser Weise unphilosophisch gewesen. Ich behaupte, daß das ein Mißverständnis ist. Ich gebe zu: Als ich dann bei ihm in Leipzig studierte – 6 Jahre lang bin ich in Leipzig gewesen, und ich freue mich heute sehr, daß ich wieder am Augustusplatz bin, der auch wieder Augustusplatz heißen darf –, war ich oft etwas unzufrieden mit ihm und sagte zum ihm: »Du kannst so viel mehr Physik als ich. Ich bin froh, wenn ich etwas bei Dir lernen kann, aber Du solltest doch auch die philosophischen Konsequenzen aus dieser Physik ziehen.« Dann konnte er antworten: »Man kann einmal in den Abgrund schauen, aber im Abgrund leben kann man nicht.« Das war die tiefe Verehrung, die tiefe Referenz vor der Philosophie: Sie ist der Abgrund, und im Abgrund zu leben, ist übermenschlich. Wenn man denn schon von der Philosophie reden will, dann rede man *künstlerisch* von ihr. Daß hat Platon getan, und deshalb ist er der große Philosoph. Und deshalb hat Heisenberg gesagt: ›schöne Philosophie‹. Schön hieß also nicht nur ›hübsch‹, sondern war ernst gemeint: Daß man von ihr auf diese Weise reden kann, wie man sonst nicht reden kann. Und wenn dann andere Leute herkamen und philosophisch über den Positivismus, das a priori, den Realismus und so weiter diskutierten, kann ich mir lebhaft vorstellen, daß Heisenberg das höchst uninteressant fand. Das war für ihn keine Philosophie. Heisenberg durchschaute, daß diese Debatten zwar zu den technischen Hilfsmitteln des Philosophierens gehören, aber nicht das wiedergeben, was ihn an der Philosophie überhaupt zu fesseln vermochte.

So kam ich also zu ihm. Ich brauche jetzt nicht ausführlich zu schildern, wie das Seminar war. Ich wurde schon in meinem dritten Studiensemester darin aufgenommen. Dieses Seminar bestand damals mit mir aus fünf Deutschen, außerdem fünf Japanern und noch etwa fünf Leuten aus anderen Nationen. Die Japaner bildeten eine höchst lebendige Gruppe, mit der man sehr guten Kontakt haben konnte; die Deutschen waren Heisenberg und sein Kollege Hund, ich, und noch zwei andere. Einer davon war wohl Wolfgang Buchheim. Im Seminar wurde nun eben gearbeitet und gelebt. Das schildere ich nicht im einzelnen. Um auch der sportlichen Seite ein bißchen Genugtuung zu geben, sei erwähnt, daß wir abends am Dienstag immer einen Tischtennis-Abend hatten – damals Ping Pong genannt. Wenn man daneben eine physikalische Debatte führte und zu keinem Ziel kam, dann wurde sie durch eine Partie Ping-Pong entschieden. Und Heisenberg hätte die Debatte zwar sowieso gewonnen, aber er gewann die Partie Ping-Pong mit noch viel größerer Sicherheit. Wenn es 15:20 gegen ihn stand, dann machte er ganz schmale Lippen und spielte so, daß niemals irgendein Ball verloren gehen konnte – er riskierte nichts, aber leistete alles, und er gewann schließlich 22:20. Also, dieser gewisse sportliche Ehrgeiz war bei ihm groß.

Jetzt komme ich – das ist nun mein zweiter Punkt – zur Physik im engeren Sinne. Wie war diese Physik eigentlich, die er machte? Darüber werden wir in unserer Tagung viele Details hören, und ich brauche das nicht alles vorwegzunehmen. Bekanntlich hatte Heisenberg das eigentümliche Schicksal, vielleicht unter allen Leuten, die große physikalische Entdeckungen gemacht haben, sie als jüngster zu machen: Er gab nämlich der Quantenmechanik in Helgoland 1925, als er 23 Jahre alt war, eine mathematische Gestalt. Er hat mir von dieser Zeit erzählt. Er ging immer gerne in den Pfingstferien an eine Stelle, wo man keinen Heuschnupfen bekam. Er nahm mich 5 Jahre später einmal nach Helgoland mit, und da haben wir miteinander Schach gespielt – etwa so, wie es Wolfgang Heisenberg schildert. Da es 2:2 ausging, hatte von uns dann keiner mehr den Ehrgeiz, den anderen zu besiegen, weil wir sonst nie mehr zur Physik gekommen wären. Er erzählte mir damals, wie es ihm fünf Jahre früher in Helgoland gegangen war: »Geschlafen habe ich wenig. Ein Drittel der Zeit habe ich die

Quantenmechanik ausgerechnet, ein Drittel bin ich in den Klippen herumgeklettert und ein Drittel habe ich Gedichte aus dem West-Östlichen Diwan auswendig gelernt.« Die künstlerische Seite war also bei ihm eine ganz wesentliche Komponente. So betrachtete er auch die Physik: Wenn man ihm eine neue Arbeit zeigte, von vielleicht irgendeinem sehr gescheiten Kollegen, der irgendeinen neuen Gedanken entwickelte, dann sah er sie sich an, las sie etwas kritisch und sagte: »Das ist nicht schön, das kann nicht stimmen.« Für ihn war ein negatives Argument, daß etwas nicht ›schön‹ sei. Dieses Schöne ist eine Gestaltwahrnehmung, und er hat später, im hohen Alter, einen sehr schönen Vortrag gehalten über »Die Bedeutung des Schönen in der exakten Naturwissenschaft« in der Bayerischen Akademie der Schönen Künste, die ihn mit Recht als Mitglied aufgenommen hatte. Darin zeigte er, in welchem Maße die Wahrnehmung von Gestalt zugleich beglückend sein kann und dadurch, daß sie als schön erfahren wird, uns Wahrheit sehen läßt. Das war ein für ihn sehr wichtiger Punkt. Am Ende dieses Vortrags sagte er in etwa:

»Es gibt das Erlebnis der Schönheit; es gibt das Erlebnis, gerade wenn eine Erkenntnis gewonnen wird, das vollkommen erschütternd ist, das ganz anders ist als alle anderen Erlebnisse und das uns unmittelbar verbindet mit jener zentralen Ordnung, um die sich alles dreht, um die sich immer alles handelt.«

Dieses Grunderlebnis hat er ohne Zweifel gehabt, als er die Quantentmechanik schuf.

Nun, was ist aber objektiv, abgesehen von seiner Subjektivität, die Bedeutung dieser Theorie? Die klassische Physik war mit einer grandiosen Einfachheit der Begriffe aufgebaut worden. Deren Ontologie enthält eigentlich nur vier Grundbegriffe: Körper, Kraft, Raum und Zeit, dazu sehr einfache Gesetze. Aus diesen wenigen Gesetzen folgt die Bewegung der Planeten für Jahrtausende; überall, wo man wirklich etwas ausrechnen konnte, folgte eine ähnliche Präzision und Gewißheit. Gleichzeitig zeigte sich, daß die klassische Physik letztlich nicht die volle Wahrheit sein konnte. Einer der wichtigsten Schritte wurde dazu von Max Planck getan, vorbereitet schon von Ludwig Boltzmann: Technisch gesagt, die statistische Thermodynamik des klassischen Kontinuums ist unmöglich, weil sie kein Gleichgewicht gestattet, denn das Gleichgewicht gehört zu *endlicher* Temperatur in einem System *unendlicher* Ereignisse wegen der unendlichen Anzahl von Freiheitsgraden. Dies hatte Planck am Beispiel der Maxwellschen Theorie gesehen und hat es, wenngleich bedauernd und eigentlich widerstrebend, als Basis für seine Quantenhypothese genommen. In ihrer eigentlichen Radikalität hat sie erst Einstein 1905 verstanden; er hat damals seinem Freund Conrad Habicht geschrieben und die Lichtquanten als »revolutionär« angekündigt. Er sah, hier war ein radikaler Bruch mit der klassischen Physik. Und in seiner schönen Autobiographie schrieb er: »Aber leider ist es niemals gelungen, einen festen Grund unter den Füßen zu finden in diesem Bereich. Und es ist höchste Musikalität im Bereich des Gedankens, daß es Niels Bohr gelungen ist, auf so schwankendem Untergrund das wunderbare Gebäude seiner Theorie der Atome zu errichten.« Das hat Bohr wieder genannt und interessanterweise in Zusammenhang gebracht mit der Qualität der Musikalität, die streng genommen eine Qualität von Einstein war, und nicht von Bohr.

Nun erhob sich die Frage: Kann man eine Theorie machen, die von ähnlicher Einfachheit ist wie die klassische Physik, die aber die Probleme löst, welche die klassische Physik nicht löst? Diese Theorie war, wie sich zeigte, die Quantenmechanik, deren formale Gestalt Werner Heisenberg als erster gefunden hat. Und sie ist bis heute nicht wirklich modifiziert, sondern nur interpretiert und ausgebaut worden. Freilich ist ihre Deutung, ihre philosophische Deutung oder wie immer man das nennen mag, eine bis heute umstrittene Frage geblieben. Aber ihre außerordentliche Einfachheit und ihr schlagender Erfolg sind ganz besonders groß, und darüber nachzudenken ist letztlich der Kern des Nachdenkens über das, was Heisenberg eigentlich gemacht hat.

Ich gehe jetzt nicht ein auf die vielen sehr schönen und wichtigen Arbeiten, die Heisenberg gelangen, als wir miteinander in Leipzig waren und später noch, als ich nicht mehr da war. Mein Beitrag war auch gering. Aber es gab sehr gute andere Leute: etwa Felix Bloch, der damals die Theorie der Elektronenleitung in den Metallen entwickelte, und Edward Teller, der das Modell des Wasserstoffmoleküls durchrechnete. Heisenberg selbst fand die Theorie des Ferromagnetismus; mit Pauli entwarf er die Grundgedanken der Quantenelektrodynamik, der Quantenfeldtheorie. Dann drang er immer tiefer ein in die Frage der Elementarteilchen, und in seiner späten Zeit, in den letzten 20 Lebensjahren, hat er dann gehofft, in Gestalt der nichtlinearen Spionorfeldtheorie noch einmal eine ebenso fundamentale Arbeit gemacht zu haben wie mit der Quantenmechanik. Die Physikerzunft hat sie so nicht akzeptiert. Meinem Empfinden nach war er in der Tat an einer entscheidend wichtigen Stelle: Er sah die wesentlichen Fragen genau, aber die positive Antwort, die er gab, war wahrscheinlich noch zu speziell, noch nicht allgemein, d. h. noch nicht abstrakt genug.

Die Quantentheorie ist ein fundamentales Schema dessen, was er ursprünglich eine Kinematik nannte, also eine Veränderung des Sinnes der Zustandsgrößen, die er einfach aus der klassischen Physik übernommen hat. Es gibt Raum und Zeit gemäß der Relativitätstheorie, es gibt Teilchen und es gibt Felder, in der Quantentheorie genauso wie in der klassischen Physik. Die eigentliche Aufgabe einer weiterführenden, fundamentalen Theorie, welche die Quantenmechanik übernimmt, wäre, daß sie auch diese konkreten Voraussetzungen, die die Quantentheorie aus der klassischen Physik entnommen hat, aus ersten Prinzipien selbst herleitet. Darum ging es ihm gerade in seinen letzten Arbeiten. Aber, wie gesagt, vielleicht war der Ansatz noch etwas zu speziell.

Ich habe jetzt einiges über seine Physik gesprochen, wobei ich immer schon die philosophische Seite der Sache zu betonen versucht habe. Nun erhebt sich die Frage: Was hat er einerseits in bezug auf die Philosophie, die dazu gehört, selbst getan und gedacht? Und andererseits, was wäre da vielleicht noch weiterhin zu tun und zu denken? Dazu möchte ich zunächst einen wichtigen Beitrag nennen zu dem, was heute Wissenschaftstheorie heißt. Er hat ihn in einem Aufsatz von 1948 geschildert mit dem Titel »Der Begriff ›abgeschlossene Theorie‹ in der modernen Naturwissenschaft«. Thomas Kuhn hat 14 Jahre später ein berühmt gewordenes Buch geschrieben über die Geschichte der Wissenschaft (*The Structure of Scientific Revolution*, 1962), worin er sie darstellt als eine Abfolge von normaler Wissenschaft und wissenschaftlichen Revolutionen. Die normale Wissenschaft nannte er »puzzle solving under a paradigm«, Lösen von Einzelproblemen nach einem Modell, nach einem Modell der Lösung. Und die Revolution bestand in einer Änderung dieses Lösungsmodells. Ich habe Werner Heisenberg in seinem letzten Lebensjahr dieses Buch von Kuhn einmal zu lesen gegeben, und er hat mir dann gesagt:

»Aber der hat ja die Pointe verpatzt. Die Pointe ist, daß das, was er ein Paradigma nennt, eine abgeschlossene Theorie ist.« Das heißt nicht, daß nicht der historische Gang so ist, wie Kuhn ihn geschildert hat. Aber das Wesentliche ist: Das Paradigma ist nicht nur irgendein neuer Trick, ein Problem zu lösen, sondern eine durchgeführte, abgeschlossene Theorie. Eine solche Theorie enthält im allgemeinen eine sehr einfache Gruppe von mathematischen Postulaten, eine einfache Semantik, die anschließt an die vorher vorhandene Sprache, denn sonst weiß man gar nicht, was man mit den mathematischen Begriffen meint. Sie ist abgeschlossen in dem Sinne, daß man sie durch kleine Änderungen nicht mehr verbessern kann. Sie ist aber nie das letzte Wort. Eine Revolution wäre dann der Übergang zu ganz neuen fundamentalen Begriffen, die eine neue, und zwar im allgemeinen eine größere und umfassendere Einfachheit der Naturbeschreibung gestatten. So etwa hat er die abgeschlossenen Theorien geschildert. Und man sieht sehr deutlich, daß er das konnte, weil er selbst eine solche Theorie entworfen hatte, eben die Quantenmechanik. Er hatte selbst erlebt, wie so etwas zugeht.

Die Wichtigkeit dieses Gedankens ist meinem Gefühl nach in der heutigen Wissenschaftstheorie nicht immer genug erkannt worden. Die Wissenschaftstheorie tendiert dazu, die Wissenschaft von der Methode und nicht von ihrem Inhalt her zu beurteilen. Nach Heisenberg hängt die Methode der Erforschung wesentlich ab von den Inhalten; mit neuen Inhalten einer neuen Theorie sind auch veränderte Forschungsmethoden da. Damit hängt ein denkwürdiges Gespräch zusammen, das er mit Einstein geführt und in seinem Buch »Der Teil und das Ganze« geschildert hat. Einstein hatte ihn 1926 eingeladen – Heisenberg hat mir mal den Brief von Einstein gezeigt, einen ganz kurzen Brief in Einsteins klarer einfacher Handschrift geschrieben: »Ich würde sehr gern mit Ihnen über Ihre Theorie sprechen, die scheint mir sehr wichtig. In aufrichtiger Bewunderung Ihr Albert Einstein.« Die »aufrichtige Bewunderung«, meinte Heisenberg, »da hat er mich wohl ein bißchen frotzeln wollen.« Das war aber nicht so, ich glaube, das war echte Bewunderung. Einstein sagte ihm dann im Gespräch etwa: »Die Philosophie, die Sie damit verbunden haben, nämlich nur eine Theorie beobachtbarer Größen zu machen, die ist Unsinn.« Mir hat Heisenberg genau zitiert, daß Einstein ›Quatsch‹ gesagt hat zur Theorie von Mach und der der Wiener Positivisten. Dann sagte Einstein zu Heisenberg: »Erst die Theorie entscheidet, was beobachtbar ist. Ehe Sie die Theorie haben, wissen Sie gar nicht, welche Größen die beobachtbaren sind.« Nun hatte Heisenberg zunächst gedacht, eine Theorie zu machen, die jedenfalls die Größen, von denen wir schon wissen, daß sie beobachtbar sind, alle beschreibt und dann zusieht, ob sie dann noch weiteres dazunehmen muß oder nicht.

Jedenfalls hat Einsteins Argument ihn sehr tief beeinflußt, das besagte, daß die Empirie überhaupt erst durch die Theorie möglich wird. Man soll also nicht meinen: Man kann mit Empirie anfangen, und dann bekommt man eine Theorie. Das Argument Einsteins war für ihn der Weg, die Unbestimmtheitsrelation zu finden. Überhaupt: Unbestimmtheitsrelation bedeutet ja nicht, daß es Ort und Impuls nicht gleichzeitig gibt, weil man sie nicht beliebig genau beobachten kann. Das wäre ganz blödsinnig. Es gibt viele Dinge, die man nicht beobachten kann, und es gibt sie dennoch. Sondern sie besagt: Wenn die Quantentheorie richtig ist, sind Ort und Impuls nicht gleichzeitig beliebig genau meßbar, denn sie sind Eigenwerte von zwei nicht kommutierenden Operatoren. Aber man kann sie natürlich beobachten. Es muß nur gezeigt werden, daß, wenn die Theorie richtig ist, man sie eben nicht gleichzeitig beliebig genau beobachten kann. Und das ist die Pointe von Heisenbergs Argument.

Darin ist also eine gewisse Veränderung der wissenschaftstheoretischen Frage enthalten. Heisenberg kommt nun zu einer Philosophie, die sicher etwas zu tun hat mit der Kantischen, aber in seinem subjektiven Bewußtsein noch mehr zu tun hat mit Platon. Ich glaube in der Tat, er habe sich mit Recht auf Platon berufen. Und, wenn ich das jetzt ausspreche in einer Form, die zunächst aus der heutigen Physik stammt – sie gründet sich auf diejenige Auffassung der Quantentheorie, die ich mir in Verfolgung des Wunsches von Heisenberg gebildet habe, eine weitere abgeschlossene Theorie zu entwickeln – dann sage ich: Wenn man das leisten könnte, was man meines Erachtens wird leisten können, auch den Begriff des dreidimensionalen Raums aus der abstrakten Quantentheorie herzuleiten – und damit auch die Begriffe von Feld und Teilchen aus der abstrakten Quantentheorie – dann ist Quantentheorie primär nicht eine Theorie über Materie, sondern über Information, genauer ›über Bits in der Zeit‹. Information aber läßt sich definieren als Maß einer Menge von

Gestalt, Maß einer Menge von Form. Und Form ist der Grundbegriff der Platonischen Philosophie. Heisenberg zeigt schon in seinen ganz frühen Erinnerungen an die Situation auf dem Dach gegenüber der Universität, als er in der Sonne lag und Platons Timaios las: Für Platon sind die Atome des Feuers kleine Tetraeder, keineswegs aber materielle Dinge, die die Gestalt von Tetraedern haben; denn Materie in diesem Sinne gibt es in seiner Philosophie gar nicht. Diese Behauptung stimmt freilich nicht mit allen Platon-Interpretationen überein. Das war für Heisenberg aber noch nicht alles. Er fand außerdem Platons Philosophie ›schön‹, nicht nur weil er seine Mathematik schön fand – für Heisenberg war, wie er mir einmal sagte, Zahlentheorie so etwas wie die Kunst der Fuge –, sondern auch weil Platon die Dinge, die man argumentativ gar nicht mehr zu Ende führen kann, zunächst in Dialogform und schließlich, in den entscheidenden Stellen, als Mythos aussprach. Das ist eigentlich, was ihn an Platon berührte.

Nun hat Heisenberg einmal mitten im Krieg, im Jahre 1942, einen Aufsatz geschrieben, der erst vor kurzem veröffentlicht worden ist: »Ordnung der Wirklichkeit«. In diesem Aufsatz, der sich an Goethesche Bereiche der Wirklichkeit anschließt, gibt es die folgenden Stufen: »zufällig, mechanisch, physisch, chemisch, organisch, psychisch, ethisch, religiös, genial«. Dann kommt Heisenberg an die Stelle, wo das Religiöse an das Geniale anknüpft, und da habe ich mir auch wieder eine Passage über die Religion herausgesucht, die für ihn sehr wichtig und charakteristisch ist:

»Alle Religion beginnt mit dem religiösen Erlebnis. Über den Inhalt dieses Erlebnisses aber wird man sehr verschieden sprechen, je nachdem man ihm gewissermaßen von innen oder von außen begegnet. Wenn es uns selbst angeht, so können wir vom Inhalt des Erlebnisses überhaupt nur in Gleichnissen reden. Wir können etwa sagen, daß uns plötzlich die Verbindung mit einer anderen, höheren Welt in einer für das ganze Leben verpflichtenden Weise aufgegangen sei, oder daß uns in einer bestimmten Situation Gott unmittelbar begegnet sei und zu uns gesprochen habe (ich selbst würde hier z. B. zuerst an die Nacht auf dem Söller der Ruine Pappenheim im Sommer 1920 denken) [ein Jugendbewegungserlebnis, das er in dem Buch *Der Teil und das Ganze* schildert – C. F. v. W.]; oder wir können es so ausdrücken, daß uns mit einem Male der Sinn unseres Lebens klar geworden sei und daß wir nun sicher zwischen Wertvollem und Wertlosem zu unterscheiden wüßten. ›Wer je die Flamme umschritt, bleibe der Flamme Trabant‹ ...«

Diese letzte Zeile stammt aus einem Gedicht von Stefan George, der damals in der Jugendbewegung viel gelesen wurde. Hier wird etwas ausgesprochen, was man sehen muß, wenn man verstehen will, was Heisenberg erfahren hat, indem er Physik trieb. Daraus eine systematische Philosophie zu machen, wäre seiner Meinung nach im Grund nur ein Nichtverstehen dieser Erfahrung gewesen. Insofern hat er eine systematische Philosophie nicht unternommen.

Ich bitte um das Recht, noch ein paar Worte über seine politischen Gedanken anzufügen. Damit berühre ich Dinge, über die jetzt wieder viel gesprochen wird, und ich würde gerne dazu einen Beitrag leisten. Sie holen uns natürlich aus den höchsten Erlebnissen in die Alltäglichkeiten und Schrecklichkeiten unseres wirklichen Lebens zurück. Es ist ja sehr charakteristisch, was da den Physikern passiert ist. Und jener Fernsehfilm, den ich an sich boshaft finde, hat jedenfalls die Kraft, weil er ›Das Ende der Unschuld‹ – wie er es nennt – in der Tat demonstrieren kann. Ich erinnere mich, daß Otto Hahn, bei dem ich vorher einmal gearbeitet hatte, bei mir kurz nach Weihnachten 1938 anrief und fragte: »Herr von Weizsäcker, können Sie sich vorstellen, ein Radium, das bei jeder chemischen Trennung mit Barium geht, geht nicht mit Radium.« Ich fragte natürlich: »Ja, haben Sie denn so etwas erhalten?« Dann sagte er: »Ich glaube ja.« Ich sagte: »Vielleicht *ist* es Barium.« Da schloß er: »Ja, aber dann ist der Kern zerplatzt!«

Hahn hatte vollkommen überraschend bei seinem Studium gewisser chemischer Substanzen, die durch Neutronen aus Uran erhalten werden können, die Uranspaltung entdeckt. Und zwei Monate später wußten zweihundert Kernphysiker auf der ganzen Welt, zu denen ich auch gehört habe, daß nun wahrscheinlich Atombomben machbar sind. An dem Abend, an dem ich das verstanden hatte, ging ich zu meinem Freunde Georg Picht, einem Philosophen – gleichaltrig mit mir oder ein wenig jünger als ich –, und wir zwei jungen Leute haben lang darüber geredet und kamen zu der Folgerung: Wenn Atombomben möglich sind, wird es jemanden geben, der sie macht; wenn Atombomben gemacht werden, dann wird es jemanden geben, der sie einsetzt; und wenn dann die Menschheit nicht lernt, die Institution des Krieges zu überwinden, dann wird sie sich selbst vernichten. Das waren die Folgerungen, die uns an jenem einen Abend klar wurden.

Ich berichte das, um den Leuten entgegenzutreten, die meinen: Ja, diese Physiker, die haben vor lauter Begeisterung darüber, daß sie Reaktoren oder Bomben machen konnten, ganz vergessen, über die Folgen nachzudenken. Man kann die Physik überhaupt gar nicht tiefer mißverstehen als mit dieser Annahme. Heisenberg damals genauso wie ich, auch die Physiker in Amerika. Man muß nur die Autobiographie von Victor Weisskopf lesen, die vor kurzem erschienen ist, um zu sehen, wie sehr es ihnen klar war. Leo Szilard, den ich erst nach dem Kriege kennengelernt habe, hat es besonders früh deutlich erkannt. Die Frage war nur: Was tut man, wenn die drei erwähnten Sätze richtig sind? Nun, in dieser Lage sind wir eingetreten in die Uranarbeit. Ich selbst habe Heisenberg damals geraten mitzumachen, und er hat es getan. Ich gestehe auch, daß ich in den ersten Jahren sehr beunruhigt war, ob nicht daraus wirklich noch in der Zeit, in der wir daran arbeiten, die Atombombe entstehen und welche Folgen sie haben würde. Ich war damals im Grunde ehrgeizig, leichtsinnig und habe es nicht gut verstanden; ja ich meinte, ich würde dazu imstande sein, mit einem Mann wie Adolf Hitler zu reden, und ihn zu einer besseren Politik zu bewegen – was natürlich ein grotesker Unsinn war.

Heisenberg teilte diese Empfindung nicht. Als er mit mir im Oktober 1939 über die Dinge sprach, sagte er:

»Also, der Hitler hat ein Schachendspiel mit einem Turm weniger, er wird in einem Jahr diesen Krieg verlieren. Bis dahin wollen wir aber wenigstens die Physiker durch die Zeit retten, und wollen nachher, wenn der Krieg verloren ist, dafür sorgen, daß in Deutschland doch noch etwas da ist, was nicht zu Grunde gerichtet worden ist durch dieses Regime.«

Das also war die Meinung. Nun kommt eine Frage. Er hat später dann erkannt, daß Hitler seinen Krieg nicht so schnell verlor, und er hat manche Äußerung getan, z. B. zu Hendrik Casimir, der das ausdrücklich berichtet und geschrieben hat. Als Heisenberg 1943 Casimir in Holland besuchte, sagte er: »Aber, man muß doch hoffen, daß Hitler den Krieg gegen die Russen gewinnt, denn eine russische Herrschaft in Europa wäre doch noch schlimmer als eine deutsche.« Daß solches einen Holländer, dessen Land gerade von den Deutschen beherrscht war, nicht erfreuen konnte, hat er nicht genug wahrgenommen. Es gab gewisse Grenzen dessen, was er wahrnahm in den möglichen Reaktionen seiner Partner.

Gleichwohl war es seine Meinung. Damals war unsere Sorge schon geringer, daß wir etwa Atombomben machen müßten, denn wir sahen, daß wir es nicht konnten. Daß die Amerikaner es gekonnt haben, hat uns am Tage von Hiroshima in Farm Hall ganz ungeheuer verblüfft.

Lassen sie mich mit einer kleinen Episode enden, dem mißratenen Gespräch zwischen Niels Bohr und Werner Heisenberg im Herbst 1941. Denn da bin ich am nächsten dran gewesen und kann einiges berichten. Ich hatte im Frühjahr 1941 Dänemark besucht und damals mit dem deutschen Gesandten gesprochen, der ein guter Bekannter meines Vaters war. Mit ihm konnte ich vollkommen offen reden, und wir sprachen darüber, daß Niels Bohr wegen seiner jüdischen Mutter in einer gefährlichen Situation war; und wir berieten, ob man etwas tun könne, um Bohr zu schützen. Der Gesandte meinte allerdings: »Bohr hält sich leider vollkommen fern von jedem Kontakt mit mir, wie mit allen anderen Deutschen. Ich kann wenig für ihn tun.« Ich antwortete, es wäre vielleicht doch gut, man könnte einmal Heisenberg nach Kopenhagen bringen, damit er etwas für Bohr unternimmt. Und dann wurde eine Einladung organisiert. Es gibt nun einen amerikanischen, sehr fleißigen Wissenschaftshistoriker, Mark Walker, der über das deutsche Uranprojekt ein Buch geschrieben hat und mit dem ich eine lange Korrespondenz über diese Sachen führte. Der behauptet zunächst: Heisenberg ist ja dahin gegangen, um Kulturpropaganda zu machen. Das ist ja bekannt. Man kann das in den Akten nachlesen, daß in der Tat die Deutschen eine Kulturpropaganda in Dänemark machen wollten, indem sie eine astrophysikalische Tagung machten, an der Heisenberg teilnehmen sollte, weil er doch eine großartige Propaganda darstellt. Also ist er wegen der Propaganda dahin gegangen. Da außerdem Bohr in Kopenhagen lebte, hat er auch noch mit ihm geredet. – Dann habe ich Walker gebeten, mir die Unterlagen zu zeigen. Die Unterlagen aus dem Rustschen Ministerium, dem Reichserziehungsministerium, belegten in der Tat, was die deutsche Gesandtschaft in Kopenhagen vorgeschlagen hatte, um der kulturpropagandistischen Wirkung willen Heisenberg einzuladen. Das Rustsche Ministerium akzeptierte, daß der mißliebige Heisenberg hinfahren durfte. Ich habe darauf Walker geschrieben: »Das, was Sie als Beweis für Ihre These ansehen, ist die exakte Bestätigung dessen, was ich behauptet habe.« Denn das war die ›Verschwörung‹, die ich mit dem Gesandten gemacht habe. Der wahre Grund ist natürlich nicht aktenkundig, denn wir waren klug genug, solche Gedanken nicht aktenkundig zu machen. Es genügte, daß man ihnen gemäß handelte.

Das Gespräch zwischen Heisenberg und Bohr über die Frage der Atombombe ist leider mißraten. Zuerst erzähle ich, was Bohr gesagt hat. Bohr hat Eugen Feinberg darüber in Moskau 1981 berichtet. Feinberg hat mich 1987, als ich als Gast der Akademie nach Moskau kam, auf dem Flughafen abgeholt, um mit mir darüber zu reden. Bohr hatte ihm gesagt »Merkwürdig, Heisenberg ist ein so grundaufrichtiger Mann, und selbst ein solcher Mann, nachdem er langsam seine Ansichten geändert hat, vergißt vollständig, was seine früheren Ansichten waren. Er wollte mich dazu bewegen, daß ich mit den Deutschen zusammen an der Atombombe arbeitete.«

Dieser Gedanke, der mir überhaupt erst gerüchtweise im Jahre 1985 zu Ohren kam – ich erfuhr ihn damals auf den Feiern in Kopenhagen anläßlich von Bohrs 100. Geburtstag –, erschien grotesk, aber Bohr hat es offenbar geglaubt. Nun ist die Frage zu klären: Wie kam Bohr dazu, das zu glauben? Vielleicht erzähle ich noch ein weiteres Erlebnis mit Bohr, als ich ihn 1952 zum ersten Male nach dem Krieg in Princeton wiedertraf. Er empfing mich sehr freundlich, und ich benützte die Gelegenheit und sagte nach einiger Zeit: »Übrigens, Heisenberg hat Sie ja im Januar 1941 einmal besucht, und ich war auch dabei. Könnten wir nicht ein paar Worte darüber reden.« Da antwortete Bohr: »Ach, lassen wir das, reden wir nicht darüber. Sie wissen doch, es ist mir vollkommen klar und ich akzeptiere ja vollständig, daß im Krieg jeder die höchste Priorität für sein eigenes Land hat.« Ich merkte gleich, wenn ich nun sagen würde: Nein, der Zweck des Gesprächs war, abgesehen davon Bohr zu helfen, ob nicht Bohr dafür sorgen könnte, daß in der ganzen Welt die Physiker vermeiden, Atombomben zu machen; weil sie wissen, daß, wenn sie es vermeiden, dann kann es niemand machen. Das hätte Bohr schlechterdings nicht verstanden. Die Antwort ist, daß Bohr 1952 gedacht hätte: »Jetzt habe ich dem Weizsäcker geholfen, daß er nicht lügen muß, und jetzt lügt er trotzdem.« Also habe ich es unterlassen. Vielleicht war es ein Fehler.

Zurück zum Jahr 1941. Heisenberg hat anscheinend – ich war ja nicht dabei, er hat mir nur darüber erzählt, es sei leider vollkommen schief gegangen – damit begonnen, zu sagen, Bohr solle doch mit dem deutschen Gesandten in Verbindung treten. Und es war damit wie gesagt gemeint, daß der Gesandte dem Bohr helfen könnte. Das hat Bohr offenbar – wie aus Äußerungen zu Feinberg hervorging – so aufgefaßt, daß Heisenberg auf diese Art die Beziehungen zwischen Bohr und den offiziellen deutschen Regierungsstellen schaffen wollte, die dann Voraussetzung dafür gewesen wären, daß Bohr mit uns zusammenarbeitete. Und dann – so hat mir es Heisenberg weiter geschildert –, als er dann vorsichtig näher heranging an das Problem der Atomwaffen, sei Bohr so fürchterlich erschrocken, daß er überhaupt nicht mehr fähig war zuzuhören, was er ihm eigentlich hatte sagen wollen. Heisenberg befürchtete, daß Bohr nun annehmen würde, wir könnten Atomwaffen wirklich machen. So ist das, was Heisenberg eigentlich hatte sagen wollen, anscheinend überhaupt nie zu Bohrs Ohren gekommen oder mindestens an ihnen vorbeigeflogen. Ich war zwar nicht dabei; ich weiß auch nicht genau, wie es gelaufen ist. Aber 10 Minuten nach dem Ende des Gesprächs, das auf der Langen Linie im Hafen von Kopenhagen stattfand und wo die beiden sich völlig freundschaftlich getrennt haben, sah ich Heisenberg, und er sagte: »Du, ich fürchte, es ist völlig schief gegangen!« Es ist zwischen den beiden nie wieder zum vollen Verständnis darüber gekommen.

Diese Episode liefert meinem Gefühl nach einen weiteren, nun seelischen Beitrag, wie sehr die Entdeckungen der Physik, die ihrerseits ja zunächst einfach unserer noblen Neugier entspringen – ich sage ›nobel‹, um sie zu loben, aber es ist eben auch Neugier –, Schicksal machen können. Die Atombombe hat Schicksal gemacht, und sie hat unter anderem zur Folge gehabt, daß diese beiden Freunde, Bohr und Heisenberg, die sich auch nachher – ich wage es zu sagen – immer geliebt haben, trotz dieser Liebe nicht mehr imstande waren, über die entscheidenden Dinge wirklich miteinander zu reden. So tief dringt genau die Wahrheit der Physik in ihren Wirkungen. Davon hat Heisenberg sehr viel gewußt, und das ist etwas von dem, was ihn dann doch sein ganzes Leben begleitet hat.

Die philosophische Interpretation der modernen Physik

I.
Entwicklung und Wissenschaft

Der Titel dieser ersten Vorlesung ist zweideutig. Will ich über die Entwicklung der Wissenschaft oder über die Wissenschaft der Entwicklung sprechen? Nun, ich habe die Absicht, über beides zu sprechen und zu zeigen, daß sie in gewissem Sinne zusammenfallen. Genauer gesagt: Ich glaube, die Entwicklung der Wissenschaft führt einerseits zu einer zunehmenden Aufspaltung in viele Wissenschaften und andererseits zu einer vereinheitlichten Grundwissenschaft, die sich als einheitliche Physik erweisen wird. Ich behaupte nun, daß diese Grundwissenschaft mit dem Begriff »Wissenschaft von der Entwicklung« beschrieben werden könnte. In diesem Sinne tendiert die Entwicklung der Wissenschaft zu einer Wissenschaft von der Entwicklung. Abstrakter und folglich korrekter müßte man sagen: Die Entwicklung der Wissenschaft führt zu einer Wissenschaft von der Zeit. In der ersten Vorlesung werde ich über den allgemeinen Hintergrund dieser Wissenschaft und in der zweiten Vorlesung über ihren spezifischen Inhalt sprechen.

Es gibt zwei Möglichkeiten, ein so umfangreiches Thema kurzgefaßt darzustellen: Entweder durch ausgewählte Beispiele oder in einem gedrängten Abriß. Ich habe den zweiten Weg gewählt, weil das Thema von der Einheit der Wissenschaft schon durch seine bloße Bedeutung die Darstellung an Hand von Beispielen, bei denen es sich notwendigerweise mehr um Fragmente handeln würde, auszuschließen scheint.

1. Die Wissenschaft von der Entwicklung

Welche Wissenschaft von der Entwicklung besitzen wir heute? Die Entwicklung wird im allgemeinen als ein biologischer Prozeß angesehen. Wir besitzen so etwas wie eine Geschichte des organischen Lebens, die an die Deszendenztheorie gebunden ist. Wir ziehen nicht ernsthaft in Zweifel, daß ziemlich früh in den nahezu fünf Milliarden Jahren der vergangenen Geschichte unserer Erde organische Moleküle, insbesondere Aminosäuren und DNS, gebildet wurden, daß sie sich weiter aufbauten zu Proteinen und Spiralen, zellulärem und multizellulärem Leben, Pflanzen, Tieren und Menschen. Der Entwicklungsbegriff kann jedoch auf Bereiche jenseits beider Enden dieser biologischen Deszendenzgeschichte ausgedehnt werden. Wir sprechen auch von der Entwicklung der Sterne, der Gesteine, der Meere und der Atmosphäre; es erscheint hypothetisch zulässig, von der Entwicklung des Universums zu sprechen. Am anderen Ende wird der Prozeß der menschlichen Kultur oft in Entwicklungsbegriffen beschrieben. In diesen Vorlesungen werde ich nur eine Seite der Kulturentwicklung behandeln, nämlich die Entwicklung der Wissenschaft. Andererseits möchte ich die gesamte anorganische Entwicklung in die Betrachtung einbeziehen. Der Zusammenhang zwischen anorganischer und organischer Entwicklung ist der Hauptgegenstand dieses Abschnitts, da er sich auf die Einheit der Natur bezieht. Ich werde jedoch die Geschichte der Natur nicht im einzelnen beschreiben. Wichtig ist die allgemeine Gestalt oder das allgemeine Gesetz der Entwicklung.

Entwicklung ist eine irreversible Veränderung. Man könnte gegen diese Verwendung des Wortes »irreversibel« Einspruch erheben, da, während eine Zunahme der Entropie nach dem zweiten Hauptsatz der Thermodynamik sich nicht umkehren läßt, eine Population hochentwickelter Pflanzen oder Tiere durch irgendein katastrophales Ereignis vernichtet werden kann. Ich werde meine Verwendung des Wortes noch ausführlicher verteidigen, kann aber im Moment sofort erwidern, daß in einem hinreichend geschlossenen Biotop solche Katastrophen unwahrscheinlich sind, während in einem offenen System die Entropie eines Teils des Systems durch eine äußere Störung, die auch die Bezeichnung Katastrophe verdienen kann, ohne weiteres reduziert werden kann.

Die vorherrschende Meinung über die Ursache der Entwicklung findet in Darwins Selektionstheorie, modernisiert unter Berücksichtigung der Molekulargenetik, ihren Ausdruck. Es ist keinesfalls erwiesen, daß diese Theorie ausreicht, um die Entwicklung des Lebens innerhalb des gegebenen Alters der Erde zu erklären. Ich habe aber keinen zwingenden Grund, diesen ihren Anspruch zu bezweifeln, und werde sie hinfort als eine vorerst befriedigende Hypothese akzeptieren. Unter dieser Prämisse besitzen wir genau zwei wissenschaftliche Theorien von irreversiblen Prozessen: Die statistische Thermodynamik und die Selektionstheorie. Welches ist ihr innerer Zusammenhang?

Es ist eine weit verbreitete Ansicht, daß diese zwei Theorien nicht sehr gut zusammenpassen. Der zweite Hauptsatz der Thermodynamik scheint eine Tendenz wachsender Unordnung und die Selektionstheorie eine Tendenz zunehmender Ordnung auszudrücken. Die vorherrschende Meinung zur Lösung dieses scheinbaren Paradoxons läßt sich zu den folgenden vier Sätzen verdichten:

1. Der zweite Hauptsatz gilt in Organismen ebenso wie in anorganischer Materie.

2. Es gibt eine Verminderung der Entropie als Folge der Entstehung von weiteren und höheren Organismen.

3. Aber diese Entropieverminderung ist gering gegenüber der Entropiezunahme infolge des Stoffwechsels der Organismen.

4. Folglich widersprechen die zwei Tendenzen der Entropiezunahme und der Evolution einander nicht.

Ich gestehe, daß ich diese Ansicht dreißig Jahre geteilt habe, glaube aber, vor erst kurzer Zeit entdeckt zu haben, daß sie unnötig kompliziert ist und daß der zweite obige Satz einfach falsch ist. Die Wahrheit ist, daß unter gewissen Bedingungen, die bei organischer Enfwicklung erfüllt sind, die Entwicklung selbst eine Erhöhung der Entropie bedeutet. Entwicklung ist also eine unmittelbare Folge des zweiten Hauptsatzes, und es bleibt kein Paradoxon zu beheben. Der Eindruck eines Paradoxons entstand durch die ungenaue Beschreibung der Entropie als Unordnung.

Um diese Behauptung kurz zu erklären, muß ich zu einem Punkt in der statistischen Ableitung des zweiten Hauptsatzes zurückkehren, der, wie ich meine, keine ausreichende Beachtung gefunden hat. Man kann Entropie definieren als ein Maß der Anzahl von verschiedenen mikroskopischen Zuständen (kurz: Mikrozuständen) eines Systems, die sich im selben makroskopischen Zustand (Makrozustand) zu befinden scheinen; die Entropie ist in der Tat der Logarithmus dieser Zahl. Der Makrozustand mit der größten Anzahl von Mikrozuständen, d. h. mit der größten Entropie, hat die größte *a priori*-Wahrscheinlichkeit, wenn wir jedem Makrozustand gleiche *a priori*-Wahrscheinlichkeit zuschreiben. Wird ein System zu einem bestimmten Zeitpunkt in einem Makrozustand von nicht-maximaler Entropie gefunden, so ist es wahrscheinlich, daß es zu einer späteren Zeit in einem Zustand höherer Entropie gefunden werden wird. Dies ist die übliche statistische Erklärung des zweiten Hauptsatzes. Aber bis dahin ist das Argument zeitlich völlig symmetrisch. Genau derselbe Grund würde uns zwingen zu sagen, daß es wahrscheinlich ist, daß das System zu einem früheren Zeitpunkt in einem Zustand höherer Entropie gefunden wird. Das stünde aber im Widerspruch zur empirischen Gültigkeit des zweiten Hauptsatzes in der Vergangenheit. Tatsächlich kennen wir nur für die Vergangenheit den zweiten Hauptsatz aus wirklicher Erfahrung und wissen, daß die Entropie damals zunahm, während das jetzige Argument uns zwingen würde zu sagen, daß die Entropie im gegenwärtigen Zeitpunkt ein Minimum beträgt, daß sie von jetzt an freilich zunimmt, aber daß sie bis zum gegenwärtigen Zeitpunkt abgenommen hat. Wollen wir diese absurde Konsequenz vermeiden, so müssen wir die Anwendung des Wahrscheinlichkeitsbegriffs auf die Vergangenheit ausschließen, und zwar in dem Sinne, in dem dieser Begriff hier verwendet wird. Ein Vergangenheitsereignis hat tatsächlich entweder stattgefunden oder nicht; es hat keinen Sinn, eine Wahrscheinlichkeit zu definieren, daß es stattfinden wird. Dieser qualitative Unterschied zwischen einer tatsächlichen Vergangenheit und einer offenen Zukunft, man kann auch sagen zwischen einer unwiederbringlichen Vergangenheit und einem Feld zukünftiger Möglichkeiten, erweist sich unter vielen Aspekten als grundlegend für die »Wissenschaft von der Entwicklung«. Im Augenblick läßt er uns erkennen, wie eine statistische Theorie überhaupt eine Asymmetrie zwischen Vergangenheit und Zukunft einführen kann; die Wahrscheinlichkeit, daß ein Ereignis stattfindet, bezieht sich in direktem Sinne nur auf zukünftige Ereignisse. Ich muß hier die Erörterung sekundärer Bedeutungen der Wahrscheinlichkeit beiseite lassen. Ich werde in der zweiten Vorlesung auf die Wahrscheinlichkeitstheorie zurückkommen.

Ich kehre jetzt zu der Behauptung zurück, daß Entwicklung aus dem zweiten Hauptsatz folgt. Diese Behauptung kann auf einfache, aber hochabstrakte Weise ausgedrückt werden, indem man sagt, daß Entropie Information ist, daß Information daher nach dem zweiten Hauptsatz zeitlich zunimmt, und schließlich, daß eine Informationszunahme das ist, was wir unter Entwicklung verstehen. Wir stoßen hierbei auf die semantische Schwierigkeit, daß es üblich geworden ist, Information als negative Entropie oder »Negentropie« zu bezeichnen und folglich zu sagen, daß Entropiezunahme Informationsverlust bedeute. Doch wenn man Shannons ersten Aufsatz liest, stellt man fest, daß er das Informationsmaß als Entropie mit positivem Vorzeichen definiert. Die Lösung dieses scheinbaren Paradoxons ist, daß beide Definitionen sinnvoll sind, aber daß sie verschiedene Dinge definieren. Entropie ist – grob gesprochen – ein Maß potentiellen Wissens, Negentropie ein Maß wirklichen Wissens. Information im Shannonschen Sinn kann definiert werden als der Erwartungswert des »Neuigkeitswertes« eines Signals. Der Neuigkeitswert eines Signals kann als die Anzahl einfacher Alternativen definiert werden, die entschieden werden müssen, um dieses Signal von allen anderen möglichen Signalen zu unterscheiden. Die Information eines thermodynamischen Makrozustandes ist also der Erwartungswert des Neuigkeitswertes eines Signals, der im Kennenlernen des exakten Mikrozustandes des Systems bestehen würde. Dieser Erwartungswert ist es, was ich als potentielles Wissen bezeichnet habe; er ist genau das wirkliche Wissen, das wir entbehren, wenn wir nur den Makrozustand kennen. Entwicklung bedeutet nun eine Zunahme der Anzahl verschiedener unterscheidbarer Strukturen. Je mehr solche Strukturen in einem gegebenen Biotop existieren, desto größer ist der Neuigkeitswert einer präzisen Beschreibung ihrer Verteilung, d. h. die potentielle Information des Biotops. Diese Information ist nicht identisch mit Entropie nach der thermodynamischen Definition. Die thermodynamische Entropie besteht aus einer Summe von mehreren »Teilentropien«, und diese »zu der Vielzahl der Strukturen gehörende Information« ist nur eine dieser Teilentropien. Der zweite Hauptsatz sagt nur, daß die Gesamtentropie zunehmen muß. Es müssen also besondere Bedingungen erfüllt sein, damit diese Strukturinformation auch zunimmt. Die wichtigste dieser Bedingungen ist, daß die Strukturinformation weit von ihrem Gleichgewicht entfernt sein muß; man kann leicht feststellen, daß dies in der biologischen Entwicklung der Fall ist.

Ich kann hier nicht die mathematische Theorie entwickeln, die diesen verbalen Behauptungen zugrundeliegt, doch kann ich ein einfaches Modell anführen. Nehmen wir an, ein System enthalte eine bestimmte Anzahl von gleichartigen Atomen. Nehmen wir an, daß jede Anzahl k von Atomen ein Molekül bilden kann, das wir als Molekül der Art k bezeichnen wollen. Ein Makrozustand wird definiert, indem wir sagen, welche Arten von Molekülen vorhanden sind; ein Mikrozustand wird definiert, indem wir sagen, welches Atom in einem Molekül welcher Art ist. Nehmen wir an, die Entwicklung beginne mit einem Makrozustand, in dem nur die Art $k = 1$ vorhanden ist, d. h. alle Atome einzeln vorliegen. Dieser Makrozustand enthält nur einen Mikrozustand, da für jedes Atom bekannt ist, daß es in einem Molekül der Art $k = 1$ vorliegt. Die maximale Entropie wird augenscheinlich einem Makrozustand angehören, in dem eine große Anzahl verschiedener Arten von Molekülen vorhanden ist, und die Entwicklung wird einem solchen Zustand zustreben. Wenn man Lust hat, kann man diesen als einen Zustand der Unordnung bezeichnen; es handelt sich aber zweifellos um einen Zustand hoher Komplexität und in diesem Sinne um einen hochentwickelten Zustand.

Wovon ich weiterhin Gebrauch machen möchte, ist einfach die Behauptung, daß Entwicklung eine Folge der Struktur der Zeit ist. Ich lasse alle Komplikationen der Wissenschaft von der Entwicklung beiseite und wende mich der Entwicklung der Wissenschaft zu.

2. Die Entwicklung der Wissenschaft

Die Entwicklung der Wissenschaft wird in der Wissenschaftsgeschichte beschrieben, und wie in der Naturgeschichte nehme ich einfach an, daß wir ihre Hauptstationen hinreichend kennen. Ich interessiere mich wieder für den allgemeinen Entwicklungsmechanismus, der jetzt der Mechanismus ist, nach dem sich die Wissenschaft entwickelt. Das heißt, mein Interesse gilt der Erkenntnistheorie.

Die herrschende erkenntnistheoretische Selbstinterpretation der Wissenschaft ist der Empirismus. Die Wissenschaft sammelt

Erfahrung, modelliert sie in mathematischen Theorien, verwendet die Theorien für die Vorhersage weiterer Erfahrung und benutzt den Vergleich der vorhergesagten mit der wirklichen Erfahrung zur Verbesserung der Theorien. Soweit der Empirismus in diesem Satz ausgedrückt ist, gibt er eine korrekte Beschreibung dessen, was tatsächlich in der Entwicklung der Wissenschaft geschieht. Aber dieser deskriptive Empirismus hat zwei Schwächen, die miteinander verknüpft sind: Seine Beschreibung der Wissenschaft ist nicht sehr genau, und er erklärt nicht, wie Erfahrung, Theorie und ihre Wechselwirkung überhaupt möglich sind. Der deskriptive Empirismus gibt eine etwas oberflächliche Beschreibung einer Entwicklung, deren Mechanismus er nicht wirklich versteht. Der dogmatische Empirismus, den ich als die Meinung definieren würde, daß die Entwicklung der Wissenschaft tatsächlich auf der Grundlage der obigen Beschreibung ausreichend erklärt werden kann, ist andererseits, so behaupte ich, entweder keine klare oder eine falsche Behauptung. Der vorliegende Abschnitt und die zwei folgenden sind einer Analyse dieses Problems gewidmet.

Ich beginne meinen Angriff auf den dogmatischen Empirismus mit dem trivialen Zug, an das Humesche Problem zu erinnern. Plato und Hume, Kant und Popper waren sich in gleichem Maße der Tatsache bewußt, daß eine wissenschaftliche Theorie weder aus der Erfahrung logisch abgeleitet, noch durch Erfahrung verifiziert werden kann. Ich drücke diese Tatsache in Humes zeitlicher Sprechweise aus: Ein wissenschaftliches Gesetz kann bestenfalls alle Erfahrungen der Vergangenheit beschreiben, aber wir können daraus nicht logisch schließen, daß es auch für zukünftige Erfahrungen Gültigkeit hat. Das ist jedoch der Schluß, den die Wissenschaft in Wirklichkeit und in den meisten Fällen erfolgreich zieht. In diesem Sinne sage ich, daß der Empirismus ein Phänomen beschreibt, das er nicht zu erklären vermag. Humes eigene psychologische Erklärung des Glaubens der Wissenschaft durch Gewöhnung ist natürlich keine Erklärung, warum sich dieser Glaube immer wieder als erfolgreich erweist. Hier spricht Hume ehrlicherweise von einer prästabilierten Harmonie zwischen der Natur und unserem Denken; aber ich glaube, daß, wo immer wir eine prästabilierte Harmonie ansetzen, wir in Wirklichkeit eine strukturelle Notwendigkeit ansetzen, die wir noch nicht verstehen.

Es gibt mehrere Versuche, die Möglichkeit der Wissenschaft zu begreifen. Ich kann den probabilistischen Empirismus, d. h. den Versuch, empirischen Gesetzen empirisch gerechtfertigte Wahrscheinlichkeitsgrade zuzuschreiben, nur kurz erwähnen. Wiederum leugne ich nicht den deskriptiven Wert dieses Versuches. Unter gewissen Bedingungen kann es sinnvoll und nützlich sein, einem empirischen Gesetz eine empirische Wahrscheinlichkeit zuzuschreiben. Aber ich kann nicht einsehen, wie diese Theorie die Möglichkeit der empirischen Verifikation von Gesetzen besser soll erklären können als ihre nichtprobabilistischen Vorläufer. Empirisch gesprochen, scheinen ihre Verteidiger zu keiner Einigung darüber gelangt zu sein, wie diese Erklärung zu erfolgen hat. Und theoretisch kann ich nicht verstehen, wie es möglich sein sollte, die Iteration von Humes Problem durch Einführen von Wahrscheinlichkeiten zu vermeiden: Wie kann die Ableitung einer Wahrscheinlichkeit aus vergangener Erfahrung logisch implizieren, daß dieselbe Wahrscheinlichkeit in der Zukunft gilt?

Ich lege also einen gewissen Nachdruck auf die Tatsache, daß unser gewöhnlicher Schluß von der Vergangenheit auf die Zukunft nicht *logisch* gerechtfertigt ist. Diese Betonung der Rolle der Logik werde ich im vierten und fünften Abschnitt analysieren. Ich wende mich jetzt einigen anderen Versuchen zu, die empirische Wissenschaft zu beschreiben und vielleicht zu erklären.

Popper sagt, daß aus logischen Gründen ein allgemeines Gesetz durch Erfahrung nicht verifiziert, aber schon durch ein einziges empirisches Gegenbeispiel falsifiziert werden kann. Nach seiner Ansicht folgt die Entwicklung der Wissenschaft einem quasi Darwinschen Schema des Überlebens des Tüchtigsten; diejenigen Theorien werden verwendet, die bisher nicht falsifiziert worden sind. Ich glaube, diese Beschreibung deutet an, daß es durchaus sinnvoll ist, den allgemeinen Entwicklungsbegriff ebensowohl auf wissenschaftliche Theorien wie auf anorganische und organische Körper anzuwenden. Aber Poppers Erkenntnistheorie weist immer noch zwei Schwächen auf:

1. Es ist auch nicht möglich, im strengen Sinne ein Gesetz empirisch zu falsifizieren.

2. Poppers Theorie erklärt nicht, warum es überhaupt Gesetze gibt, die überlebensfähig sind.

Popper ist sich im Prinzip der ersten Schwierigkeit bewußt. Er hebt selbst hervor, daß jede empirische Feststellung, wie z. B.

»hier steht ein Glas Wasser«, den sinnvollen Gebrauch von Begriffen wie »Glas« und »Wasser« voraussetzt. Dieser Gebrauch ist nur im Kontext gewisser Gesetze möglich, z. B. der Gesetze, die das Verhalten von festen und flüssigen Körpern beschreiben. Man kann sagen: Wir wenden implizite Gesetze an, so oft wir explizite Gesetze falsifizieren. Aber diese Tatsache schmälert den faktischen Wert der Falsifikation. Jedesmal wenn eine vorgebliche Erfahrung ein wohlbegründetes Gesetz als falsch zu erweisen droht, beginnen wir daran zu zweifeln, ob der Gebrauch der impliziten Gesetze in jener Erfahrung voll gerechtfertigt war. Historisch gesehen erweisen sich etablierte Theorien als äußerst unempfindlich gegen empirische Falsifikation; und es ist genau mein zweiter Einwand gegen Poppers Theorie, daß sie nicht erklärt, wie diese Stabilität von Theorien möglich ist. Deshalb glaube ich, daß Poppers Theorien-Darwinismus einen höheren deskriptiven Wert hat als seine Betonung der Falsifikation. Aber wenn das stimmt, dann verstehen wir bisher in Wirklichkeit weder die Möglichkeit der Verifikation noch der Falsifikation einer Theorie durch die Erfahrung. Wir werden uns einer genaueren Beschreibung des Phänomens zuwenden müssen, ehe wir hoffen können, es zu erklären.

Die bei weitem beste strukturelle Darstellung der wirklichen Wissenschaftsentwicklung, die mir bekannt geworden ist, ist die von Thomas Kuhn. Kuhn beschreibt die normale Wissenschaft als Rätsellösen unter der Anleitung durch ein Paradigma und wissenschaftliche Revolution als Veränderungen von Paradigmen. Sein Akzent liegt auf der Wissenschaft als sozialer Tätigkeit einer ziemlich homogenen Gruppe von Forschern. Er beschreibt die Priorität von Paradigmen über Regeln: die in der Forschung tätigen Wissenschaftler zeigen ein wohlorientiertes Verhalten, das sie in keinem Satz von methodologischen Regeln oder auch Naturgesetzen voll zu artikulieren imstande sind. Genau dieselbe Erfahrung habe auch ich in meinen Versuchen gemacht, zu begreifen, wie es in der Physik zugeht und vor allem, die Quantentheorie zu verstehen. Man darf nicht glauben, was Physiker über ihre Arbeit sagen, man muß vielmehr durch Teilnahme lernen, was sie wirklich tun.

Einer wissenschaftlichen Revolution geht im allgemeinen eine Krise des herrschenden Paradigmas voraus. Aber das herrschende Paradigma wird nie durch bloße es anscheinend falsifizierende

Erfahrung gestürzt; eine solche Erfahrung wird normalerweise als ein ungelöstes Rätsel aufgefaßt, nicht als Falsifikation. Ein Paradigma wird nur durch ein neues Paradigma gestürzt. Kuhn bedient sich ausdrücklich und mit Recht der Sprache der Selektionstheorie, wenn er diesen Prozeß beschreibt. Formulieren wir die Analogie explizit: so lange keine katastrophalen Veränderungen stattfinden, wird eine Species, die eine ökologische Nische hat, nicht dadurch ausgelöscht, daß sie diese Nische nicht gut genug ausfüllt, sondern durch eine andere Species, die dieser Nische besser angepaßt ist.

Die neue Species kann ihrerseits schon vorher durch Mutation aufgetreten sein, mag ihre Chance aber zu einem gewissen Zeitpunkt durch irgendeine Umweltänderung, d. h. durch eine Veränderung der Nische, erhalten; sie mag sich erst dann durch weitere Mutationen, die vorher keine Gelegenheit gehabt hatten, erprobt zu werden, aus einer bloßen Abart zu einer völlig neuen Spezies entwickeln. Ähnlich können neue Experimente (eine neue »Nische«) Wissenschaftler veranlassen, alte theoretische Begriffe wieder aufleben zu lassen (so wie Einstein die Leibnizschen und Machschen Ideen einer Relativität des Raumes wiederbelebte) und sie zu einer völlig neuen Theorie zu gestalten.

Kuhn wendet seine Erkenntnistheorie auf die Entwicklung der Erkenntnistheorie selbst an. Er beschreibt die Krise des Empirismus, die mit der Entdeckung des hohen Grades, in welchem unsere Kenntnis sogenannter empirischer Tatsachen von unseren eigenen theoretischen Paradigmen abhängt, und mit der Unmöglichkeit verbunden ist, eine stabile endgültige Erfahrungsgrundlage, wie Sinnesdaten, Protokollsätze usw. zu fixieren. Er betrachtet seine eigene Darstellung als ein neues Paradigma. Ich würde dem zustimmen, glaube aber, daß sein Paradigma insofern unvollständig ist, als ihm eine entscheidende Struktur fehlt, die ich in diesen Vorlesungen beisteuern möchte. Diese Struktur hängt mit der historischen Tatsache zusammen, daß die Entwicklung der Wissenschaft nicht nur zu einer zunehmenden Mannigfaltigkeit, sondern gleichzeitig auch zu einer wachsenden Vereinheitlichung der Wissenschaft führt. Wir müssen dieses Faktum zuerst erkennen und dann versuchen, es zu erklären.

Kuhn vergleicht seine Theorie der wissenschaftlichen Entwicklung mit Darwins Entthronung der Finalität durch den Gedanken der natürlichen Selektion. Unter dem Eindruck des zunehmenden paläontologischen Beweismaterials war schon vor Darwin die Entwicklung für viele Biologen eine durchaus annehmbare Vorstellung. Aber dieser frühe Evolutionismus war mehr oder weniger finalistisch. Man sah die Entwicklung als den Weg an, auf dem durch Vermittlung der Geschichte das vollkommenste Lebewesen, sagen wir der Mensch, geschaffen wurde. Darwins Originalität – und der durch seine Theorie hervorgerufene Schock – bestand darin, daß er die Vorstellung von einer *»Entwicklung zu«* durch den Gedanken einer *»Entwicklung aus«* ersetzte. Die Entwicklung hat einen Ausgangspunkt, sie muß aber kein Ziel haben; sie scheint vielmehr ein offenes Ende zu haben.

Ich möchte hinzufügen, daß, wenngleich ich mit dieser Darstellung im Prinzip übereinstimme, doch nicht vergessen werden darf, daß sich nur solche Arten entwickeln können, die selbst mögliche Formen gemäß den Naturgesetzen sind und in ihrer Umwelt zu überleben vermögen. Das bedeutet, daß das Rätsel des Lebens durch die bloße Evolutionsvorstellung noch nicht gelöst ist. Eine wissenschaftliche Theorie des Lebens müßte auch zeigen, daß Zellen, Pflanzen, Tiere mögliche Systeme nach den Gesetzen der Natur sind, und auch, daß sie über einen evolutionären Weg erreicht werden können, der durch eine kontinuierliche Reihe von möglichen Systemen führt. Die tatsächliche Möglichkeit derartiger Systeme ist es, was auch im Darwinismus von den Tatsachen übrigbleibt, die in früheren Zeiten durch die Hypothese einer objektiven Finalität beschrieben wurden. In einer streng evolutionären Theorie, wie sie am Anfang dieser Vorlesung umrissen wurde, stehen die beiden Meinungen einander näher, als ihr historischer Gegensatz anzuzeigen scheint. Es ist in der Struktur der Zeit mitenthalten, daß sich die Entwicklung zu zukünftigen möglichen Zuständen hin bewegt, die mehr Information enthalten als die derzeitigen tatsächlichen Zustände. Was objektive Möglichkeiten von aristotelischen Endursachen unterscheidet, ist einfach, daß die Endursache eines Prozesses im allgemeinen als einzigartig angesehen wird, während es gewöhnlich mehrere konkurrierende Möglichkeiten gibt.

Kuhn vergleicht dann den Gedanken einer von der Wissenschaft zu erlangenden Endwahrheit mit der Konzeption einer biologischen Endursache. Er meint, daß eine Epistemologie der Wissenschaft gut ohne einen solchen Wahrheitsbegriff auskommen könnte, da die Wissenschaftsentwicklung gleichfalls keine »*Entwicklung zu*«, sondern eine »*Entwicklung aus*« ist. Dies ist eine faszinierende Vorstellung, aber ich möchte dennoch in einem sehr wesentlichen Punkt Einwendungen dagegen machen. So wie sich nur wirklich mögliche Arten in der organischen Geschichte entwickeln können, würde ich erwarten, daß sich auch nur wirklich mögliche Paradigmen oder Theorien in der Geschichte der Wissenschaft erfolgreich zu entwickeln vermögen. Was es heißt, ein Paradigma oder eine Theorie als wirklich möglich zu bezeichnen, ist natürlich eine schwierige Frage. Aber Kuhn ist sich vollkommen bewußt, daß es eine reale Frage ist. Im letzten Abschnitt seines Buches sagt er: »Jeder, der dem Argument so weit gefolgt ist, wird sich trotzdem veranlaßt fühlen, zu fragen, warum der Evolutionsprozeß funktioniert. Wie muß die Natur, einschließlich des Menschen, beschaffen sein, damit Wissenschaft überhaupt möglich ist? Es ist nicht nur die wissenschaftliche Fachwelt, die besonders sein muß. Die Welt, in der diese Fachwelt einen Teil darstellt, muß ebenfalls ganz besondere Eigenschaften besitzen, und wir sind der Kenntnis, welche diese sein müssen, nicht näher als am Anfang.« (*Die Struktur wissenschaftlicher Revolutionen*, S. 172.) Ich stelle zur Diskussion, daß die wirkliche Möglichkeit eines Paradigmas oder einer Theorie das ist, was wir als seine bzw. ihre Wahrheit bezeichnen. Ich stelle weiter zur Diskussion, daß es eine Theorie dieser Möglichkeit geben kann und ich einige Grundzüge dieser Theorie vorzulegen vermag.

Indem ich diese Theorie einführe, kehre ich zu gewissen Ansichten zurück, die Kuhn auf Grund seiner eigenen Darstellung vielleicht als veraltet ansieht. Wenngleich ich die notwendige historische und praktische Priorität von Paradigmen über Regeln gelten lasse und unterstreiche, glaube ich doch, daß es so etwas wie ziemlich gute allgemeine Theorien gibt, wie z. B. die Newtonsche Mechanik in der Form, die sie nach den Arbeiten von Euler, Lagrange und Hamilton annahm, oder die heutige Quantentheorie. So weit wird Kuhn zweifellos einverstanden sein. Ich glaube ferner, daß eine allgemeine Theorie mehreren früheren Paradigmen eine *ex post*-Rechtfertigung verleiht, auch den Erfolgen jener Paradigmen und Theorien, die sie verdrängt; das ist es, was nicht sehr klar durch die übliche Phrase ausgedrückt wird, daß die neue Theorie ihren Vorgänger als Grenzfall enthält. Eine neue allgemeine Theorie bedeutet gewöhnlich ein höheres Reflexionsniveau, unter dem die früheren Meinungen subsumiert werden können. Das meint Heisenberg, wenn er sagt, daß die theoretische Physik in einzelnen großen Schritten fortschreitet, die er als abgeschlossene Theorien bezeichnet. Kuhn hat historisch recht, wenn er darauf hinweist, daß auch ein ziemlich allgemeines neues theoretisches Paradigma gewöhnlich gewisse sinnvolle Fragen ausschließt, die von seinem Vorgänger gestellt und beantwortet werden konnten, so wie beispielsweise die chemische Revolution von Lavoisier bis Dalton die Frage ausschloß, warum Metalle einander ähnlicher sind als ihre Erze, eine Frage, die in der früheren Phlogistontheorie sinnvoll war. Er sagt aber auch, daß gerade diese Frage erneut gestellt und von der Quantenchemie beantwortet worden ist. So glaube ich, daß der Weg tatsächlich zur Vereinheitlichung führt. Wenn das richtig ist, dann führt die Entwicklung der Wissenschaft zu einem zunehmend besseren *ex post*-Verständnis der wirklichen Möglichkeit ihrer früheren Paradigmen und kann in diesem Sinne nach wie vor als Weg zu einer einzigen allgemeinen Wahrheit bezeichnet werden. Aber ehe ich auf die eigentliche Bedeutung dieses Wahrheitsbegriffes eingehe, muß ich über den Fortschritt auf diesem Wege zwei Bemerkungen machen, wobei die eine sich auf seinen Mechanismus und die andere auf seine Reichweite bezieht.

Wie kann der Mechanismus ein und desselben Prozesses zu der wachsenden Mannigfaltigkeit wie auch zunehmenden Vereinheitlichung der Wissenschaft führen? Die Antwort ist ganz einfach; sie liegt im Begriff der Allgemeinheit. Kernphysik, Festkörperphysik und Plasmaphysik sind jetzt so umfangreich und so verschieden, daß ihre Praktiker es schwer finden, einander zu verstehen; aber niemand würde in Zweifel ziehen, daß sie alle Anwendungen der Quantentheorie auf unterschiedliche Zustände der Materie sind. Eine allgemeine Theorie definiert, welche Zustände ihrer Objekte möglich und welches die allgemeinen Gesetze sind, denen alle diese Zustände gehorchen müssen. In der Quantentheorie wird diese Definition durch die allgemeine Theorie des Hilbert-Raumes, durch die Wahl einer Hamilton-Funktion und durch die Lösung der Schrödinger-Gleichung mit dieser

Hamilton-Funktion gegeben. Die Theorie selbst bestimmt somit den Grad der möglichen Mannigfaltigkeit, und je allgemeiner und in diesem Sinne vereinheitlichter eine Theorie ist, desto größer ist ihr Spielraum für Mannigfaltigkeit. Diese Entwicklung allgemeiner Theorien hat kein Analogon in der Entwicklung der anorganischen Materie und des Lebens. Der Unterschied ist auf die Tatsache zurückzuführen, daß Theorien durch die besondere geistige Tätigkeit der Reflexion über bestehendes Wissen hervorgebracht werden; Reflexion existiert im organischen Leben nicht – es sei denn, daß wir etwas spielerisch den Menschen als Spezies zum Analogen allgemeiner Theorien stempeln.

Welches ist die tatsächliche Reichweite einer solchen Vereinheitlichung? Die großen theoretischen Schritte vereinigen im allgemeinen verschiedene Gebiete, die vorher als gesonderte Gebiete möglicher oder wirklicher empirischer Wissenschaft verstanden oder nicht einmal verstanden wurden. So vereinigt die klassische Mechanik die Theorien der Bewegung irdischer und himmlischer Körper. Die klassische Elektrodynamik vereinigte die Theorien der Elektrizität, des Magnetismus und des Lichtes. Die spezielle Relativitätstheorie vereinigte Mechanik und Elektrodynamik; sie vereinigte in gewisser Hinsicht auch Raum und Zeit. Die allgemeine Relativitätstheorie vereinigte spezielle Relativitätstheorie, Gravitationstheorie und empirische Geometrie. Die Quantentheorie vereinigte Physik und Chemie. Am Ende der zweiten Vorlesung werde ich Gründe dafür angeben, warum ich glaube, daß die Quantentheorie sehr wohl mit der Kosmologie und Elementarteilchenphysik zu einer einheitlichen Physik vereinigt werden könnte. Auf der anderen Seite läßt uns die Molekularbiologie hoffen, daß sich die Biologie mit der Physik und Chemie vereinigen werde. Die Kybernetik bedeutet einen Versuch zur Einbeziehung selbst einer Wissenschaft vom Bewußtsein in das Gebiet der einheitlichen Wissenschaft. Ich hätte daher diesem Abschnitt den hypothetischen Titel *Der Weg der Wissenschaft zur Einheit* geben können. Ich möchte aber bei den sicherer begründeten Tatsachen bleiben und werde folglich meine Betrachtung hauptsächlich auf die Annäherung an eine vereinheitlichte Physik beschränken.

Ich kehre nun zu der Frage zurück: »*Wie ist Wissenschaft überhaupt möglich?*« Wie muß die Natur, einschließlich des Menschen, beschaffen sein, damit Wissenschaft möglich ist? Gehen wir zweckmäßig schrittweise vor.

Ich sage, daß spätere und allgemeinere Theorien uns die Möglichkeit ihrer Vorgänger verstehen lassen. Newtons Mechanik erklärte die Möglichkeit sowohl der keplerschen wie auch der galileischen Gesetze. Aber um diese Erklärung zu verstehen und zu akzeptieren, mußte man in newtonschen Begriffen denken, seinen Annahmen glauben und die Welt mit seinen Augen sehen. In ähnlicher Weise beansprucht die Quantentheorie, die Möglichkeit sowohl der klassischen Mechanik wie auch der klassischen Chemie zu erklären. Wenngleich wir den mathematischen Apparat der Quantentheorie ohne Zögern und Zweifel anwenden, sind wir hier jedoch nicht sicher, ob wir wirklich gelernt haben, die Welt mit »quantenmechanischen Augen« zu sehen, d. h. ob wir die Bedeutung der Quantentheorie wirklich verstehen. Vielleicht erscheint es uns leichter, die Welt mit Newtons Augen zu sehen, weil er lange tot ist und seine Skrupel vergessen sind. Ich werde auf diese Interpretationsfrage in der zweiten Vorlesung zurückkommen.

Aber alle bestehenden, schon recht allgemeinen Theorien erklären nur die Möglichkeit jener früheren Paradigmen, die unter ihnen subsumiert werden können. Wenn wir dem jetzigen Argument bis zu seiner letzten Konsequenz folgen, so könnte die Möglichkeit aller Wissenschaft nur durch eine endgültige, allumfassende, vereinheitlichte Wissenschaft begriffen werden. Wenn das zuträfe, könnte die Möglichkeit der Wissenschaft als solche nur als Konsequenz des gleichzeitigen Verstehens der Möglichkeit der Einheit der Wissenschaft begriffen werden. Es können aber sofort mindestens zwei Einwände gegen diese Vorstellung erhoben werden.

Der erste Einwand ist mehr formaler Natur. Wie können wir jemals erwarten, eine endgültige, vereinheitlichte Wissenschaft zu finden? Ist das nicht die naive Hoffnung, die die Systemerbauer in jedem Jahrhundert getäuscht hat? Auf diesen formalen Einwand kann die formale Antwort gegeben werden, daß es gleichermaßen verwirrend ist, sich eine endgültige Theorie vorzustellen, wie sich eine mögliche unendliche Reihe zukünftiger Theorien vorzustellen, wobei eine immer allgemeiner als die andere wäre. Ich glaube, diese formale Argumentation wird dem Problem nicht gerecht. Gäbe es eine allgemeine Theorie von der Möglichkeit der Wissenschaft, so müßte sie zumindest eine Theorie der Entwicklung in sich schließen, d. h. eine Theorie der Zeit mit einer offenen Zukunft. Solche Theorien sind nicht unmöglich; die statistische Thermodynamik und die Selektionstheorie sind Beispiele. Doch scheint es noch immer verwirrend, sich vorzustellen, zu denken, daß es eine allgemeine Theorie der Zeit in der Zeit geben könnte. Ich lasse diese Frage als zu schwierig beiseite und schlage vor, daß wir einfach zu ermitteln suchen, wie weit wir gelangen können.

Dies kann man durch eine Erörterung des zweiten Einwandes anfangen. Nehmen wir an, es gäbe einen letzten Schritt der Verallgemeinerung in der Wissenschaft, eine letzte, allumfassende, allgemeine Theorie. Sie würde gewissermaßen alle früheren Theorien »erklären«, die nun unter ihr subsumiert sind. Aber wird sie die Möglichkeit der Wissenschaft erklären? Sie müßte in diesem Falle ihre eigene Möglichkeit erklären. Unser Argument scheint also zu einem *circulus vitiosus* zu führen und könnte von Anfang an falsch gewesen sein. Verstärken wir den Einwand. Wissenschaftliche Theorien sind durch Erfahrung gerechtfertigt, auch wenn es sich als schwierig erwiesen hat, genau zu begreifen, wie diese Rechtfertigung erreicht wird. Unsere endgültige Theorie würde anscheinend auch einer empirischen Rechtfertigung bedürfen. Aber eine Theorie über die Möglichkeit der Wissenschaft selbst würde erklären müssen, wie Erfahrung und die empirische Rechtfertigung von Theorien möglich sind. Kann dies durch eine empirische Theorie beliebiger Allgemeinheit geschehen? Meine Antwort auf den Einwand ist, daß ich seinen Inhalt akzeptiere, aber daß es kein Einwand ist. Wenn es überhaupt eine allgemeinste wissenschaftliche Theorie geben soll, so muß sie genau eine Theorie der Möglichkeit der Erfahrung – und von nichts weiter – sein. Um diese Ansicht klar zu machen, kehre ich zu dem noch ungelösten Rätsel des Humeschen Problems zurück.

Die Frage ist meistens dahingehend verstanden worden, wie besondere Gesetze, die auf vergangener Erfahrung beruhen, als für die Zukunft gültig nachgewiesen werden können, beispielsweise das Gesetz, daß die Sonne jeden Morgen aufgeht, oder

Newtons Gravitationsgesetz. Dies kann, wie ich sagte, logisch nicht bewiesen werden. Versuchen wir es mit dem nächsten Reflexionsschritt. Die methodologische Regel, daß auf frühere Erfahrung gegründete Gesetze auch in Zukunft gültig oder wahrscheinlich zukünftsgültig sind, ist als *Induktionsprinzip* bekannt. Dieses Prinzip hat sich in der Vergangenheit als sehr erfolgreich erwiesen. Daraus läßt sich logisch nichts über seine Zukunftsgültigkeit ableiten. Eine solche Ableitung würde desselben Induktionsprinzips als Prämisse bedürfen; sie wäre ein *circulus vitiosus*. Aber wir können fragen: Warum sind wir überhaupt an einer *logischen* Ableitung interessiert? Hume war daran interessiert, weil er an das nichtempirische Wesen der Logik glaubte. In der Logik hätte er zumindest eine erfahrungsunabhängige Wahrheit gefunden, und ein *logischer* Beweis hätte daher die Erfahrung als Quelle sicheren Wissens gerechtfertigt. Ich glaube, Hume war in dieser Hinsicht nicht Skeptiker genug. Ein echter Skeptiker würde die Gültigkeit der Logik und sogar die Gültigkeit der Meinung, daß es eine Zukunft geben wird, in Zweifel gezogen haben.

Ich habe nicht die geringste Hoffnung und folglich nicht die geringste Absicht, den absoluten Skeptizismus zu widerlegen. Ich glaube, daß absoluter Skeptizismus gleichbedeutend mit Verzweiflung ist. Die Tatsache, daß ich noch lebe, beweist, daß ich kein absoluter Skeptiker bin. Aber es wäre sinnlos, beweisen zu wollen, daß ich recht habe; die Bereitschaft, einen solchen Beweis zu erörtern, ist bereits ein Schritt über den absoluten Skeptizismus hinaus. Ich hoffe, im letzten Abschnitt dieser Vorlesung zeigen zu können, daß Logik selbst genau die Struktur der Zeit voraussetzt, die Hume im Fall der Erfahrung in Zweifel zieht, und daß in diesem Sinne sein Skeptizismus selbstwidersprechend ist. Aber gerade dieses Argument setzt eine weit bescheidenere erkenntnistheoretische Haltung voraus, die sich jedoch als wissenschaftlich weit ehrgeiziger erweisen wird. Ich setze einfach voraus, daß wir uns alle einig sind, daß Erfahrung als Quelle besonderer Gesetze, die auch in der Zukunft ihre Gültigkeit haben werden, möglich und sinnvoll ist. Ich frage dann phänomenologisch, welche Bedingungen erfüllt sein müssen, damit dieses Lernen aus der Erfahrung möglich ist. Und ich lege die Hypothese vor, daß das System von Vorbedingungen aller möglichen Erfahrungen, das so gefunden wird, genau die allgemeinste wissenschaftliche Theorie ist.

Diese Hypothese ist augenscheinlich von Kant beeinflußt. Sie ist aber nicht Kants eigene Theorie. Sie unterscheidet sich von Kant in einem Punkte, der die zwei Jahrhunderte Wissenschaft widerspiegelt, die uns von ihm trennen. Nach Kants Ansicht genügten die Vorbedingungen der Erfahrung lediglich zur Formulierung von Grundsätzen, die als Gesetze über Gesetze verstanden werden können, wie z. B. des Kausalitätsprinzips. Besondere Gesetze mußten durch Erfahrung gefunden werden. Ich glaube, daß Kant nie das Problem gelöst hat, wie die Erfahrung auch nur besondere Gesetze rechtfertigen könnte; Humes Einwand würde, glaube ich, nach wie vor für sie gelten. Aber nehmen wir an, daß es schließlich eine einzige allgemeine Theorie der Physik geben wird, von der alle besonderen Gesetze abgeleitet werden können, wenigstens im Prinzip, indem die zu berücksichtigenden Zustände spezifiziert werden, so wie die Quantentheorie durch Spezialisierung auf die Wechselwirkung von Atomen innerhalb der Moleküle zu den Gesetzen der chemischen Bindung führt. Dann wären die einzigen noch zu rechtfertigenden Gesetze die Gesetze dieser grundlegenden Theorie. Wenn sie sich als bloße Vorbedingungen der Erfahrung nachweisen lassen, dann wird keine unabhängige Gründung besonderer Gesetze auf besondere Erfahrung mehr benötigt.

Nehmen wir die Beziehung der Quantentheorie zur Chemie als Ausgangspunkt. Zweifellos wurden die Gesetze der chemischen Bindung auf empirischem Wege durch eine wissenschaftliche Revolution, wie von Kuhn beschrieben, gefunden. Aber es blieb die Frage zurück, warum dieses Paradigma so erfolgreich war, daß man es zuversichtlich für Vorhersagen verwenden konnte. Die derzeitige Antwort lautet: Weil atomare Teilchen der Quantenmechanik gehorchen. So weit wird das philosophische Problem lediglich auf die nächste Stufe zurückgestoßen: *Warum ist die Quantentheorie so erfolgreich?* Meine vorläufige Antwort wäre: Weil sich die Quantentheorie als Teil oder Grenzfall der vereinheitlichten Physik erweisen wird. Die nächste Frage ist: Warum wird die einheitliche Physik, falls sie gefunden wird, zuverlässig sein? Darauf antwortet meine Hypothese: Weil sie nichts als die Vorbedingungen der Erfahrungen formuliert. Das bedeutet: Falls es überhaupt die Möglichkeit gibt, frühere Erfahrung zu Vorhersage zukünftiger Ereignisse zu benutzen, so gehorcht diese Vorhersage den Gesetzen, die aus ihr eine Vorhersage an Hand von

Erfahrungen machen, und diese Gesetze sind dann keine anderen als die der einheitlichen Physik.

Diese Hoffnung, alle Gesetze der Physik von Prämissen abzuleiten, die so schwach sind wie die Voraussetzung, daß Erfahrung überhaupt möglich sein muß, mag als absurd erscheinen. Persönlich glaube ich, daß sie sich als ausreichende Bedingung herausstellen kann. Aber ich kann das nicht beweisen. Ich möchte die Probe durch Aufzählen jener Erfahrungsvorbedingungen machen, die uns in den Sinn kommen, wenn wir intensiv genug nachdenken und dann nachsehen, welche zusätzlichen Postulate nötig sind, um die Lücke zwischen ihnen und der Physik, wie wir sie heute kennen, auszufüllen. Dann werden wir herauszufinden versuchen, ob diese zusätzlichen Postulate in Wirklichkeit Erfahrungsvorbedingungen festlegen, die wir in unserem ersten Entwurf vergessen hatten, oder ob sie Konsequenzen unserer Vorbedingungen sind, deren wir uns nicht bewußt waren, oder ob keines von beiden der Fall ist. Dies ist eine Strategie für Forschung auf dem Gebiet der Grundlagen der Physik. Der Rest dieser Vorlesungen ist einer Darstellung dessen gewidmet, was ich in dieser Richtung bisher gefunden habe.

5. Zeitliche Logik

Die erste Vorbedingung der Erfahrung ist die Zeit. Wir können Erfahrung locker als ein Lernen aus der Vergangenheit für die Zukunft bezeichnen. Alle Erörterungen in den letzten drei Abschnitten drehten sich um diese Abhängigkeit der Erfahrung von der Zeit: Die erkenntnistheoretische Erörterung des Humeschen Problems wie auch die Darstellung der Wissenschaft als Entwicklungsprozeß in der Geschichte. Die Relevanz des ersten Abschnittes über die Wissenschaft der Entwicklung wird man jetzt auch deutlicher erkennen. Wenn die Wissenschaft im wesentlichen ein evolutionärer Prozeß ist, und wenn die Entwicklung eine Konsequenz der Struktur der Zeit ist, dann kann der Prozeß der Wissenschaft selbst nur verstanden werden, wenn wir die Struktur der Zeit verstehen. Meine Bemühung richtet sich jetzt nicht mehr auf ein besseres Verständnis der vergangenen Geschichte der Wissenschaft, sondern auf die Skizzierung des möglichen Rahmens einer allgemeinen Theorie der Zeit. Ihr erstes Fundament muß eine Logik von Aussagen sein, die sich auf besondere Zeiten beziehen, wie »es regnet«, »es hat gestern geregnet«, »es wird morgen regnen«, »es regnet immer«.

Das Verwirrende bei mindestens einigen solchen zeitlichen Aussagen, wie »es regnet« oder expliziter »es regnet hier und jetzt« ist, daß sie heute falsch sein, aber gestern oder morgen wahr sein können. Kann der Wahrheitswert eines Satzes selbst von der Zeit abhängen? Die heutige Logik vertritt im allgemeinen die Ansicht, daß dies überhaupt keine echten Sätze sind, sondern Abkürzungen von Feststellungen, die sich auf eine bestimmte Zeit und einen bestimmten Ort beziehen, wie: »Es regnet in London am 30. April 1971«. Solche Feststellungen, die sich auf das beziehen, was man objektive Zeit nennen würde, scheinen zeitlos wahr oder falsch zu sein, wie die klassische Logik für jede Aussage annimmt. Aber diese Ansicht löst das Rätsel noch nicht. Sind Behauptungen über eine objektive Zeit, die jetzt noch in der Zukunft liegt, jetzt wahr oder falsch? Ich verstehe Aristoteles in seinem berühmten Kapitel über die Seeschlacht, die morgen stattfinden kann, dahingehend, daß solche Aussagen weder falsch noch wahr sind, weil sonst der Determinismus aus logischen Prämissen allein folgen würde, was eine absurde Konsequenz zu sein scheint.

Wir können sagen: Behauptungen über die Vergangenheit sind objektiv falsch oder richtig, weil die Vergangenheit faktisch ist. Behauptungen über die Zukunft sind weder falsch noch wahr, sind aber durch Modalitäten wie möglich, notwendig, unmöglich usw. darzustellen, weil die Zukunft offen ist. Behauptungen über die Gegenwart scheinen noch schwerer faßbar zu sein, weil es unmöglich ist, eine Aussage über eine objektive Zeit zu machen, die eine Behauptung über die Gegenwart für eine längere Zeitspanne bleiben würde als die, auf welche sie sich bezieht; die Formel »es regnet jetzt« kann nicht sinnvoll durch eine Behauptung über eine fixierte objektive Zeit ersetzt werden, außer gerade jetzt – und schon nicht mehr.

Ich schlage vor, daß wir dies als reale und relevante Strukturen einer Logik von zeitlichen Aussagen ansehen sollten, weil sie die phänomenologische Struktur der Zeit widerspiegeln. Aber es erhebt sich sodann die Frage, wie diese zeitliche Logik mit der klassischen zeitlosen Logik in Verbindung gebracht werden kann. Ich glaube, die Verbindung ist zweifach und in gewissem Sinne zirkulär. Beide Verbindungen lassen sich auf besondere Reflexionsweisen gründen.

Einerseits scheint die zeitlose Logik für den *Ausdruck* der zeitlichen Logik grundlegend zu sein. Wenn wir die Gesetze irgendeiner Wissenschaft formulieren, so müssen diese Gesetze, als Aussagen betrachtet, den Gesetzen der Logik gehorchen, und weil wir wahre Gesetze einer Wissenschaft als immer gültig ansehen, gehorchen sie den Gesetzen der zeitlosen Logik. Das gilt auch für die Gesetze der zeitlichen Logik, wenn wir annehmen, daß diese Logik überhaupt irgendwelche Gesetze hat – und wie könnte sie sonst als Logik bezeichnet werden. Diese Überlegung ist übrigens dazu benutzt worden, die Vorstellung zu kritisieren, daß die Quantentheorie eine besondere Quantenlogik voraussetzen könnte. Da die Quantentheorie eine von der Erfahrung abgeleitete Theorie ist, schien es absurd, daß es eine empirische Logik geben könnte, die von einer Theorie abgeleitet ist, die auf Grund ihres eigentlichen Charakters als Theorie der zeitlosen klassischen oder möglicherweise intuitionistischen Logik gehorcht. Aber dieser Einwand war falsch, weil sich die Quantenlogik nur auf zeitliche Aussagen innerhalb der Theorie bezieht und es nicht widersprüchlich ist, daß eine zeitlose Theorie über zeitliche Aussagen eine Logik von zeitlichen Aussagen enthält, deren Gesetze ihrerseits einer zeitlosen Logik gehorchen. Außerdem behaupte ich, daß es möglich sein wird, eine Quantenlogik direkt aus einer phänomenologischen Logik von zeitlichen Aussagen herzuleiten. Das bedeutet, daß sich die Quantenlogik erweisen wird als gegründet nicht auf spezielle Erfahrung, sondern auf die Bedingungen der Möglichkeit von Erfahrung. Andererseits glaube ich, daß die zeitliche Logik für die *Rechtfertigung* der zeitlosen Logik grundlegend ist. Diese Behauptung ist schwieriger zu verteidigen, da sie eine Theorie des Sinnes der zeitlosen Logik voraussetzt. Ich will nur soviel sagen: Wenn wir dogmatisch an die klassische Logik glauben, fühlen wir keinen Drang, sie zu rechtfertigen. Aber mehrere Formen zeitloser Logik sind vorgeschlagen worden, wie z. B. die klassische zweiwertige Logik und die Logik des Intuitionismus. Wenn wir die Logik nicht zu einer bloßen Gesamtheit von Konventionen machen wollen, müssen wir die Vorzüge der verschiedenen Vorschläge diskutieren, und dies läuft eben auf eine Rechtfertigung der Logik hinaus. Ich bekenne mich zu einer Vorliebe für eine operative Rechtfertigung der Logik. Ich wäre bereit, diese Vorliebe zu verteidigen, doch nicht in dieser Vorlesung. Sie steht mit der Meinung im Zusammenhang, daß auch Logik und Mathematik in gewissem Sinne Teile und nicht Voraussetzungen der hypothetischen vereinheitlichten Wissenschaft sind. Ich bin mir natürlich der *petitio principii* bewußt, die in dieser unverteidigten Vorliebe liegt. Es ist klar, daß ein operativer Standpunkt Logik auf Handlungen bezieht, d. h. auf zeitliche Ereignisse. Wenn wir die Handlungen ausführlich beschreiben wollen, einschließlich ihrer Verbindung durch Zeitrelationen wie »wenn ..., dann«, brauchen wir eine zeitliche Logik. Leider ist diese Darstellung bisher nicht ausgearbeitet, doch glaube ich zu wissen, wie das geschehen müßte.

Gestatten Sie mir ein paar abschließende Worte über diese sonderbare zirkuläre Beziehung zwischen den zwei Logikarten. Sollten wir nicht annehmen wollen, daß eine davon tatsächlich fundamental ist und die andere nicht? Vom streng operativen Standpunkt könnte man die zeitliche Logik als fundamental ansehen. Operativ gesprochen ist eine Wissenschaft über eine zeitlose Struktur nur sinnvoll, wenn ein Modell von realen Dingen oder Ereignissen möglich ist, die diese Struktur entweder für einen Augenblick oder für eine Zeitspanne haben, möglicherweise für eine unbegrenzte Zeit. Dann müßte die Darstellung der Struktur isomorph mit der Darstellung des Modells sein, und ihre scheinbar zeitlose Bedeutung würde auf eine Bedeutung wie »für einen Augenblick«, »für immer« usw. reduziert. Zeitlose Logik wäre also ein »Grenzfall« der Zeitlogik, so wie die klassische Physik ein Grenzfall der Quantentheorie ist.

Die Schwierigkeit dieser Theorie wird sichtbar, wenn wir versuchen, mit ihrer Hilfe eine Reflexion zu beschreiben. Reflexion, ja alles wissenschaftliche Denken, erfolgt mit Begriffen, die wir als Universalien benutzen, d. h. mit einer als allgemein und zeitlos angenommenen Bedeutung. Selbst zeitliche Ereignisse können wir nur in dem Umfange beschreiben, wie wir Begriffe für sie haben; eine operative Theorie ist ebenso in zeitlosen Begriffen formuliert wie eine Theorie, die auf einer Ontologie von Universalien beruht. Andererseits kann die Struktur der Zeit mit offener Zukunft, die immer neue Ereignisse zuläßt, der Bedeutung von Universalien eine natürliche Beschränkung auferlegen. Die Anwendbarkeit unserer begrifflichen Denkmittel kann durch die Natur gerade der Zeit, auf die wir sie anwenden, begrenzt sein.

Ich beschreibe diese Schwierigkeit hier auf abstrakte Weise. In der zweiten Vorlesung wird sie in einer besser bekannten Form unter dem Titel der fundamentalen Rolle klassischer Begriffe in der Quantentheorie wieder auftauchen, so wie Niels Bohr sie beschrieben hat.

II.
Die Einheit der Physik

1. Wahrscheinlichkeit

In der ersten Vorlesung habe ich eine Strategie für die Forschung auf dem Gebiet der Grundlagen der Physik formuliert. Sie bestand in der Suche nach manifesten Erfahrungsvorbedingungen, ihrem Vergleich mit den fundamentalen Annahmen der heutigen Physik, der Ausfüllung der Lücken zwischen den beiden durch geeignete Postulate und dem Versuch, diese Postulate wieder im Sinne von Erfahrungsvorbedingungen zu interpretieren. Am Ende der ersten Vorlesung versuchte ich einen ersten Schritt auf diesem Wege durch Skizzieren einer zeitlosen Logik. Der nächste Schritt soll eine Verfeinerung der speziellen Logik von futurischen Aussagen durch eine Wahrscheinlichkeitstheorie sein.

Ich schlug in der zeitlichen Logik vor, keiner Aussage über ein zukünftiges Ereignis die klassischen Wahrheitswerte »wahr« und »falsch« zuzuschreiben, sondern statt dessen die Modalitäten »möglich«, »notwendig«, »unmöglich« usw. zu benutzen. »Es wird morgen regnen« ist z. B. im englischen Klima fast immer eine mögliche Aussage, in der Sahara fast stets eine praktisch unmögliche Aussage. Aber wir sehen, daß diese Bewertung die Verfeinerung zuläßt, solchen Behauptungen quantitative Wahrscheinlichkeiten zuzuschreiben. Die Definition der Wahrscheinlichkeit als quantitative Modalität für futurische Aussagen ist die Grundlage der allgemeinen Theorie von Wahrscheinlichkeiten, die ich vorschlage.

Geben wir dieser vorgeschlagenen Theorie zunächst einmal ihren Platz im wissenschaftlichen System. Sie kann als nähere Ausarbeitung der Vorbedingungen wissenschaftlicher Erfahrungen angesehen werden, weil sie ja eine quantitative Ausarbeitung der Theorie der wissenschaftlichen Prognose ist. Wir werden zu untersuchen haben, wie probabilistische Voraussagen empirisch geprüft werden können. Erweist diese Untersuchung sich als erfolgreich, so können wir die Ergebnisse unmittelbar auf den zweiten Hauptsatz der Thermodynamik sowie auf die Theorie der Entwicklung anwenden, da wir dort genau einen Wahrscheinlichkeitsbegriff brauchten, der nur auf die Zukunft anwendbar war. Von dieser Anwendung gehen wir direkt zu der anderen im wesentlichen probabilistischen Theorie der Physik über, zur Quantentheorie.

Wir müssen unsere Theorie auch mit anderen Wahrscheinlichkeitstheorien vergleichen. Sie ist eine Theorie von objektiv meßbaren Wahrscheinlichkeiten und wird sich deren wohlbekannten Schwierigkeiten gegenübersehen. Sie wird erklären müssen, wie sie andere sinnvolle Anwendungen des Wahrscheinlichkeitsbegriffes interpretiert, wie z. B. die Anwendung auf unbekannte vergangene Ereignisse oder allgemein die Darstellung subjektiver Wahrscheinlichkeiten. Natürlich kann ich das nicht alles in einem Abschnitt der vorliegenden Vorlesung bewältigen; ich erwähne die Fragen, um zu sagen, daß ich mir ihrer bewußt bin. Ich werde mich auf die Frage konzentrieren, wie wir Wahrscheinlichkeiten messen.

Ich beginne mit einer von M. Drieschner vorgeschlagenen Formulierung: Wahrscheinlichkeit ist die Vorhersage einer relativen Häufigkeit. Auf den ersten Blick könnte diese Formel sowohl naiv als auch irreführend erscheinen. Wahrscheinlichkeit *soll* Einzelfälle nicht exakt vorhersagen, noch soll sie relative Häufigkeit genau vorhersagen. Wenn ich dem Erscheinen der *Zahl Fünf* auf einem Würfel die Wahrscheinlichkeit $1/6$ zuschreibe, so will ich damit nicht sagen, daß von sechs Würfen genau einer eine Fünf zeigen wird. Die korrekte Behauptung innerhalb der bestehenden Wahrscheinlichkeitstheorie ist, daß eine Wahrscheinlichkeit der Erwartungswert der relativen Häufigkeit des Ereignisses ist, auf das sie sich bezieht. Ich nehme diese wohlbekannte Aussage in meine Theorie als zweiten Schritt in einer Reihe von zunehmend genauen *Definitionen* der Wahrscheinlichkeit auf.

Aber diese zweite Formel wird auf den Einwand stoßen, daß sie einen Zirkel in der Definition impliziere. Der Erwartungswert ist ein Begriff, der einen Wahrscheinlichkeitsbegriff voraussetzt. Ich glaube nicht, daß man den Zirkel dadurch vermeiden kann, daß man mit einer Definition des Erwartungswertes statt der Wahrscheinlichkeit beginnt; er wird auch in einem solchen Ansatz wiederkehren. Meine methodologische Absicht besteht vielmehr gerade darin, den Zirkel als unvermeidlichen und sinnvollen Teil der Einführung der Wahrscheinlichkeit als eines empirischen Begriffs zu akzeptieren. Die Schwierigkeit ist für den Wahrscheinlichkeitsbegriff nicht spezifisch, sondern sie ist der unlösliche Rest des Humeschen Problems; ich muß bereit sein, sie hinzunehmen, wenn ich von einer Phänomenologie der Erfahrung anstelle des unmöglichen Versuchs einer absoluten Rechtfertigung der Erfahrung ausgehe. Wir werden, um es formaler auszudrükken, sehen, daß wir es hier weder mit einer streng zirkulären Definition noch mit einer impliziten Definition (was das auch immer heißen mag) zu tun haben, sondern mit einer »regressiven Definition«, wie ich es nennen möchte. Wenn die relative Häufigkeit des Erscheinens einer Fünf auf einem Würfel sich auf eine Gesamtheit von Würfen bezieht, dann bezieht sich der diesbezügliche Erfahrungswert auf eine Gesamtheit solcher Gesamtheiten. Und die Wahrscheinlichkeit eines gewissen Wertes der relativen Häufigkeit von Fünfen, die zur Definition dieses Erwartungswertes benutzt wird, ist selbst der Erwartungswert der relativen Häufigkeit einer gewissen relativen Häufigkeit. Dieser neue Erwartungswert bezieht sich auf eine Gesamtheit von Gesamtheiten von Gesamtheiten von Würfen usw. Die Definition hat ein offenes Ende, und die besondere mathematische Struktur der Wahrscheinlichkeitstheorie ermöglicht es uns in allen Fällen der Praxis – und auf sie allein kommt es an –, die Wahrscheinlichkeiten auf höherer Ebene so weit an Eins oder Null anzugleichen, wie wir es praktisch wünschen. Dann benötigen wir lediglich ein weiteres Postulat, welches besagt, daß, je näher eine Wahrscheinlichkeit sich dem Wert Eins nähert, es desto mehr Fälle gibt, in denen wir sie praktisch mit der Notwendigkeit identifizieren können, welche eine der möglichen Modalitäten von Behauptungen über die Zukunft ist.

Daß dies alles ist, was wir in einer Phänomenologie der Erfahrung erhoffen können, läßt sich auf folgende Weise erkennen. Jeder meßbaren Größe, wie Ort, Temperatur usw., kann man in einer endlichen Reihe von wiederholten Messungen einen empirischen Wert nur innerhalb einer statistischen Verteilung zuschreiben. Pointiert und daher etwas ungenau ausgedrückt, läßt sich sagen: Jede empirische Größe läßt sich nur mit einem gewissen Wahrscheinlichkeitsgrad messen. Nun sehen wir ja die

Wahrscheinlichkeit als eine empirische, meßbare Größe an. Das *bedeutet* also, daß sie selbst nur mit einem gewissen Grad von Wahrscheinlichkeit gemessen werden kann. Eine Messung einer Wahrscheinlichkeit ist eine quantitative Erfahrung einer Größe, die dazu dient, quantitative Erfahrung zu definieren. Der Regreß – um das Wort Zirkel zu vermeiden – liegt im bloßen Begriff einer empirisch kontrollierten Erfahrung. In diesem Sinne ist Wahrscheinlichkeit tatsächlich genau die Vorhersage einer relativen Häufigkeit.

In der klassischen axiomatischen Wahrscheinlichkeitstheorie führt man den Begriff der Wahrscheinlichkeit eines Ereignisses ein und beginnt mit einer Aufzählung aller Ereignisse, die in dem besonderen Falle als mögliche Ereignisse angenommen werden. Diese Ereignisse bilden einen Booleschen Verband. Dies folgt aus der klassischen Logik. Es gibt Elementarereignisse A, B, C, ..., die aus der besonderen Theorie des anstehenden Falles bekannt sein müssen, und es gibt alle mit dem Funktor *»oder«* gebildeten kombinierten Ereignisse, wie »A *oder* B«, »A *oder* B *oder* C« usw. Nun geschehen Ereignisse in der Zeit, wir müssen also die zeitliche Logik auf sie anwenden. Dort ist es nicht trivial, daß sie in unserer Theorie wieder einen Booleschen Verband bilden werden. Das hängt von den Bedingungen ab, unter denen wir prüfen können, daß ein gewisses Ereignis gerade jetzt stattfindet. Es kommt also auf das an, was ich im letzten Abschnitt der ersten Vorlesung als die schwer faßbare Natur von Aussagen über die Gegenwart bezeichnet habe. Ich kann nicht auf die Einzelheiten dieser Theorie eingehen, gestatte mir jetzt aber, auf die Quantenlogik als ein Beispiel dafür hinzuweisen, was in einer Spezifizierung der Zeitlogik geschehen kann. In der Quantentheorie ist der Verband möglicher Ereignisse isomorph mit dem Verband der linearen Unterräume des Hilbert-Raumes und folglich nicht Booleisch.

2. Quantentheorie

Die Absicht besteht darin, die Quantentheorie auf axiomatische Weise als nichts mehr denn eine Theorie empirischer Wahrscheinlichkeit gemäß der zeitlichen Logik aufzubauen. Die Hauptabweichung von der klassischen Wahrscheinlichkeitstheorie ist ein Axiom des Indeterminismus, welches ausdrücken soll, daß die offene Zukunft nicht lediglich einen Mangel an Wissen bedeutet. Wäre das der Fall, so würde sich die Zukunft nicht von der Vergangenheit unterscheiden, und die Entwicklung würde unerklärt bleiben. In dem Buch *Quantum Theory and Beyond* berichtete ich über eine axiomatische Quantentheorie von M. Drieschner, und Dr. Drieschner und ich arbeiten z. Z. an einer verbesserten Version. Der Grundbegriff in dieser Axiomatik ist der der empirisch entscheidbaren ›Alternative‹. Alternativen werden hier als mehr als zwei Antworten zulassend angesehen; wir sprechen von n-fachen Alternativen mit irgendeinem ganzzahligen Wert für *n*. In den zwei letzten Abschnitten komme ich auf die Frage zurück, ob *n* unendlich sein kann. *Wie* wir eine Alternative entscheiden, ist keine Frage für die allgemeine Theorie. Diese Theorie untersucht einfach die Konsequenz der Annahme, daß sie entschieden werden kann. Also kann man auch sagen: Wir interpretieren die Quantentheorie als die allgemeine Theorie von probabilistischen Vorhersagen über das Ergebnis von Entscheidungen von Alternativen. Daß wir das Endstadium des Verständnisses nicht erreicht haben, ist in der Tatsache zu erkennen, daß wir mehrere Axiome einführen müssen, die zwar plausibel erscheinen, aber keine notwendigen Erfahrungsvorbedingungen zu sein scheinen. Das Prinzip des Indeterminismus wird in diesem Kontext als ein Axiom formuliert, welches verlangt, daß es für jede entscheidbare Alternative Alternativen geben muß, deren Entscheidbarkeit mit ihrer eigenen unvereinbar ist. Mit anderen Worten, es gibt unvereinbare entscheidbare Alternativen, d. h. Alternativen, von denen jede entschieden werden kann, aber nur, wenn die andere nicht entschieden wird.

Ich komme nun zum Angelpunkt in der Deutung der Quantentheorie, als den ich Bohrs Feststellung ansehe, daß alle Beobachtungen in klassischen Begriffen beschrieben werden müssen. Da unsere Darstellung der Quantentheorie keine besondere Physik voraussetzt, kann sie auch keine klassische Physik voraussetzen. Wir müssen deshalb Bohrs Feststellung in die Sprache der Logik zeitlicher Aussagen umformulieren. Die möglichen Antworten einer n-fachen Alternative beschreiben einen Satz von möglichen »Elementarereignissen«, die durch den Funktor »oder« der *klassischen Logik* kombiniert werden können, um einen Booleschen Verband zu bilden. Für diesen Verband reduzieren sich die Vorhersagen der Quantentheorie auf die klassische Wahrscheinlichkeitstheorie. Das überrascht nicht, weil alle Alternativen, die zwischen beliebigen Elementen dieser Menge errichtet werden können, miteinander vereinbar sind. Nun werden in unserer Theorie Alternativen als Vertreter dessen, was beobachtet werden kann, angesehen. Folglich können wir in unserer Darstellung der Quantentheorie das Wort »klassisch« in Bohrs Feststellung als sich auf die klassische Logik beziehend interpretieren. Dies steht in enger Verbindung zu Bohrs immer wiederholten Argument, daß klassische Begriffe benötigt werden, weil wir Beobachtungen in unzweideutiger Sprache beschreiben müssen. Eine Behauptung ist im Bohrschen Sinne zweifellos eindeutig, wenn empirisch entschieden werden kann, ob sie wahr ist oder nicht. Klassische Logik ist die Logik von vereinbaren entscheidbaren Alternativen; sie ist die Logik unzweideutiger Sprache im Bohrschen Sinne.

Deshalb gehorchen die *Gesetze* der Quantentheorie, da sie glücklicherweise in unzweideutiger Sprache ausdrückbar sind, der klassischen Logik. Doch es gibt unvereinbare Alternativen in der Erfahrung, und in unserer Deutung drückt ihre Existenz die offene Zukunft aus. Ihre Logik, gewöhnlich als Quantenlogik bezeichnet, wäre der quantenmechanische Vertreter einer Logik »zweideutiger Sprache«. Wir können in diesem Sinne zweideutige Sprache nicht vermeiden, wenn wir direkt von Dingen sprechen; es kann nicht eindeutig unter allen Umständen behauptet werden, daß ein gegebenes Teilchen sich in einer bestimmten Position befindet oder nicht. In der Quantentheorie wird die Zweideutigkeit direkter Sprache auf die Notwendigkeit reduziert, unvereinbare eindeutige Beschreibungen gemäß den experimentellen Situationen zu verwenden. Es gibt nicht *eine* unzweideutige Beschreibung der Welt. Das will Bohrs Grundbegriff der Komplementarität sagen. Da die offene Zukunft, wie sie in unvereinbaren Alternativen dargestellt ist, uns zwingt, Möglichkeiten anstelle von Gewißheiten zu verwenden, kann man in einer Formulierung nach K. Meyer-Abich auch sagen: Komplementarität ist eine Beziehung nicht zwischen Tatsachen, sondern zwischen Möglichkeiten.

Einen Versuch, zweideutige Sprache zu vermeiden, möchte ich als den Rückgriff auf indirekte Rede bezeichnen, da er verlangt, daß man Objekte nie direkt beschreiben solle, sondern immer nur unser Wissen von Objekten. Eine solche logische Darstellung der

Quantentheorie hat E. Scheibe (*Die kontingenten Aussagen in der Physik*, Frankfurt 1964) ausgearbeitet. Natürlich kann sich Scheibe auf die klassische Logik beschränken. Man kann unzweideutig sagen, ob man *weiß*, daß das gegebene Teilchen die gegebene Position hat. Scheibes Logik ist nicht zeitlich in meinem Sinne, da ja der Begriff der Gegenwart nicht in ihr vorkommt; sie bezieht sich nur auf »objektive Zeit«. Natürlich kann Scheibe dann nicht versuchen, die Regeln der quantenmechanischen Wahrscheinlichkeit abzuleiten, er akzeptiert sie als empirisch geprüfte Gesetze. Ich mußte diese Möglichkeit erwähnen, und ich werde darauf im nächsten Abschnitt zurückkommen. Doch im Moment werde ich in der direkten Sprache fortfahren, in der wir Dinge beschreiben.

Die Quantentheorie setzt, wie ich sagte, keine besondere Physik voraus, weder Atome noch dreidimensionalen Raum, sondern lediglich entscheidbare Alternativen. Es gibt eine weitere Theorie von gleicher Allgemeinheit, die statistische Thermodynamik. Wie hängen die beiden zusammen? Ihre Beziehung ist wiederum zirkulär, und dies ist derselbe methodologische Zirkel wie der zwischen klassischer Logik und zeitlicher Logik. Die Quantentheorie setzt die Existenz von entscheidbaren Alternativen oder, wie der Physiker sagen würde, die Möglichkeit der Messung voraus. Aber Messung ist stets ein irreversibler Akt. Da die Quantentheorie, so wie wir sie kennen, Irreversibilität nicht beschreibt, setzt die Darstellung von Messungen die Thermodynamik voraus. Andererseits ist Irreversibilität in der Thermodynamik eine Konsequenz der Zeitstruktur, insbesondere der offenen Zukunft. Falls meine Analyse richtig war, wird die offene Zukunft durch die Existenz von unvereinbaren Alternativen ausgedrückt, d.h. durch das fundamentale Axiom der Quantentheorie. In diesem Sinne setzt die Thermodynamik die Quantentheorie nicht nur als die sogenannte Fundamentaltheorie voraus, welche die Mikrozustände definiert, sondern weit fundamentaler als Ausdruck der Struktur der Zeit. Wenn das richtig ist, würde man nicht mehr allzusehr durch das historische Faktum überrascht sein, daß Thermodynamik und klassische Physik niemals ganz zufriedenstellend in Einklang gebracht worden sind.

Ich nähere mich jetzt wieder einem Punkt, wo ich glaube, daß ich weiß, was zu tun ist, es aber tatsächlich nicht getan habe. Wenn wir Bohrs Aussage voll analysieren wollen, müssen wir am

Ende die klassische Physik betrachten, auf die sich die Aussage bezieht. Das muß in zwei Schritten geschehen. Wir müssen zunächst die besonderen Eigenschaften der wirklichen Physik heranziehen, die wir bisher im Interesse logischer Allgemeinheit vernachlässigt haben; wir müssen den dreidimensionalen Raum, die relativistische Invarianz und Elementarteilchen mit ihren charakteristischen Wechselwirkungen einführen. Ich werde in den letzten Abschnitten auf die Frage zurückkommen, wie dies systematisch geschehen kann. Ich nehme hier einfach an, daß es in der pragmatischen Weise der Annahme bestehender Paradigmen geschehen kann.

Der zweite Schritt ist dann die Definition eines »Grenzfalles« für diese Quantenphysik, welcher die klassische Physik sein würde. Auch hier glaube ich, daß wir uns nur heuristisch, aber nicht systematisch auf historische Paradigmen zu stützen brauchen. Ich glaube, ein systematischer Weg würde darin bestehen, die klassische Physik als einen Grenzfall zu *definieren*, in dem es keine unvereinbaren Alternativen gibt. Dieser Grenzfall wird nicht eindeutig sein. So gibt es z. B. einen Grenzfall für die Quantenfeldtheorie, der der klassischen Teilchenphysik entspricht, sowie einen anderen, der der klassischen Wellenphysik entspricht. Die die zwei Grenzfälle charakterisierenden Alternativen sind miteinander unvereinbar. Deshalb wurde die Dualität der zwei »Bilder« von Teilchen und Wellen mit Recht von Bohr als Beispiel der Komplementarität bezeichnet. Ich werde mich hier jedoch nicht der schwierigen und schönen Aufgabe, Bohr zu interpretieren, unterziehen; das würde mehr Philosophie voraussetzen, als ich sie mir in diesen Vorlesungen leisten kann.

Ich möchte zum Abschluß dieses Abschnittes noch sagen, daß ich die Mathematik dieses »Übergangs in den klassischen Grenzfall« tatsächlich nicht studiert habe. Das ist keine leichte Aufgabe, und ich nehme an, daß sie erst nach der Aufnahme der Quantentheorie in eine einheitliche Physik in zufriedenstellender Weise möglich sein wird.

In den ersten zwei Abschnitten habe ich bestehende Theorien unter einigen neuen Gesichtspunkten analysiert. Ich beginne nun mit dem Entwurf einer Strategie zur Lösung der ungelösten fundamentalen Probleme der Physik. Man wird sich möglicherweise fragen, warum ich das uralte Problem Bewußtsein – Materie oder Subjekt – Objekt darin einbeziehe. Aber ich glaube, wir müssen, ehe wir an die engeren physikalischen Probleme herangehen, wenigstens die mögliche Stellung der Quantentheorie zu diesem Problem klären.

Wir können das Argument der Begründer der Kopenhagener Deutung nicht außer acht lassen, daß man den Beobachter einbeziehen muß, um die Quantentheorie zu verstehen.

Als ich von entscheidbaren Alternativen sprach, ließ ich die Frage beiseite, wer sie entscheiden soll. Sie enthält das bekannte Rätsel: Wenn es das Bewußtsein des Beobachters ist, wie soll dieses Bewußtsein dann physikalisch handeln? Man kann sich fragen, ob ein Begriff wie Bewußtsein, der Subjektivität bezeichnet, überhaupt jemals in der Darstellung eines objektiven Prozesses wie Messung erscheinen sollte. Wenn es der menschliche Körper ist, so könnte er ebensogut durch ein Meßinstrument ersetzt werden, welches einen irreversiblen Prozeß durchmacht und zu einem späteren Zeitpunkt vom menschlichen Auge »abgelesen« werden kann. Diese Antwort impliziert wiederum zwei Schwierigkeiten.

Zunächst führt die quantenmechanische und thermodynamische Beschreibung des Instruments nur zu einem Satz von »objektiven Wahrscheinlichkeiten« für jedes mögliche Ergebnis der Messung, wobei die quantenmechanischen Phasenbeziehungen zwischen ihnen vernachlässigt werden können. Die Entscheidung, daß ein bestimmtes Ergebnis der Messung wirklich stattgefunden hat, wird in dieser Darstellung dem Akt zugeordnet, in dem der Beobachter vom Zustand des Instrumentes Kenntnis nimmt: die Berechnung führt lediglich zu einer probabilistischen Vorhersage des Ergebnisses dieses Aktes der Kenntnisnahme. Wenn das Instrument nicht abgelesen wird, gehen die Wahrscheinlichkeiten einfach als Prämissen in die Berechnung anderer Ereignisse ein, an denen das Instrument beteiligt sein kann, und wenn nie etwas abgelesen wird, sagt die Theorie durchweg kein Ereignis voraus, da es niemanden gibt, für den es vorhergesagt werden kann.

Die zweite Schwierigkeit ist, daß nach der üblichen Meinung thermodynamische Irreversibilität nur dem zeitlichen Verlust an wirklicher Information (Negentropie) für einen solchen Beobachter, der nur Makrozustände beobachten kann, zuzuschreiben ist. Ein Physiker, der alle gegenwärtigen Quantenzustände kennt, etwa der Maxwellsche Dämon, würde nach der Schrödinger-Gleichung auch die Krone des La Placeschen Dämons tragen. Er wäre in der Lage, die Zustände für die ganze Zukunft zu prophezeien und sie gleichermaßen für die ganze Vergangenheit zu »retrodizieren«. Aber ein solcher allwissender Geist würde sozusagen die Bedeutung der Irreversibilität, folglich der Messung und der entscheidbaren Alternativen, also der Theorie, auf die er sich stützt, nicht mehr verstehen. Diese Schwierigkeit ist keineswegs artifiziell. Sie demonstriert, daß, wenn wir die Bohrsche Wahrheit über die Notwendigkeit klassischer Begriffe vergessen, eine konsistente Anwendung der Quantenmechanik zu einem bedeutungslosen Spiel mit Worten führt. Auch das ist ein Beispiel für Komplementarität.

Ich glaube, die ganze Schwierigkeit rührt aus einer unkritischen Anwendung jener sehr obskuren Wörter wie »Objekt« und »Subjekt«, »Objektivität« und »Subjektivität« her. Die Bohrsche Analyse zeigt, daß diese unkritische Anwendung nicht mehr zulässig ist. Wir wollen aber mehr wissen. Das scheint zu bedeuten, daß wir explizit das Bewußtsein und seine Beziehung zu den Objekten, die wir als materiell bezeichnen, beschreiben wollen. Ich werde also die Konsequenzen der Hypothese, daß das Bewußtsein objektiv beschrieben werden kann, verfolgen. Das bedeutet, daß es möglich ist, empirische Fragen über es zu stellen, die als entscheidbare Alternativen formuliert werden können. Wenn ich bis dahin recht habe, würde das weiter bedeuten, daß das Bewußtsein den Gesetzen der Quantentheorie gehorcht.

Diese Ansicht sieht wie strikter Reduktionismus aus, und in gewisser Hinsicht ist sie es auch. Die Frage ist natürlich, was wir mit *Reduktionismus* meinen. Reduziert er das Bewußtsein auf die Materie? Wie würden wir Materie definieren? Die einzig sinnvolle Definition eines hinreichend generalisierten Materiebegriffs wäre wahrscheinlich, daß Materie das ist, was den Gesetzen der Physik gehorcht. Die Gesetze der Physik sind die Gesetze für Vorhersagen entscheidbarer Alternativen. Wenn solche Vorhersagen über das Bewußtsein möglich sind, wird die Behauptung, daß das

Bewußtsein Materie ist, fast auf eine Tautologie reduziert. Wenn wir in Übereinstimmung mit vielen modernen Elementarteilchenphysikern annehmen, daß es im Grunde nur eine Art von Materie gibt, würden wir weiter zu sagen versucht sein, daß jedwede Materie von derselben fundamentalen Natur wie das Bewußtsein ist. Es ist also sinnlos zu fragen, ob eine derartige Ansicht Materialismus oder Spiritualismus ist. Eine solche Vorstellung läuft natürlich unserer cartesischen Tradition völlig zuwider. Sie erinnert mich mehr an den indischen *Prana*-Begriff, wobei Prana als ein alles durchdringender feiner Stoff beschrieben wird, der gleichzeitig ein Lebensprinzip und eine Nahrung für Geistestätigkeit ist.

Ich will aber nicht mit Analogien davonlaufen. Die Frage ist, ob eine solche Vorstellung uns bewegen könnte, eine etwas spezifischere wissenschaftliche Meinung zu vertreten. Wenn Bewußtsein Materie ist, scheint die Vorstellung, daß es kybernetische Modelle geistiger Tätigkeiten geben kann, durchaus natürlich zu sein. Mit solchen Vermutungen müssen wir jedoch vorsichtig sein. Bewußtsein und Körper sind beim Menschen nicht genau von gleichem Umfang. Einerseits scheint sich der Körper weiter als das Bewußtsein zu erstrecken. Es können große Teile des Körpers verlorengehen, ohne im Bewußtsein einen anderen Schaden hervorzurufen als Schmerz und andere Körperempfindungen. Innerhalb des seelischen Bereichs müssen wir zwischen dem bewußten und dem unbewußten Seelenleben mit vielen Abstufungen unterscheiden, die nicht einmal Darstellungen im eindimensionalen Maßstab erlauben. Kann es eine strukturelle Definition des Unterschieds zwischen dem Bewußtsein und Unbewußten geben? Alle diese Fragen lassen das Bewußtsein »kleiner« als den Körper erscheinen. Andererseits beschreiben Biologen und medizinische Wissenschaftler den Körper auf der Grundlage der klassischen Physik, und alle bestehenden kybernetischen Modelle sind klassisch. Doch es ist sehr zweifelhaft, ob Bewußtsein oder Seele in diesem Sinne objektiviert werden kann. Nach meiner Ansicht ist es kein Zufall, daß Bohr die meisten seiner nichtphysikalischen Beispiele der Komplementarität aus der seelischen Sphäre entnahm; hier lag sogar der frühe Ursprung seines Verständnisses der Struktur, die er später Komplementarität nannte.

Nun besteht der Hilbert-Raum der Quantentheorie aus allen hinreichend integrierbaren Funktionen im gewöhnlichen Raum.

Falls die Quantentheorie für eine wissenschaftliche Darstellung des Bewußtseins benötigt würde, würde dies bedeuten, daß das Bewußtsein weit »größer« als der Körper erscheinen würde, aber nicht im gewöhnlichen Raum.

Es gibt aber mindestens ein Element im seelischen Bereich, das eine klassische Beschreibung zuläßt; das ist das bewußte Gedächtnis. Gedächtnis besteht aus irreversiblen Fakten; auch wenn sie verdrängt werden, sind sie wirksam, zum Beispiel in der Erzeugung von Träumen oder Neurosen. Ich sehe die Irreversibilität von Fakten als Indikator dafür an, daß die klassische Logik auf sie angewandt werden kann. Scheibes »epistemische« Beschreibung der Physik kann nun als Beschreibung von irreversiblen mentalen Fakten gelten, die sich auf physikalische Objekte beziehen. Die Universalität feststehender Begriffe gehört zu diesem Gedächtnisbereich. Man kann also etwas zugespitzt und sicher noch nicht mit vollem Verständnis der Situation sagen: Logisches Denken nach der klassischen Logik ist eine Geistestätigkeit, welche genau insofern möglich ist, als die Tätigkeit des Geistes eine Darstellung entsprechend der klassischen Logik gestattet.

Die Quantenheorie beschreibt mehr als ihren klassischen Grenzfall. Aber sie bedient sich noch immer des begrifflichen Denkens, und ihre Gesetze gehorchen der klassischen Logik. Sie ist folglich nicht die endgültige Wahrheit über die Zeit oder über irgend etwas Zeitliches, wie z. B. den Geist. Aber sie kann der bestmöglichen begrifflichen Annäherung an diese unausdrückbare Wahrheit nahe sein. In ihrer eigenen Beziehung zur klassischen Logik und Physik gibt sie jedenfalls ein Modell dafür, wie begriffliche Annäherungen überhaupt funktionieren können. Dieses Problem der Approximationen nimmt eine neue Form an, wenn wir fragen, ob es ein Universum gibt.

4. Der Begriff eines Universums

Lassen Sie mich mit einer Reflexion über die Rolle des Bohrschen Kompletementaritätsbegriffs beginnen. Zunächst eine etwas anekdotische Erinnerung. Bohr betrachtete diesen Begriff als Schlüssel zum Verständnis der Quantentheorie und erkenntnistheoretischer Probleme im allgemeinen. Er war tief beunruhigt durch den Mangel an Verständnis, den dieser Begriff fand, weil er meinte, daß nichts anderes auf beiden Gebieten hinreichend verstanden werden könnte, wenn dies nicht verstanden wurde. Sein Verdruß galt nicht nur denen, die den Begriff nicht anwandten, sondern auch denen, die sich seiner bedienten. Man sagte in seiner Schule, daß, wann auch immer einer seiner treuesten Schüler in Begriffen der Komplementarität zu sprechen begann, sein Gesicht immer trauriger wurde, bis er den Sprecher unterbrach und wieder einmal vergeblich zu erklären versuchte, was Komplementarität wirklich bedeute. Meine eigenen Ausführungen in diesen Vorlesungen würden wohl das gleiche Schicksal erlitten haben. Aber sie können immerhin dazu dienen, Bohrs Reaktion verständlich zu machen. Wenn es letzten Endes keine unzweideutige Sprache gibt, dann ist auch der Ausdruck dieser Tatsache nie eindeutig.

Es wird oft versucht, dem oben formulierten Problem auszuweichen, indem gesagt wird, daß es selbstverständlich ein objektives Universum von Dingen oder Fakten oder Ereignissen gibt, daß nur unsere Sprache nicht ausreicht, es zu beschreiben. Vom Standpunkt der linguistischen Philosophie, die dem jungen und älteren Bohr ebenso klar gewesen zu sein scheint, wie sie dem älteren Wittgenstein klar wurde, lautete die auf der Hand liegende Antwort, daß ein solches Universum lediglich eine Sache ist, über die gesprochen wird, und daß es deshalb wohl nicht objektiver sein kann als die Sprache, in der es beschrieben wird (»wir hängen in der Sprache«, »vi haenger i sproget« pflegte Bohr zu Aage Petersen zu sagen). Aber wir müssen auch dem Physiker Bohr folgen, der immer wieder die heroische Anstrengung machte, in möglichst unzweideutiger Sprache so objektiv wie möglich über Dinge zu sprechen. Können wir mit der Sprache und den mathematischen Mitteln der Quantentheorie sinnvoll von einem Universum sprechen, das aus einer endlichen oder unendlichen Anzahl von quantenmechanischen Objekten besteht? Es wäre sonderbar, wenn wir es nicht könnten, aber es würde paradox erscheinen, wenn wir es könnten.

Die Kompositionsregel der Quantentheorie besagt, daß zwei Objekte stets als ein einziges Objekt verstanden werden können, dessen Hilbert-Raum das Kronecker-Produkt der Hilbert-Räume der zwei ursprünglichen Objekte ist. Bezeichnen wir hinfort die zwei ursprünglichen Objekte als die Teile und das vereinigte Objekt als das Ganze. Nun besteht nur eine Menge vom Maß Null von den Zuständen des Ganzen aus sogenannten Produktionszuständen, d. h. Zuständen, in denen die Zustände der Teile definiert sind. In *Die Einheit der Physik* II 5, Postulat G, habe ich zu zeigen versucht, daß nur in einem Produktzustand sinnvoll gesagt werden kann, daß die Teile existieren. Das ist das Wesentliche des Einstein-Rosen-Podolsky-»Paradoxons«. Es ist kein Paradoxon, sondern bedeutet lediglich, daß nach der Quantentheorie Ganze nicht aktuell, sondern nur potentiell aus Teilen »bestehen«. Ein Ganzes kann durch Zerstören seiner Struktur in Teile zerlegt werden, aber es kann nicht korrekt als aus den Teilen bestehend beschrieben werden, so lange als es ein Ganzes in einem Nichtproduktzustand ist. Nun bleiben zwei nicht wechselwirkende Teile in einem Produktzustand, wenn sie sich einmal in einem Produktzustand befinden. Aber Wechselwirkung verwandelt Produktzustände in Nichtproduktzustände, und nur in einer Menge von Fällen vom Maß Null wieder zurück in Produktzustände. Eine Messung kann natürlich an nur einem der Teile vorgenommen werden, wenn sich ein passendes Instrument findet, und dann zerlegt der Meßvorgang das Ganze in seine Teile für den Augenblick, in welchem er stattfindet.

Stellen wir uns nun ein Universum vor, welches alle Dinge und alle Beobachter enthalten würde. Würde es sich in einem wohldefinierten Quantenzustand befinden, dann würde keines der Dinge und keiner der Beobachter wirklich existieren. Es könnte dann nicht sinnvoll gesagt werden, daß irgendeines seiner Objekte irgendeinem seiner Beobachter bekannt wäre; in metaphorischer Sprache könnte man nur sagen, daß alle Objekte und alle Subjekte in dem einen Geist verschwunden sind. Wir können, um dies zu vermeiden, annehmen, daß sich das Universum nicht in einem reinen Zustand befindet, sondern in einem Gemisch, welches die Existenz separater Objekte ausdrückt, von denen einige separate Beobachter darstellen. Aber dieses Gemisch würde formal noch immer ein Gemisch aus jenen reinen Zuständen sein, die separaten Beobachtern keinen Sinn geben. Ich halte folglich den ganzen Ansatz für zweifelhaft und schlage vor, eine Kosmologie aufzubauen, in der wir ebenso streng von den Erfahrungsvorbedingungen ausgehen wie in der Quantentheorie, doch nicht als unabhängige Theorie, sondern als Spezialisierung der Quantentheorie.

Man kann das Universum definieren als die Gesamtheit dessen, was empirisch bekannt sein kann. Natürlich muß diese Definition umfassend interpretiert werden. Sie bedeutet nicht, was einem Beobachter tatsächlich bekannt ist, sondern was entweder direkt oder indirekt durch rechtfertigbare Folgerung einer beliebigen Anzahl von Beobachtern, die zumindest im Prinzip miteinander in Verbindung stehen können, bekannt sein kann. Es liegt auf der Hand, daß dieser Begriff nur dann genau ist, wenn wir ein gewisses Vorverständnis von Zeit und Raum haben. Der Raum tritt auf, weil er die Kommunikationsbedingungen bestimmt. Der Raum ist, allgemeiner gesprochen, die abstrakteste Form des Pluralitätsprinzips. Das Problem des Raumes soll jedoch dem fünften Abschnitt vorbehalten bleiben. Ich konzentriere mich hier auf die Bedingungen, die der Kosmologie von der Struktur der Zeit auferlegt werden. Zu diesem Zwecke spreche ich von allen kommunizierenden Beobachtern, als ob sie einfach ein »idealer Beobachter« wären. Diese Sprache impliziert Ungenauigkeiten, die ich zu korrigieren haben werde, sobald ich den Raum mit einbeziehe.

Ich setze voraus, daß, wieviel ein Beobachter zu irgendeinem Zeitpunkt auch immer wissen mag, es nur ein endlicher Informationsbetrag ist. Diese Voraussetzung wird auch dann nicht erschüttert, wenn wir viele kommunizierende Beobachter einbeziehen. Es scheint nicht sinnvoll, anzunehmen, daß jeder Beobachter imstande ist, zu jedem beliebigen Zeitpunkt von den Informationen Gebrauch zu machen, die von einer aktual unendlichen Beobachteranzahl zusammengetragen würden. Wir müssen folgern, daß alle zu irgendeinem Zeitpunkt möglichen Informationen in den Antworten auf eine n-fache Alternative enthalten sein können, wobei n eine sehr große, aber endliche Zahl ist. Dies führt unmittelbar zu einem neuen Postulat für die Quantentheorie, dem Postulat des Finitismus. In der fertigen Theorie nimmt es die folgende Form an: Der Hilbert-Raum eines Objektes hat zu jedem Zeitpunkt nur eine endliche Anzahl von Dimensionen. Drieschner benutzte das Postulat des Finitismus als einen der Ausgangspunkte für seine axiomatische Quantentheorie.

Wie in früheren Fällen werde ich den nächsten Schritt durch die Erörterung von Einwänden vorbereiten. Auch wenn wir einen einzelnen Massenpunkt in ein endliches Volumen einschließen, wird sein Hilbert-Raum, bestehend aus allen quadratisch integrierbaren Funktionen des Ortes in diesem Volumen, eine unendliche Anzahl von Dimensionen haben. Oder, um es in der

Sprache von Alterativen auszudrücken: Was ich als Alternative bezeichnet habe, entspricht dem, was Quantentheoretiker meistens als Observable bezeichnet haben. Nun ist der Ort eine Observable und läßt eine unendliche Anzahl von Werten zu. Meine Antwort ist, daß diese Beschreibung die Voraussetzungen der Erfahrung unberücksichtigt läßt. Alles, was ich zu einem gegebenen Zeitpunkt von der Lage einer Punktmasse wissen kann, ist, daß sie sich mit hinreichend hoher Wahrscheinlichkeit innerhalb eines gewissen kleinen, aber endlichen Volumens befindet. Dies kann durch Entscheidung einer endlichen Alternative geprüft werden. Aber ich leugne nicht, daß es vielleicht keine Grenze für eine zukünftige Verfeinerung der Messung gibt. Allgemein ausgedrückt: Das einem idealen Beobachter jederzeit zugängliche Wissen wird durch eine n-fache Alternative mit endlichem *n* dargestellt, aber *n* kann sehr wohl zeitlich unbegrenzt zunehmen. Entsprechend würde man den Einwand beantworten, es sei künstlich anzunehmen, der ideale Beobachter stelle nur endlich viele wirkliche oder virtuelle Beobachter war. Es könnte unendlich viele geben, und folglich könnte ein beliebiger Beobachter jederzeit wachsende Information von ihnen beziehen; dies bedeutet wieder ein endliches *n* zu jeder Zeit, aber eine zeitlich unbegrenzte Zunahme von *n*. Diese Antworten können jetzt unabhängig von ihrem Anlaß formuliert werden, um eine Aussage über die Struktur der Zeit zu bilden.

Die Vergangenheit ist faktisch, und jeder Beobachter kann zu jeder Zeit nur eine endliche Anzahl von Tatsachen kennen. Die Zukunft ist offen, und das heißt, daß die Anzahl der Tatsachen, die ein Beobachter kennen kann, unbegrenzt zunehmen kann. Man kann auch sagen: Es kann zu jedem Zeitpunkt nur eine endliche Anzahl von einfachen Alternativen (n-fach mit $n = 2$) als entschieden angenommen werden, aber es wird zu jedem zukünftigen Zeitpunkt neue Alternativen geben. Dies würde eine Quantentheorie mit einer endlichen, aber zunehmenden Anzahl von Dimensionen des Hilbert-Raumes implizieren. Eine solche Quantentheorie ist in Wirklichkeit nicht ausgearbeitet worden, aber ich möchte mich jetzt daran versuchen. Sie würde nach meiner Ansicht die Struktur der Zeit präziser als die bestehende Theorie ausdrücken und könnte den Rahmen für eine sinnvolle Kosmologie bieten.

Nicht mit irgendwelcher Sicherheit, aber als Perspektive für die Analyse, schlage ich jetzt die Ansicht vor, daß die am Ende des letzten Abschnittes angekündigte finitistische Quantentheorie bereits die vereinheitlichte Physik sein könnte. In dem Buch *Quantum Theory and Beyond* habe ich auch das ausführlicher erläutert, und ich möchte mich erneut auf die fundamentalen methodologischen Punkte konzentrieren; das bedeutet jetzt auf die Gründe, warum eine solche Ansicht überhaupt möglich sein kann. Ich glaube, daß eine finitistische Quantentheorie bereits eine ausreichende Berücksichtigung der allgemeinen statistischen Thermodynamik enthält. Es müßten dann natürlich drei weitere Theorien entwickelt werden: Eine Theorie des Raumes, eine Theorie der Elementarteilchen und eine Kosmologie. Ich glaube, daß, wenn wir die finitistische Quantentheorie in einer Weise interpretieren, die ich als semantisch konsistent bezeichnen würde, sie sich als diese drei Theorien schon enthaltend erweist. Ich muß zunächst den Begriff der semantischen Konsistenz erklären.

Ein mathematischer Formalismus, wie z. B. derjenige der Quantentheorie, ist noch keine physikalische Theorie. Er bedarf einer physikalischen Semantik, die zeigt, welche seiner mathematischen Größen welche physikalische Größe darstellt. Es wird hier angenommen, daß eine physikalische Größe im voraus bekannt ist und durch eine Beschreibung des Prozesses, nach dem sie gemessen werden kann, definiert wird. Diese Beschreibung muß in einer Sprache gegeben werden, die vor der Theorie vorhanden ist, die mit ihr interpretiert werden soll. Aber die Reichweite der Theorie, sobald sie mit ihrer physikalischen Semantik ausgestattet ist, kann dergestalt sein, daß sie sich auch auf den Meßprozeß selbst bezieht, nach dem diese physikalischen Größen definiert wurden. Es ist dann eine Frage der Konsistenz, ob die Theorie diesen Prozeß gemäß der früheren Darstellung beschreibt. Das muß nicht in aller Strenge der Fall sein. Es kann vorkommen, daß die Theorie die frühere Interpretation des Prozesses ändert. Das ist bei echten wissenschaftlichen Revolutionen der Fall. So bedurfte Einsteins Erörterung der Gleichzeitigkeit einer Reininterpretation der Messungen von Länge und Dauer. Doch sollte die Theorie in ihrer endgültigen Form jedenfalls semantisch konsistent sein. Nun hatten alle früheren physikalischen Theorien nur einen begrenzten Anwendungsbereich; sie akzeptierten viele physikalische Fakten, ohne sie abzuleiten. Aber in einer vereinheitlichten Physik wäre die Bedingung semantischer Konsistenz alldurchdringend und folglich eine starke Forderung.

Was kann dann der *Raum* in einer finitistischen Quantentheorie bedeuten? Ich fasse den räumlichen Abstand im wesentlichen als den Parameter auf, von dem die Wechselwirkung verschiedener Objekte abhängt. Da ich hier alle Details der Theorie beiseite lassen muß, beziehe ich mich lediglich darauf, wie der Raum in der »klassischen« Quantentheorie verwendet wird. Dort wurde der physikalische Raum eingeführt als im voraus bekannter dreidimensionaler Euklidischer Raum, in dem sich Teilchen bewegen. Ihr Hilbert-Raum besteht in komplexwertigen Funktionen im physikalischen Raum. Wir gehen jetzt von der entgegengesetzten Seite an das Problem heran. Wir setzen voraus, daß der Hilbert-Raum irgendeines Objektes im Universum und auch des Universums selbst jederzeit ein endlich-dimensionaler komplexer Vektorraum ist. Die Frage ist, welche Darstellung als Raum von Funktionen in irgendeinem »physikalischen Raum« er zuläßt. Nun gestattet jeder endlich-dimensionale Hilbert-Raum eine Darstellung als symmetrisiertes Kronecker-Produkt einer endlichen Anzahl von zweidimensionalen komplexen Vektorräumen. Ich glaube zeigen zu können, daß die Symmetriegruppe eines solchen zweidimensionalen Raumes als der topologische Raum (mit einer natürlichen Metrik) angesehen werden kann, der als die natürliche Darstellung des physikalischen Raumes, nach dem wir suchen, dienen würde. Dieser Raum ist ein dreidimensionaler reeller sphärischer Raum.

Die klassische Vorstellung, daß der physikalische Raum ein dreidimensionaler reeller Euklidischer Raum ist, enthält in dreierlei Hinsicht eine Übertreibung.

Erstens können wir in einer epistemologisch vorsichtigen Haltung nur sagen, daß Naturphänomene eine besonders einfache mathematische Beschreibung in einem solchen Raum zulassen. Wir haben die durch den Konventionalismus unterstrichene Freiheit, andere Beschreibungen zu benutzen, z. B. irgendeinen metrisch verzerrten Raum oder einen sechsdimensionalen Orts-Impuls-Raum oder einen 3 n-dimensionalen Konfigurationsraum. Der »physikalische Raum« ist, um es einigermaßen grob zu sagen, gerade derjenige dieser zulässigen Räume, in dem der Abstand der Wechselwirkungsparameter ist und der deshalb keiner gewaltsamen Neuanpassung alltäglicher Ausdrücke um der semantischen Konsistenz willen bedarf.

Zweitens hat uns die allgemeine Relativitätstheorie gelehrt, die Euklidische Natur des physikalischen Raumes nur als lokale Approximation anzusehen. Weltmodelle wie die von Einstein, de Sitter und Friedman sind erfunden worden, deren Semantik nicht immer klar ist, aber die in vielen Fällen den kosmischen Raum in jedem weltweiten Zeitpunkt als dreidimensionalen reellen sphärischen Raum betrachten.

Drittens, wenn wir als unseren Ausgangspunkt die abstrakte Quantentheorie nehmen, so ist es nicht von vornherein klar, daß es überhaupt einen gemeinsamen »physikalischen Raum« geben muß, »in« dem sich alle Objekte bewegen. In der allgemeinen abstrakten Quantentheorie ist dieser Begriff eine Konstruktion, welche von der Theorie der Wechselwirkung der Objekte abhängt und nur als eine Art klassischer Approximation sinnvoll sein könnte. Da ich die Theorie der Wechselwirkung nicht völlig verstanden habe (niemand hat sie bisher völlig verstanden), kann ich die in diesen drei Bemerkungen offen gebliebene Frage nicht beantworten. Aber ich behaupte, daß mein Herangehen an das Problem der Wechselwirkung durch Teilung aller Alternativen in einfache Alternativen (aller Hilbert-Räume in zweidimensionale Räume) sicher zu einer Theorie eines dreidimensionalen sphärischen physikalischen Raumes führt.

Unter diesen Vorbehalten kann man sagen, daß die finitistische Quantentheorie eine Theorie des Raumes zusammen mit seiner Topologie im großen impliziert, d. h. zusammen mit dem räumlichen Teil der Kosmologie. Dieses überraschende Ergebnis ist einer etwas ungewöhnlichen Annahme zuzuschreiben, die letzten Endes im Finitismus selbst beruht. Der Faden des Arguments verläuft – sehr grob gesprochen – wie folgt: In einer finitistischen Welt sind gewisse Zustände nicht unterscheidbar, da ihre Unterscheidung bedeuten würde, die Welt »von außen« zu betrachten. Dies impliziert ein Gesetz der Symmetrie der Zustände. Das Gesetz der Wechselwirkung muß diesen Symmetrien gehorchen. Die Symmetriegruppe des Wechselwirkungsgesetzes bestimmt die mathematische Struktur des »physikalischen Raumes«.

Dies ist ein Schritt zur einheitlichen Physik. Wie sollen wir die *Zeit* mit diesem physikalischen Raum vereinigen? Zunächst eine

Bemerkung zur Zeit selbst. Nur in einer Wechselwirkungstheorie können wir sagen, wie Zeit zu messen ist; die Messung setzt wahrscheinlich die Verwendung von Objekten im Raum voraus (Uhren, Lichtsignale usw.). Die Theorie muß also in einem gewissen Stadium die semantische Konsistenz der Vorstellung der Zeit als reelle eindimensionale Variable prüfen, die in der Quantentheorie allgemein verwendet wird. Diese Vorstellung ist keineswegs eine notwendige Konsequenz jener »Struktur der Zeit«, die ich als erste Vorbedingung für Erfahrung ansehe. Die vergangenen »Augenblicke«, die einmal Gegenwart waren, und die zukünftigen »Augenblicke«, die Gegenwart sein werden, brauchen nicht durch eine linear geordnete überabzählbare Punktmenge wie die »reellen Zahlen« im Sinne Dedekinds dargestellt zu werden. Dieses kritische Stadium der Theorie ist noch nicht erreicht. Aber die Vorstellung einer Zeitmessung mit Hilfe von Objekten im Raum führt uns zu der im letzten Abschnitt entwickelten Vorstellung einer Vielzahl von möglichen Beobachtern und ihrer Wechselwirkung zurück. Für sie muß Gleichzeitigkeit operativ definiert werden, und wir werden nicht überrascht sein, aus solchen Überlegungen die spezielle Relativitätstheorie hervorgehen zu sehen. Positiver gesagt: Ich glaube jetzt zeigen zu können, daß die *Kosmologie* einschließlich der Zeit eine de Sitter-Kosmologie in einer Interpretation ist, die das Universum zu einem expandierenden Universum macht, das eine steigende Anzahl von Objekten mit zunehmendem Alter enthält.

Diese größen- und inhaltsmäßige Expansion des Universums ist natürlich eine unmittelbare Konsequenz der Zunahme der Anzahl entscheidbarer Alternativen mit der Zeit, die am Ende des letzten Abschnittes angenommen wurde. Diese Annahme wurde gemacht, um die offene Zukunft auszudrücken. Das sich ausdehnende Universum in dieser Theorie erweist sich somit als ein weiterer Fall der *Entwicklung*. Dieses Resultat mag vom Standpunkt traditioneller kosmologischer Modelle, in denen eine expandierende Welt nicht wahrscheinlicher ist als eine kontrahierende oder oszillierende, überraschend oder artifiziell scheinen. Diese Modelle vernachlässigen aber die Irreversibilität. Sie vernachlässigen die Möglichkeit statistischer Unordnung und können von der Wahrheit ebenso weit entfernt sein wie die laminare Darstellung von turbulenter Strömung. Ich glaube, die Zeitsymmetrie in den meisten zeitgenössischen kosmologischen Spekulationen ist einfach eine sinnlose Übervereinfachung, die verschwinden würde, wenn man in die physikalischen Details des Funktionierens solcher Modelle gehen würde. Mein eigenes Modell braucht durchaus nicht das richtige zu sein, aber ich kann mir nicht denken, wie eine semantisch konsistente Kosmologie etwas anderes sein könnte als eine Wissenschaft der Entwicklung in dem am Anfang meiner ersten Vorlesung beschriebenen Sinne.

Wie kommen aber *Elementarteilchen* ins Bild? Der Teilchenbegriff ist in der gegenwärtigen Theorie eine Konsequenz des Begriffs des physikalischen Raumes; er ist der Begriff, mit dem wir unterscheidbare Objekte im physikalischen Raum beschreiben. Aber warum sollte es Elementarteilchen geben, die ineinander umgewandelt, aber nicht in kleinere geteilt werden können? Wenn wir die Vektoren eines Hilbert-Raumes als Funktionen in einem kompakten dreidimensionalen physikalischen Raum beschreiben, hat der Hilbert-Raum noch immer unendlich viele Dimensionen. Physikalisch beschreiben diese Funktionen die Näherung freier Teilchen. Doch in einer grundlegenden Theorie kann Wechselwirkung nicht als kleine Störung eingeführt werden. Modelle wie Heisenbergs Feldtheorie zeigen, wie endliche Ruhemassen die Konsequenz einer elementaren Wechselwirkung sein können. In einer Näherung freier Teilchen werden diese wie ein *cut-off* bei kleinen Abständen oder wie ein endlicher Durchmesser der kleinsten Teilchen betrachtet. Ein derartiges Modell kann eine approximative Darstellung eines endlich-dimensionalen Hilbert-Raumes sein. Ich habe eine Theorie eines Elementarfeldes zu entwickeln versucht, dessen Zustände aus Zuständen aufgebaut sind, die einfachen Alternativen entsprechen, d. h. aus Vektoren in zweidimensionalen komplexen Räumen. Die objektiven Schwierigkeiten der Elementarteilchenphysik und meine eigenen begrenzten mathematischen Fähigkeiten haben mich bisher daran gehindert, die Theorie in prüfbare Gestalt zu bringen.

Ich begann diese Vorlesungen mit simpler Physik: einer Theorie der Entwicklung als irreversibler Prozeß. Nach einem Gang durch einen langen Tunnel der Erkenntnistheorie glaube ich den blauen Himmel simpler Physik wieder in der vorgeschlagenen Theorie eines Elementarfeldes zu sehen. So muß es sein, wenn die Theorie der Erfahrungsvorbedingungen gleichzeitig eine allgemeine Physik ist.

Nachweise

Einheit der Natur – Einheit der Physik: Vortrag unter dem Titel »Die Einheit der Physik«, gehalten auf der Physikertagung in München 1966, in: *Physikalische Blätter* 23 (1967), S. 4-14.

Parmenides: U. d. T. »Parmenides und die Quantentheorie« in: *Die Einheit der Natur*, München 1971, S. 466-491. Geschrieben 1970.

Platon: U. d. T. »Platonische Naturwissenschaft im Laufe der Geschichte«. Vortrag vor der Joachim-Jungius-Gesellschaft der Wissenschaften in Hamburg, November 1970.

Aristoteles: U. d. T. »Möglichkeit und Bewegung. Eine Notiz zur aristotelischen Physik« in: *Festschrift für Josef Klein zum 70. Geburtstag*, Göttingen 1967.

Nikolaus Kopernikus – Johannes Kepler – Galileo Galilei: U. d. T. »Kopernikus, Kepler, Galilei« in: *Einsichten*. Gerhard Krüger zum 60. Geburtstag, hg. von Klaus Oehler, Richard Schaeffler, Frankfurt/M. 1962, S. 376-394.

Galileo Galilei: In: *Universität und Christ*. Zürich 1960, S. 43-62.

René Descartes: U. d. T. »Descartes und die neuzeitliche Naturwissenschaft«. Rede an der Universität Hamburg vom 13. November 1957.

Gottfried Wilhelm Leibniz: »I. Naturgesetz und Theodizee« u. d. T. »Naturgesetz und Theodizee« in: *Archiv für Philosophie* 2 (1948). »II. Das Kontinuitätsprinzip« u. d. T. »Das Kontinuitätsprinzip in der heutigen Naturwissenschaft« in: *G. W. Leibniz*, Hamburg 1946, S. 201-221.

René Descartes – Isaac Newton – Gottfried Wilhelm Leibniz – Immanuel Kant: Gifford Lectures 7. In: *Die Tragweite der Wissenschaft*, Stuttgart 1964, S. 118-134.

Immanuel Kant: U. d. T. »Kants Theorie der Naturwissenschaft nach P. Plaass« in: *Kant-Studien* 56 (1966), S. 528-544.

Johann Wolfgang Goethe: U. d. T. »Einige Begriffe aus Goethes Naturwissenschaft«, Nachwort in: *Johann Wolfgang Goethe*, Hamburger Ausgabe, Bd. 13, Naturwissenschaftliche Schriften I.

Robert Mayer: U. d. T. »Die Auswirkung des Satzes von der Erhaltung der Energie in der Physik« in: *Robert Mayer und das Energieprinzip*, Berlin 1942.

Albert Einstein: In: *Frankfurter Allgemeine Zeitung* vom 10. März 1979 u. d. T. »Das Prinzip der höheren Einfachheit. Albert Einstein zum hundertsten Geburtstag«.

Niels Bohr: U. d. T. »Niels Bohr« in: *Zeit und Wissen*, München 1992, S. 769-788. Plenarvortrag auf der 49. Physikertagung in München, 1985.

Paul Adrien Maurice Dirac: U. d. T. »Paul Adrien Maurice Dirac« in: *Die Zeit*, November 1984.

Niels Bohr und Werner Heisenberg. Eine Erinnerung aus dem Jahr 1932: U. d. T. »Bohr und Heisenberg« in: *Wahrnehmung der Neuzeit*, München 1983, S. 134-146.

Werner Heisenberg: Vortrag auf der 2. Tagung »Quantentheorie und die Strukturen von Zeit und Raum«, Tutzing, Juli 1976.

Heisenberg als Physiker und Philosoph: Rede zum Tod von Werner Heisenberg anläßlich der Gedenkfeier des Max-Planck-Instituts am 12. 5. 1976 in München.

Die philosophische Interpretation der modernen Physik: In: *Nova Acta Leopoldina*, 207/37/2, Leipzig 1972, S. 7-39.

Namenregister

Naturwissenschaft im dtv

Lawrence M. Krauss
»Nehmen wir an, die Kuh ist eine Kugel ...«
Nur keine Angst vor Physik · dtv 33024

Peretz Lavie
Die wundersame Welt des Schlafes
Entdeckungen, Träume, Phänomene
dtv 33048

Sydney Perkowitz
Eine kurze Geschichte des Lichts
Die Erforschung eines Mysteriums
dtv 33020

Josef H. Reichholf
Das Rätsel der Menschwerdung
Die Entstehung des Menschen im Wechselspiel mit der Natur · dtv 33006

Abner Shimony
Der Kampf um den verlorenen Tag
Eine Geschichte des Kalenders · dtv 33067

Simon Singh
Fermats letzter Satz
Die abenteuerliche Geschichte eines mathematischen Rätsels
dtv 33052

Frederic Vester
Neuland des Denkens
Vom technokratischen zum kybernetischen Zeitalter
dtv 33001
Denken, Lernen, Vergessen
Was geht in unserem Kopf vor?
dtv 33045
Unsere Welt – ein vernetztes System
dtv 33046
Crashtest Mobilität
Die Zukunft des Verkehrs
Fakten, Strategien, Lösungen
dtv 33050

What's what?
Naturwissenschaftliche Plaudereien
Hrsg. von Don Glass
dtv 33025

Das neue What's what
Naturwissenschaftliche Plaudereien
Hrsg. von Don Glass
dtv 33010

Biographien bei dtv

Michael W. Blumenthal
Die unsichtbare Mauer
Die dreihundertjährige Geschichte einer deutsch-jüdischen Familie
dtv 30788

Peter Brown
Augustinus von Hippo
dtv 30759

Pang-Mei Natasha Chang
Grüner Tee und Coca-Cola
Die Geschichte der Chinesin Yu-i, von ihr selbst erzählt
dtv 30763

Patricia Clough
Helmut Kohl
Ein Porträt der Macht
dtv premium 24122

Alain Decaux
Eduard VIII. und Wallis Simpson
Triumph der Liebe über die Politik?
Eine Windsor-Biographie
dtv 30725

Eugen Drewermann
Giordano Bruno
oder Der Spiegel des Unendlichen
dtv 30747

Manfred Flügge
Figaros Schicksal
Das Leben des Pierre-Augustin Caron de Beaumarchais
dtv 24235

Gertrud Fussenegger
Maria Theresia
dtv 30419

Françoise Giroud
Alma Mahler
oder die Kunst, geliebt zu werden
dtv 30749
Das Leben der Jenny Marx
dtv 30632
Cosima Wagner
Mit Macht und mit Liebe
dtv 30824

Hildegard Hamm-Brücher
Freiheit ist mehr als ein Wort
Eine Lebensbilanz 1921-1996
dtv 30644

Christian Graf von Krockow
Die preußischen Brüder
Prinz Heinrich und Friedrich der Große
Ein Doppelportrait
dtv 30659

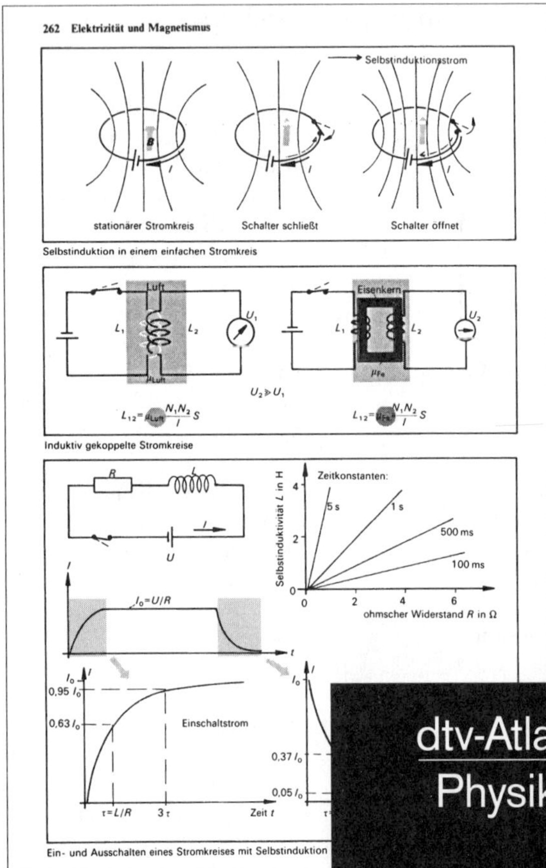
262 Elektrizität und Magnetismus
Selbstinduktionsstrom
stationärer Stromkreis
Schalter schließt
Schalter öffnet
Selbstinduktion in einem einfachen Stromkreis
Luft
Eisenkern
$U_2 \gg U_1$
Induktiv gekoppelte Stromkreise
Zeitkonstanten:
5 s
1 s
500 ms
100 ms
Selbstinduktivität L in H
ohmscher Widerstand R in Ω
$I_0 = U/R$
Einschaltstrom
$\tau = L/R$
Zeit t
Ein- und Ausschalten eines Stromkreises mit Selbstinduktion

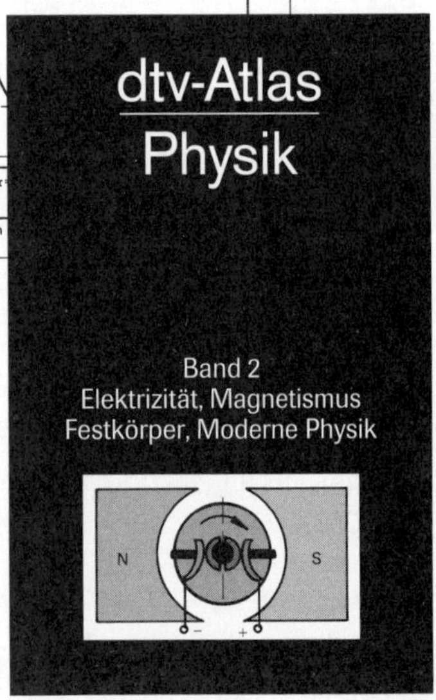
dtv-Atlas
Physik
Band 2
Elektrizität, Magnetismus
Festkörper, Moderne Physik
N
S